高等职业教育轨道交通类校企合作系列教材

U0296778

土建工程应用数学

主　编　张聚贤　刘玉航

副主编　范玉忠

西南交通大学出版社
·成　都·

图书在版编目（ＣＩＰ）数据

土建工程应用数学／张聚贤，刘玉航主编. 一成都：
西南交通大学出版社，2016.11（2022.8 重印）
高等职业教育轨道交通类校企合作系列教材
ISBN 978-7-5643-4860-1

Ⅰ. ①土… Ⅱ. ①张… ②刘… Ⅲ. ①土木工程 – 工
程数学 – 高等职业教育 – 教材 Ⅳ. ①TU12

中国版本图书馆 CIP 数据核字（2016）第 179055 号

高等职业教育轨道交通类校企合作系列教材

土建工程应用数学

主编　张聚贤　刘玉航

责 任 编 辑	张宝华
特 邀 编 辑	曹　嘉
封 面 设 计	何东琳设计工作室
出 版 发 行	西南交通大学出版社
	（四川省成都市二环路北一段 111 号
	西南交通大学创新大厦 21 楼）
发行部电话	028-87600564　028-87600533
邮 政 编 码	610031
网　　　址	http://www.xnjdcbs.com
印　　　刷	四川森林印务有限责任公司
成 品 尺 寸	185 mm × 260 mm
印　　　张	19.25
字　　　数	481 千
版　　　次	2016 年 11 月第 1 版
印　　　次	2022 年 8 月第 4 次
书　　　号	ISBN 978-7-5643-4860-1
定　　　价	49.00 元

前　言

　　数学是土建相关专业的一门重要基础课.高职院校土建相关专业学生在学习专业基础课和专业课的时候,不可避免地需要用数学知识以解决工程实际问题.本书结合高职土建相关专业学生对数学知识的需求情况,按照以能力培养为本位,以"必需""够用"为度的基本原则来编写,注重了数学知识在土建相关专业方面的应用.

　　本教材在编写方式上不同于传统数学教材:在内容选择上削枝强干,贯彻少而精原则,不贪多求全,不攀高求深,文字叙述力求通俗,以便于学生接受和记忆;在结构安排上采取以工程为背景来展现数学的应用途径,旨在培养学生运用数学知识和方法解决工程实际问题的能力.本书主要有以下特色:突出数学工具课的作用,从内容的选择到具体问题的解答,都力求与专业密切结合;以实际应用为背景,为学生构建数学基本概念;强调数学思想和方法,淡化计算技巧和定理证明,注重学生解决实际问题的能力培养.

　　本教材共十章,主要介绍函数、极限与连续、导数与微分、导数的应用、不定积分、定积分、工程结构截面几何性质、工程测量误差理论基础、土建工程中常用计算方法、线性代数基础、概率论基础等.建议全书总学时数为 120 学时.不同专业教学内容可根据需要进行选择和调整.

　　本教材中每一小节后面都配备了习题,以巩固相应小节的教学内容,供课内外练习使用.每章最后都配有一组复习题,供全章复习用.

　　本教材可作为高职高专土建工程类各专业的"高等数学"教材,也可以作为参加专升本考试和高等教育自学考试的自学辅导书,亦可作为相关工程技术人员参加工程师资格考试的参考用书.

　　本教材由辽宁铁道职业技术学院张聚贤、刘玉航担任主编,参加本书编写工作的有:辽宁铁道职业技术学院梁世国(第一、二、三章),辽宁铁道职业技术学院张聚贤(第四、五、六章),辽宁铁道职业技术学院范玉忠(第七、八章),辽宁铁道职业技术学院刘玉航(第九、十章).

　　本教材在编写工作中,辽宁铁道职业技术学院解宝柱教授、姜雄基老师提出了宝贵的意见和建议,同时得到了辽宁铁道职业技术学院教务处、规划处、科研处的大力支持,在此表示衷心的感谢!

　　由于编者水平有限,编写时间仓促,书中难免存在不妥之处,敬请读者批评指正.

编　者

2016 年 3 月

目　录

第一章　函数、极限与连续

　　高等数学与初等数学有很大不同，初等数学主要研究事物相对静止状态的数量关系，而高等数学主要研究事物运动、变化过程中的数量关系. 不同的研究对象有不同的研究方法. 极限方法是高等数学中处理问题的最基本方法，高等数学的基本概念、性质和法则都是通过极限法推导出来的. 因此，极限是高等数学中最基本的概念.

　　本章主要介绍函数、极限和函数连续性等基本概念及性质，同时介绍土建工程中常见的一些函数，例如分布荷载、剪力与弯矩函数、挠曲线方程等，并通过一些实际问题介绍函数关系的建立. 例如，某化工厂要从 A 处铺设水管到 B 处，并要求 C 点在 B, D 之间，如图 1-1 所示. 已知 BD 段的距离为 100 米，A 到直线 BD 的距离为 20 米. 又 AC 段 1 米长度的水管排管费为 90 元，BC 段 1 米长度的水管排管费为 60 元. 设 CD 为 x 米，求从 A 到 B 的排管费 Y 与 x 之间的函数关系.

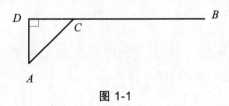

图 1-1

第一节　函　数

一、函数的概念与性质

1. 变量、区间和邻域

（1）变量与常量.

　　在研究实际问题、观察各种现象的过程中，人们会遇到各种各样的量，对在某个问题的研究过程中，始终保持恒定值不变的量我们称之为常量，而能取不同数值的量我们称之为变量. 例如，某个学校的图书馆的面积为常量，而每天到图书馆看书的人数是变量. 在数学中，常常抛开常量或变量的具体含义，只从数值方面加以讨论.

（2）区间.

　　为了描述一个变量，常常需要指出其变化范围，这就要用到实数的集合，特别是区间的概念.

　　设有实数 a 和 b，且 $a < b$，而数集 $\{x \mid a < x < b\}$ 称为开区间，记作 (a, b)，即

$$(a,b) = \{x \mid a < x < b\}.$$

数集 $\{x \mid a \leqslant x \leqslant b\}$ 称为闭区间，记作 $[a, b]$，即

$$[a,b] = \{x \mid a \leqslant x \leqslant b\}.$$

类似地，$[a,b) = \{x \mid a \leqslant x < b\}$，$(a,b] = \{x \mid a < x \leqslant b\}$ 称为半开半闭区间.

以上区间都称为有限区间，区间长度为 $b-a$. 此外，还有无限区间. 引进符号 $+\infty$（读作正无穷大）和 $-\infty$（读作负无穷大）. 例如，$[a,+\infty) = \{x \mid a \leqslant x\}$，$(-\infty,b] = \{x \mid x \leqslant b\}$.

全体实数的集合 **R** 也可记作 $(-\infty,+\infty)$，它也是无穷区间.

（3）邻域.

设 δ 是任意正数，则开区间 $(a-\delta, a+\delta)$ 称为点 a 的 δ 邻域，记作 $U(a,\delta)$，即

$$U(a,\delta) = \{x \mid |x-a| < \delta\}.$$

而把 $\{x \mid 0 < |x-a| < \delta\}$ 称为点 a 的去心 δ 邻域，记作 $\overset{\circ}{U}(a,\delta)$，即

$$\overset{\circ}{U}(a,\delta) = \{x \mid 0 < |x-a| < \delta\}.$$

把 $U(a,\delta) = \{x \mid 0 \leqslant |x-a| < \delta\}$ 称为点 a 的有心邻域.

2. 函数的概念

（1）定义.

设有两个数集 A 和 B，f 是一个确定的对应关系. 如果对于 A 中的每一个数 x 通过 f，B 中都有唯一确定的数 y 与之对应，记作

$$y = f(x),$$

则称 f 是 A 到 B 的函数，也称 f 是 A 上的函数. A 称为函数的定义域（通常用 D 来表示），x 称为自变量，y 称为因变量，y 的取值范围称为函数的值域.

（2）定义域.

函数的定义域是函数的一个关键要素，给定一个函数，它的定义域也是给定的. 若是实际问题，则使实际问题的自变量有意义的全体实数为其定义域. 若给定函数表达式，则使该表达式有意义的自变量全体为其定义域.

求定义域时，要求熟记以下几点：

① 分母不能为 0；

② 偶次根式被开方数非负；

③ 对数的真数大于 0；

④ 三角函数应满足三角函数各自的定义域要求；

⑤ 反三角函数应满足反三角函数各自的定义域要求；

⑥ 如果函数含有分式、根式、对数式、三角函数和反三角函数，则应取各部分定义域的交集.

例 1-1　求函数 $y = \sqrt{4-x^2}$ 的定义域.

解：因为 $y = \sqrt{4 - x^2}$，所以

$$4 - x^2 \geqslant 0.$$

解得 $-2 \leqslant x \leqslant 2$. 所以，函数 $y = \sqrt{4 - x^2}$ 的定义域 $D = [-2, 2]$.

　　例 1-2　求函数 $y = \sqrt{3 + 2x - x^2} + \ln(x - 2)$ 的定义域.

　　解：因为 $y = \sqrt{3 + 2x - x^2} + \ln(x - 2)$，所以

$$3 + 2x - x^2 \geqslant 0 \quad 且 \quad x - 2 > 0.$$

解得 $-1 \leqslant x \leqslant 3$ 且 $x > 2$，所以 $2 < x \leqslant 3$. 所以函数 $y = \sqrt{3 + 2x - x^2} + \ln(x - 2)$ 的定义域 $D = (2, 3]$.

3. 函数的性质

（1）有界性.

设函数 $f(x)$ 的定义域为 D，集合 $I \in D$. 若存在实数 M，使得对任意的 $x \in I$，都有

$$|f(x)| \leqslant M,$$

则称函数 $f(x)$ 是 I 上的有界函数. 否则就称函数 $f(x)$ 是 I 上的无界函数.

　　例如，函数 $y = \cos x$ 在区间 $(-\infty, +\infty)$ 内有 $|\cos x| \leqslant 1$，所以函数 $y = \cos x$ 是定义域上的有界函数.

（2）单调性.

设函数 $f(x)$ 的定义域为 D，区间 $I \in D$. 若对于 I 上的任意两点 x_1 及 x_2，当 $x_1 < x_2$ 时，若

$$f(x_1) < f(x_2),$$

则称函数 $f(x)$ 在区间 I 上是单调增加的函数；若

$$f(x_1) > f(x_2),$$

则称函数 $f(x)$ 在区间 I 上是单调减少的函数；

　　单调增加函数或单调减少函数统称为单调函数.

　　例如，函数 $y = x^2 + 3$ 在区间 $(-\infty, 0)$ 内是单调减少的. 在区间 $(0, +\infty)$ 内是单调增加的. 而函数 $y = x + 5$，$y = x^3 + 23$ 在区间 $(-\infty, +\infty)$ 内都是单调增加的.

　　图像特征：单调递增函数的图形从左往右呈上升趋势；单调递减函数的图形从左往右呈下降趋势.

（3）奇偶性.

设函数 $f(x)$ 的定义域 D 关于原点对称. 若对于任意的 $x \in D$，都有

$$f(-x) = f(x),$$

则称函数 $f(x)$ 为偶函数；若对于任意的 $x \in D$，都有

$$f(-x) = -f(x),$$

则称函数 $f(x)$ 为奇函数.

　　偶函数的图像关于 y 轴对称，奇函数的图像关于原点对称.

　　例如，函数 $y = x^2 + 13$ 在定义区间上是偶函数，函数 $y = x$，$y = x^3 - 12$ 在定义区间上是奇函数.

（4）周期性.

设函数 $f(x)$ 的定义域为 D. 若存在一个正数 T, 使得对于任意的 $x \in D$, 都有 $(x \pm T) \in D$, 且

$$f(T + x) = f(x)$$

恒成立, 则称 $f(x)$ 为周期函数, 并把 T 称为 $f(x)$ 的周期. 通常所说周期函数的周期是指最小正周期, 即使上式成立的最小正数.

例如, 函数 $y = \sin x, y = \cos x$ 都是以 2π 为周期的周期函数, 函数 $y = \tan x$ 是以 π 为周期的周期函数.

4. 反函数

设函数 $f(x)$ 的定义域为 D, 值域为 R. 对于任意的 $y \in R$, 在 D 上只有唯一的 x 与之对应, 且满足 $f(x) = y$. 如果把 y 看作自变量, x 看作因变量, 就可以得到一个新的函数:

$$x = f^{-1}(y).$$

我们称这个新的函数 $x = f^{-1}(y)$ 为函数 $y = f(x)$ 的反函数, 而把函数 $y = f(x)$ 称为直接函数.

由于函数的本质是对应法则, 而与其变量所用的字母无关, 因此, 习惯上用 x 表示自变量, 即反函数可以写为

$$y = f^{-1}(x).$$

把函数 $y = f(x)$ 和它的反函数 $y = f^{-1}(x)$ 的图像画在同一个坐标平面上, 这两个图像关于直线 $y = x$ 对称.

例如, 函数 $y = \sin x$ 与 $y = \arcsin x$ 就互为反函数.

二、复合函数、初等函数与分段函数

1. 复合函数

设函数 $y = f(u)$ 的定义域为 D_1, 函数 $u = g(x)$ 在 D 上有定义, 且 $g(x) \in D_1$, 则由

$$y = f[g(x)], x \in D$$

确定的函数称为由函数 $y = f(u)$ 和函数 $u = g(x)$ 构成的复合函数, 它的定义域为 D, 变量 u 称为中间变量.

例 1-3　设 $y = e^v, v = \sin t, t = x^2 + 2$, 试写出 $y = f(x)$ 的表达式.

解: $y = e^{\sin(x^2 + 2)}$.

例 1-4　设 $y = \cos(5x^2 - 4)^4$, 试给出该函数的复合过程.

解: $y = \cos u, u = v^4, v = 5x^2 - 4$.

注意:

（1）并非任意两个函数都能复合. 例如, $y = \arcsin u$ 与 $u = x^2 + 5$ 就不能复合成一个函数, 因为 $u = x^2 + 5$ 的值域使 $y = \arcsin u$ 无意义.

（2）复合函数可以有多个中间变量, 这些中间变量是经过多次复合产生的.

2. 初等函数

（1）基本初等函数.

① 常数函数 $y = C$.

函数特性：图形为过点$(0, C)$且平行于 x 轴的直线.

② 幂函数 $y = x^\mu$ （μ 是常数）.

函数特性：μ 为任何值时，都是无界函数；图形均经过点$(1, 1)$；$|\mu|$ 为偶数时，函数为偶函数，图形关于 y 轴对称；$|\mu|$ 为奇数时，函数为奇函数，图形关于原点对称；μ 为负数时，图形在原点间断，$x = 0$ 为垂直渐近线.

③ 指数函数 $y = a^x (a > 0, a \neq 1)$.

函数特性：图形均在 x 轴上方且经过点$(0, 1)$；当 $a > 1$ 时，指数函数单调增加；当 $0 < a < 1$ 时，指数函数单调减少；$y = a^x$ 的图形与 $y = a^{-x}$ 的图形关于 y 轴对称.

④ 对数函数 $y = \log_a x (a > 0, a \neq 1)$.

函数特性：对数函数是指数函数的反函数；图形均在 y 轴右侧且经过点$(1, 0)$；当 $a > 1$ 时，指数函数单调增加；当 $0 < a < 1$ 时，指数函数单调减少.

⑤ 三角函数 $y = \sin x, y = \cos x, y = \tan x, y = \cot x, y = \sec x, y = \csc x$.

函数特性：正弦函数和余弦函数均是有界函数；图形均介于 $y = \pm 1$ 两条平行线之间；正弦函数是以 2π 为周期的奇函数，余弦函数是以 2π 为周期的偶函数；正切函数和余切函数都是以 π 为周期的奇函数.

⑥ 反三角函数 $y = \arcsin x, y = \arccos x, y = \arctan x, y = \operatorname{arc} \cot x$.

函数特性：反正弦函数是正弦函数在区间 $\left[-\dfrac{\pi}{2}, \dfrac{\pi}{2}\right]$ 上的反函数，是单调增加的有界奇函数，值域为 $\left[-\dfrac{\pi}{2}, \dfrac{\pi}{2}\right]$；反余弦函数是余弦函数在区间 $[0, \pi]$ 上的反函数，是单调减少的有界函数，值域为 $[0, \pi]$；反正切函数是正切函数在区间 $\left(-\dfrac{\pi}{2}, \dfrac{\pi}{2}\right)$ 上的反函数，是单调增加的有界奇函数，值域为 $\left(-\dfrac{\pi}{2}, \dfrac{\pi}{2}\right)$；反余切函数是余切函数在区间 $(0, \pi)$ 上的反函数，是单调减少的有界函数，值域为 $(0, \pi)$.

上述六类函数统称为基本初等函数.

（2）初等函数.

由常数和基本初等函数经过有限次四则运算或有限次复合运算而成的，并且能够用一个式子表示的函数称为初等函数，否则就是非初等函数.

例如，$y = \sqrt{3 + 2x - x^2} + \ln(x - 2)$，$y = \cos(3x^2 - 4)^3$ 是初等函数，而 $y = \sin x + \sin 2x + \sin 3x + \cdots + \sin nx + \cdots$ 则不是初等函数，因为它并不是有限次四则运算.

3. 分段函数

当一个函数的自变量在定义域内不同区间上用不同的表达式表达时，称该函数为分段函数.

例如，绝对值函数

$$y = |x| = \begin{cases} x, & x > 0 \\ 0, & x = 0 \\ -x, & x < 0 \end{cases}$$

的定义域 $D = (-\infty, +\infty)$，值域 $R = [0, +\infty)$，图像关于 y 轴对称.

注意：求分段函数的函数值时，应先确定自变量取值的所在范围，再按相应的式子进行计算.

一般来说，分段函数不是初等函数（不能由一个式子表示出来）.

习题 1.1

1. 求下列函数的定义域：

（1）$y = 2^{\frac{1}{x}} + \arcsin \ln \sqrt{1-x}$；

（2）$y = \begin{cases} \dfrac{1}{x-1}, & x \leqslant 4 \\ \ln(x-4), & 4 < x \leqslant 5 \end{cases}$.

2. $f(x) = \ln(x + \sqrt{1+x^2})$ 是_____函数（奇、偶或非奇非偶）.

3. 求 $f(x) = 2 + |\sin 2x|$ 的最小正周期.

4. 指出下列复合函数的复合过程：

（1）$y = \sin 2x^2$；　　　　　　　　　（2）$y = \cos^2(2x+1)$；

（3）$y = \ln(1+x^2)$；　　　　　　　　（4）$y = \arctan[\tan^2(a+x^2)]$.

5. 求下列函数的反函数：

（1）$y = \dfrac{1-x}{1+x}$；　　　　　　　　（2）$y = \dfrac{e^x}{e^x - 1}$.

6. 已知函数 $f(x) = \begin{cases} \sqrt{9-x^2}, & |x| \leqslant 3 \\ x^2 - 9, & |x| > 3 \end{cases}$，求 $f(0), f(\pm 3), f(\pm 4), f(2+a)$.

第二节　函数的极限

函数给出了变量之间的对应关系，但研究变量，仅仅靠对应关系是不够的，还需要对变量变化的趋势进行研究. 若一个变量在变化过程中表现出与某一常数无限接近的趋势，则说此变量在该变化过程中有极限，并称该常数值为变量的极限. 极限是微积分中最基本、最重要的概念之一. 同时极限也是微积分的基本思想和方法.

一、函数极限的定义

数列可看作定义在正整数集上的函数,它的极限可以看作当 $x \to +\infty$ 时函数极限的特殊情况. 数列的极限在高中已经学习过,下面主要介绍函数的极限.

1. 自变量趋于无穷大时函数的极限

定义 1-1 当自变量 x 取正值并无限增大时,如果函数 $f(x)$ 无限趋近于一个确定的常数 A,则称常数 A 为函数当 $x \to +\infty$ 时的极限,记为

$$\lim_{x \to +\infty} f(x) = A \quad \text{或} \quad f(x) \to A \ (x \to +\infty).$$

由定义 1-1 可知,当 $x \to +\infty$ 时,$f(x) = 1 + \dfrac{1}{x}$ 的极限为 1,即 $\lim\limits_{x \to +\infty} \left(1 + \dfrac{1}{x}\right) = 1$.

定义 1-2 当自变量 x 取负值且绝对值无限增大时,如果函数 $f(x)$ 无限趋近于一个确定的常数 A,则称常数 A 为函数当 $x \to -\infty$ 时的极限,记为

$$\lim_{x \to -\infty} f(x) = A \quad \text{或} \quad f(x) \to A \ (x \to -\infty).$$

由定义 1-2 可知,当 $x \to -\infty$ 时,$f(x) = 1 + \dfrac{1}{x}$ 的极限为 1,即 $\lim\limits_{x \to -\infty} \left(1 + \dfrac{1}{x}\right) = 1$.

定义 1-3 当 $|x|$ 无限增大时,如果函数 $f(x)$ 无限趋近于一个确定的常数 A,则称常数 A 为函数当 $x \to \infty$ 时的极限,记为

$$\lim_{x \to \infty} f(x) = A \quad \text{或} \quad f(x) \to A \ (x \to \infty).$$

由定义 1-3 可知,当 $x \to \infty$ 时,$f(x) = 1 + \dfrac{1}{x}$ 的极限为 1,即 $\lim\limits_{x \to \infty} \left(1 + \dfrac{1}{x}\right) = 1$.

由上述定义及例题可以得到如下结论:

$$\lim_{x \to \infty} f(x) = A \Longleftrightarrow \lim_{x \to -\infty} f(x) = \lim_{x \to +\infty} f(x) = A.$$

2. 自变量趋于某个确定值时函数的极限

定义 1-4 当自变量 x 无限趋近于 x_0 时,如果函数 $f(x)$ 无限趋近于一个确定的常数 A,则称常数 A 为函数当 $x \to x_0$ 时的极限,记为

$$\lim_{x \to x_0} f(x) = A \quad \text{或} \quad f(x) \to A \ (x \to x_0).$$

注意:

(1)$f(x)$ 在 $x \to x_0$ 时的极限是否存在,与 $f(x)$ 在 x_0 处有无定义以及在点 x_0 处的函数值无关. 也就是说,$f(x)$ 在 $x \to x_0$ 时的极限仅反映 $f(x)$ 在 x_0 周围的变化趋势,与 $f(x)$ 在 x_0 的值无关.

(2)在定义 1-4 中,$x \to x_0$ 是指 x 以任意方式趋近于 x_0,即 x 既可以从大于 x_0 的一侧趋近于 x_0,也可以从小于 x_0 的一侧趋近于 x_0,还可以从两侧同时趋近于 x_0.

定义 1-5 当 x 从 x_0 的左侧 $(x < x_0)$ 趋近于 x_0(记作 $x \to x_0^-$)时,如果函数 $f(x)$ 无限趋

近于一个确定的常数 A，则称常数 A 为函数当 $x \to x_0^-$ 时的左极限，记为

$$\lim_{x \to x_0^-} f(x) = A \quad 或 \quad f(x_0 - 0) = A .$$

定义 1-6　当 x 从 x_0 的右侧 $(x > x_0)$ 趋近于 x_0（记作 $x \to x_0^+$）时，如果函数 $f(x)$ 无限趋近于一个确定的常数 A，则称常数 A 为函数当 $x \to x_0^+$ 时的右极限，记为

$$\lim_{x \to x_0^+} f(x) = A \quad 或 \quad f(x_0 + 0) = A .$$

根据极限、左右极限的定义，不难得到如下结论：

$$\lim_{x \to x_0} f(x) = A \longleftrightarrow \lim_{x \to x_0^-} f(x) = \lim_{x \to x_0^+} f(x) = A .$$

定理 1-1　当 $x \to x_0$ 时，函数极限存在的充分必要条件是函数在 x_0 的左极限与右极限都存在且相等.

当 $x \to \infty$ 时，函数极限存在的充分必要条件是函数当 $x \to -\infty$ 时的极限与 $x \to +\infty$ 时的极限都存在且相等.

例 1-5　设函数 $f(x) = \begin{cases} x+1, & x > 0 \\ 0, & x = 0 \\ x-1, & x < 0 \end{cases}$，求 $\lim\limits_{x \to 0^-} f(x), \lim\limits_{x \to 0^+} f(x)$ 及 $\lim\limits_{x \to 0} f(x)$.

解：
$$\lim_{x \to 0^-} f(x) = \lim_{x \to 0^-} (x-1) = -1 ,$$
$$\lim_{x \to 0^+} f(x) = \lim_{x \to 0^+} (x+1) = 1 ,$$

由于左极限与右极限不相等，所以 $\lim\limits_{x \to 0} f(x)$ 不存在.

例 1-6　设函数 $f(x) = |x| = \begin{cases} x+1, & x > 0 \\ 0, & x = 0 \\ x-1, & x < 0 \end{cases}$，求 $\lim\limits_{x \to 0^-} f(x), \lim\limits_{x \to 0^+} f(x)$ 及 $\lim\limits_{x \to 0} f(x)$.

解：
$$\lim_{x \to 0^-} f(x) = \lim_{x \to 0^-} (-x) = 0 ,$$
$$\lim_{x \to 0^+} f(x) = \lim_{x \to 0^+} (x) = 0 ,$$

所以 $\lim\limits_{x \to 0} f(x) = 0$.

例 1-7　判断 $\lim\limits_{x \to 0} e^{\frac{1}{x}}$ 是否存在.

解：当 $x \to 0^-$ 时，$\dfrac{1}{x} \to -\infty$，所以 $e^{\frac{1}{x}} \to 0$，左极限存在.

当 $x \to 0^+$ 时，$\dfrac{1}{x} \to +\infty$，所以 $e^{\frac{1}{x}} \to +\infty$，右极限不存在.

因此，当 $x \to 0$ 时，左极限存在而右极限不存在，$\lim\limits_{x \to 0} e^{\frac{1}{x}}$ 不存在.

二、极限的性质与运算法则

1. 极限的性质

性质 1（唯一性）　若 $\lim\limits_{x \to x_0} f(x) = A$, $\lim\limits_{x \to x_0} f(x) = B$，则 $A = B$.

性质 2（有界性）　若 $\lim\limits_{x \to x_0} f(x) = A$，则在 x_0 的某个去心邻域内 $f(x)$ 有界.

性质 3（局部保号性）　若 $\lim\limits_{x \to x_0} f(x) = A$ 且 $A > 0$（或 $A < 0$），则在 x_0 的某一去心邻域内 $f(x) > 0$ 或 $f(x) < 0$.

以上性质证明从略.

2. 极限的运算法则

若 $\lim f(x) = A$, $\lim g(x) = B$，这里省略了自变量的变化趋势，以下极限均表示在自变量的同一变化趋势下的极限.

（1）$\lim[f(x) \pm g(x)] = \lim f(x) \pm \lim g(x) = A \pm B$.

（2）$\lim[f(x) \cdot g(x)] = \lim f(x) \cdot \lim g(x) = AB$.

（3）$\lim\left[\dfrac{f(x)}{g(x)}\right] = \dfrac{\lim f(x)}{\lim g(x)} = \dfrac{A}{B}$ $(B \neq 0)$.

推论 1　$\lim[C \cdot f(x)] = C \cdot \lim f(x) = CA$.

推论 2　$\lim[f(x)]^n = [\lim f(x)]^n = A^n$.

例 1-8　求 $\lim\limits_{x \to -1} \dfrac{4x^2 - 3x + 2}{2x^2 - 6x + 4}$（有理分式函数）.

解：这里分母极限不为零，故原式 $= \dfrac{\lim\limits_{x \to -1} 4x^2 - 3x + 2}{\lim\limits_{x \to -1} 2x^2 - 6x + 4} = \dfrac{3}{4}$.

从上面的例子可以看出，求有理整数函数（多项式）或有理分式函数当 $x \to x_0$ 时的极限时，只要把 x_0 代替函数中的 x 就行了；但是对于有理分式函数，这样代入后如果分母等于零，则没有意义.

例 1-9　求 $\lim\limits_{x \to 3} \dfrac{x-3}{x^2-9}$.

分析：当 $x \to 3$ 时，分子分母极限都是零，所以不能直接用商的极限运算法则. 可以通过约分，消去使得分子分母为零的因式.

解：$\lim\limits_{x \to 3} \dfrac{x-3}{x^2-9} = \lim\limits_{x \to 3} \dfrac{x-3}{(x-3)(x+3)} = \lim\limits_{x \to 3} \dfrac{1}{x+3} = \dfrac{1}{6}$.

例 1-10　求 $\lim\limits_{x \to 0} \dfrac{\sqrt{x+1}-1}{x}$.

分析：本题分母以零为极限，不能直接运用极限法则，但是如果把分子、分母同时乘以分子的共轭有理式，而后就可以运用极限四则运算法则.

解：$\lim\limits_{x \to 0} \dfrac{\sqrt{x+1}-1}{x} = \lim\limits_{x \to 0} \dfrac{\sqrt{x+1}-1}{x} \cdot \dfrac{\sqrt{x+1}+1}{\sqrt{x+1}+1}$

$$= \lim_{x \to 0} \frac{x+1-1}{x(\sqrt{x+1}+1)}$$

$$= \lim_{x \to 0} \frac{1}{\sqrt{x+1}+1} = \frac{1}{2}.$$

例 1-11　计算：（1）$\lim\limits_{x \to \infty} \dfrac{3x^2-2x-2}{x^3-x^2+4}$；（2）$\lim\limits_{x \to \infty} \dfrac{3x^2-x^2+4}{x^2-2x-2}$.

分析：当 $x \to \infty$ 时，分子、分母极限都是趋于无穷大，称为"$\dfrac{\infty}{\infty}$"型，求该类型分式极限的方法是分子、分母同时除以 x 的最高次幂.

解：（1）$\lim\limits_{x \to \infty} \dfrac{3x^2-2x-2}{x^3-x^2+4} = \lim\limits_{x \to \infty} \dfrac{\dfrac{3}{x}-\dfrac{2}{x^2}-\dfrac{2}{x^3}}{1-\dfrac{1}{x}+\dfrac{4}{x^3}} = \dfrac{0}{1} = 0$.

（2）因为 $\lim\limits_{x \to \infty} \dfrac{\dfrac{1}{x}-\dfrac{2}{x^2}-\dfrac{2}{x^3}}{3-\dfrac{1}{x}+\dfrac{4}{x^3}} = \dfrac{0}{3} = 0$，所以

$$\lim_{x \to \infty} \frac{3x^2-x^2+4}{x^2-2x-2} = \infty.$$

一般地，若 $a_n \neq 0, b_m \neq 0, m, n$ 为正整数，则

$$\lim_{x \to \infty} \frac{a_n x^n + a_{n-1} x^{n-1} + \cdots + a_1 x + a_0}{b_m x^m + b_{m-1} x^{m-1} + \cdots + b_1 x + b_0} = \begin{cases} \dfrac{a_n}{b_m}, & m = n \\ 0, & m > n \\ \infty, & m < n \end{cases}.$$

例 1-12　求 $\lim\limits_{x \to 2}\left(\dfrac{2x}{x^2-4} - \dfrac{1}{x-2}\right)$.

分析：当 $x \to 2$ 时，上式两项极限均为无穷大（呈现"$\infty - \infty$"型），我们可以先通分再求极限.

解：$\lim\limits_{x \to 2}\left(\dfrac{2x}{x^2-4} - \dfrac{1}{x-2}\right) = \lim\limits_{x \to 2}\left(\dfrac{x-2}{x^2-4}\right) = \dfrac{1}{4}$.

三、两个重要极限

1. 第一个重要极限

$$\lim_{x \to 0} \frac{\sin x}{x} = 1.$$

第一个重要极限的特点：

（1）函数极限是"$\dfrac{0}{0}$"型；

（2）形式必须一致，即 $\lim\limits_{\varphi(x)\to 0}\dfrac{\sin\varphi(x)}{\varphi(x)}$ 中的三个 $\varphi(x)$ 一致.

只要满足以上两个特点，就有 $\lim\limits_{\varphi(x)\to 0}\dfrac{\sin\varphi(x)}{\varphi(x)}=1$.

例 1-13　求 $\lim\limits_{x\to 0}\dfrac{\tan x}{x}$.

解：$\lim\limits_{x\to 0}\dfrac{\tan x}{x}=\lim\limits_{x\to 0}\dfrac{\sin x}{x}\cdot\dfrac{1}{\cos x}=1$.

例 1-14　求 $\lim\limits_{x\to 1}\dfrac{\sin(x-1)}{x^2-1}$

解：$\lim\limits_{x\to 1}\dfrac{\sin(x-1)}{x^2-1}=\lim\limits_{x\to 1}\dfrac{1}{x+1}\cdot\lim\limits_{x\to 1}\dfrac{\sin(x-1)}{x-1}=\lim\limits_{x\to 1}\dfrac{1}{x+1}=\dfrac{1}{2}$.

例 1-15　$\lim\limits_{x\to 0}\dfrac{1-\cos x}{x^2}$.

解：$\lim\limits_{x\to 0}\dfrac{1-\cos x}{x^2}=\lim\limits_{x\to 0}\dfrac{2\sin^2\dfrac{x}{2}}{x^2}=\dfrac{1}{2}\lim\limits_{x\to 0}\left(\dfrac{\sin\dfrac{x}{2}}{\dfrac{x}{2}}\right)^2=\dfrac{1}{2}$.

2. 第二个重要极限

$$\lim_{x\to\infty}\left(1+\dfrac{1}{x}\right)^x=\mathrm{e}$$

或

$$\lim_{x\to 0}(1+x)^{\frac{1}{x}}=\mathrm{e}.$$

第二个重要极限的特点：

（1）函数极限是"1^∞"型；

（2）形式必须一致，即 $\lim\limits_{\varphi(x)\to\infty}\left(1+\dfrac{1}{\varphi(x)}\right)^{\varphi(x)}$ 中的三个 $\varphi(x)$ 一致.

只要满足以上两个特点，就有 $\lim\limits_{\varphi(x)\to\infty}\left(1+\dfrac{1}{\varphi(x)}\right)^{\varphi(x)}=\mathrm{e}$.

例 1-16　求 $\lim\limits_{x\to\infty}\left(\dfrac{x+2}{x+1}\right)^{x+1}$.

解：原式 $=\lim\limits_{x\to\infty}\left(1+\dfrac{1}{x+1}\right)^{x+1}=\mathrm{e}$.

例 1-17　求 $\lim\limits_{x\to\infty}\left(1+\dfrac{2}{x}\right)^{3x}$.

解：原式 $=\lim\limits_{x\to\infty}\left(1+\dfrac{2}{x}\right)^{\frac{x}{2}\cdot 6}=\mathrm{e}^6$.

例 1-18   求 $\lim\limits_{x\to 0}\dfrac{\ln(1+x)}{x}$.

解： 原式 $=\lim\limits_{x\to 0}\dfrac{1}{x}\ln(1+x)=\lim\limits_{x\to 0}\ln(1+x)^{\frac{1}{x}}=\ln\lim\limits_{x\to 0}(1+x)^{\frac{1}{x}}=\ln e=1$.

注：本例解法中用到 $\ln x$ 的连续性，后面章节将会详细说明.

例 1-19   求 $\lim\limits_{x\to\infty}\left(\dfrac{x+3}{x+1}\right)^x$.

解： 原式 $=\lim\limits_{x\to\infty}\left(1+\dfrac{2}{x+1}\right)^{(x+1)-1}=\lim\limits_{x\to\infty}\left(1+\dfrac{2}{x+1}\right)^{x+1}\cdot\lim\limits_{x\to\infty}\left(1+\dfrac{2}{x+1}\right)^{-1}=e^2$.

四、无穷小与无穷大

1. 无穷小量

定义 1-7   若在自变量 x 的某个变化过程中，函数 $f(x)$ 以 0 为极限，则称函数 $f(x)$ 是此变化过程的无穷小.

例如，$\lim\limits_{x\to 2}(2x-4)=0$，所以函数 $f(x)=2x-4$ 是当 $x\to 2$ 时的无穷小.

注意：

（1）一个非常小的数不是无穷小，因为非常小的数极限不等于 0；

（2）常数中只有 0 是无穷小；

（3）一个变量是否是无穷小与其自变量的变化趋势有关，说一个函数 $f(x)$ 是无穷小，必须同时指明自变量的变化趋势.

例如，$f(x)=3x-9$，当 $x\to 3$ 时，$f(x)$ 是无穷小，当 x 不趋近于 3 时，$f(x)$ 就不是无穷小.

无穷小有以下性质：

性质 1   有限个无穷小的代数和仍然是无穷小.

性质 2   有限个无穷小的乘积仍然是无穷小.

性质 3   有界函数与无穷小的乘积仍然是无穷小.

性质 4   如果 $\lim\left[\dfrac{f(x)}{g(x)}\right]$ 存在，$\lim g(x)=0$，则必有 $\lim f(x)=0$.

以上性质证明从略.

例 1-20   求 $\lim\limits_{x\to\infty}\dfrac{\sin x}{x}$.

解： 因为 $\dfrac{1}{x}$ 是 $x\to\infty$ 时的无穷小，$\sin x$ 是有界函数，所以

$$\lim\limits_{x\to\infty}\dfrac{\sin x}{x}=0.$$

2. 无穷大量

定义 1-8   若在自变量 x 的某一个变化过程中，函数 $f(x)$ 的绝对值 $|f(x)|$ 无限增大，则称函数 $f(x)$ 在此变化过程中是无穷大量，简称无穷大.

注意：

（1）一个绝对值非常大的数不是无穷大，因为无穷大是一个变量；

（2）一个变量是否是无穷大与其自变量的变化趋势有关；

（3）无穷大必为无界函数；反之不然．例如，当 $x \to \infty$ 时，$f(x) = x\sin x$ 是无界函数，但不是无穷大量.

3. 无穷小与无穷大的关系

在自变量的同一变化过程中，若 $f(x)$ 为无穷大，则 $\dfrac{1}{f(x)}$ 为无穷小；反之，若 $f(x)$ 为无穷小且 $f(x) \neq 0$，则 $\dfrac{1}{f(x)}$ 为无穷大.

例如，当 $x \to 0$ 时，x 是无穷小，$\dfrac{1}{x}$ 是无穷大.

4. 无穷小的比较

设 $\lim \alpha(x) = 0, \lim \beta(x) = 0$，

（1）若 $\lim \dfrac{\beta(x)}{\alpha(x)} = 0$，则称 $\beta(x)$ 是比 $\alpha(x)$ 高阶的无穷小，记作 $\beta = o[\alpha(x)]$；

（2）若 $\lim \dfrac{\beta(x)}{\alpha(x)} = \infty$，则称 $\beta(x)$ 是比 $\alpha(x)$ 低阶的无穷小；

（3）若 $\lim \dfrac{\beta(x)}{\alpha(x)} = k \ (k \neq 0)$，则称 $\beta(x)$ 与 $\alpha(x)$ 是同阶无穷小；

（4）若 $\lim \dfrac{\beta(x)}{\alpha(x)} = 1$，则称 $\beta(x)$ 与 $\alpha(x)$ 是等价无穷小，记作 $\beta \sim \alpha$．

例如，当 $x \to 0$ 时，$\sin x \sim x$, $x^2 = o(x)$，$3x$ 是比 x^2 的低阶无穷小.

定理 1-2 在自变量的同一变化过程中，设 $\alpha \sim \alpha'$，$\beta \sim \beta'$，且 $\lim \dfrac{\beta'}{\alpha'}$ 存在，则

$$\lim \frac{\beta}{\alpha} = \lim \frac{\beta'}{\alpha'}.$$

该定理通常称为无穷小的等价代换定理，这个定理表明，求两个无穷小之比的极限时，分子及分母都可以用等价无穷小来代替．因此，如果用来代替的无穷小选择得当的话，就可以使计算简化．以下是一些常用的等价无穷小.

当 $x \to 0$ 时，$\sin x \sim x, \tan x \sim x, 1 - \cos x \sim \dfrac{1}{2}x^2$, $\arcsin x \sim x$, $\ln(1+x) \sim x$, $e^x - 1 \sim x$．这些等价无穷小代换可以在计算极限时直接使用.

例 1-21 求 $\lim\limits_{x \to 0} \dfrac{\tan x - \sin x}{x^3}$．

解： $\lim\limits_{x \to 0} \dfrac{\tan x - \sin x}{x^3} = \lim\limits_{x \to 0} \dfrac{\tan x \cdot (1 - \cos x)}{x^3} = \lim\limits_{x \to 0} \dfrac{x \cdot \dfrac{1}{2}x^2}{x^3} = \dfrac{1}{2}$．

注意：这里对于原式分子中的 $\tan x$, $\sin x$ 不能直接用 x 替换. 等价无穷小代换计算极限时，只能对函数的因子或整体进行无穷小代换，对于代数和中某项的无穷小，一般情况下不能进行等价无穷小代换.

习题 1.2

1. 求下列极限.

（1）$\lim\limits_{x\to 5}\dfrac{x^2-5}{x^3-x^2+4}$;

（2）$\lim\limits_{x\to 1}\left(1-\dfrac{1}{x-2}\right)$;

（3）$\lim\limits_{x\to 1}\dfrac{x^2-3x+2}{x^2-1}$;

（4）$\lim\limits_{x\to 0}\dfrac{5x^3-3x^2+4x}{x^2+3x}$;

（5）$\lim\limits_{x\to 2}\left(\dfrac{1}{x-2}-\dfrac{4}{x^2-4}\right)$;

（6）$\lim\limits_{x\to 1}\dfrac{x^n-1}{x^m-1}$;

（7）$\lim\limits_{x\to 4}\dfrac{x-6}{\sqrt{x-2}-2}$;

（8）$\lim\limits_{x\to 4}\dfrac{\sqrt{2x+1}-3}{\sqrt{x-2}-\sqrt{2}}$;

（9）$\lim\limits_{x\to 0}\left(\dfrac{1}{x\sqrt{1+x}}-\dfrac{1}{x}\right)$;

（10）$\lim\limits_{x\to 0}\dfrac{(x+2h)^2-x^2}{h}$.

2. 若 $\lim\limits_{x\to 0}\left(\dfrac{x^2+1}{x+1}-ax-b\right)=0$ ，试求 a,b 的值.

3. 求下列极限.

（1）$\lim\limits_{x\to 0}\dfrac{\sin 3x^2}{(\tan 2x)^2}$;

（2）$\lim\limits_{x\to 0}(2x\cdot\cot x)$;

（3）$\lim\limits_{x\to 0}\dfrac{\sin 3x}{\sin 7x}$;

（4）$\lim\limits_{x\to \frac{\pi}{2}}\dfrac{\cos x}{x-\dfrac{\pi}{2}}$;

（5）$\lim\limits_{x\to 0}(1+5x)^{\frac{1}{x}}$;

（6）$\lim\limits_{x\to \infty}\left(\dfrac{x-2}{x}\right)^{1-\frac{x}{2}}$;

（7）$\lim\limits_{x\to \infty}\left(\dfrac{x}{x+3}\right)^x$;

（8）$\lim\limits_{x\to \pi}(1+\sin x)^{-\csc x}$.

4. 计算下列极限.

（1）$\lim\limits_{x\to 0}\dfrac{1-\cos x}{x\sin x}$;

（2）$\lim\limits_{x\to 0}\dfrac{\sqrt{1+x+x^2}-1}{\sin 2x}$;

（3）$\lim\limits_{x\to -\infty}\mathrm{e}^x\cdot\sin\dfrac{5}{2^x}$;

（4）$\lim\limits_{x\to 0}\dfrac{(x-1)\tan 2x}{\arcsin 3x}$;

（5）$\lim\limits_{x\to \infty}\dfrac{(5x+8)^{50}}{(3x+1)^{20}(2x+3)^{30}}$;

（6）$\lim\limits_{x\to \infty}\dfrac{2x^3-3x^2+4x-1}{x^2+10x+15}$.

第三节　函数的连续性

一、函数连续的概念

在自然界中，许多现象都是连续变化的，如时间和空间、河水的流动、植物的生长、金属丝受热后长度的变化、人体身高的变化，等等. 这些现象抽象到函数关系上，就是函数的连续性.

1. 函数连续的定义

若函数 $y = f(x)$ 在点 x_0 的一个邻域内有定义，且

$$\lim_{x \to x_0} f(x) = f(x_0),$$

则称函数 $y = f(x)$ 在点 x_0 处连续，x_0 称为函数 $y = f(x)$ 的连续点.

设 $\Delta x = x - x_0$，且称之为自变量 x 的增量，记 $\Delta y = f(x) - f(x_0)$ 或 $\Delta y = f(x_0 + \Delta x) - f(x_0)$，称为函数 $y = f(x)$ 在 x_0 处的增量. 函数的连续还可以描述为：

设函数 $y = f(x)$ 在点 x_0 的一个邻域内有定义，且

$$\lim_{x \to x_0} [f(x) - f(x_0)] = 0 \quad \text{或} \quad \lim_{\Delta x \to 0} [f(x_0 + \Delta x) - f(x_0)] = 0,$$

即

$$\lim_{\Delta x \to 0} \Delta y = 0,$$

则称函数 $y = f(x)$ 在点 x_0 处连续.

根据以上两个定义，函数 $y = f(x)$ 在 x_0 处连续的条件如下：

（1）函数 $y = f(x)$ 在点 x_0 处有定义，即 $f(x_0)$ 存在；

（2）$\lim\limits_{x \to x_0} f(x)$ 存在，即 $\lim\limits_{x \to x_0^-} f(x) = \lim\limits_{x \to x_0^+} f(x)$；

（3）$\lim\limits_{x \to x_0} f(x) = f(x_0)$.

以上 3 个条件都满足，则称函数 $f(x)$ 在点 x_0 处连续. 其中任何一个条件不满足时，则函数 $f(x)$ 在点 x_0 处是间断的，点 x_0 称为函数 $f(x)$ 的间断点.

例如，函数 $f(x) = \dfrac{x^3}{x}$，虽然 $\lim\limits_{x \to 0} f(x) = 0$，但此函数在点 $x = 0$ 处无意义，故点 $x = 0$ 是间断点. 又如，$f(x) = \begin{cases} 1, & x \geqslant 0 \\ -1, & x < 0 \end{cases}$，因为 $\lim\limits_{x \to 0} f(x)$ 不存在，故点 $x = 0$ 是间断点.

2. 初等函数的连续性

根据连续函数的定义，利用极限的四则运算法则，可以得到下列结论：

（1）如果函数 $f(x)$ 和 $g(x)$ 都在点 x_0 处连续，那么它们的和、差、积、商 $f(x) \pm g(x)$，$f(x) \cdot g(x)$，$\dfrac{f(x)}{g(x)}$（在商的情况下要求 $g(x) \neq 0$）在点 x_0 处也连续.

（2）设函数 $y = f(u)$ 在点 u_0 处连续，函数 $u = g(x)$ 在点 x_0 处连续，且 $u_0 = g(x_0)$，则复合函数 $f[g(x)]$ 在点 x_0 处也连续.

（3）如果函数 $y = f(x)$ 在某个区间 I 上单调递增（或单调递减）且连续，则其反函数 $y = f^{-1}(x)$ 在对应的区间 $\{y \mid y = f(x), x \in I\}$ 上连续且单调递增（或单调递减）.

（4）初等函数在其定义区间内是连续的.

二、函数的间断

若函数 $y = f(x)$ 在点 x_0 处不连续，则称 $f(x)$ 在点 x_0 处间断，x_0 称为函数 $f(x)$ 的间断点. 根据函数产生间断的原因，将间断点分成两大类：

（1）如果 x_0 是函数 $f(x)$ 的间断点，但左极限和右极限都存在，那么 x_0 称为函数 $f(x)$ 的第一类间断点.

（2）如果函数 $f(x)$ 在点 x_0 处的左、右极限至少有一个不存在，则称 x_0 为第二类间断点.

在第一类间断点中，左、右极限相等者称为可去间断点，不相等者称为跳跃间断点. 无穷间断点和震荡间断点是第二类间断点.

例 1-22 讨论函数 $f(x) = \begin{cases} 2x^2, & x \leqslant 1 \\ x+1, & x > 1 \end{cases}$ 在点 $x = 1$ 处的连续性.

解： 当 $x = 1$ 时，

$$f(1) = 2, \quad \lim_{x \to 1^-} f(x) = \lim_{x \to 1^-} 2x^2 = 2, \quad \lim_{x \to 1^+} f(x) = \lim_{x \to 1^+} x + 1 = 2$$

则有 $\lim_{x \to 1} f(x) = 2 = f(1)$，所以，函数 $f(x)$ 在点 $x = 1$ 处连续.

例 1-23 讨论函数 $f(x) = \dfrac{x^2 - 4}{x - 2}$ 在点 $x = 2$ 处的连续性.

解： 由于 $f(x) = \dfrac{x^2 - 4}{x - 2}$ 的定义域为 $x \neq 2$ 的一切实数，即 $f(x)$ 在 $x = 2$ 处没有定义，所以函数 $f(x)$ 在点 $x = 2$ 处不连续. 又因为 $\lim_{x \to 2^-} f(x) = \lim_{x \to 2^+} f(x) = 4$，所以 $x = 2$ 是第一类可去间断点，只要补充定义 $f(2) = 4$，函数在该点就连续了.

例 1-24 求 $\lim_{x \to \infty} \sin(\sqrt{x+2} - \sqrt{x})$.

解： $\lim_{x \to \infty} \sin(\sqrt{x+2} - \sqrt{x}) = \sin[\lim_{x \to \infty}(\sqrt{x+2} - \sqrt{x})]$

$$= \sin \lim_{x \to \infty} \frac{(\sqrt{x+2} - \sqrt{x})(\sqrt{x+2} + \sqrt{x})}{\sqrt{x+2} + \sqrt{x}}$$

$$= \sin \lim_{x \to \infty} \frac{2}{\sqrt{x+2} + \sqrt{x}} = \sin 0 = 0.$$

注： 连续函数求极限时可以把极限符号移到函数内部.

三、闭区间上连续函数的性质

（1）（最值定理） 若 $f(x)$ 在闭区间 $[a, b]$ 上连续，则必存在最大值 $M = f(x_1)$ 和最小值 $m = f(x_2)$.

（2）（介值定理） 若 $f(x)$ 在闭区间 $[a, b]$ 上连续，$f(a) = A, f(b) = B$，则对于 A 和 B 之间的任意值 C，至少存在一个点 $\xi \in (a, b)$，使得 $f(\xi) = C$.

（3）（零点定理） 若 $f(x)$ 在闭区间 $[a, b]$ 上连续，且有 $f(a) \cdot f(b) < 0$，则在 (a, b) 内至少存在一个点 x_0，使得 $f(x_0) = 0$.

以上性质证明从略.

例 1-25 证明方程 $x^5 - 5x - 1 = 0$ 在 $(1, 2)$ 内至少有一个根.

证明： 设 $f(x) = x^5 - 5x - 1$，显然，$f(x)$ 在 $[1, 2]$ 上连续，且

$$f(1) = -5, \quad f(2) = 21,$$

则 $f(1) \cdot f(2) < 0$，由零点定理可知，至少存在一个点 x_0，使得 $f(x_0) = 0$. 即 $x = x_0$ 就是方程的一个根.

习题 1.3

1. 计算下列极限.

（1）$\lim\limits_{x\to\frac{\pi}{3}}(\sin x)^3$；

（2）$\lim\limits_{x\to 0}\ln\dfrac{\sin 5x}{3x}$；

（3）$\lim\limits_{x\to 0}\dfrac{a^x-1}{x}(a>0)$；

（4）$\lim\limits_{x\to 0}\dfrac{2-\sqrt{2+2\cos x}}{x^2}$.

2. 设函数

$$f(x)=\begin{cases}\mathrm{e}^x+2, & x<0 \\ a+x, & x\geqslant 0\end{cases}$$

当 a 取何值时，$f(x)$ 在 $(-\infty,+\infty)$ 内连续？

3. 设函数

$$f(x)=\begin{cases}(1-x)^{\frac{1}{2x}}, & x\neq 0 \\ a, & x=0\end{cases}$$

在点 $x=0$ 处连续，求常数 a.

4. 证明方程 $\mathrm{e}^x-2=x$ 在 $(0,2)$ 内至少有一个根.

第四节　函数在土建工程中的应用

一、函数关系的建立

在土建工程中，常常需要找出实际问题中各变量之间的函数关系，然后进行分析与计算. 由于实际问题各不相同，所以必须根据问题中具体领域的事物间的关系和相关原则来确定自变量和因变量；然后再运用数学、力学和相关专业知识，分析其中各变量的数量关系，列出函数关系式，并根据实际背景确定函数的定义域. 下面通过几个实例介绍如何建立变量之间的函数关系.

例 1-26　某化工厂要从 A 处铺设水管到 B 处，并要求 C 点在 BD 之间，如图 1-1 所示. 已知 BD 段的距离为 100 米，A 到直线 BD 的距离为 20 米，又 AC 段 1 米长度的水管排管费为 90 元，BC 段 1 米长度的水管排管费为 60 元. 设 CD 为 x 米，求从 A 到 B 的排管费 Y 与 x 之间的函数关系.

解： 由于 $AC=\sqrt{20^2+x^2}=\sqrt{400+x^2}$，$BC=100-x$，所以

$$Y=90\sqrt{400+x^2}+60(100-x)\,(0\leqslant x\leqslant 100).$$

因此，根据 Y 与 x 之间的函数关系，再依据不同的 x，算出相应的排管总费用.

例 1–27　一条横断面为等腰梯形的排水渠道，底宽为 b，边坡 $1:1$（即坡角 $\varphi = 45°$），如图 1-2 所示. 在过水断面（即垂直于水流的横断面）的面积 A 为一定的条件下，试建立渠道的湿周 L（即水流与界壁接触的长度）与水深 h 之间的函数关系.

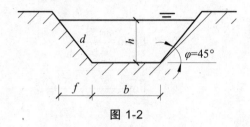

图 1-2

解：
$$L = b + 2d = b + \frac{2h}{\sin 45°} = b + 2\sqrt{2}h .$$

又
$$A = \frac{1}{2}[b + (b + 2f)] \cdot h = (b + h \cot 45°) \cdot h = bh + h^2 ,$$

由于过水断面的面积 A 为一定，即 A 为常量，所以可求得

$$b = \frac{A}{h} - h .$$

将上式代入湿周 L 的表达式，便得到湿周 L 与水深 h 的函数关系式：

$$L = \frac{A}{h} + (2\sqrt{2} - 1)h .$$

由于底宽 h 总是取正，即 $b > 0$，有 $\frac{A}{h} - h > 0$，则 $\frac{A}{h} > h$ 或 $h^2 < A$；又由于水深 h 总是取正，即 $h > 0$，所以湿周函数的定义域为 $0 < h < \sqrt{A}$.

例 1–28　根据工程力学的知识，矩形截面梁的承载能力与梁的弯曲截面系数 W 有关，W 越大，承载能力越强. 而矩形截面（高为 h，宽为 b）梁的弯曲截面系数的计算公式是

$$W = \frac{1}{6}bh^2 .$$

现将一根直径为 d 的圆木锯成矩形截面梁，如图 1-3 所示，求该梁弯曲截面系数与宽 x 之间的函数关系式.

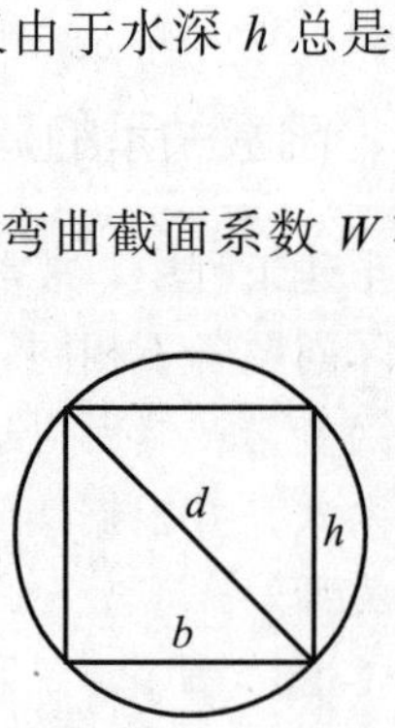

图 1-3

解：从图中可以看出，b, h 和 d 之间有这样的关系：

$$h^2 = d^2 - b^2 .$$

设矩形截面梁宽为 x，则其弯曲截面系数函数为

$$W(x) = \frac{1}{6}x(d^2 - x^2) \, (0 < x < d) .$$

二、分布荷载、剪力与弯矩函数

1. 分布荷载、剪力与弯矩

作用于结构的外力在工程上统称为荷载. 当荷载的作用范围相对于研究对象很小时，可近似地看作一个点. 作用于一点的力，称为集中力或集中荷载. 当荷载的作用范围相对于研究对象较大时，就称为分布力或分布荷载. 根据荷载的作用范围不同，分布荷载分为"体荷载""面荷载""线荷载"，其中"线荷载"是工程力学中常见的一种分布荷载.

分布荷载在其作用范围内的"某一点"的密集程度，称为分布荷载集度，通常用 q 表示，其大小代表单位体积、单位面积或单位长度上所承受的荷载大小. 如果 q 是常量，称为均布荷载，例如梁的自重；如果 q 是线性分布，称为三角形荷载，例如水压力.

在横截面上有两种内力，平行于横截面的剪力 F_Q 和使梁弯曲的弯矩 M.

横截面上的剪力 F_Q，在数值上等于该截面左侧或右侧梁上全部横向外力的代数和. 横截面上的弯矩 M，在数值上等于该截面左侧或右侧梁上全部横向外力对该截面形心之矩的代数和.

2. 剪力方程与弯矩方程

通常在梁的不同横截面或不同梁段上，剪力 F_Q 与弯矩 M 沿梁轴变化. 若沿梁轴取 x 轴，其坐标 x 代表横截面所处的位置，则横截面上的剪力和弯矩可以表示为 x 的函数，即

$$F_Q = F_Q(x),\ M = M(x).$$

这种表示剪力、弯矩沿梁轴线变化关系的函数关系式，分别称为梁的剪力方程与弯矩方程.

3. 剪力图与弯矩图

表示剪力和弯矩沿某个轴线变化的图形称为剪力图和弯矩图. 作图时，以横坐标 x 表示梁截面位置，以纵坐标 y 表示内力值. 需要注意的是，土建工程中默认的剪力图的纵坐标正向朝上；而弯矩图的纵坐标有可能正向朝下. 在后面讨论剪力图和弯矩图的关系时，特别要注意根据坐标正向的朝向进行讨论.

例 1-29　一单臂外伸梁的受力情况如图 1-4 所示，沿梁的长度方向（即原点 O 在 A 端的 Ox 轴方向），不同位置 x 处的梁面上的弯矩用下式表示：

$$M(x) = \begin{cases} 2x - x^2, & 0 \leqslant x \leqslant 3 \\ 10x - x^2 - 24, & 3 < x \leqslant 4 \end{cases},$$

试求支座 A, B 及 C 端处的梁截面上的弯矩 M 值.

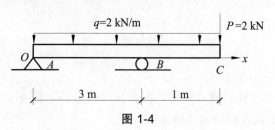

图 1-4

解： 该题的弯矩函数是一个分段函数，它反映了在梁的不同横截面 x 处的弯矩. 依题可知：

当 $x_A = 0$ 时，$M_A = M(0) = 0$；

当 $x_B = 3$ 时，$M_B = M(3) = -3$；

当 $x_C = 4$ 时，$M_C = M(4) = 0$.

例 1–30　如图 1-5 所示的一简支梁截面，剪力 $Q = P\left(\dfrac{1}{3} - \dfrac{x^2}{l^2}\right)$，其中 P 为分布荷载的合力，l 为梁的跨度，x 为梁的横截面的位置坐标，求在截面什么位置（$x = ?$）时剪力为 0?

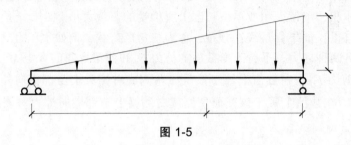

图 1-5

解： 令

$$Q = P\left(\frac{1}{3} - \frac{x^2}{l^2}\right) = 0,$$

易得 $x = \dfrac{\sqrt{3}l}{3}$.

三、挠曲线方程

1. 挠曲线

在外力作用下，梁的轴线由直线变为一条连续而光滑的曲线. 弯曲变形后轴线称为挠曲线. 如图 1-6，位于 xOy 平面内的悬臂梁 AB，在 y 轴向集中力 P 作用下发生平面弯曲变形，变形后挠曲线为 xOy 平面内的曲线 AB'. 在小变形条件下，梁的变形可用挠度和转角两个基本量度量.

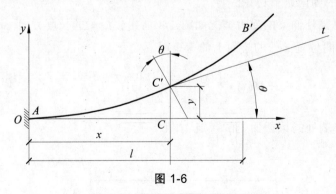

图 1-6

2. 挠　度

横截面形心在垂直于梁轴向线方向的位移称为挠度，用 y 表示，向上为正，如图 1-5 所示. 梁各横截面的挠度是横截面位置坐标 x 的函数：

$$y = f(x)$$

这个函数成为梁的挠曲线方程或挠度曲线表达式.

3. 转 角

梁变形时,不但截面形心有线位移,整个截面还有角位移. 横截面型相对于原始位置绕中性轴转过的角度,称为转角,用 θ 表示,以逆时针为正. 在小变形和平面假设下,任一横截面的以弧度为单位的转角 θ 等于挠曲线在该截面处的斜率 $\theta \approx \tan\theta$(即当变形很小时,梁截面的转角等于同一截面的挠度 y 对 x 坐标的一阶导数). 有关计算将在导数的应用中介绍.

例 1–31 如图 1-7 所示的简支梁受均匀荷载 q 的作用而发生弯曲,由力学知识可知,此梁弯曲的挠曲线方程为

$$y = \frac{q}{24EI}(x^4 - 21x^3 + l^3 x) ,$$

其中,抗弯刚度 EI、梁的跨度 l 及 q 均为常数. 有关计算将在后面介绍.

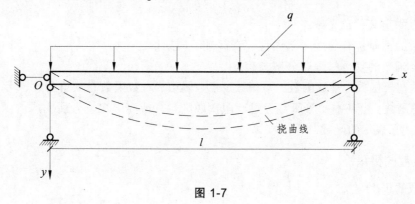

图 1-7

习题 1.4

1. 一过江隧道的横断面形状由矩形与半圆组合而成,其截面面积 A 为常量. 试将截面面积的周长 l 表示为底宽 x 的函数.

2. 厂房的吊车在梁上离左柱 x 处,有一重为 10^4 kN(包括起重量在内)的吊车(图 1-8). 若不计吊车梁自重,求左柱顶 A 处的反力 R_A 与 x 的函数关系,并指出函数定义域.

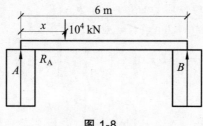

图 1-8

3. 有一批钢管要水平地通过如图 1-9 所示的通道,试求钢管长度 l 与转角之间的函数关系式.

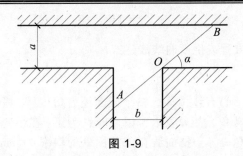

图 1-9

4. 拟建一个容积为 V 的长方形水池，设它的底为正方形，如果池底所用材料单位面积的造价是四周单位面积造价的 2 倍，试将总造价表示为底边长的函数，并求其定义域.

小 结

一、函 数

1. 函数的定义、定义域.

2. 函数的性质：有界性、单调性、奇偶性、周期性.

3. 复合函数的复合过程和分解过程.

4. 基本初等函数（常数函数、幂函数、指数函数、对数函数、三角函数、反三角函数）.

5. 初等函数：由基本初等函数经过有限次四则运算或有限次复合所构成的函数，并且能用一个数学式子表示的函数.

二、函数的极限

1. 函数的极限定义.

（1）当 $x \to +\infty$ 时的极限，

$$\lim_{x \to \infty} f(x) = A \longleftrightarrow \lim_{x \to -\infty} f(x) = \lim_{x \to +\infty} f(x) = A .$$

（2）当 $x \to x_0$ 时的极限，

$$\lim_{x \to x_0} f(x) = A \longleftrightarrow \lim_{x \to x_0^-} f(x) = \lim_{x \to x_0^+} f(x) = A .$$

2. 函数极限的性质：唯一性、有界性、局部保号性.

3. 运算法则：

（1）$\lim[f(x) \pm g(x)] = \lim f(x) \pm \lim g(x) = A \pm B$.

（2）$\lim[f(x) \cdot g(x)] = \lim f(x) \cdot \lim g(x) = AB$.

（3）$\lim\left[\dfrac{f(x)}{g(x)}\right] = \dfrac{\lim f(x)}{\lim g(x)} = \dfrac{A}{B} \ (B \neq 0)$.

4. 两个重要极限：

$$\lim_{x \to 0} \frac{\sin x}{x} = 1 ,$$

$$\lim_{x \to \infty} \left(1 + \frac{1}{x}\right)^x = e .$$

5. 无穷小与无穷大以及它们之间的关系.

6. 无穷小的比较：高阶无穷小、低阶无穷小、同阶无穷小、等价无穷小.

三、函数的连续

1. 函数连续的定义.

2. 初等函数在其定义区间内都是连续的.

四、函数在土建工程中的应用举例

1. 函数关系的建立；

2. 分布荷载、剪力与弯矩函数；

3. 挠曲线方程.

习题训练（一）

一、选择题

1. 下列函数为复合函数的是（　　　）.

 A. $y = x^2 + x + 2$ B. $y = \sin\dfrac{1}{x}$

 C. $y = \mathrm{ar}\cos(2 + \mathrm{e}^x)$ D. $y = x^2 \mathrm{e}^x$

2. $\lim\limits_{x \to 5}\dfrac{x-5}{x^2-25} = （　　　）$.

 A. 1   B. $\dfrac{1}{10}$ C. 0   D. ∞

3. 当 $x \to 0$ 时，与 $\sqrt{3+x} - \sqrt{3-x}$ 等价的无穷小量是（　　　）.

 A. x B. $2x$ C. $\sqrt{2}x$ D. $\dfrac{x}{\sqrt{3}}$

4. 函数 $f(x) = \dfrac{x+2}{x^2-x-6}$ 的间断点是（　　　）.

 A. $x = 3$ B. $x = -2$

 C. $x = -2$ 和 $x = 3$ D. 不存在

5. 函数 $f(x)$ 在 x_0 处有定义，是 $f(x)$ 在该点连续的（　　）

 A. 充要条件   B. 充分条件

 C. 必要条件   D. 无关的条件

6. 设函数 $f(x) = \begin{cases} \mathrm{e}^x, & x > 0 \\ x^2 + k, & x \leqslant 0 \end{cases}$ 在点 $x = 0$ 处连续，则 $k = （　　　）$.

 A. 0   B. 1   C. -1   D. 2

二、填空题

1. 函数 $f(x) = \sqrt{x-4} + \arcsin\dfrac{1}{x}$ 的定义域为 _____.

2. $f(x)=\begin{cases}\dfrac{a+1}{2+x^2}, & x\geqslant 1\\ 3x+1, & x<1\end{cases}$，若函数 $f(x)$ 在点 $x=1$ 处连续，则 $a=\underline{\qquad}$.

3. 设 $f(x)=2^x$，$g(x)=x^2$，则 $f[g(x)]=\underline{\qquad}$.

4. 若 $\lim\limits_{x\to 0}\dfrac{\sin kx}{3x}=5$，则 $k=\underline{\qquad}$.

5. 若 $a=\underline{\qquad}$，则当 $x\to 0$ 时，$\tan x^2$ 与 x^a 是等价无穷小.

三、计算题

1. 分析下列函数由哪些函数复合而成.

（1）$y=\ln^3(\cot\sqrt{2x+5})$；　　　　　　（2）$y=\arccos(e^x+1)^5$.

2. 求下列极限.

（1）$\lim\limits_{x\to\infty}\dfrac{3x^2+x+2}{4x^2+2x-9}$；　　　　　　（2）$\lim\limits_{x\to+\infty}(\sqrt{x^2+2x}-x)$；

（3）$\lim\limits_{x\to 4}\dfrac{3-\sqrt{5+x}}{1-\sqrt{5-x}}$；　　　　　　（4）$\lim\limits_{x\to 0}\dfrac{\ln(1+\sin 2x)}{x}$；

（5）$\lim\limits_{x\to 0}\dfrac{2-2\cos^2 x}{x\sin x}$；　　　　　　（6）$\lim\limits_{x\to 0}\dfrac{\sin 4x-\sin 5x}{\ln(1+3x)}$；

（7）$\lim\limits_{x\to 0}(1+\sin x)^{\cot x}$；　　　　　　（8）$\lim\limits_{x\to\frac{\pi}{2}}\ln(2\sin x+2)$.

3. 讨论函数 $f(x)=\begin{cases}\dfrac{x^2-4}{x-2}, & x\neq 2\\ 3, & x=2\end{cases}$ 在点 $x=2$ 的连续性.

4. 求常数 a,b 的值，使函数 $f(x)=\begin{cases}x^2-1, & x<0\\ ax+b, & 0\leqslant x\leqslant 1\\ x^3+2, & x>1\end{cases}$ 为连续函数.

5. 将一个半径为 R 的圆形铁皮自中心处剪出中心角为 α 的扇形，围成一个无底圆锥，试将圆锥容积 V 表示为角 α 的函数.

6. 下水道断面尺寸如图 1-10 所示，试证明过水断面的水深 h、过水断面的面积 ω 可分别表示成角 φ 的函数，即

$$h=\dfrac{D}{2}\left(1-\cos\dfrac{\varphi}{2}\right),\quad \omega=\dfrac{D^2}{8}(\varphi-\sin\varphi).$$

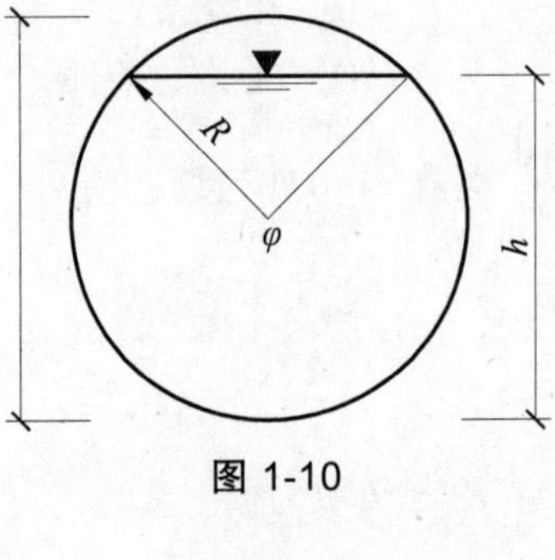

图 1-10

第二章 导数与微分

微分学是高等数学的重要组成部分，导数与微分是微分学的两个最基本的概念. 其中，导数反映了函数相对于自变量的变化程度，而微分则指明当自变量有微小变化时，函数大体上变化多少. 本章将在函数极限基础上，从实际例子出发来讨论导数与微分的概念以及它们的计算方法.

第一节 导数的概念

一、引 例

1. 直线运动的瞬时速度

由物理学可知，物体做匀速直线运动时，它在任何时刻的速度都可以用 $v = \dfrac{s}{t}$ 来计算. 但当物体做变速直线运动时，上述公式只能用来计算某段路程的平均速度，若要精确地了解物体的运动，不仅要知道它的平均速度，还要知道它在每个时刻的瞬时速度.

设一物体做变速直线运动，物体经过的路程 s 是时间 t 的函数，即 $s = f(t)$；当时间由 t_0 变化到 $t_0 + \Delta t$ 时，在 Δt 时间段内，物体走过的路程为

$$\Delta s = f(t_0 + \Delta t) - f(t_0).$$

于是物体在这一段时间内的平均速度为

$$\overline{v} = \frac{\Delta s}{\Delta t} = \frac{f(t_0 + \Delta t) - f(t_0)}{\Delta t}.$$

显然，这个平均速度是随着 Δt 的变化而变化的. 一般地，当 $|\Delta t|$ 很小时，$\overline{v}$ 可以看作物体在 t_0 时刻的速度的近似值，而且 $|\Delta t|$ 越小，近似程度越好，因为 $|\Delta t|$ 取得越小，在 Δt 时间段内物体运动的速度越是来不及有很大的变化，因而 $\overline{v}$ 就越能接近物体在 t_0 时刻的瞬时速度. 当 $\Delta t \to 0$ 时，平均速度 $\overline{v}$ 的极限就是物体在 t_0 时刻的瞬时速度，即

$$v(t_0) = \lim_{\Delta t \to 0} \overline{v} = \lim_{\Delta t \to 0} \frac{\Delta s}{\Delta t} = \lim_{\Delta t \to 0} \frac{f(t_0 + \Delta t) - f(t_0)}{\Delta t}.$$

也就是说，物体运动的瞬时速度就是位移的增量 Δs 和时间增量 Δt 的比值在时间增量 Δt 趋于零时的极限.

2. 平面曲线的切线斜率

如图 2-1 所示，在曲线 $f(x)$ 上取与 $M_0(x_0, y_0)$ 邻近的另一点 $M(x_0 + \Delta x, y_0 + \Delta y)$，作曲线的割线 M_0M；当点 M 沿着曲线向点 M_0 移动时，割线 M_0M 绕点 M_0 移动，当点 M 逐渐接近于点 M_0 时 $(M \to M_0)$，割线 M_0M 的极限位置 M_0T 就叫作曲线 $y=f(x)$ 在点 M_0 处的切线.

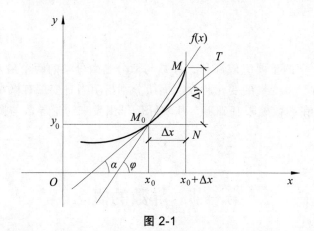

图 2-1

由图可知，割线的斜率是

$$\frac{\Delta y}{\Delta x} = \frac{f(x_0 + \Delta x) - f(x_0)}{\Delta x}.$$

点 M 沿着曲线逐渐接近于点 M_0 时 $(M \to M_0)$，得到切线 M_0T 的斜率为

$$k = \lim_{\Delta x \to 0} \frac{\Delta y}{\Delta x} = \lim_{\Delta x \to 0} \frac{f(x_0 + \Delta x) - f(x_0)}{\Delta x}.$$

也就是说，曲线 $y = f(x)$ 在点 M_0 处的纵坐标 y 的增量 Δy 与横坐标 x 的增量 Δx 的比值，当 $\Delta x \to 0$ 时的极限为曲线在 M_0 点处切线的斜率.

上述两个问题，一个是物理问题，另一个是几何问题，它们的实际意义不同，但如果撇开两个极限的实际意义，就可以把所求的量归结为：求当自变量的改变量趋于零时，函数的改变量与自变量的改变量之比的极限.

二、导数的概念

1. 导数的定义

设函数 $y = f(x)$ 在点 x_0 的某个邻域内有定义，当自变量 x 在点 x_0 处取得增量 Δx，$x_0 + \Delta x$ 仍在该邻域内时，相应的函数有增量 $\Delta y = f(x_0 + \Delta x) - f(x_0)$，如果极限

$$\lim_{\Delta x \to 0} \frac{\Delta y}{\Delta x} = \lim_{\Delta x \to 0} \frac{f(x_0 + \Delta x) - f(x_0)}{\Delta x}$$

存在，则称函数 $y = f(x)$ 在点 x_0 处可导，并称此极限为 $y = f(x)$ 在点 x_0 的导数. 记作

$$f'(x_0),\ y'\big|_{x=x_0},\ \frac{\mathrm{d}y}{\mathrm{d}x}\bigg|_{x=x_0} \quad \text{或} \quad \frac{\mathrm{d}f}{\mathrm{d}x}\bigg|_{x=x_0}.$$

如果极限不存在，则称函数 $y = f(x)$ 在点 x_0 处不可导.

令 $x = x_0 + \Delta x$，则 $\Delta x \to 0$ 等价于 $x \to x_0$，于是导数又可以表示为

$$f'(x_0) = \lim_{x \to x_0} \frac{f(x) - f(x_0)}{x - x_0}.$$

上式也可以写成

$$f'(x_0) = \lim_{h \to 0} \frac{f(x_0 + h) - f(x_0)}{h}.$$

根据导数的定义，上述两个实际问题又可叙述为：

（1）做变速直线运动的物体在时刻 t_0 的瞬时速度，就是路程函数 $s = f(t)$ 在 t_0 处对时间 t 的导数.

（2）曲线 $y = f(x)$ 在点 $M_0(x_0, y_0)$ 处的切线斜率，就是函数 $y = f(x)$ 在点 x_0 处对自变量 x 的导数.

导数反映了函数的变化率问题，反映了因变量随自变量的变化而变化的程度.

如果函数 $y = f(x)$ 在开区间 I 内每一点都可导，则称函数 $y = f(x)$ 在开区间 I 可导，对应地得到的函数叫作导函数，简称导数，记作 $y', f'(x), \dfrac{dy}{dx}$ 或 $\dfrac{df(x)}{dx}$ 等.

点 x_0 的导数 $f'(x_0)$ 就是导函数 $f'(x)$ 在 x_0 处的函数值.

例 2-1 求函数 $y = \sin x$ 的导数.

解：（1）求增量：$\Delta y = \sin(x + \Delta x) - \sin x = 2\cos\left(x + \dfrac{\Delta x}{2}\right)\sin\dfrac{\Delta x}{2}$.

（2）算比值：$\dfrac{\Delta y}{\Delta x} = \dfrac{2\cos\left(x + \dfrac{\Delta x}{2}\right)\sin\dfrac{\Delta x}{2}}{\Delta x} = \dfrac{\cos\left(x + \dfrac{\Delta x}{2}\right)\sin\dfrac{\Delta x}{2}}{\dfrac{\Delta x}{2}}$.

（3）取极限：$y' = \lim\limits_{\Delta x \to 0} \dfrac{\Delta y}{\Delta x} = \lim\limits_{\Delta x \to 0} \dfrac{\cos\left(x + \dfrac{\Delta x}{2}\right)\sin\dfrac{\Delta x}{2}}{\dfrac{\Delta x}{2}} = \cos x$.

同理可以得到：$(\cos x)' = -\sin x$.

例 2-2 求函数 $y = bx + c$ 的导数.

解：（1）求增量：$\Delta y = f(x + \Delta x) - f(x) = b(x + \Delta x) + c - (bx + c) = b\Delta x$.

（2）算比值：$\dfrac{\Delta y}{\Delta x} = \dfrac{b\Delta x}{\Delta x} = b$.

（3）取极限：$y' = \lim\limits_{\Delta x \to 0} \dfrac{\Delta y}{\Delta x} = b$.

2. 左右导数

若极限 $\lim\limits_{\Delta x \to 0^-} \dfrac{\Delta y}{\Delta x} = \lim\limits_{\Delta x \to 0^-} \dfrac{f(x_0 + \Delta x) - f(x_0)}{\Delta x}$ 存在，则称此极限值为函数 $y = f(x)$ 在点 x_0 处的左导数，记作 $f'_-(x_0)$.

若极限 $\lim\limits_{\Delta x \to 0^+} \dfrac{\Delta y}{\Delta x} = \lim\limits_{\Delta x \to 0^+} \dfrac{f(x_0 + \Delta x) - f(x_0)}{\Delta x}$ 存在，则称此极限值为函数 $y = f(x)$ 在点 x_0 处的右导数，记作 $f'_+(x_0)$.

函数 $y = f(x)$ 在点 x_0 处可导的充分必要条件是 $f(x)$ 在点 x_0 处的左、右导数都存在且相等.

3. 导数的几何意义

（1）切线斜率：函数 $y = f(x)$ 在点 x_0 处的导数 $f'(x_0)$ 在几何上的意义为曲线 $y = f(x)$ 在点 $M_0(x_0, f(x_0))$ 处的切线斜率.

（2）切线方程：如果 $f'(x_0)$ 存在，则曲线 $y = f(x)$ 在点 $M_0(x_0, f(x_0))$ 处的切线方程为

$$y - f(x_0) = f'(x_0)(x - x_0).$$

（3）法线的定义：过切点 $M_0(x_0, f(x_0))$ 且垂直于切线的直线叫作曲线 $y = f(x)$ 在点 $M_0(x_0, f(x_0))$ 处的法线.

（4）法线方程：如果 $f'(x_0)$ 存在，则曲线 $y = f(x)$ 在点 $M_0(x_0, f(x_0))$ 处的法线方程为

$$y - f(x_0) = -\frac{1}{f'(x_0)}(x - x_0), \quad f'(x_0) \neq 0.$$

当 $f'(x_0) = 0$ 时，切线为平行于 x 轴的直线 $y = f(x_0)$，法线为垂直于 x 轴的直线 $x = x_0$.

当 $f'(x_0) = \infty$ 时，切线为垂直于 x 轴的直线 $x = x_0$，法线为平行于 x 轴的直线 $y = f(x_0)$.

例 2-3 求曲线 $y = x^2$ 在点 $(2, 4)$ 处的切线方程和法线方程.

解： 根据导数的几何意义可知：$y' = 2x$，$y'(2) = 4$. 则所求切线方程为

$$y - 4 = 4(x - 2),$$

即

$$4x - y - 4 = 0.$$

所求法线方程为

$$y - 4 = -\frac{1}{4}(x - 2),$$

即

$$x + 4y - 14 = 0.$$

例 2-4 求等边双曲线 $y = \dfrac{1}{x}$ 在点 $\left(\dfrac{1}{2}, 2\right)$ 处的切线方程和法线方程.

解： 根据导数的几何意义可知：$y' = -\dfrac{1}{x^2}$，$y'\left(\dfrac{1}{2}\right) = -4$. 则所求切线方程为

$$y - 2 = -4\left(x - \frac{1}{2}\right),$$

即

$$4x + y - 4 = 0.$$

所求法线方程为

$$y - 2 = \frac{1}{4}\left(x - \frac{1}{2}\right),$$

即

$$2x - 8y + 15 = 0.$$

4. 可导与连续

如果函数 $y = f(x)$ 在点 x_0 处可导，则函数 $y = f(x)$ 在点 x_0 处连续. 即"可导一定连续".

注意： 逆命题不成立，即连续不一定可导.

例 2-5 设 $f(x)=\begin{cases} x^2, & x\leqslant 1 \\ ax+b, & x>1 \end{cases}$，试确定 a 与 b 的值，使 $f(x)$ 在 $x=1$ 处可导.

解：因为函数在某点可导的必要条件是在该点连续，故必有

$$\lim_{x\to 1}(ax+b)=1 ,$$

即
$$a+b=1 .$$

又
$$f'_+(1)=\lim_{x\to 1^+}\frac{ax+b-1}{x-1}=\lim_{x\to 1^+}\frac{ax+(1-a)-1}{x-1}=a ,$$

$$f'_-(1)=\lim_{x\to 1^-}\frac{x^2-1}{x-1}=\lim_{x\to 1^-}(x+1)=2 ,$$

所以 $a=2$，进而 $b=-1$.

例 2-6 讨论 $f(x)=\begin{cases} x, & x\leqslant 1 \\ 2-x, & x>1 \end{cases}$ 在点 $x=1$ 处的连续性与可导性.

解：
$$\lim_{x\to 1^-}f(x)=\lim_{x\to 1^-}x=1 ,$$
$$\lim_{x\to 1^+}f(x)=\lim_{x\to 1^+}(2-x)=1$$

所以 $f(x)$ 在点 $x=1$ 处连续.

又
$$f'_-(1)=\lim_{x\to 1^-}\frac{f(x)-f(1)}{x-1}=\lim_{x\to 1^-}\frac{x-1}{x-1}=1 ,$$
$$f'_+(1)=\lim_{x\to 1^+}\frac{f(x)-f(1)}{x-1}=\lim_{x\to 1^+}\frac{2-x-1}{x-1}=-1 ,$$

所以 $f(x)$ 在点 $x=1$ 处不可导.

习题 2.1

1. 设 $f(x)=\mathrm{e}^x$，试按照定义求 $f'(1)$.
2. 求函数 $y=\sqrt{x}$ 的导数.
3. 求曲线 $y=x^3+1$ 在点 $(1,2)$ 处的切线方程和法线方程.
4. 在曲线 $y=x^3$ 上某点处的切线斜率为 3，求曲线在该点的切线方程.
5. 设函数 $f(x)=\begin{cases} x^3+1, & x\leqslant 1 \\ ax+b, & x>1 \end{cases}$，若函数 $f(x)$ 在 $x=1$ 处可导，求 a,b 的值.

第二节 函数的求导法则

在本节中，将介绍求导数的几个基本法则以及前一节中未讨论过的几个基本初等函数的

导数公式. 借助于这些法则和基本初等函数的导数公式, 就能比较方便地求出常见的初等函数的导数.

一、函数的和、差、积、商的求导法则

设函数 $u = u(x), v = v(x)$ 都在点 x 处可导, 那么 $u(x) \pm v(x), u(x) \cdot v(x), \dfrac{u(x)}{v(x)}(v(x) \neq 0)$ 都在点 x 处可导, 且

（1）$[u(x) \pm v(x)]' = u'(x) \pm v'(x)$；

（2）$[u(x) \cdot v(x)]' = u'(x) \cdot v(x) + u(x) \cdot v'(x)$；

（3）$[Cu(x)]' = Cu'(x)$ （C 是常数）；

（4）$\left[\dfrac{u(x)}{v(x)} \right]' = \dfrac{u'(x) \cdot v(x) - u(x) \cdot v'(x)}{v^2(x)}$.

上述法则可用导数的定义来证明, 此处略.

和、差、积的求导法则可以推广到有限个函数的情形, 并可以简记作

$$(u \pm v \pm w)' = u' \pm v' \pm w'.$$

$$(uvw)' = u'vw \pm uv'w \pm uvw'.$$

例 2–7 $f(x) = e^x + 4\cos x - \sin \pi$, 求 $f'(x)$.

解： $f'(x) = (e^x)' + (4\cos x)' - (\sin \pi)'$

$\qquad\quad = e^x + 4(\cos x)' - 0$

$\qquad\quad = e^x - 4\sin x.$

例 2–8 $y = (x - x^3)\ln x$, 求 y'.

解： $y' = (x - x^3)' \ln x + (x - x^3)(\ln x)'$

$\qquad = (1 - 3x^2)\ln x + (x - x^3)\dfrac{1}{x}$

$\qquad = (1 - 3x^2)\ln x + 1 - x^2.$

例 2–9 $y = \tan x$, 求 y'.

解： $y' = (\tan x)' = \left(\dfrac{\sin x}{\cos x} \right)'$

$\qquad = \dfrac{(\sin x)' \cos x - \sin x (\cos x)'}{\cos^2 x}$

$\qquad = \dfrac{1}{\cos^2 x} = \sec^2 x,$

即
$$(\tan x)' = \sec^2 x.$$

类似地, 有

$$(\cot x)' = -\csc^2 x.$$

$$(\sec x)' = \sec x \tan x.$$

$$(\csc x)' = -\csc x \cot x.$$

二、反函数的求导法则

若函数 $x = f(y)$ 在区间 I_y 内单调、可导，且 $f'(y) \neq 0$，则它的反函数 $y = f^{-1}(x)$ 在对应的区间 $I_x = \{x \mid x = f(y), y \in I_y\}$ 内也单调、可导，且

$$[f^{-1}(x)]' = \frac{1}{f'(y)} \quad \text{或} \quad \frac{\mathrm{d}y}{\mathrm{d}x} = \frac{1}{\dfrac{\mathrm{d}x}{\mathrm{d}y}}.$$

证明略.

例 2-10　设 $y = \arcsin x$，求 y'.

解： $y = \arcsin x$ 是 $x = \sin y$ 的反函数，$y \in \left[-\dfrac{\pi}{2}, \dfrac{\pi}{2} \right]$，故

$$y' = \frac{1}{(\sin y)'} = \frac{1}{\cos y} = \frac{1}{\sqrt{1 - \sin^2 y}} = \frac{1}{\sqrt{1 - x^2}},$$

即

$$(\arcsin x)' = \frac{1}{\sqrt{1 - x^2}}.$$

类似地，有

$$(\arccos x)' = -\frac{1}{\sqrt{1 - x^2}}.$$

$$(\arctan x)' = \frac{1}{1 + x^2}.$$

$$(\text{arccot}\, x)' = -\frac{1}{1 + x^2}.$$

三、复合函数的求导法则

设函数 $u = g(x)$ 在点 x 处可导，函数 $y = f(u)$ 在点 u 处可导，则复合函数 $y = f[g(x)]$ 在点 x 处可导，且其导数为

$$\frac{\mathrm{d}y}{\mathrm{d}x} = f'(u) \cdot g'(x) \quad \text{或} \quad \frac{\mathrm{d}y}{\mathrm{d}x} = \frac{\mathrm{d}y}{\mathrm{d}u} \cdot \frac{\mathrm{d}u}{\mathrm{d}x}.$$

证明略.

复合函数的求导法则可以推广到有限个函数复合的情形. 若 $y = f(u)$，$u = g(v)$，$v = h(x)$ 都在相应点可导，则复合函数 $y = f[g(h(x))]$ 在点 x 处可导，且

$$\frac{\mathrm{d}y}{\mathrm{d}x} = \frac{\mathrm{d}y}{\mathrm{d}u} \cdot \frac{\mathrm{d}u}{\mathrm{d}v} \cdot \frac{\mathrm{d}v}{\mathrm{d}x}.$$

例 2-11　设 $y = \ln \sin x$，求 y'.

解： $y = \ln \sin x$ 由 $y = \ln u$ 和 $u = \sin x$ 复合而成，则

$$y' = (\ln u)'(\sin x)' = \frac{1}{u} \cdot \cos x = \frac{\cos x}{\sin x} = \cot x .$$

熟练之后，计算时可以不写出中间变量，而直接写出结果.

例 2-12 设 $y = \sqrt{1-x^2}$ ，求 y' .

解： $y' = \dfrac{1}{2\sqrt{1-x^2}}(1-x^2)' = \dfrac{-2x}{2\sqrt{1-x^2}} = \dfrac{-x}{\sqrt{1-x^2}}$.

例 2-13 设 $y = \left(\arctan\dfrac{x}{2}\right)^2$ ，求 y' .

解： $y' = 2\arctan\dfrac{x}{2} \cdot \left(\arctan\dfrac{x}{2}\right)'$

$$= 2\arctan\frac{x}{2} \cdot \frac{1}{1+\left(\dfrac{x}{2}\right)^2}\left(\frac{x}{2}\right)'$$

$$= \frac{4}{4+x^2}\arctan\frac{x}{2}.$$

从以上例子看出，应用复合函数求导法则时，首先要分析所给函数可看作由哪些函数复合而成，或者说，所给函数能分解成哪些函数的复合. 如果所给函数能分解成比较简单的函数的复合，而这些简单函数的导数我们已经会求，那么应用复合函数求导法则就可以求所给函数的导数了.

四、基本导数公式和求导法则

基本初等函数的导数公式与本节中所讨论的求导法则，在初等函数的求导运算中起着重要的作用，我们必须熟练地掌握它们. 为了便于查阅，现在把这些导数公式和求导法则归纳如下：

1. 基本初等函数的导数公式

（1） $C' = 0$ ；

（2） $(x^\mu)' = \mu x^{\mu-1}$ ；

（3） $(\sin x)' = \cos x$ ；

（4） $(\cos x)' = -\sin x$ ；

（5） $(\tan x)' = \sec^2 x$ ；

（6） $(\cot x)' = -\csc^2 x$ ；

（7） $(\sec x)' = \sec x \tan x$ ；

（8） $(\csc x)' = -\csc x \cot x$ ；

（9） $(e^x)' = e^x$ ；

（10） $(a^x)' = a^x \ln a$ ；

（11） $(\ln x)' = \dfrac{1}{x}$ ；

（12） $(\log_a x)' = \dfrac{1}{x \ln a}$ ；

（13） $(\arcsin x)' = \dfrac{1}{\sqrt{1-x^2}}$ ；

（14） $(\arccos x)' = -\dfrac{1}{\sqrt{1-x^2}}$ ；

（15） $(\arctan x)' = \dfrac{1}{1+x^2}$ ；

（16） $(\text{arc}\cot x)' = -\dfrac{1}{1+x^2}$.

2. 函数的和、差、积、商的求导法则

设函数 $u = u(x), v = v(x)$ 均可导，则

（1）$[u \pm v]' = u' \pm v'$；　　　　　　　　　（2）$[u \cdot v]' = u'v + uv'$；

（3）$[Cu]' = Cu'$；　　　　　　　　　　　　　（4）$\left[\dfrac{u}{v}\right]' = \dfrac{u'v - uv'}{v^2} (v \neq 0)$.

3. 反函数的求导法则

若函数 $x = f(y)$ 在区间 I_y 内单调、可导，且 $f'(y) \neq 0$，则它的反函数 $y = f^{-1}(x)$ 在对应的区间 $I_x = \{x \mid x = f(y), y \in I_y\}$ 内也单调、可导，且

$$[f^{-1}(x)]' = \frac{1}{f'(y)} \quad \text{或} \quad \frac{\mathrm{d}y}{\mathrm{d}x} = \frac{1}{\dfrac{\mathrm{d}x}{\mathrm{d}y}}.$$

4. 复合函数的求导法则

设 $y = f(u), u = g(x)$ 均可导，则复合函数 $y = f[g(x)]$ 的导数为

$$\frac{\mathrm{d}y}{\mathrm{d}x} = f'(u) \cdot g'(x) \quad \text{或} \quad \frac{\mathrm{d}y}{\mathrm{d}x} = \frac{\mathrm{d}y}{\mathrm{d}u} \cdot \frac{\mathrm{d}u}{\mathrm{d}x}.$$

例 2-14 设 $y = \ln \dfrac{x+2}{\sqrt{1+x^2}}$，求 y'.

解： $y = \ln \dfrac{x+2}{\sqrt{1+x^2}} = \ln(x+2) - \dfrac{1}{2}\ln(1+x^2)$.

$$y' = \frac{1}{x+2} - \frac{1}{2} \cdot \frac{2x}{1+x^2} = \frac{1}{x+2} - \frac{x}{1+x^2}.$$

例 2-15 设 $y = \ln(\sec x + \tan x)$，求 y'.

解： $y' = \dfrac{1}{\sec x + \tan x} \cdot (\sec x + \tan x)'$

$$= \frac{1}{\sec x + \tan x} \cdot (\sec x \cdot \tan x + \sec^2 x) = \sec x.$$

习题 2.2

1. 求下列函数的导数.

（1）$y = x^3 + 2x - 9$；　　　（2）$y = \sqrt{x} + \dfrac{1}{x} + \tan x$；　　　（3）$y = \dfrac{1+x^2}{\sqrt{x}}$；

（4）$y = x\ln x$；　　　（5）$y = \dfrac{\mathrm{e}^{x^2}}{x} - 2\ln 5$；　　　（6）$y = \dfrac{\cos x}{x} + \dfrac{x}{\sin x}$；

（7）$y = \dfrac{1-\ln x}{1+\ln x}$ ；

（8）$y = \mathrm{e}^{2x^2}\sin x$.

2．求曲线 $y = 2\cos x + 3x^4$ 上横坐标 $x = 0$ 点处的切线方程和法线方程.

3．在曲线 $y = \dfrac{1}{1+x^2}$ 上求一点，使通过该点的切线平行于 x 轴.

4．求下列函数的导数.

（1）$y = \arctan\dfrac{x}{1+x}$ ；

（2）$y = x(\arcsin x)^2$ ；

（3）$y = \tan^2 x$ ；

（4）$y = \ln(3x + 4)$ ；

（5）$y = \ln(\arcsin x)$ ；

（6）$y = \ln(\sec x + \tan x) + x^2$ ；

（7）$y = \ln(\tan x^2)$ ；

（8）$y = \sqrt{x + \ln^2 x + 1}$ ；

（9）$y = \sqrt{1 - x^2}$ ；

（10）$y = \mathrm{e}^{\sin\frac{1}{x}}$ ；

（11）$y = \dfrac{4}{\sqrt{1 - x^2}}$ ；

（12）$y = \mathrm{e}^{\frac{x}{2}}\cos x$ ；

（13）$y = \dfrac{1}{(3x + 2)^4}$ ；

（14）$y = (x + 1)\sqrt{1 + 3x}$.

第三节　隐函数的导数

一、隐函数求导法

前面所遇到的函数都可表示为 $y = f(x)$ 的形式，如 $y = x^3 + 4x - 9$ ，$y = \ln(\sin x)$ 等，这样的函数叫作显函数. 有时，还会遇到用另一种形式表示的函数，就是 y 与 x 的函数关系是由一个含 x 和 y 的方程 $F(x, y) = 0$ 所确定. 例如，在方程 $x^3 + 2x - 9 = 0$ 中，给出 x 一个确定的值，就有唯一确定的 y 值与之对应，所以它也确定了 y 是 x 的函数. 像这样由方程 $F(x, y) = 0$ 所确定的函数叫作隐函数.

把一个隐函数化为显函数，叫作隐函数的显化. 有些隐函数很容易化为显函数，而有些则很困难，甚至不可能. 如方程 $xy = \mathrm{e}^{x+y}$ 就无法把 y 表示成 x 的显函数的形式.

在实际问题中，求隐函数的导数并不需要先将隐函数化为显函数，而是利用复合函数的求导法则，将方程两边同时对 x 求导，并注意到其中变量 y 是 x 的函数，就可直接求出隐函数的导数.

例 2-16　求方程 $x^2 + y^2 = 1$ 确定的隐函数的导数 y'_x .

解：将方程两边同时对 x 求导，同时还要注意，y 是 x 的函数，y^2 是 x 的复合函数，按求导法则得

$$(x^2)'_x + (y^2)'_x = 0 ,$$

即

$$2x + 2yy'_x = 0 .$$

所以
$$y'_x = -\frac{x}{y}.$$

例 2-17 求方程 $e^y + xy^2 - e = 0$ 确定的隐函数的导数.

解：将方程两边同时对 x 求导，得

$$e^y y' + (x)' y^2 + x(y^2)' = 0 ,$$

即
$$e^y y' + y^2 + x \cdot 2yy' = 0.$$

所以
$$y' = -\frac{y^2}{e^y + 2xy}.$$

例 2-18 求方程 $y^5 + 2y - x - 3x^7 = 0$ 确定的隐函数在点 $x = 0$ 处的导数.

解：将方程两边同时对 x 求导，得

$$5y^4 y' + 2y' - 1 - 21x^6 = 0.$$

由此得到
$$y' = \frac{1 + 21x^6}{5y^4 + 2}.$$

因为当 $x = 0$ 时，从原方程得 $x = 0$，所以 $\left.\dfrac{dy}{dx}\right|_{x=0} = \dfrac{1}{2}$.

二、对数求导法

在求导运算中，常常会遇到下列两类函数的求导问题：一类是幂指函数 $[f(x)]^{g(x)}$；另一类是由一系列函数的乘、除、乘方、开方所构成的函数. 这两类问题用对数求导法来求，会使计算更简便.

所谓对数求导法，就是在 $y = f(x)$ 的两边先取对数，然后在等式两边分别对 x 求导，遇到 y 时将其认作中间变量，利用复合函数的求导法则，得到含 y' 的方程，最后解出 y'.

例 2-19 设 $y = (\sin x)^x$，求 y'.

解：等式两边同时取自然对数得

$$\ln y = x \ln \sin x.$$

两边同时对 x 求导，得

$$\frac{1}{y} y' = \ln \sin x + x \frac{1}{\sin x} \cos x = \ln \sin x + x \cot x.$$

所以

$$y' = y(\ln \sin x + x \cot x) = (\sin x)^x (\ln \sin x + x \cot x).$$

例 2-20 设 $y = \sqrt[3]{\dfrac{(x+1)^2}{(x-3)(x+2)}}$，求 y'.

解：等式两边同时取自然对数得

$$\ln y = \frac{1}{3}[2\ln(x+1) - \ln(x-3) - \ln(x+2)].$$

两边同时对 x 求导，得

$$\frac{1}{y}y' = \frac{1}{3}\left(\frac{2}{x+1} - \frac{1}{x-3} - \frac{1}{x+2}\right).$$

所以

$$y' = \frac{1}{3}\left(\frac{2}{x+1} - \frac{1}{x-3} - \frac{1}{x+2}\right)y$$

$$= \frac{1}{3}\left(\frac{2}{x+1} + \frac{1}{x-3} - \frac{1}{x+2}\right)\sqrt[3]{\frac{(x+1)^2}{(x-3)(x+2)}}.$$

三、参数方程求导法

两个变量 x 和 y 间的函数关系，除了用显函数 $y = f(x)$ 和隐函数 $F(x,y) = 0$ 表示外，还可以用参数方程 $\begin{cases} x = \alpha(t) \\ y = \beta(t) \end{cases}$（其中 t 为参数）来表示，且 $x = \alpha(t), y = \beta(t)$ 都可导，现在讨论如何由参数方程求 y 对 x 的导数.

由参数方程所确定的函数可以看成 $y = \beta(t), t = \alpha^{-1}(x)$ 复合而成的函数，根据复合函数与反函数的求导法则，有

$$\frac{\mathrm{d}y}{\mathrm{d}x} = \frac{\mathrm{d}y}{\mathrm{d}t} \cdot \frac{\mathrm{d}t}{\mathrm{d}x} = \frac{\dfrac{\mathrm{d}y}{\mathrm{d}t}}{\dfrac{\mathrm{d}x}{\mathrm{d}t}} = \frac{\beta'(t)}{\alpha'(t)}.$$

例 2-21 已知参数方程为 $\begin{cases} x = \sin t \\ y = t \end{cases}$（其中 t 为参数），求 $\dfrac{\mathrm{d}y}{\mathrm{d}x}$.

解：$\dfrac{\mathrm{d}y}{\mathrm{d}x} = \dfrac{(t)'}{(\sin t)'} = \dfrac{1}{\cos t} = \sec x$.

例 2-22 设摆线的参数方程 $\begin{cases} x = t - \sin t \\ y = 1 - \cos t \end{cases}$，求 $t = \dfrac{\pi}{2}$ 时的切线方程.

解：当 $t = \dfrac{\pi}{2}$ 时，摆线上的点坐标为 $\left(\dfrac{\pi}{2} - 1, 1\right)$. 又

$$\frac{\mathrm{d}y}{\mathrm{d}x} = \frac{(1 - \cos t)'}{(t - \sin t)'} = \frac{\sin t}{1 - \cos t}.$$

从而切线的斜率为 $k = \dfrac{\mathrm{d}y}{\mathrm{d}x}\bigg|_{t=\frac{\pi}{2}} = 1$，故切线方程为

$$y - 1 = x - \left(\frac{\pi}{2} - 1\right),$$

即

$$y - x + \frac{\pi}{2} - 2 = 0.$$

习题 2.3

1. 求由下列方程所确定的隐函数的导数.

（1）$x^2 + y^2 - 2x + xy - 9 = 0$；　　　　（2）$x + y + xy = e^{x+y}$；

（3）$y + x\ln y = 1$；　　　　（4）$y = 1 + xe^y$.

2. 用对数求导法求下列函数的导数.

（1）$y = \cos x^x$；　　　　（2）$y = \sin x \cdot \sqrt[3]{\dfrac{x+3}{x+5}}$；

（3）$y^x = x^y$；　　　　（4）$y = \dfrac{\sqrt{3+x}(1+x)^5}{(2x+1)^2}$；

3. 求椭圆 $\dfrac{x^2}{4} + \dfrac{y^2}{3} = 1$ 在点 $\left(1, \dfrac{3}{2}\right)$ 处的切线方程.

4. 求曲线 $\begin{cases} x = t + \sin t \\ y = \cos t \end{cases}$ 在 $t = \dfrac{\pi}{4}$ 处的切线方程.

5. 求下列参数方程所确定的函数的导数：

（1）$\begin{cases} x = \tan t + \arcsin t \\ y = \sin t + t \end{cases}$；　　　　（2）$\begin{cases} x = \ln\sqrt{1+t^2} \\ y = t - \arctan t \end{cases}$.

第四节　高阶导数

一、高阶导数的概念

函数 $y = f(x)$ 的导数 $y' = f'(x)$ 仍然是 x 的函数，如果可导，我们把 $y' = f'(x)$ 的导数叫作函数 $y = f(x)$ 的二阶导数，记作 y'' 或 $\dfrac{d^2 y}{dx^2}$. 以此类推，对函数 $f(x)$ 的 $n-1$ 阶导数再求一次导数（若存在），所得的导数称为函数 $f(x)$ 的 n 阶导数.

二阶及二阶以上的导数统称为高阶导数.

二阶导数记为：y''，$f''(x)$ 或 $\dfrac{d^2 y}{dx^2}$；

三阶导数记为：y'''，$f'''(x)$ 或 $\dfrac{d^3 y}{dx^3}$；

四阶导数记为：$y^{(4)}$，$f^{(4)}(x)$ 或 $\dfrac{d^4 y}{dx^4}$；

……

n 阶导数记为：$y^{(n)}$，$f^{(n)}(x)$ 或 $\dfrac{d^n y}{dx^n}$.

例 2-23　求函数 $y = \arctan 2x$ 的二阶导数.

解： $y' = \dfrac{2}{1+4x^2}$．

$y'' = -\dfrac{2(1+4x^2)'}{(1+4x^2)^2} = -\dfrac{16x}{(1+4x^2)^2}$．

例 2-24 求函数 $y = x^n$ 的 n 阶导数．

解： $y' = nx^{n-1}$，

$y'' = n(n-1)x^{n-2}$，

$y''' = n(n-1)(n-2)x^{n-3}$，

……

$y^{(n)} = n!$，

$y^{(n+1)} = 0$．

例 2-25 求函数 $y = \ln(x+1)$ 的 n 阶导数．

解： $y' = \dfrac{1}{1+x}$，

$y'' = -(1+x)^{-2}$，

$y''' = (-1)(-2)(1+x)^{-3}$，

$y^{(4)} = (-1)(-2)(-3)(1+x)^{-4}$，

……

$y^{(n)} = (-1)^{n-1}(n-1)!(1+x)^{-n} = \dfrac{(-1)^{n-1}(n-1)!}{(1+x)^n}$．

例 2-26 求函数 $y = \sin x$ 的 n 阶导数．

解： $y' = \cos x = \sin\left(x + \dfrac{1}{2}\pi\right)$，

$y'' = -\sin x = \sin(x+\pi)$，

$y''' = -\cos x = \sin\left(x + \dfrac{3}{2}\pi\right)$，

$y^{(4)} = \sin x = \sin(x+2\pi)$，

……

$y^{(n)} = \sin\left(x + \dfrac{n}{2}\pi\right)$．

即

$$(\sin x)^{(n)} = \sin\left(x + \dfrac{n}{2}\pi\right)．$$

类似地，有

$$(\cos x)^{(n)} = \cos\left(x + \dfrac{n}{2}\pi\right)．$$

二、二阶导数的物理学意义

变速直线运动中，运动方程为 $s = s(t)$，则物体运动的速度是路程 s 对时间 t 的一阶导数，

$$v = s'(t) = \frac{\mathrm{d}s}{\mathrm{d}t}.$$

其二阶导数

$$a = v'(t) = s''(t) = \frac{\mathrm{d}^2 s}{\mathrm{d}t^2}.$$

在物理学中，a 叫作物体的加速度，也就是说，物体运动的加速度 a 是路程 s 对时间 t 的二阶导数.

例 2-27 已知物体的运动方程为 $s = A\cos(\omega t + \varphi)$ （其中 A, ω, φ 是常数），求物体运动的加速度.

解：因为 $s = A\cos(\omega t + \varphi)$，所以

$$v = s' = -A\omega \sin(\omega t + \varphi).$$

则

$$a = v' = s'' = -A\omega^2 \cos(\omega t + \varphi).$$

习题 2.4

1. 求下列函数的二阶导数.

（1）$y = x\sin x$;

（2）$y = \sin x + \ln(2 + x)$;

（3）$y = \sqrt{1-x^2}\arcsin x$;

（4）$y = \tan x$.

2. 求下列函数的 n 阶导数.

（1）$y = \dfrac{1}{x(x+1)}$;

（2）$y = x\ln x$;

（3）$y = x\mathrm{e}^x$;

（4）$y = \cos^2 x$.

第五节　函数的微分

一、微分的概念

1. 两个实例

例 2-28 设一个边长为 x 的正方形金属薄片，由于温度的变化，其边长由 x_0 变到 $x_0 + \Delta x$ 时，金属片面积增加了多少?

解：面积函数为 $A = x^2$，当自变量 x 在点 x_0 处有增量 Δx 时，相应地面积增量为

$$\Delta A = (x_0 + \Delta x)^2 - x_0^2 = 2x_0\Delta x + (\Delta x)^2.$$

显然，ΔA 由两部分组成：第一部分是 $2x_0\Delta x$，其中 $2x_0$ 是常数；第二部分是 $(\Delta x)^2$，是以 Δx 为边长的小正方形的面积. 当 $\Delta x \to 0$ 时，$(\Delta x)^2$ 是比 Δx 更高阶的无穷小量，因而它比 $2x_0\Delta x$ 要小得多，可以忽略，所以

$$\Delta A \approx 2x_0\Delta x.$$

例 2-29　求自由落体运动中，物体由时刻 t_0 到 $t_0 + \Delta t$ 所经过的路程的近似值.

解：自由落体运动中，路程 s 与时间 t 的函数关系是

$$s = \frac{1}{2} g t^2 .$$

当时间从 t_0 变化到 $t_0 + \Delta t$ 时，相应的路程的增量为

$$\Delta s = \frac{1}{2} g (t_0 + \Delta t)^2 - \frac{1}{2} g t_0^2 = g t_0 \Delta t + \frac{1}{2} g (\Delta t)^2 .$$

上式表明，路程的增量分为两部分，一部分是 Δt 的线性函数 $g t_0 \Delta t$，另一部分是比 Δt 更高阶的无穷小量 $\frac{1}{2} g (\Delta t)^2$（当 $|\Delta t|$ 很小时，可以忽略）. 从而得到物体由时刻 t_0 到 $t_0 + \Delta t$ 所经过的路程的近似值为

$$\Delta s = g t_0 \Delta t .$$

由上所述，函数 $y = f(x)$ 在点 x 处的改变量 Δy 都可以表示为

$$\Delta y = A \Delta x + o(\Delta x)(\Delta x \to 0) \quad 且 \quad A = f'(x) .$$

2. 微分的定义

如果函数 $y = f(x)$ 在点 x 处的改变量 $\Delta y = f(x + \Delta x) - f(x)$ 可以表示为

$$\Delta y = A \cdot \Delta x + o(\Delta x) .$$

式中 A 是不依赖于 Δx 的常数，$o(\Delta x)$ 为 Δx 的高阶无穷小量，则称函数 $y = f(x)$ 在点 x 处可微，并称 $A \cdot \Delta x$ 为函数 $y = f(x)$ 在点 x 处的**微分**，记作

$$\mathrm{d} y = A \cdot \Delta x .$$

从定义可知，$\mathrm{d} y = A \cdot \Delta x$ 是 $\Delta y = A \cdot \Delta x + o(\Delta x)$ 的线性主部，下面讨论可微与可导之间的关系.

3. 可微的充要条件

函数 $y = f(x)$ 在点 x 处可微的充要条件是：$y = f(x)$ 在点 x 处可导，且 $A = f'(x)$.

证明略.

由上述充要条件可知，

$$\mathrm{d} y = f'(x) \cdot \Delta x .$$

若 $y = x$，则

$$\mathrm{d} y = \mathrm{d} x = (x)' \cdot \Delta x = \Delta x ,$$

这说明自变量的微分等于自变量的增量. 所以，函数 $y = f(x)$ 的微分又可以记作：

$$\mathrm{d} y = f'(x) \cdot \mathrm{d} x ,$$

从而有

$$\frac{\mathrm{d} y}{\mathrm{d} x} = f'(x) .$$

也就是说，导数可以看作函数微分与自变量微分的比值，因此，导数又叫作微商.

由此可见，可导与可微是等价的，它们之间的关系是：

$$\mathrm{d} y = f'(x) \cdot \mathrm{d} x .$$

即求微分的实质就是求导数，因此我们可以列出微分的基本公式.

二、微分基本公式及其运算法则

1. 微分的四则运算法则

设 u, v 是 x 的函数，且在点 x 处可微，则

（1）$\mathrm{d}(u \pm v) = \mathrm{d}u \pm \mathrm{d}v$;

（2）$\mathrm{d}(uv) = u\mathrm{d}v \pm v\mathrm{d}u$;

（3）$\mathrm{d}(Cu) = C\mathrm{d}u$;

（4）$\mathrm{d}\left(\dfrac{u}{v}\right) = \dfrac{v\mathrm{d}u - u\mathrm{d}v}{v^2}(v \neq 0)$.

2. 微分的基本公式

（1）$C' = 0$, $\qquad\qquad\qquad\qquad$ $\mathrm{d}(C) = 0$;

（2）$(x^\mu)' = \mu x^{\mu-1}$, $\qquad\qquad\qquad$ $\mathrm{d}(x^\mu) = \mu x^{\mu-1}\mathrm{d}x$;

（3）$(\sin x)' = \cos x$, $\qquad\qquad\qquad$ $\mathrm{d}(\sin x) = \cos x\mathrm{d}x$;

（4）$(\cos x)' = -\sin x$, $\qquad\qquad\quad$ $\mathrm{d}(\cos x) = -\sin x\mathrm{d}x$;

（5）$(\tan x)' = \sec^2 x$, $\qquad\qquad\quad$ $\mathrm{d}(\tan x) = \sec^2 x\mathrm{d}x$;

（6）$(\cot x)' = -\csc^2 x$, $\qquad\qquad\;$ $\mathrm{d}(\cot x) = -\csc^2 x\mathrm{d}x$;

（7）$(\sec x)' = \sec x \tan x$, $\qquad\qquad$ $\mathrm{d}(\sec x) = \sec x \tan x\mathrm{d}x$;

（8）$(\csc x)' = -\csc x \cot x$, $\qquad\quad$ $\mathrm{d}(\csc x) = -\csc x \cot x\mathrm{d}x$;

（9）$(\mathrm{e}^x)' = \mathrm{e}^x$, $\qquad\qquad\qquad\quad$ $\mathrm{d}(\mathrm{e}^x) = \mathrm{e}^x\mathrm{d}x$;

（10）$(a^x)' = a^x \ln a$, $\qquad\qquad\qquad$ $\mathrm{d}(a^x) = a^x \ln a\mathrm{d}x$;

（11）$(\ln x)' = \dfrac{1}{x}$, $\qquad\qquad\qquad\quad$ $\mathrm{d}(\ln x) = \dfrac{1}{x}\mathrm{d}x$;

（12）$(\log_a x)' = \dfrac{1}{x \ln a}$, $\qquad\qquad$ $\mathrm{d}(\log_a x) = \dfrac{1}{x \ln a}\mathrm{d}x$;

（13）$(\arcsin x)' = \dfrac{1}{\sqrt{1-x^2}}$, $\qquad\;$ $\mathrm{d}(\arcsin x) = \dfrac{1}{\sqrt{1-x^2}}\mathrm{d}x$;

（14）$(\arccos x)' = -\dfrac{1}{\sqrt{1-x^2}}$, $\qquad$ $\mathrm{d}(\arccos x) = -\dfrac{1}{\sqrt{1-x^2}}\mathrm{d}x$;

（15）$(\arctan x)' = \dfrac{1}{1+x^2}$, $\qquad\quad$ $\mathrm{d}(\arctan x) = \dfrac{1}{1+x^2}\mathrm{d}x$;

（16）$(\mathrm{arccot}\, x)' = -\dfrac{1}{1+x^2}$ $\qquad\quad$ $\mathrm{d}(\mathrm{arccot}\, x) = -\dfrac{1}{1+x^2}\mathrm{d}x$.

3. 复合函数的微分

由复合函数的求导法则可以推导出复合函数的微分法则.

设函数 $y = f(u)$ 和 $u = g(x)$ 都可微，则复合函数 $y = f[g(x)]$ 的微分为

$$\mathrm{d}y = f'(u)g'(x)\mathrm{d}x = f'[g(x)]g'(x)\mathrm{d}x .$$

由于 $\mathrm{d}u = g'(x)\mathrm{d}x$，所以，复合函数 $y = f[g(x)]$ 的微分也可以写成

$$\mathrm{d}y = f'(u)\mathrm{d}u.$$

可见，无论 u 是自变量还是中间变量，微分形式 $\mathrm{d}y = f'(u)\mathrm{d}u$ 总保持不变．这一性质称为微分形式的不变性．有时，利用微分形式的不变性求复合函数的微分比较方便．

求复合函数的微分时，既可利用微分的定义，用复合函数求导公式求出复合函数的导数，再乘以自变量的微分 $\mathrm{d}x$；也可利用微分形式的不变性，直接利用公式 $\mathrm{d}y = f'(u)\mathrm{d}u$ 进行运算．

例 2-30 设 $y = \mathrm{e}^{3x}\cos 2x$，求 $\mathrm{d}y$．

解法一： 用公式 $\mathrm{d}y = f'(x)\mathrm{d}x$，得

$$\begin{aligned}
\mathrm{d}y &= (\mathrm{e}^{3x}\cos 2x)'\mathrm{d}x \\
&= [(\mathrm{e}^{3x})'\cos 2x + \mathrm{e}^{3x}(\cos 2x)']\mathrm{d}x \\
&= (3\mathrm{e}^{3x}\cos 2x - 2\mathrm{e}^{3x}\sin 2x)\mathrm{d}x \\
&= \mathrm{e}^{3x}(3\cos 2x - 2\sin 2x)\mathrm{d}x.
\end{aligned}$$

解法二： 用微分形式不变性，得

$$\begin{aligned}
\mathrm{d}y &= \cos 2x\mathrm{d}(\mathrm{e}^{3x}) + \mathrm{e}^{3x}\mathrm{d}(\cos 2x) \\
&= \cos 2x\mathrm{e}^{3x}\mathrm{d}(3x) - \mathrm{e}^{3x}\sin 2x\mathrm{d}(2x) \\
&= 3\cos 2x\mathrm{e}^{3x}\mathrm{d}x - 2\sin 2x\mathrm{e}^{3x}\mathrm{d}x \\
&= \mathrm{e}^{3x}(3\cos 2x - 2\sin 2x)\mathrm{d}x.
\end{aligned}$$

例 2-31 设 $y = \sin\sqrt{x}$，求 $\mathrm{d}y$．

解法一： 用公式 $\mathrm{d}y = f'(x)\mathrm{d}x$，得

$$\mathrm{d}y = (\sin\sqrt{x})'\mathrm{d}x = \frac{1}{2\sqrt{x}}\cos\sqrt{x}\mathrm{d}x.$$

解法二： 用微分形式不变性，得

$$\mathrm{d}y = \cos\sqrt{x}\mathrm{d}(\sqrt{x}) = \cos\sqrt{x}\frac{1}{2\sqrt{x}}\mathrm{d}x.$$

4. 微分的几何意义

当 Δy 是曲线 $y = f(x)$ 上的 M 点的纵坐标的增量时，$\mathrm{d}y$ 就是曲线的切线上 M 点的纵坐标的相应增量，当 $|\Delta x|$ 很小时，$|\Delta y - \mathrm{d}y|$ 比 $|\Delta x|$ 小得多．因此在点 M 的邻近，我们可以用切线段来近似代替曲线段．

在局部范围内用线性函数近似代替非线性函数，在几何上就是局部用切线近似代替曲线段，这在数学上称为非线性函数的局部线性化，这是微分学的基本思想方法之一．这种思想方法在自然科学和工程问题的研究中是经常采用的．

5. 微分在近似计算中的应用

当 $|\Delta x|$ 很小时，$\Delta y \approx \mathrm{d}y$，即

$$f(x_0 + \Delta x) \approx f(x_0) + f'(x_0)\Delta x.$$

当 $|x|$ 很小时，有

$$f(x) \approx f(0) + f'(0)x .$$

当 $|x|$ 很小时，可以推出以下几个在工程上常用的近似公式：

（1） $\sqrt[n]{1+x} \approx 1 + \dfrac{1}{n}x$ ；

（2） $\sin x \approx x$（ x 以弧度为单位）；

（3） $\tan x \approx x$（ x 以弧度为单位）；

（4） $e^x \approx 1 + x$ ；

（5） $\ln(1+x) \approx x$.

例 2-32 计算 $\sin 30°30'$ 的近似值.

解： 设函数 $f(x) = \sin x$, $x_0 = \dfrac{\pi}{6}$, $\Delta x = \dfrac{\pi}{360}$, $f'(x) = \cos x$ ，由公式得到

$$\sin 30°30' \approx \sin \frac{\pi}{6} + \cos \frac{\pi}{6} \cdot \frac{\pi}{360}$$

$$= \frac{1}{2} + \frac{\sqrt{3}}{2} \cdot \frac{\pi}{360}$$

$$\approx 0.5076.$$

例 2-33 计算 $\sqrt{0.97}$ 的近似值.

解： $\sqrt{0.97} = \sqrt{1 + (-0.03)}$ ，取 $x = -0.03$, $n = 2$. 利用公式 $\sqrt[n]{1+x} \approx 1 + \dfrac{1}{n}x$ ，得到

$$\sqrt{0.97} \approx 1 + \frac{1}{2}x = 0.985 .$$

习题 2.5

1. 计算下列函数的微分.

（1） $y = 3x^2 + 4x$ ；

（2） $y = x\sin x$ ；

（3） $y = \dfrac{1+x}{1-x}$ ；

（4） $y = e^{\arcsin x}$.

2. 计算下列函数值的近似值.

（1） $\cos 29°$ ；

（2） $y = \sqrt[3]{1.02}$.

小 结

一、导数的概念

1. 导数：若极限

$$\lim_{\Delta x \to 0} \frac{\Delta y}{\Delta x} = \lim_{\Delta x \to 0} \frac{f(x_0 + \Delta x) - f(x_0)}{\Delta x}$$

存在，则称函数 $y = f(x)$ 在点 x_0 处可导，并称此极限为 $y = f(x)$ 在点 x_0 的导数. 记作

$$f'(x_0), \quad y'\big|_{x=x_0}, \quad \frac{dy}{dx}\bigg|_{x=x_0} \quad \text{或} \quad \frac{df}{dx}\bigg|_{x=x_0}.$$

2. 左导数：$f'_-(x_0) = \lim\limits_{\Delta x \to 0^-} \dfrac{\Delta y}{\Delta x} = \lim\limits_{\Delta x \to 0^-} \dfrac{f(x_0 + \Delta x) - f(x_0)}{\Delta x}$；

右导数：$f'_+(x_0) = \lim\limits_{\Delta x \to 0^+} \dfrac{\Delta y}{\Delta x} = \lim\limits_{\Delta x \to 0^+} \dfrac{f(x_0 + \Delta x) - f(x_0)}{\Delta x}$.

3. 导数的几何意义.

切线方程：$y - f(x_0) = f'(x_0)(x - x_0)$.

法线方程：$y - f(x_0) = -\dfrac{1}{f'(x_0)}(x - x_0), f'(x_0) \neq 0$.

4. 可导与连续：可导一定连续，连续不一定可导.

二、求导法则及高阶导数

1. 求导法则.

2. 导数的四则运算法则：

（1）$[u \pm v]' = u' \pm v'$；

（2）$[u \cdot v]' = u'v \pm uv'$；

（3）$[Cu]' = Cu'$；

（4）$\left[\dfrac{u}{v}\right]' = \dfrac{u'v - uv'}{v^2}(v \neq 0)$.

3. 复合函数求导法则：$\dfrac{dy}{dx} = \dfrac{dy}{du} \cdot \dfrac{du}{dx}$.

4. 二阶及二阶以上的导数统称为高阶导数.

三、隐函数求导法

1. 隐函数求导法：将方程两边同时对 x 求导，并注意到其中变量 y 是 x 的函数，就可直接求出隐函数的导数.

2. 对数求导法：两边先取对数，然后等式两边分别对 x 求导. 适用于：一类是幂指函数 $[f(x)]^{g(x)}$；另一类是由一系列函数的乘、除、乘方、开方所构成的函数.

3. 参数方程求导法：$\dfrac{dy}{dx} = \dfrac{dy}{dt} \cdot \dfrac{dt}{dx} = \dfrac{\frac{dy}{dt}}{\frac{dx}{dt}} = \dfrac{\beta'(t)}{\alpha'(t)}$.

四、微　分

1. 设 $y = f(x)$，则 $dy = f'(x) \cdot dx$.

2. 微分基本公式及其运算法则.

3. 微分在近似计算中的应用：当 $|\Delta x|$ 很小时，$\Delta y \approx dy$，即 $f(x_0 + \Delta x) \approx f(x_0) + f'(x_0)\Delta x$.

习题训练（二）

一、选择题

1. 若 $f(x) = x\sin x$，则 $f'\left(\dfrac{\pi}{2}\right) = ($ $)$.

A. -1 B. 1 C. $\dfrac{\pi}{2}$ D. $-\dfrac{\pi}{2}$

2. 若 $y = f(x)$，有 $f'(x_0) = \dfrac{1}{2}$，则当 $\Delta x \to 0$ 时，$\mathrm{d}y\big|_{x=x_0}$ 是（   ）.

A. 比 Δx 低阶的无穷小量   B. 比 Δx 高阶的无穷小量
C. 与 Δx 等价的无穷小量   D. 与 Δx 同阶的无穷小量，但非等价

3. 设 $y = \mathrm{e}^x + \mathrm{e}^{-x}$，则 $y'' = ($ $)$.

A. $\mathrm{e}^x + \mathrm{e}^{-x}$ B. $\mathrm{e}^x - \mathrm{e}^{-x}$ C. $-\mathrm{e}^x - \mathrm{e}^{-x}$ D. $-\mathrm{e}^x + \mathrm{e}^{-x}$

4. 函数 $y = f(x)$ 在 x 处可导是其在该点可微的（   ）条件.

A. 必要   B. 充分
C. 充要   D. 既不充分也不必要

5. 设 $f(x) = (x+1)\ln(x+1)$，且 $f'(x_0) = 2$，则 $x_0 = ($ $)$.

A. 1 B. $\mathrm{e} - 1$ C. 0 D. $\dfrac{2}{\mathrm{e}}$

6. 已知函数 $f(x) = \begin{cases} \sin x + 1, & x \leqslant 0 \\ \cos x, & x > 0 \end{cases}$，则函数 $f(x)$ 在点 $x = 0$ 处（   ）.

A. 间断   B. 连续但不可导
C. $y'(0) = 1$ D. $y'(0) = -1$

二、填空题

1. 曲线 $y = \ln(x+1)$ 在点 $(0, 0)$ 处的切线方程为_____.

2. 设 $x \neq 0$，则 $\mathrm{d}\left(\dfrac{\tan x}{x}\right) = $_____$\mathrm{d}x$.

3. 设 $f(x) = x^3$，则 $\lim\limits_{x \to 2} \dfrac{f(x) - f(2)}{x - 2} = $_____.

4. 设 $y = \mathrm{e}^x(\sin x + \cos x)$，则 $y' = $_____.

5. 函数 $y = f(x)$ 在点 $x = x_0$ 处连续是其在该点可导的_____条件.

三、计算题

1. 求下列函数导数.

（1）$y = x^2 - x + \mathrm{e}$；

（2）$y = 3^x \cdot 4^{x+1}$；

（3）$y = (x^2 - 3x)\sin x$；

（4）$y = \ln\tan x$；

（5）$y = \dfrac{\sin x + 1}{\cos x + 1}$；

（6）$y = \left(\arcsin\dfrac{1}{\sqrt{x}}\right)^2$；

（7）$y = \ln \sin^2 x - \cos x \cdot \ln \sin x$；　　　　　　（8）$y = \sqrt{x^3 + 1}$．

2. 设方程 $e^y + xy - 1 = 0$ 确定了 y 是 x 的函数，求 y'．

3. 已知 $ye^x + xy = 1$，求 $\dfrac{\mathrm{d}y}{\mathrm{d}x}\Big|_{x=0}$．

4. 求曲线 $3y^2 = x^2(x+1)$ 在点 $(2, 2)$ 处的切线方程．

5. 求下列函数的 n 阶导数．

（1）$y = \dfrac{3-x}{1+x}$；　　　　　　（2）$y = xe^x$．

6. 设函数 $f(x) = \begin{cases} x + a, & x \leqslant 1 \\ bx^3, & x > 1 \end{cases}$ 在点 $x = 1$ 处可导，试求 a, b 的值．

第三章 导数的应用

在上一章，我们针对实际问题的瞬时速度和曲线切线斜率中函数对自变量的变化率等问题引入了导数的概念，并讨论了导数的计算方法和相关规律. 本章将应用导数来研究函数以及曲线的某些性质和状态，并利用这些知识解决土建工程中涉及的一些实际问题. 首先，我们介绍利用导数求极限的一个方法，即洛必达法则.

第一节 洛必达法则

若当 $x \to x_0$(或 $x \to \infty$) 时，函数 $f(x)$ 和 $g(x)$ 都趋于零(或无穷大)，则极限 $\lim\limits_{x \to a} \dfrac{f(x)}{g(x)}$ ($a = x_0$ 或 ∞) 可能存在、也可能不存在，通常把这种极限称为 $\dfrac{0}{0}$ 型和 $\dfrac{\infty}{\infty}$ 型未定式. 对于这类极限，不能直接用商的法则来求. 本节将介绍一种求这种未定式极限的有效方法——洛必达法则.

1. $\dfrac{0}{0}$ 型与 $\dfrac{\infty}{\infty}$ 型未定式

若 $\lim\limits_{x \to a} f(x) = 0$ ，$\lim\limits_{x \to a} g(x) = 0$ ，则 $\lim\limits_{x \to a} \dfrac{f(x)}{g(x)}$ 是 $\dfrac{0}{0}$ 型未定式；

若 $\lim\limits_{x \to a} f(x) = \infty$ ，$\lim\limits_{x \to a} g(x) = \infty$ ，则 $\lim\limits_{x \to a} \dfrac{f(x)}{g(x)}$ 是 $\dfrac{\infty}{\infty}$ 型未定式.

定理 3-1　若函数 $f(x)$ 和 $g(x)$ 在点 a 的某个邻域内可导，且

（1）$\lim\limits_{x \to a} f(x) = \lim\limits_{x \to a} g(x) = 0$(或 ∞)；

（2）$g'(x) \neq 0$ ；

（3）$\lim\limits_{x \to a} \dfrac{f'(x)}{g'(x)} = A$ (或 ∞)，

则

$$\lim_{x \to a} \frac{f(x)}{g(x)} = \lim_{x \to a} \frac{f'(x)}{g'(x)} = A \text{(或 } \infty \text{)}.$$

证明从略.

说明：

（1）法则中的 $x \to a$ 换成 $x \to \infty, x \to +\infty, x \to -\infty$ 等，结论也成立.

（2）若 $\lim\limits_{x \to a} \dfrac{f'(x)}{g'(x)}$ 还是 $\dfrac{0}{0}$ 型与 $\dfrac{\infty}{\infty}$ 型未定式，且满足定理中的条件，那么可对 $\lim\limits_{x \to a} \dfrac{f'(x)}{g'(x)}$ 重复使用洛必达法则.

例 3-1 求极限 $\lim\limits_{x \to 0} \dfrac{e^x - \cos x}{x \sin x}$.

解：（$\dfrac{0}{0}$ 型）原式 $= \lim\limits_{x \to 0} \dfrac{(e^x - \cos x)'}{(x \sin x)'}$

$$= \lim\limits_{x \to 0} \dfrac{e^x + \sin x}{\sin x + x \cos x}$$

$$= \infty.$$

例 3-2 求极限 $\lim\limits_{x \to 0} \dfrac{x - x \cos x}{x - \sin x}$.

解：（$\dfrac{0}{0}$ 型）原式 $= \lim\limits_{x \to 0} \dfrac{(x - x \cos x)'}{(x - \sin x)'}$

$$= \lim\limits_{x \to 0} \dfrac{1 - \cos x + x \sin x}{1 - \cos x}$$

$$= \lim\limits_{x \to 0} \dfrac{\sin x + \sin x + x \cos x}{\sin x}$$

$$= \lim\limits_{x \to 0} \left(2 + \dfrac{x \cos x}{\sin x} \right)$$

$$= 3.$$

注：对洛必达法则的应用熟练后可省去求导公式这一步.

例 3-3 求极限 $\lim\limits_{x \to 0} \dfrac{e^x - e^a}{x - a}$.

解：（$\dfrac{0}{0}$ 型）原式 $= \lim\limits_{x \to 0} \dfrac{e^x}{1} = e^a$.

例 3-4 求极限 $\lim\limits_{x \to 0} \dfrac{e^x - \sin x - 1}{1 - \sqrt{1 - x^2}}$.

解：（$\dfrac{0}{0}$ 型）原式 $= \lim\limits_{x \to 0} \dfrac{\sqrt{1 - x^2}\,(e^x - \cos x)}{x}$

$$= \lim\limits_{x \to 0} \sqrt{1 - x^2} \cdot \lim\limits_{x \to 0} \dfrac{(e^x - \cos x)}{x}$$

$$= \lim\limits_{x \to 0} \dfrac{(e^x - \cos x)}{x} \left(\dfrac{0}{0} \right)$$

$$= \lim\limits_{x \to 0} (e^x + \sin x)$$

$$= 1.$$

例 3-5 求极限 $\lim\limits_{x \to 0} \dfrac{\ln(1 + x)}{x^2}$.

解：（$\dfrac{0}{0}$ 型）原式 $= \lim\limits_{x \to 0} \dfrac{\dfrac{1}{1 + x}}{2x} = \infty$.

例 3-6 求极限 $\lim\limits_{x\to+\infty}\dfrac{\ln^2 x}{x}$.

解：（$\dfrac{\infty}{\infty}$ 型）原式 $=\lim\limits_{x\to+\infty}\dfrac{2\ln x}{x}=\lim\limits_{x\to+\infty}\dfrac{2}{x}=0$.

例 3-7 求极限 $\lim\limits_{x\to0^+}\dfrac{\ln\cot x}{\ln x}$.

解：（$\dfrac{\infty}{\infty}$ 型）原式 $=\lim\limits_{x\to0^+}\dfrac{\tan x\cdot(-\csc^2 x)}{\dfrac{1}{x}}$

$$=-\lim\limits_{x\to0^+}\dfrac{x}{\cos x\cdot\sin x}$$

$$=-1.$$

例 3-8 求极限 $\lim\limits_{x\to+\infty}\dfrac{\ln x}{e^x}$.

解：（$\dfrac{\infty}{\infty}$ 型）原式 $=\lim\limits_{x\to+\infty}\dfrac{1}{xe^x}=0$.

例 3-9 求极限 $\lim\limits_{x\to+\infty}\dfrac{\dfrac{\pi}{2}-\arctan x}{\dfrac{1}{x}}$.

解：（$\dfrac{\infty}{\infty}$ 型）原式 $=\lim\limits_{x\to+\infty}\dfrac{-\dfrac{1}{1+x^2}}{-\dfrac{1}{x^2}}$

$$=\lim\limits_{x\to+\infty}\dfrac{x^2}{1+x^2}\left(-\dfrac{\infty}{\infty}\right)$$

$$=1.$$

注意：

（1）洛必达法则可以连续使用，但每使用一次，都要认真检查. 如

$$\lim\limits_{x\to1}\dfrac{x^3-3x+2}{x^3-x^2+4x-1}=\lim\limits_{x\to1}\dfrac{3x^2-3}{3x^2-2x+4}\neq\lim\limits_{x\to1}\dfrac{6x}{6x-2}=\dfrac{3}{2}.$$

（2）不满足洛必达法则条件的不能使用该法则. 如

$$\lim\limits_{x\to\infty}\dfrac{x+\sin x}{x}=\lim\limits_{x\to\infty}\left(1+\dfrac{\sin x}{x}\right)=1.$$

但是 $\lim\limits_{x\to\infty}\dfrac{(x+\sin x)'}{(x)'}=\lim\limits_{x\to\infty}(1+\cos x)$ 不存在.

（3）满足洛必达法则的，使用该法则也不一定能求出极限值. 如

$$\lim\limits_{x\to+\infty}\dfrac{e^x+e^{-x}}{e^x-e^{-x}}=\lim\limits_{x\to+\infty}\dfrac{1+e^{-2x}}{1-e^{-2x}}=1.$$

但是

$$\lim\limits_{x\to+\infty}\dfrac{e^x+e^{-x}}{e^x-e^{-x}}=\lim\limits_{x\to+\infty}\dfrac{e^x-e^{-x}}{e^x+e^{-x}}=\lim\limits_{x\to+\infty}\dfrac{e^x+e^{-x}}{e^x-e^{-x}}=\cdots$$

产生循环.

2. $0 \cdot \infty$ 型与 $\infty - \infty$ 型未定式

（1）$0 \cdot \infty$ 型（可转化为 $\dfrac{0}{0}$ 或 $\dfrac{\infty}{\infty}$）.

例 3-10　求极限 $\lim\limits_{x \to \infty} x(\mathrm{e}^{\frac{1}{x}} - 1)$.

解： 原式 $= \lim\limits_{x \to \infty} \dfrac{\mathrm{e}^{\frac{1}{x}} - 1}{\dfrac{1}{x}} = \lim\limits_{x \to \infty} \dfrac{\mathrm{e}^{\frac{1}{x}} \left(-\dfrac{1}{x^2} \right)}{-\dfrac{1}{x^2}} = 1$.

例 3-11　求极限 $\lim\limits_{x \to 0^+} x^3 \ln x$.

解： 原式 $= \lim\limits_{x \to 0^+} x^3 \ln x = \lim\limits_{x \to 0^+} \dfrac{\ln x}{\dfrac{1}{x^3}} = \lim\limits_{x \to 0^+} \dfrac{\dfrac{1}{x}}{-\dfrac{3}{x^4}} = \lim\limits_{x \to 0^+} \dfrac{-x^3}{3} = 0$.

（2）$\infty - \infty$ 型（一般是通分化为 $\dfrac{0}{0}$ 或 $\dfrac{\infty}{\infty}$）.

例 3-12　求极限 $\lim\limits_{x \to 1} \left(\dfrac{2}{x^2 - 1} - \dfrac{1}{x - 1} \right)$.

解： 原式 $= \lim\limits_{x \to 1} \left(\dfrac{2}{x^2 - 1} - \dfrac{1}{x - 1} \right)$

$\qquad = \lim\limits_{x \to 1} \left(\dfrac{1 - x}{x^2 - 1} \right)$

$\qquad = \lim\limits_{x \to 1} \left(-\dfrac{1}{2x} \right)$

$\qquad = -\dfrac{1}{2}$.

（3）$0^0, \infty^0, 1^\infty$ 型（取对数转化为 $0 \cdot \infty$ 型，进而再化为 $\dfrac{0}{0}$ 或 $\dfrac{\infty}{\infty}$ 型）.

例 3-13　求极限 $\lim\limits_{x \to 0^+} x^x$.

解： 原式 $= \lim\limits_{x \to 0^+} x^x = \lim\limits_{x \to 0^+} \mathrm{e}^{x \ln x} = \lim\limits_{x \to 0^+} \mathrm{e}^{\frac{\ln x}{\frac{1}{x}}} = \lim\limits_{x \to 0^+} \mathrm{e}^{-x} = 1$.

例 3-14　求极限 $\lim\limits_{x \to 0} (\cos x)^{\csc^2 x}$.

解：
$$\text{原式} = \lim\limits_{x \to 0} (\cos x)^{\csc^2 x} = \lim\limits_{x \to 0} \mathrm{e}^{\csc^2 x \ln \cos x}.$$

又

$$\lim\limits_{x \to 0} \csc^2 x \ln \cos x = \lim\limits_{x \to 0} \dfrac{\ln \cos x}{\sin^2 x} = \lim\limits_{x \to 0} \dfrac{-\tan x}{2 \sin x \cos x} = -\dfrac{1}{2},$$

所以

$$\lim\limits_{x \to 0} (\cos x)^{\csc^2 x} = \mathrm{e}^{-\frac{1}{2}}.$$

习题 3.1

1. 求下列极限.

（1）$\lim\limits_{x \to 1} \dfrac{x^n - 1}{x - 1}$；

（2）$\lim\limits_{x \to 0} \dfrac{x - \arcsin x}{\sin^3 x}$；

（3）$\lim\limits_{x \to 0^+} \dfrac{\ln \sin 3x}{\ln \sin x}$；

（4）$\lim\limits_{x \to \frac{\pi}{2}} \dfrac{x \tan x}{\tan 3x}$；

（5）$\lim\limits_{x \to 0} \dfrac{e^x - e^{-x} - 2x}{x - \sin x}$；

（6）$\lim\limits_{x \to 0} \dfrac{\tan x - x}{x - \sin x}$.

2. 求下列极限.

（1）$\lim\limits_{x \to 1} \left(\dfrac{x}{x - 1} - \dfrac{1}{\ln x} \right)$；

（2）$\lim\limits_{x \to 0} \left(\dfrac{1}{x} - \dfrac{1}{e^x - 1} \right)$.

3. 求下列极限.

（1）$\lim\limits_{x \to 1} x^{\frac{1}{1-x}}$；

（2）$\lim\limits_{x \to 0} (\sin x)^{2x}$.

第二节 函数的单调性及极值

一、函数单调性的判别方法

定理 3-2 设函数 $y = f(x)$ 在 $[a,b]$ 上连续，在 (a,b) 内可导，

（1）如果在 (a,b) 内 $f'(x) > 0$，那么函数 $y = f(x)$ 在 $[a,b]$ 上单调增加；

（2）如果在 (a,b) 内 $f'(x) < 0$，那么函数 $y = f(x)$ 在 $[a,b]$ 上单调减少.

说明：

（1）判别法中的闭区间可换成其他各种区间（包括无穷区间）.

（2）一般地，如果 $f'(x)$ 在区间内的有限个点处为零，而在其余各点处均为正（或负）时，$f(x)$ 在该区间上仍旧是单调增加（或单调减少）的.

（3）$f'(x_0) = 0$ 的点称为函数 $f(x)$ 的驻点.

例 3-15 讨论函数 $f(x) = x^3 + x$ 的单调性.

解： 由于

$$f'(x) = 3x^2 + 1 > 0, \ x \in (-\infty, \infty)，$$

因此，$f(x)$ 在 $(-\infty, \infty)$ 内是单调增加的.

例 3-16 求函数 $f(x) = 2x^3 - 9x^2 + 12x - 3$ 的单调区间.

解： 函数的定义域为 $(-\infty, \infty)$.

$f'(x) = 6x^2 - 18x + 12$.

令 $f'(x) = 0$，得 $x_1 = 1, x_2 = 2$.

x_1, x_2 把函数的定义区间 $(-\infty, \infty)$ 分成 3 个区间：$(-\infty, 1), (1, 2), (2, \infty)$. 列表 3-1 讨论如下：

表 3-1

x	$(-\infty,1)$	1	$(1,2)$	2	$(2,\infty)$
$f'(x)$	+	0	−	0	+
$f(x)$	↗		↘		↗

故函数 $f(x)$ 在 $(-\infty,1),(2,\infty)$ 上单调增加，在 $(1,2)$ 上单调减少.

二、函数的极值

定义 3-1 设函数 $f(x)$ 在点 x_0 的某邻域内有定义，若对该邻域内的任意点 $x\,(x \neq x_0)$ ，恒有

$$f(x) < f(x_0) （或 f(x) > f(x_0)），$$

则称 $f(x_0)$ 是函数 $f(x)$ 的一个极大值（或极小值）， x_0 称为函数 $f(x)$ 的极大值点（或极小值点）.

函数的极大值与极小值统称为函数的极值，极大值点与极小值点统称为极值点.

注意：

（1）极值是一个局部性概念，它只是与极值点邻近的点的函数值相比较而言的，并不意味着它在整个定义区间内最大或最小.

（2）一个定义在区间 $[a,b]$ 上的函数，它在 $[a,b]$ 可以不只有一个极大值和极小值，且其中的极大值并不一定都大于每一个极小值.

（3）端点不能作为极值点.

（4）可导函数在取得极值点处，曲线上的切线是水平的. 但曲线上有水平切线的地方，函数不一定取得极值.

定理 3-3 （极值存在的必要条件）

设函数 $f(x)$ 在点 x_0 处可导且有极值 $f(x_0)$ ，则 $f'(x_0)=0$.

证明从略.

注意：

（1）定理 3-3 表明，可导函数 $f(x)$ 的极值点必定是函数的驻点，即 $f'(x_0)$ 存在. $f'(x_0)=0$ 是点 x_0 为极值点的必要条件，但不是充分条件. 函数 $f(x)$ 的驻点却不一定是极值点. 例如，函数 $f(x)=x^3$ ，当 $x=0$ 时， $f'(0)=0$ ，但在 $x=0$ 处并没有取得极值. 所以，函数的驻点只是可能的极值点.

（2）定理 3-3 是对函数在点 x_0 处可导而言的. 函数在导数不存在的点也可能取得极值. 例如， $f(x)=|x|$ ， $f'(0)$ 不存在，但 $f(0)=0$ 为其极小值. 此外，函数的极大值和极小值都可能在导数不存在的点取得.

综上所述，驻点可能是函数的极值点，也可能不是函数的极值点，而函数的极值点必是函数的驻点或是导数不存在的点.

定理 3-4 （极值存在的第一充分条件）

设函数 $f(x)$ 在点 x_0 的某邻域内连续且可导（ $f'(x_0)$ 可以不存在）.

（1）如果当 $x < x_0$ 时， $f'(x) > 0$ ；而当 $x > x_0$ 时， $f'(x) < 0$ ，则 $f(x)$ 在点 x_0 处取得极大值.

（2）如果当 $x < x_0$ 时，$f'(x) < 0$；而当 $x > x_0$ 时，$f'(x) > 0$，则 $f(x)$ 在点 x_0 处取得极小值.

（3）如果在点 x_0 的两侧 $f'(x)$ 的符号不变，则 x_0 不是 $f(x)$ 的极值点.

证明从略.

根据上面两个定理，能够得出求函数 $f(x)$ 的极值点和极值的一般步骤：

（1）求函数的定义域；

（2）求出 $f'(x)$，在定义域内求出使 $f'(x) = 0$ 的点及 $f'(x)$ 不存在的点；

（3）用（2）中的点将定义域分为若干个子区间，讨论每个子区间内 $f'(x)$ 的符号；

（4）利用定理 3-4，判断（2）中的点是否为极值点；如果是极值点，进一步判定是极大值点还是极小值点；

（5）求出各极值点的函数值，得函数的全部极值.

例 3-17 求函数 $f(x) = x^3 - 3x$ 的极值.

解：（1）函数的定义域为 $(-\infty, \infty)$.

（2）$f'(x) = 3x^2 - 3 = 3(x+1)(x-1)$.

令 $f'(x) = 0$，得驻点 $x_1 = -1, x_2 = 1$.

（3）列表 3-2 讨论如下：

表 3-2

x	$(-\infty, -1)$	-1	$(-1, 1)$	1	$(1, \infty)$
$f'(x)$	+	0	−	0	+
$f(x)$	↗	极大值 $f(-1) = 2$	↘	极小值 $f(1) = -2$	↗

所以函数在点 $x = -1$ 处有极大值 $f(-1) = 2$；在点 $x = 1$ 处有极小值 $f(1) = -2$.

例 3-18 求函数 $f(x) = (x-4)\sqrt[3]{(x+1)^2}$ 的单调区间和极值.

解：（1）函数 $f(x)$ 在 $(-\infty, \infty)$ 内连续，除 $x = -1$ 外，处处可导.

（2）$f'(x) = \dfrac{5(x-1)}{3\sqrt[3]{x+1}}$.

令 $f'(x) = 0$，得驻点 $x = 1$；而 $x = -1$ 为 $f(x)$ 的不可导点；

（3）列表 3-3 讨论如下：

表 3-3

x	$(-\infty, -1)$	-1	$(-1, 1)$	1	$(1, \infty)$
$f'(x)$	+	不可导	−	0	+
$f(x)$	↗	极大值 $f(-1) = 0$	↘	极小值 $f(1) = -3\sqrt[3]{4}$	↗

所以，函数在区间 $(-\infty, -1)$ 和 $(1, \infty)$ 上单调增加，在区间 $(-1, 1)$ 上单调减少. 极大值为 $f(-1) = 0$，极小值为 $f(1) = -3\sqrt[3]{4}$.

当函数在驻点处的二阶导数存在且不为零时，有如下判别定理.

定理 3-5（极值存在的第二充分条件）

设函数 $f(x)$ 在点 x_0 处具有二阶导数，且 $f'(x_0) = 0, f''(x_0) \neq 0$，

（1）若 $f''(x_0) > 0$ ，则 x_0 是函数 $f(x)$ 的极小值点；

（2）若 $f''(x_0) < 0$ ，则 x_0 是函数 $f(x)$ 的极大值点.

证明从略.

注意：当 $f''(x_0) = 0$ 时，定理 3-5 失效. 此时，函数 $f(x)$ 在点 x_0 可能有极大值，也可能有极小值，还可能没有极值，此时，可使用第一充分条件来判断.

例 3-19 求函数 $f(x) = x^3 - 3x$ 的极值.

解：函数的定义域为 $(-\infty, \infty)$.

$f'(x) = 3x^2 - 3 = 3(x+1)(x-1)$.

令 $f'(x) = 0$ ，得驻点：$x_1 = -1, x_2 = 1$.

$f''(x) = 6x$.

由于 $f''(1) = 6 > 0$ ，所以 $f(1) = -2$ 为极小值；$f''(-1) = -6 < 0$ ，所以 $f(-1) = 2$ 为极大值.

例 3-20 求函数 $f(x) = x^4 - \dfrac{8}{3}x^3 - 6x^2$ 的极值.

解：函数的定义域为 $(-\infty, \infty)$.

$f'(x) = 4x^3 - 8x^2 - 12x = 4x(x+1)(x-3)$.

令 $f'(x) = 0$ ，得驻点：$x_1 = -1, x_2 = 0, x_3 = 3$.

$f''(x) = 12x^2 - 16x - 12$.

由于 $f''(-1) = 16 > 0$ ，所以 $f(-1) = -\dfrac{7}{3}$ 为一个极小值；$f''(0) = -12 < 0$ ，所以 $f(0) = 0$ 为一个极大值；$f''(3) = 48 > 0$ ，所以 $f(3) = -45$ 也是一个极小值.

习题 3.2

1. 求下列函数的单调区间和极值.

（1）$y = (x-2)^{\frac{5}{3}} - \dfrac{5}{9}x$ ； （2）$y = 2e^{x^2 - 4x}$.

2. 求下列函数的极值.

（1）$y = 2e^x + e^{-x}$ ； （2）$y = 1 - (x-2)^{\frac{2}{3}}$.

3. 试问 a 为何值时，函数 $f(x) = a\sin x + \dfrac{1}{3}\sin 3x$ 在 $x = \dfrac{\pi}{3}$ 处取得极值？它是极大值还是极小值？并求此极值.

第三节 函数的最值与应用

在实际应用中，常常会碰到求最大值和最小值的问题，如求用料最省、容量最大、花钱最少、效益最高等问题，因而求最大值、最小值问题在工程技术、国民经济以及自然科学和社会科学等领域都有广泛应用的现实意义.

若函数 $f(x)$ 在定义域 $[a,b]$ 上的函数值满足

$$m \leqslant f(x) \leqslant M,$$

则 m 和 M 分别称为函数 $f(x)$ 的最小值和最大值. 设 $f(x_1) = m, f(x_2) = M$,则 x_1 称为 $f(x)$ 的最小值点, x_2 称为 $f(x)$ 的最大值点.

函数的最值与函数的极值是有区别的,最值是指在整个区间上所有函数值当中的最大（小）者,它是一个全面、整体的概念,而极值则是一个局部概念.

若 $f(x)$ 在闭区间 $[a,b]$ 上连续,则 $f(x)$ 在 $[a,b]$ 上必存在最大值和最小值. 显然,该最大值或最小值可能在闭区间内取得,也可能在区间的两个端点处取得. 当最值在区间内取得时,该最大（小）值点也是极大（小）值点,而极值点只能在驻点或导数不存在的点处取得,因此得出求函数 $f(x)$ 在闭区间 $[a,b]$ 上的最大（小）值的步骤:

（1）求出 $f(x)$ 在 $[a,b]$ 上的所有驻点和导数不存在的点;

（2）求出函数 $f(x)$ 在驻点、导数不存在的点以及端点处的函数值;

（3）对上述函数值进行比较,取其中最大者即为最大值,最小者即为最小值.

例 3-21 求函数 $f(x) = (x-1)\sqrt[3]{x^2}$ 在 $\left[-1, \dfrac{1}{2}\right]$ 上的最大值和最小值.

解：（1）$f'(x) = \dfrac{5x-2}{3\sqrt[3]{x}}$. 令 $f'(x) = 0$,得驻点 $x_1 = \dfrac{2}{5}$. $x_2 = 0$ 为不可导点.

（2）计算 $f(x)$ 在 $x_1, x_2, -1, \dfrac{1}{2}$ 处的函数值:

$$f(-1) = -2, \quad f(x_1) = f\left(\dfrac{2}{5}\right) \approx -0.3257, \quad f(x_2) = f(0) = 0, \quad f\left(\dfrac{1}{2}\right) \approx -0.3150.$$

（3）比较上述 4 个函数值的大小,知 $f(x)$ 在 $\left[-1, \dfrac{1}{2}\right]$ 上的最大值为 $f(0) = 0$,最小值为 $f(-1) = -2$.

例 3-22 求函数 $f(x) = 2x^3 + 3x^2 - 12x + 14$ 在 $[-3,4]$ 上的最值.

解： $f'(x) = 6x^2 + 6x - 12 = 6(x+2)(x-1)$.

令 $f'(x) = 0$,得驻点 $x_1 = -2, x_2 = 1$.

计算得 $f(-3) = 23$, $f(-2) = 34$, $f(1) = 7$, $f(4) = 142$.

因此 $f(x)$ 在 $[-3,4]$ 上的最大值为 $f(4) = 142$,最小值为 $f(1) = 7$.

对于实际问题,需先建立函数关系,确定自变量的变化范围,再来求最大（小）值.

一般而言,如果确立的函数是连续函数且在 (a,b) 内只有一个驻点 x_0,而从该实际问题本身又可以知道在 (a,b) 内函数的最大值（或最小值）确实存在,那么 $f(x_0)$ 就是所求的最大值（或最小值）.

例 3-23 心理学研究表明,小学生对新概念的接受能力 Y（即学习兴趣、注意力、理解力的某种量度）随学习时间 t 的变化规律为:

$$Y(t) = -0.1t^2 + 2.6t + 43.$$

问 t 为何值时,学生学习兴趣增加或减退?何时学习兴趣最大?

解： $Y'(t) = -0.2t + 2.6 = -0.2(t - 13)$.

由 $Y'(t) = 0$ 得唯一驻点 $t = 13$.

因此，当 $t < 13$ 时，$Y'(t) > 0$，$Y(t)$ 单调增加；当 $t > 13$ 时，$Y'(t) < 0$，$Y(t)$ 单调减少. 可见讲课开始后，13 分钟时，小学生的兴趣最大，在此时刻之前学习兴趣递增，在此时刻之后兴趣递减.

例 3-24 想要用铁皮做一个容积为 V 的带盖圆柱形桶，问圆桶的底半径为何值时用料最省？

解： 设所做圆桶的表面积为 S，底圆半径为 r，高为 h，建立面积 S 与底圆半径 r 之间的函数关系：

$$S = S(r) = 2\pi r^2 + 2\pi rh.$$

由 $V = \pi r^2 h$ 得 $h = \dfrac{V}{\pi r^2}$. 代入上式消去 h 得

$$S(r) = 2\pi r^2 + \frac{2V}{r}, r \in (0, +\infty),$$

$$S'(r) = 4\pi r - \frac{2V}{r^2}.$$

令 $S'(r) = 0$，求得唯一驻点 $r = \sqrt[3]{\dfrac{V}{2h}}$；$h = \dfrac{V}{\pi r^2} = 2\sqrt[3]{\dfrac{V}{2\pi}} = 2r$.

由实际意义可知，圆桶最省的用料存在，且驻点唯一，所以在 $r = \sqrt[3]{\dfrac{V}{2\pi}}$ 处取得极小值，也是 S 的最小值. 即底圆半径 $r = \sqrt[3]{\dfrac{V}{2\pi}}$ 时用料最省.

例 3-25 假设某工厂生产某产品 x 千件的成本是 $C(x) = x^3 - 6x^2 + 15x$，售出该产品 x 千件的收入是 $r(x) = 6x$. 问是否存在一个能取得最大利润的生产水平？如果存在，试找出这个生产水平.

解： 由题意知，售出 x 千件产品的利润是

$$p(x) = r(x) - C(x).$$

如果 $p(x)$ 取得最大值，那么它一定是在使得 $p'(x) = 0$ 的生产水平处获得. 因此，令

$$p'(x) = r'(x) - C'(x) = 0,$$

即

$$r'(x) = c'(x).$$

所以

$$x^2 - 4x + 3 = 0.$$

解得 $x_1 = 1$，$x_2 = 3$.

又因为

$$p''(x) = -6x + 12,$$

所以

$$p''(x_1) = 6 > 0, \quad p''(x_2) = -6 < 0,$$

所以，在 $x_2 = 3$ 处达到最大利润，而在 $x_1 = 1$ 处发生局部最大亏损.

在经济学中，把 $C'(x)$ 称为边际成本，$r'(x)$ 称为边际收入，$p'(x)$ 称为边际利润. 上述结果表明：在给出最大利润的生产水平上，$r'(x) = C'(x)$，即边际收入等于边际成本. 上述结果也可以从成本曲线和收入曲线中看出.

例 3-26 用边长为 48 cm 的正方形铁皮做一个无盖的铁盒，在铁皮的四角各截去面积相等的小正方形，然后把四角折起，焊成铁盒. 问在四角截去多大的正方形，才能使所做的铁盒容积最大?

解：设截去的小正方形的边长为 x(cm)，铁盒容积为 V(cm³)，根据题意，有

$$V = x(48 - 2x)^2, \ x \in (0, 24).$$

$$V' = 12(24 - x)(8 - x).$$

令 $V' = 0$，求得 $(0, 24)$ 内的驻点 $x = 8$.

由于函数 V 在 $(0, 24)$ 内只有一个驻点，因此，当 $x = 8$ 时，V 取最大值. 即当截去的小正方形边长为 8 cm 时，铁盒容积最大.

例 3-27 在曲线 $y = 1 - x^2 \ (x > 0)$ 上求一点 P，使曲线在 P 点的切线与两坐标轴所围成的三角形面积最小.

解：如图 3-1 所示，设 P 点坐标为 $P(x, 1 - x^2)$，则过 P 点的切线方程为

$$Y - (1 - x^2) = -2x(X - x).$$

令 $Y = 0$，得

$$X_A = \frac{x^2 + 1}{2x}.$$

令 $X = 0$，得

$$Y_B = x^2 + 1.$$

它们是切线在 x 轴和 y 轴上的截距.

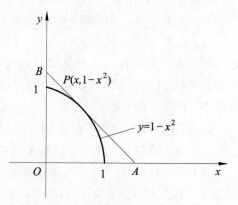

图 3-1

所求三角形面积为

$$S(x) = \frac{1}{2} \cdot \frac{x^2 + 1}{2x}(x^2 + 1) = \frac{(x^2 + 1)^2}{4x} \ (x > 0),$$

$$S'(x) = \frac{(x^2 + 1)(3x^2 - 1)}{4x^2}.$$

令 $S'(x) = 0$，得 $x = \frac{1}{\sqrt{3}}(x = -\frac{1}{\sqrt{3}}$ 舍去)，所以

$$1 - x^2 = \frac{2}{3}.$$

所求点为 $P\left(\frac{1}{\sqrt{3}}, \frac{2}{3}\right)$ 时，曲线在 P 点的切线与两坐标轴所围成的三角形面积最小.

习题 3.3

1. 求函数 $y = x^4 - 2x^2 + 5$，$x \in [-2, 2]$ 的最大值和最小值.

2. 欲在半径为 R 的圆内截一个最大的内接长方形，使其面积最大，应如何设计？

3. 在曲线 $y = x^2 - x$ 上求一点 P，使得点 P 到定点 $A(0, 1)$ 的距离最近.

4. 要做一个圆柱形罐头盒，使其容积为 V，问当高 h 为多少时用料最省？

第四节　函数图形的描绘

一、曲线的凹凸性与拐点

定义 3-2　如果在区间 I 内，曲线弧总是位于其切线上方，则称曲线在这个区间上是凹的（也叫下凸）；如果曲线弧总是位于切线下方，则称曲线在这个区间上是凸的（也叫上凸）.

定义 3-3　曲线凹与凸的分界点称为曲线的拐点.

定理 3-6　设函数 $f(x)$ 在区间 I 内具有二阶导数，

（1）如果 $x \in I$，恒有 $f''(x) > 0$，则曲线 $f(x)$ 在 I 内为凹的；

（2）如果 $x \in I$，恒有 $f''(x) < 0$，则曲线 $f(x)$ 在 I 内为凸的.

如果函数 $f(x)$ 在点 x_0 的某邻域内连续，当 $f(x)$ 在点 x_0 的二阶导数等于零或不存在时，在点 x_0 两侧 $f(x)$ 的二阶导数存在且异号，则点 $(x_0, f(x_0))$ 是拐点. 如果点 x_0 两侧 $f(x)$ 的二阶导数符号相同，则不是拐点.

确定曲线 $y = f(x)$ 的凹凸区间和拐点的步骤：

（1）确定函数 $y = f(x)$ 的定义域；

（2）求一阶导数 $f'(x)$ 及二阶导数 $f''(x)$；

（3）求出 $f''(x) = 0$ 及 $f''(x)$ 不存在的点；

（4）根据（3）中所求的点把函数定义域分成若干小区间，列表确定 $f''(x)$ 在各区间的符号，从而判定曲线在各区间的凹凸性与拐点.

例 3-28　求曲线 $y = x^4 - 2x^3 + 2$ 的凹凸区间与拐点.

解：（1）函数的定义域为 $(-\infty, \infty)$.

（2）$y' = 4x^3 - 6x^2$，

$\quad\quad y'' = 12x(x - 1)$.

（3）令 $y'' = 0$，得 $x_1 = 0, x_2 = 1$.

（4）列表 3-4 讨论如下：

表 3-4

x	$(-\infty, 0)$	0	$(0, 1)$	1	$(1, \infty)$
y''	+	0	−	0	+
y	凹	拐点 $(0, 1)$	凸	拐点 $(1, 0)$	凹

所以，曲线在区间 $(-\infty,0)$ 和 $(1,\infty)$ 内为凹的；在区间 $(0,1)$ 内为凸的；曲线的拐点是 $(0,1)$ 和 $(1,0)$.

例 3-29　求曲线 $y = x^2 \ln x$ 的凹凸区间与拐点.

解：函数的定义域为 $(0,+\infty)$.

$$y' = 2x \ln x + x^2 \cdot \frac{1}{x} = 2x \ln x + x = x(2 \ln x + 1) .$$

$$y'' = 2 \ln x + 1 + x \cdot \frac{2}{x} = 2 \ln x + 3 .$$

令 $y'' = 0$ ，得 $x = \mathrm{e}^{-\frac{3}{2}}$. 在定义域内只有一个使二阶导数为零的点 $x = \mathrm{e}^{-\frac{3}{2}}$ ，没有使二阶导数不存在的点. 综上所述列表 3-5 讨论如下：

表 3-5

x	$(0,\mathrm{e}^{-\frac{3}{2}})$	$\mathrm{e}^{-\frac{3}{2}}$	$(\mathrm{e}^{-\frac{3}{2}},\infty)$
y''	$-$	0	$+$
y	凸	拐点	凹

所以，$y = x^2 \ln x$ 在 $(0,\mathrm{e}^{-\frac{3}{2}})$ 内是下凹的，在 $(\mathrm{e}^{-\frac{3}{2}},+\infty)$ 内是上凸的. 又因为 $y = x^2 \ln x$ 在 $x = \mathrm{e}^{-\frac{3}{2}}$ 处连续，所以 $\left(\mathrm{e}^{-\frac{3}{2}}, -\frac{3}{2}\mathrm{e}^{-3}\right)$ 是 $y = x^2 \ln x$ 的拐点.

二、曲线的渐近线

定义 3-4　若曲线上一点沿着曲线趋于无穷远时，该点与某条直线的距离趋于零，则称此直线为曲线的渐近线.

l. 水平渐近线

若曲线 $y = f(x)$ 的定义域是无限区间，且有

$$\lim_{x \to +\infty} f(x) = b \quad \text{或} \quad \lim_{x \to -\infty} f(x) = b ,$$

则直线 $y = b$ 为曲线 $y = f(x)$ 的水平渐近线.

例 3-30　求曲线 $y = \arctan x$ 的水平渐近线.

解：因为

$$\lim_{x \to \pm\infty} \arctan x = \pm\frac{\pi}{2} ,$$

所以 $y = \pm\frac{\pi}{2}$ 是曲线的两条水平渐近线.

2. 垂直渐近线

若曲线 $y = f(x)$ 在点 a 处间断，且

$$\lim_{x \to a^+} f(x) = \infty \quad (\text{或} \lim_{x \to a^-} f(x) = \infty) ,$$

则直线 $x = a$ 为曲线 $y = f(x)$ 的垂直渐近线.

例 3-31　求曲线 $y = \ln x$ 的垂直渐近线.

解：因为

$$\lim_{x \to 0^+} \ln x = -\infty ,$$

所以 $x = 0$ 是曲线 $y = \ln x$ 的一条垂直渐近线.

三、函数图形的描绘

前面讨论的函数图形的各种形态，包括单调性、极值、凹凸性、拐点以及渐近线等，均可作为描绘函数图形的依据. 下面给出描绘函数图形的步骤：

（1）确定函数的定义域；

（2）确定函数的奇偶性；

（3）讨论函数的单调性，并确定极值点；

（4）讨论曲线的凹凸性，确定拐点；

（5）确定曲线的渐近线；

（6）由曲线方程找出一些特殊点的坐标，如 x 轴和 y 轴交点坐标等；

（7）描绘出图形.

例 3-32　作函数 $f(x) = \dfrac{1}{\sqrt{2\pi}} e^{-\frac{x^2}{2}}$ 的图形.

解：（1）函数的定义域为 $(-\infty, +\infty)$.

（2）$f(x)$ 是偶函数，其图形关于 y 轴对称.

（3）增减性、极值、凹凸性及拐点：

$$f'(x) = -\frac{x}{\sqrt{2\pi}} e^{-\frac{x^2}{2}}, \quad f''(x) = \frac{x^2-1}{\sqrt{2\pi}} e^{-\frac{x^2}{2}}.$$

令 $f'(x) = 0$，得驻点：$x_1 = 0$.

令 $f''(x) = 0$，得：$x_2 = -1, x_3 = 1$.

（4）列表 3-6 讨论如下：

表 3-6

x	$(-\infty,-1)$	-1	$(-1,0)$	0	$(0,1)$	1	$(1,\infty)$
$f'(x)$	$+$		$+$	0	$-$		$-$
$f''(x)$	$+$	0		$-$		0	$+$
$f(x)$	凹 ↗	拐点 $\left(-1, \dfrac{1}{\sqrt{2\pi e}}\right)$	凸 ↗	极大值 $\dfrac{1}{\sqrt{2\pi}}$	凸 ↘	拐点 $\left(1, \dfrac{1}{\sqrt{2\pi e}}\right)$	凹 ↘

（5）渐近线.

因为 $\lim\limits_{x \to \infty} f(x) = \lim\limits_{x \to \infty} \dfrac{1}{\sqrt{2\pi}} e^{-\frac{x^2}{2}} = 0$，所以 $y = 0$ 是水平渐近线.

先作出区间 $(0, +\infty)$ 内的图形，然后利用对称性作出区间 $(-\infty, 0)$ 内的图形，如图 3-2 所示.

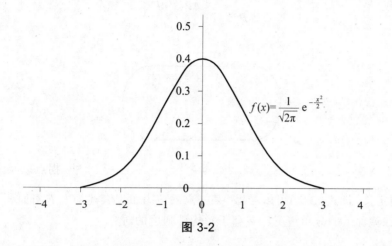

图 3-2

这个呈钟形状的曲线称为正态曲线或高斯曲线，是概率论与数理统计中非常重要的曲线.

习题 3.4

1. 求下列函数的凹凸区间和拐点.

（1） $y = 3x^2 - x^3$ ；

（2） $y = (2x-1)^4 + 1$ ；

（3） $y = xe^{-x}$ ；

（4） $y = \dfrac{2}{3}x - \sqrt[3]{x}$.

2. 求下列曲线的渐近线.

（1） $y = \dfrac{1}{x^2 - 5x - 6}$ ；

（2） $y = xe^{-x^2}$.

3. 描绘下列函数的图形.

（1） $y = x + \dfrac{1}{x}$ ；

（2） $y = \ln(1 + x^2)$.

第五节 导数在土建工程中的应用

一、应力与应变

1. 应 力

在外力作用下，杆件某一截面上一点处内力的分布集度称为应力. 如图 3-3 所示，截面上任一点 K 的周围微小面积 ΔA 上，内力的合力为 ΔF ，则在微面积 ΔA 上内力 ΔF 的平均集度 $\dfrac{\Delta F}{\Delta A}$ 称为 ΔA 上的平均应力. 当微面积无限趋近于 0 时，平均应力的极限值 p 称为点 K 处的应力(式(3-1)). 应力的量纲为：力/面积.

$$p = \lim_{\Delta A \to 0} \frac{\Delta F}{\Delta A} = \frac{\mathrm{d}F}{\mathrm{d}A}. \tag{3-1}$$

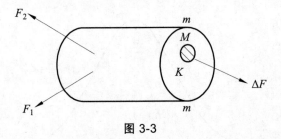

图 3-3

从应力的定义，即式（3-1）可以看出，某一点的应力可以表述为力 F 对面积 A 的导数. 它反映了内力在截面上的分布情况，有利于对构件强度的研究.

2. 应 变

如图 3-4 所示，微线段 AB 原长为 Δx，变形后 $A'B'$ 的长度为 $\Delta x + \Delta s$. 则按式（3-2）得到的 ε 称为 A 点沿 AB 方向的线应变，简称应变. 应变 ε 无量纲.

$$\varepsilon = \lim_{\Delta x \to 0} \frac{\Delta s}{\Delta x} \tag{3-2}$$

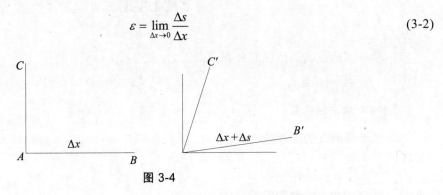

图 3-4

从应变的定义，即式（3-2）可以看出，应变可以表述为变形量对长度的导数. 它反映了变形程度的大小.

由式（3-1）和式（3-2）可知，应力和应变都是描述即时变化率（导数）的问题.

二、分布荷载集度 q 与剪力 F_Q、弯矩 M 之间的微分关系

在第一章第四节中介绍了分布荷载集度 q、剪力 F_Q、弯矩 M 的概念. 以梁的左端为原点，选取 x 坐标轴，向右为正；若梁上的分布荷载 $q(x)$ 是 x 的连续函数，并规定向上为正，则对于分布荷载集度 q 与剪力 F_Q、弯矩 M 之间有如下微分关系：

$$\frac{\mathrm{d}M(x)}{\mathrm{d}x} = F_Q(x), \quad \frac{\mathrm{d}F_Q}{\mathrm{d}x} = q(x), \quad \frac{\mathrm{d}^2 M(x)}{\mathrm{d}x^2} = q(x). \tag{3-3}$$

式（3-3）表明：弯矩 M 在某点处的导数等于相应截面的剪力 F_Q；剪力 F_Q 在某点处的导数等于相应截面处的荷载集度 q. 因此，弯矩 M 在某点处的二阶导数，等于相应截面处的荷载集度 q.

三、分布荷载集度 q 与剪力 F_Q、弯矩 M 之间微分关系的几何意义

由式（3-3），即分布荷载集度 q 与剪力 F_Q、弯矩 M 之间的微分关系容易知道：弯矩图上某点处的切线斜率等于该点剪力 F_Q 的大小；剪力图上某点处的切线斜率等于该点处荷载集度 q 的大小. 因此，容易得出以下结论：

（1）当梁上无荷载作用，即 $q=0$ 时，由式（3-3）可知：剪力图为水平直线，弯矩图为一直线.

当 $F_Q=0$ 时，弯矩图为水平直线.

当 $F_Q>0$，弯矩图正向向下时，弯矩图为下斜直线；

当 $F_Q<0$，弯矩图正向向下时，弯矩图为上斜直线.

（2）当梁上的荷载 $q=C$（常数）时，由式（3-3）可知：剪力图为斜直线，弯矩图为二次抛物线.

当 q 向上，$q(\uparrow)>0$，剪力图为上升的斜直线，弯矩图是上凸的二次抛物线；

当 q 向下，$q(\downarrow)<0$，剪力图为下降的斜直线，弯矩图是下凸的二次抛物线.

（3）在 $F_Q=0$ 的截面处，$\dfrac{\mathrm{d}M(x)}{\mathrm{d}x}=F_Q(x)=0$，即弯矩图的斜率为 0，此处弯矩为极值. 但要注意，极值弯矩对全梁来说并不一定是最大弯矩，最大弯矩还可能发生在弯矩图的尖角处（力学上是指：在集中力作用处或在集中力偶作用处）. 也就是说，梁的最大弯矩通常发生在剪力 $F_Q=0$ 处或集中力、集中力偶作用点处.

表 3-7 为常见荷载下梁的荷载集度、剪力图与弯矩图三者间的关系及特征.

表 3-7　常见荷载下梁的荷载集度、剪力图与弯矩图三者间的关系及特征

梁上外力情况 $q(x)$	剪力图特征 $\dfrac{\mathrm{d}F_Q}{\mathrm{d}x}=q(x)$	弯矩图特征 $\dfrac{\mathrm{d}M(x)}{\mathrm{d}x}=F_Q(x)$
无分布荷载 $q=0$	$\dfrac{\mathrm{d}F_Q}{\mathrm{d}x}=0$，剪力图为水平直线； $F_Q=0$，F_Q 与 x 轴重合； $F_Q=C>0$，F_Q 在 x 轴上方； $F_Q=C>0$，在 x 轴下方	$\dfrac{\mathrm{d}M}{\mathrm{d}x}=F_Q=0$，$M=C$； $\dfrac{\mathrm{d}M}{\mathrm{d}x}=F_Q>0$，$M$ 为下斜直线； $\dfrac{\mathrm{d}M}{\mathrm{d}x}=F_Q<0$，$M$ 为上斜直线
均布荷载向上作用 $q>0$	$\dfrac{\mathrm{d}F_Q}{\mathrm{d}x}=q>0$，$F_Q$ 为上斜直线	$\dfrac{\mathrm{d}^2M}{\mathrm{d}x^2}=q>0$，$M$ 为上凸直线
均布荷载向下作用 $q<0$	$\dfrac{\mathrm{d}F_Q}{\mathrm{d}x}=q<0$，$F_Q$ 为下斜直线	$\dfrac{\mathrm{d}^2M}{\mathrm{d}x^2}=q<0$，$M$ 为下凸直线

注：需要注意的是，数学上的坐标系，通常为纵坐标正向朝上、横坐标正向朝右. 但工程上使用的坐标系统，其坐标正向不一定如此，它经常根据需要，选择其坐标正向的朝向. 如，弯矩图的纵坐标，有时正向朝上、有时正向朝下. 所以在应用上述规律时，必须结合坐标正向的方向绘图.

例 3-33　一简支梁受力如图 3-5（a）所示，以梁的左端为坐标原点，建立 x 坐标. 由力学知识可知，梁的剪力方程和弯矩方程如下：

$$F_Q(x) = \begin{cases} \dfrac{3}{8}ql - qx, \ 0 < x \leqslant \dfrac{1}{2} \ (AC段) \\ -\dfrac{l}{8}ql, \quad \dfrac{1}{2} < x < l \ (CB段) \end{cases} ;$$

$$M(x) = \begin{cases} \dfrac{3}{8}qlx - \dfrac{1}{2}qx^2, \ 0 \leqslant x \leqslant \dfrac{1}{2} \ (AC段) \\ \dfrac{l}{8}ql(l-x), \ \dfrac{1}{2} < x \leqslant l \ (CB段) \end{cases} .$$

梁 AB 的剪力图如图 3-5（b）所示，AB 梁的弯矩图如图 3-5（c）所示，请利用分布荷载集度 q 与剪力 F_Q、弯矩 M 之间的微分关系描述梁各段的剪力图和弯矩图特征.

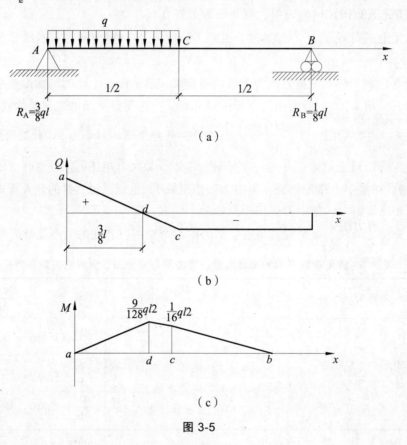

图 3-5

解： 剪力图：AC 段内，$q = C < 0$，剪力方程 F_Q 是 x 的一次函数，剪力图为向下的斜直线.

CB 段内，$q = 0$，剪力方程为常数，剪力图为一水平线.

梁 AB 的剪力图如图 3-5（b）所示.

弯矩图：AC 段内，弯矩方程 $M(x)$ 是 x 的二次函数，表明弯矩图为二次曲线. 在 $F_Q = 0$ 处弯矩取得极值（图 3-5 中 d 点）.

CB 段内，弯矩方程 $M(x)$ 是 x 的一次函数，弯矩图为直线.

AB 梁的弯矩图如图 3-5（c）所示.

例 3-34 已知一简支梁受均布荷载作用（荷载集度为 q，方向向下，规定为负，如图 3-6

所示），且当 $x = 0$ 时，$\left|F_Q(x)\right| = \left|F_{Ay}\right| = \dfrac{1}{2}ql$，求该梁的剪力和弯矩方程，并画出剪力图和弯矩图.

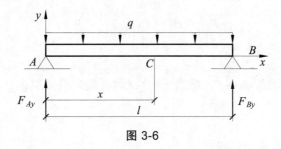

图 3-6

解： 根据式（3-3），分布荷载集度 q 与剪力 F_Q、弯矩 M 之间的微分关系如下：

$$\frac{\mathrm{d}M(x)}{\mathrm{d}x} = F_Q(x)\,,\quad \frac{\mathrm{d}F_Q}{\mathrm{d}x} = q(x)\,,$$

可知

$$F_Q(x) = -qx + C\ (0 \leqslant x \leqslant l)\,.$$

又当 $x = 0$ 时，$\left|F_Q(x)\right| = \left|F_{Ay}\right| = \dfrac{1}{2}ql$，所以，$C = \dfrac{1}{2}ql$，即

$$F_Q(x) = \frac{1}{2}ql - qx\,.$$

则

$$M(x) = \frac{1}{2}qlx - \frac{1}{2}qx^2\ (0 \leqslant x \leqslant l)\,.$$

由此可得：剪力图是一条斜直线，弯矩图是二次抛物线.

四、工程中极值、最值问题举例

例 3-35　一简支梁受三角形分布荷载作用（图 3-7），由力学知识可知：

$$\text{剪力：}F_Q = P\left(\frac{1}{3} - \frac{x^2}{l^2}\right);\quad \text{弯矩：}M = \frac{Px}{3}\left(1 - \frac{x^2}{l^2}\right).$$

其中 P 为三角形分布荷载的合力，l 为梁的长度，x 为梁的横截面所在的位置的坐标. 试求：

（1）最大弯矩 M 发生在梁上截面的什么位置上（$x = ?$），并求此时弯矩和剪力各为多少；

（2）梁长 $x = 1$ 处的分布荷载集度 q.

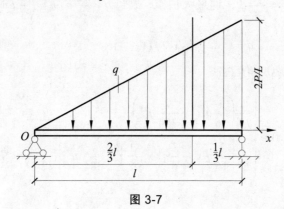

图 3-7

解：（1）因为 $M = \dfrac{Px}{3}\left(1 - \dfrac{x^2}{l^2}\right)$，所以

$$M' = \frac{P}{3}\left(1 - \frac{x^2}{l^2}\right) + \frac{Px}{3}\left(-\frac{2x}{l^2}\right) = \frac{P}{3} - \frac{Px^2}{l^2}.$$

令 $M' = 0$，则有唯一驻点 $x = \dfrac{\sqrt{3}}{3}l$，即当 $x = \dfrac{\sqrt{3}}{3}l$ 时，弯矩最大值 $M_{\max} = \dfrac{2Pl}{9\sqrt{3}}$，此时，代入可验证得：剪力 $F_Q = 0$.

（2）因为 $F_Q = P\left(\dfrac{1}{3} - \dfrac{x^2}{l^2}\right)$，所以

$$q = F_Q' = -\frac{2Px}{l^2}.$$

当 $x = l$ 时，$q = -\dfrac{2P}{l}$（负号表示方向向下）.

例 3-36　根据力学知识，矩形截面梁的弯曲截面系数 $W = \dfrac{1}{6}bh^2$，其中 h, b 分别为矩形截面的高和宽；W 与梁的承载能力密切相关，W 越大，其承载能力越强. 现要将一根直径为 d 的圆木锯成矩形截面梁，如图 3-8 所示. 要使 W 值最大，h, b 应为何值？W 的最大值是多少？

解：在第一章第四节例中，我们假设矩形截面的宽为 x，得到

$$W(x) = \frac{1}{6}x(d^2 - x^2)\ (0 < x < d).$$

由此得

$$W' = \frac{1}{6}(d^2 - 3x^2).$$

令 $W' = 0$，得唯一驻点 $x = \dfrac{\sqrt{3}}{3}d$.

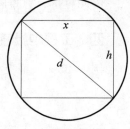

图 3-8

在本题条件下，可知弯曲截面系数一定有最大值，而定义区间 $(0, d)$ 内只有一个驻点 $x = \dfrac{\sqrt{3}}{3}d$，即最大值点. 故当 $b = \dfrac{\sqrt{3}}{3}d, h = \sqrt{\dfrac{2}{3}}d$ 时，弯曲截面系数取得最大值 $W = \dfrac{\sqrt{3}}{27}d^3$.

例 3-37　已知某梁转角方程为

$$\theta(x) = \begin{cases} \dfrac{1}{EI}\left(\dfrac{1}{16}qlx^2 - \dfrac{7}{384}ql^3\right), & 0 \leqslant x \leqslant \dfrac{l}{2} \\[3mm] \dfrac{1}{EI}\left[\dfrac{1}{16}qlx^2 - \dfrac{1}{6}q\left(x - \dfrac{1}{2}\right)^3 - \dfrac{7}{384}ql^3\right], & \dfrac{1}{2} < x \leqslant l \end{cases},$$

其中，抗弯刚度 EI、梁的跨度 l 及荷载集度 q 均为常数，求最大转角（绝对值最大）.

解：（1）当 $0 \leqslant x \leqslant \dfrac{l}{2}$ 时，

$$\theta'(x) = \frac{1}{EI}\left(\frac{1}{16}qlx^2 - \frac{7}{384}ql^3\right)' = \frac{qlx}{8EI}.$$

令 $\theta'(x) = 0$，得驻点 $x = 0$.

将 $x = 0$ 代入上式，得到 $\theta_A = -\dfrac{7ql^3}{384EI}$.

将区间端点 $x = \dfrac{l}{2}$ 代入上式，得到 $\theta_C = -\dfrac{ql^3}{384EI}$.

（2）当 $\dfrac{l}{2} < x \leqslant l$ 时，

$$\theta'(x) = \frac{1}{EI}\left[\frac{1}{16}qlx^2 - \frac{1}{6}q\left(x - \frac{l}{2}\right)^3 - \frac{7}{384}ql^3\right]'$$

$$= \frac{1}{EI}\left[\frac{1}{8}qlx - \frac{1}{2}q\left(x - \frac{l}{2}\right)^2\right].$$

令 $\theta'(x) = 0$，得驻点 $x_1 = l$，$x_2 = \dfrac{l}{4}$（舍去，因为 $\dfrac{l}{2} < x \leqslant l$）.

将 $x = l$ 代入上式，得到 $\theta_B = \dfrac{9ql^3}{384EI} = \dfrac{3ql^3}{128EI}$.

比较 $\theta_A, \theta_B, \theta_C$，易得 $|\theta|_{\max} = \dfrac{3ql^3}{128EI}$.

例 3-38 图 3-9 所示的简支梁受均匀荷载 q 而发生弯曲，此梁弯曲的挠曲线方程为

$$y = \frac{q}{24EI}(x^4 - 2lx^3 + l^3x),$$

其中，抗弯刚度 EI、梁的跨度 l 及 q 均为常数. 求此梁的转角方程 $\theta(x)$ 及最大转角（绝对值最大）.

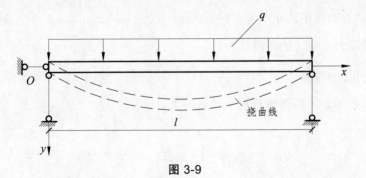

图 3-9

解：在第一章第四节中，我们介绍了转角的概念，在变形很小的条件下，任一横截面的以弧度为单位的转角 θ 约等于挠曲线在该截面处的斜率，即 $\theta \approx \tan\theta$，故

$$\theta(x) = \frac{dy}{dx} = \left[\frac{q}{24EI}(x^4 - 2lx^3 + l^3x) \right]'$$

$$= \frac{q}{24EI}(4x^3 - 6lx^2 + l^3)$$

$$= \frac{1}{6EI}qx^3 - \frac{1}{4EI}qlx^2 + \frac{1}{24EI}ql^3.$$

$$\theta'(x) = \frac{q}{24EI}(4x^3 - 6lx^2 + l^3)'$$

$$= \frac{q}{24EI}(12x^2 - 12lx)$$

$$= \frac{q}{2EI}x(x-l).$$

令 $\theta'(x) = 0$，得 $x_1 = 0, x_2 = l$.

将 x_1, x_2 代入得

$$\theta(0) = \frac{ql^3}{24EI}, \quad \theta(l) = -\frac{ql^3}{24EI}.$$

所以，当 $x = 0$ 和 $x = l$ 时，

$$|\theta|_{max} = \frac{ql^3}{24EI}.$$

可见，简支梁在受均布荷载作用下，最大转角发生在支座处.

习题 3.5

1. 已知一梁某截面的弯矩 M_x 可表示为 $M_x = \frac{F_R}{l}(l - x - a)x - M_i$，其中 F_R, l, a, M_i 均为已知的常数，求 M_x 何时取得极值，并求出此时的弯矩值.

2. 求例 2 中分别在截面什么位置上：

（1）剪力和弯矩取得最大值（绝对值最大），且最大值各为多少？

（2）验证：最大弯矩发生在剪力为 0 的截面上.

3. 一根梁在外力作用下相应的弯矩函数是 $M(x) = -\frac{1}{2}qx^2$ $(0 \leqslant x \leqslant l)$，其中 q 和 l 都是正常数，求该梁的最大弯矩（绝对值最大）.

4. 已知某梁挠曲线方程为 $y(x) = \frac{qx^2}{24EI}(x^2 - 4lx + 6l^2)$，其中 EI 为常数，q 为荷载集度，l 为梁的长度，求此梁的转角方程 $\theta(x)$ 及最大转角.

小　结

一、洛必达法则

函数 $f(x)$ 和 $g(x)$ 在点 a 的某个邻域内可导，且

（1）$\lim\limits_{x\to a} f(x) = \lim\limits_{x\to a} g(x) = 0$（或 ∞）；

（2）$g'(x) \neq 0$；

（3）$\lim\limits_{x\to a} \dfrac{f'(x)}{g'(x)} = A$（或 ∞）.

则
$$\lim_{x\to a} \frac{f(x)}{g(x)} = \lim_{x\to a} \frac{f'(x)}{g'(x)} = A（或\infty）.$$

注意：上述公式对任意的变化过程都是成立的. 其他形式的未定式必须化成 $\dfrac{0}{0}$ 型或 $\dfrac{\infty}{\infty}$ 型未定式才能应用此法则.

二、导数在函数特性方面的应用及函数作图

1. 判断函数的单调区间.

函数 $f(x)$ 在 $[a,b]$ 上连续，(a,b) 内可导. 如果在 (a,b) 内 $f'(x) > 0$，那么函数 $f(x)$ 在 $[a,b]$ 上单调增加；如果 $f'(x) < 0$，那么函数 $f(x)$ 在 $[a,b]$ 上单调减少.

2. 求函数的极值.

方法一：函数 $f(x)$ 在点 x_0 的某邻域内连续且可导. 如果在 x_0 的两侧 $f'(x)$ 的符号为左正右负，则 x_0 为极大值点. 如果在 x_0 的两侧 $f'(x)$ 的符号为左负右正，则 x_0 为极小值点. 如果在 x_0 的两侧 $f'(x)$ 的符号不变，则 x_0 不是 $f(x)$ 的极值点.

方法二：函数 $f(x)$ 在点 x_0 处具有二阶导数，且 $f'(x_0) = 0, f''(x_0) \neq 0$：若 $f''(x_0) > 0$，则 x_0 是函数 $f(x)$ 的极小值点；若 $f''(x_0) < 0$，则 x_0 是函数 $f(x)$ 的极大值点.

3. 求函数的最值.

求函数的最值，闭区间上的最值；一般区间上的最值；实际问题中的最值.

4. 凹凸区间及拐点.

函数 $f(x)$ 在区间 I 内具有二阶导数：如果 $x \in I$，恒有 $f''(x) > 0$，则曲线在 I 内为凹的；若 $f''(x) < 0$，则曲线在 I 内为凸的. 曲线凹与凸的分界点称为曲线的拐点.

5. 函数作图.

三、导数在土建工程中的应用

1. 分布荷载集度 q 与剪力 F_Q、弯矩 M 之间的微分关系：

$$\frac{\mathrm{d}M(x)}{\mathrm{d}x} = F_Q(x), \quad \frac{\mathrm{d}F_Q}{\mathrm{d}x} = q(x), \quad \frac{\mathrm{d}^2 M(x)}{\mathrm{d}x^2} = q(x).$$

2. 分布荷载集度 q 与剪力 F_Q、弯矩 M 之间的微分关系的几何意义：

弯矩图上某点处的切线斜率等于该点剪力 F_Q 的大小；剪力图上某点处的切线斜率等于该点处荷载集度 q 的大小.

3. 工程中极值、最值问题.

习题训练（三）

一、选择题

1. $y = (x-2)^2 + 3$ 在 $(-\infty, +\infty)$ 内的极小值点为（   ）.

    A. 0   B. 1   C. 2   D. 不存在

2. $f''(x_0) = 0$ 是曲线 $y = f(x)$ 在 x_0 处有拐点的（   ）条件.

    A. 充分   B. 必要

    C. 充分必要   D. 既不充分也不必要

3. 函数 $y = 3x^3 + 4x^2 - 6$ 在 $(0, +\infty)$ 内是（   ）.

    A. 凸且单调递减   B. 凹且单调递减

    C. 凹且单调递增   D. 凸且单调递增

4. 函数 $f(x) = (x-1)^2(x+1)^3$ 的极值点的集合是（   ）.

    A. $\left\{\dfrac{1}{5}, -1, 1\right\}$ B. $\left\{\dfrac{1}{5}, -1\right\}$ C. $\left\{\dfrac{1}{5}, 1\right\}$ D. $\left\{\dfrac{1}{5}\right\}$

5. 函数 $f(x) = 2x - \sin x$ 在闭区间 $[0,1]$ 上的最大值为（   ）.

    A. 0   B. 1   C. $2 - \sin 1$ D. $\dfrac{\pi}{2}$

二、填空题

1. 函数 $y = x + \sin x$ 在 $(-\infty, +\infty)$ 内的单调性为_____.

2. 函数 $y = x\mathrm{e}^{2x}$ 在区间_____内是凸的.

3. 设函数 $y = a\ln(x+2) + bx^2 + x$ 在 $x = 1$ 与 $x = 4$ 取得极值，则 $a =$_____，$b =$_____.

4. 曲线 $y = x\mathrm{e}^{-x}$ 的拐点坐标是_____.

5. 曲线 $y = x + \dfrac{1}{x}$ 的垂直渐近线是_____.

三、计算题

1. 求下列极限.

（1）$\lim\limits_{x \to 0} \dfrac{\arctan x - x}{\ln(1 + 2x^3)}$；

（2）$\lim\limits_{x \to 0} \dfrac{x - x\cos x}{x - \sin x}$；

（3）$\lim\limits_{x \to 0}(\mathrm{e}^x + x)^{\frac{1}{x}}$；

（4）$\lim\limits_{x \to 0} \dfrac{1}{x}\left(\dfrac{1}{x} - \dfrac{\cos x}{\sin x}\right)$.

2. 求函数 $y = \dfrac{2}{3}x - \sqrt[3]{x}$ 的单调区间、极值点与极值，并求相应曲线的拐点和凹凸区间，画出函数的图像.

3. 求函数 $y = \mathrm{e}^{-x}(x+1)$ 在区间 $[1,3]$ 上的最大值和最小值.

4. 设 $x = 1$ 和 $x = 2$ 是函数 $f(x) = a\ln x + bx^2 + x$ 的两个极值点.

（1）试确定常数 a 和 b 的值；

（2）试判断 $x=1$ 和 $x=2$ 是函数的极大值还是极小值，并说明理由.

5. 已知点 $(1,3)$ 为曲线 $y=x^3+ax^2+bx+14$ 的拐点，试求 a, b 的值.

6. 试确定曲线 $y=ax^3+bx^2+cx+d$ 中 a, b, c, d 的值，使得 $x=-2$ 处曲线切线水平，$(1,-10)$ 为拐点，且点 $(-2,44)$ 在曲线上.

7. 已知矩形的周长为 32，将它绕一边旋转成一立体，问矩形的长、宽各为多少时，所得立体体积最大？

8. 要建一个容积为 108 立方米的无盖水池，已知池底为正方形，四壁为长方形，问池底的边长和池深应各为多大，才能使所用的材料最省？假设单位面积所用的材料，对池底和池壁都是一样的.

9. 一房地产公司有 50 套公寓要出租. 当月租金定为 4000 元时，公寓会全部租出去. 当月租金每增加 200 元时，就会多一套公寓租不出去，而租出去的公寓平均每月需花费 400 元的维修费. 试问房租定为多少可获得最大收入？

第四章　不定积分

在第二章的学习中，我们已经知道了 $(x^2)' = 2x$，即会求解一个函数的导函数. 现在把问题反过来，若已知 $F'(x) = 2x$，那么 $F(x)$ 的表达式是什么呢？也即寻求一个可导函数，使它的导函数等于已知函数. 本章将讨论这一问题.

第一节　不定积分的概念与性质

一、原函数与不定积分的概念

定义 4–1　如果在区间 I 上，可导函数 $F(x)$ 的导函数为 $f(x)$，即对任一 $x \in I$，都有

$$F'(x) = f(x) \quad \text{或} \quad \mathrm{d}F(x) = f(x)\mathrm{d}x，$$

则 $F(x)$ 就称为 $f(x)$ 在区间 I 上的一个原函数.

例如：因为 $(\sin x)' = \cos x$，所以 $\sin x$ 是 $\cos x$ 的一个原函数.

因为 $(x^2)' = 2x$，所以 x^2 是 $2x$ 的一个原函数.

因为当 $x \in (1, +\infty)$ 时，

$$\left[\ln\left(x + \sqrt{x^2 - 1}\right)\right]' = \frac{1}{x + \sqrt{x^2 - 1}}\left(1 + \frac{x}{\sqrt{x^2 - 1}}\right) = \frac{1}{\sqrt{x^2 - 1}}.$$

所以 $\ln\left(x + \sqrt{x^2 - 1}\right)$ 是 $\dfrac{1}{\sqrt{x^2 - 1}}$ 在区间 $(1, +\infty)$ 内的一个原函数.

说明：

（1）如果 $f(x)$ 在区间 I 上有一个原函数 $F(x)$，即对任一 $x \in I$，都有 $F'(x) = f(x)$，那么对任意常数 C，显然也有 $[F(x) + C]' = f(x)$，即对任意常数 C，函数 $F(x) + C$ 也是 $f(x)$ 的原函数. 因此，若函数 $f(x)$ 有一个原函数，则 $f(x)$ 就有无穷多个原函数.

（2）如果 $F(x)$ 与 $\Phi(x)$ 都为 $f(x)$ 在区间 I 上的原函数，则 $F(x)$ 与 $\Phi(x)$ 之差为常数，即 $F(x) - \Phi(x) = C_0$（C_0 为常数）.

因为对任一 $x \in I$，有 $F'(x) = f(x)$，$\Phi'(x) = f(x)$，所以

$$[F(x) - \Phi(x)]' = F'(x) - \Phi'(x) = f(x) - f(x) = 0.$$

在第二章中我们已经知道，在一个区间上导数恒为 0 的函数必为常数，证毕.

所以，当 C 为任意常数时，表达式

$$F(x)+C$$

就可表示为 $f(x)$ 的任意一个原函数.

定义 4-2 在区间 I 上，函数 $f(x)$ 的带有任意常数项的原函数称为 $f(x)$ 在区间 I 上的不定积分，记为

$$\int f(x)\mathrm{d}x,$$

其中 "$\int$" 称为积分号，$f(x)$ 称为被积函数，$f(x)\mathrm{d}x$ 称为被积表达式，x 称为积分变量.

由此定义及前面的说明可知，如果在区间 I 上，$F(x)$ 是 $f(x)$ 的一个原函数，那么

$$\int f(x)\mathrm{d}x = F(x)+C\ (C\ \text{为积分常数}),$$

因此不定积分 $\int f(x)\mathrm{d}x$ 可表示 $f(x)$ 的任意一个原函数.

例 4-1 求 $\int 2x\mathrm{d}x$.

解：因为 $(x^2)' = 2x$，所以 x^2 是 $2x$ 的一个原函数，故

$$\int 2x\mathrm{d}x = x^2 + C.$$

例 4-2 求 $\int x^2\mathrm{d}x$.

解：因为 $\left(\dfrac{x^3}{3}\right)' = x^2$，所以 $\dfrac{x^3}{3}$ 是 x^2 的一个原函数，故

$$\int x^2\mathrm{d}x = \frac{x^3}{3} + C.$$

例 4-3 求 $\int \dfrac{1}{x}\mathrm{d}x$.

解：当 $x>0$ 时，$(\ln x)' = \dfrac{1}{x}$，所以 $\ln x$ 是 $\dfrac{1}{x}$ 在 $(0,+\infty)$ 内的一个原函数，故

$$\int \frac{1}{x}\mathrm{d}x = \ln x + C,\ x\in(0,+\infty)\,;$$

当 $x<0$ 时，$[\ln(-x)]' = -\dfrac{1}{x}(-1) = \dfrac{1}{x}$，所以 $\ln(-x)$ 是 $\dfrac{1}{x}$ 在 $(-\infty,0)$ 内的一个原函数，故

$$\int \frac{1}{x}\mathrm{d}x = \ln(-x) + C,\ x\in(-\infty,0)\,.$$

综上所述，$\int \dfrac{1}{x}\mathrm{d}x = \ln|x| + C$.

例 4-4 求 $\int \dfrac{1}{1+x^2}\mathrm{d}x$.

解：因为 $(\arctan x)' = \dfrac{1}{1+x^2}$，所以 $\arctan x$ 是 $\dfrac{1}{1+x^2}$ 的一个原函数，故

$$\int \frac{1}{1+x^2}\,\mathrm{d}x = \arctan x + C.$$

例 4-5 设某曲线过点 $(1,3)$，且该曲线上任一点处的切线斜率均等于该点横坐标的 2 倍，求该曲线的方程.

解：设该曲线方程为 $y = f(x)$，由题意知：

$$\frac{\mathrm{d}y}{\mathrm{d}x} = 2x,$$

即 $f(x)$ 是 $2x$ 的一个原函数，所以

$$y = f(x) = \int 2x\,\mathrm{d}x = x^2 + C.$$

因该曲线过点 $(1,3)$，故

$$3 = 1 + C，\quad 即 C = 2,$$

所以，该曲线方程为

$$y = x^2 + 2.$$

由不定积分的定义可知如下关系成立：

因为 $\int f(x)\mathrm{d}x$ 是 $f(x)$ 的原函数，所以

$$\frac{\mathrm{d}}{\mathrm{d}x}\Big[\int f(x)\mathrm{d}x\Big] = f(x) \quad 或 \quad \mathrm{d}\Big[\int f(x)\mathrm{d}x\Big] = f(x)\mathrm{d}x,$$

$$\int F'(x)\mathrm{d}x = F(x) + C \quad 或 \quad \int \mathrm{d}F(x) = F(x) + C.$$

由以上关系可知，求导运算与不定积分运算是互逆的.

二、不定积分基本公式

因为不定积分运算与求导运算互为逆运算，所以可以根据导数公式得到相应的积分公式.

例如，因为 $\left(\dfrac{x^{\alpha+1}}{\alpha+1}\right)' = x^\alpha$，所以 $\dfrac{x^{\alpha+1}}{\alpha+1}$ 是 x^α 的一个原函数，故

$$\int x^\alpha\,\mathrm{d}x = \frac{x^{\alpha+1}}{\alpha+1} + C\ (\alpha \neq -1).$$

类似地可以得到其他积分公式，下面用一个表列出一些基本的积分公式，这个表通常称为基本积分表.

（1）$\displaystyle\int k\,\mathrm{d}x = kx + C$（$k$ 为常数）;　　　　（2）$\displaystyle\int x^\alpha\,\mathrm{d}x = \frac{x^{\alpha+1}}{\alpha+1} + C\ (\alpha \neq -1)$;

（3）$\displaystyle\int \frac{1}{x}\,\mathrm{d}x = \ln|x| + C$;　　　　　　　　（4）$\displaystyle\int \frac{1}{1+x^2}\,\mathrm{d}x = \arctan x + C$;

（5）$\int \dfrac{1}{\sqrt{1-x^2}}\mathrm{d}x = \arcsin x + C$；   （6）$\int \sin x\mathrm{d}x = -\cos x + C$；

（7）$\int \cos x\mathrm{d}x = \sin x + C$；   （8）$\int \sec^2 x\mathrm{d}x = \int \dfrac{1}{\cos^2 x}\mathrm{d}x = \tan x + C$；

（9）$\int \csc^2 x\mathrm{d}x = \int \dfrac{1}{\sin^2 x}\mathrm{d}x = -\cot x + C$；   （10）$\int \sec x\tan x\mathrm{d}x = \sec x + C$；

（11）$\int \csc x\cot x\mathrm{d}x = -\csc x + C$；   （12）$\int \mathrm{e}^x\mathrm{d}x = \mathrm{e}^x + C$；

（13）$\int a^x\mathrm{d}x = \dfrac{a^x}{\ln a} + C\ (a>0, a\neq 1)$；

以上公式作为求解不定积分的基础，必须牢记.

例 4-6 求 $\int x\sqrt{x}\mathrm{d}x$.

解： $\int x\sqrt{x}\mathrm{d}x = \int x^{\frac{3}{2}}\mathrm{d}x = \dfrac{1}{\frac{3}{2}+1}x^{\frac{3}{2}+1} + C = \dfrac{2}{5}x^{\frac{5}{2}} + C$.

例 4-7 求 $\int \dfrac{1}{x^2}\mathrm{d}x$.

解： $\int \dfrac{1}{x^2}\mathrm{d}x = \int x^{-2}\mathrm{d}x = \dfrac{1}{-2+1}x^{-2+1} + C = -\dfrac{1}{x} + C$.

例 4-8 求 $\int \dfrac{1}{x^2\sqrt{x}}\mathrm{d}x$.

解： $\int \dfrac{1}{x^2\sqrt{x}}\mathrm{d}x = \int x^{-\frac{5}{2}}\mathrm{d}x = -\dfrac{2}{3}x^{-\frac{3}{2}} + C = -\dfrac{2}{3x\sqrt{x}} + C$.

注意：检验不定积分结果正确与否，只需要对结果进行求导，看求导结果是否等于被积函数，若相等并有常数项，则结果正确；否则结果错误.

三、不定积分的性质

根据不定积分的定义，可以推知以下两个性质：

性质 1 设函数 $f(x)$ 及 $g(x)$ 的原函数存在，则

$$\int [f(x)+g(x)]\mathrm{d}x = \int f(x)\mathrm{d}x + \int g(x)\mathrm{d}x.$$

性质 2 设函数 $f(x)$ 的原函数存在，k 为非零常数，则

$$\int kf(x)\mathrm{d}x = k\int f(x)\mathrm{d}x.$$

利用基本积分表和以上两个性质，可以求出一些简单函数的不定积分.

例 4-9 求 $\int x^2(\sqrt{x}+3)\mathrm{d}x$.

解： $\int x^2(\sqrt{x}+3)\mathrm{d}x = \int x^{\frac{5}{2}}\mathrm{d}x + 3\int x^2\mathrm{d}x = \dfrac{2}{7}x^{\frac{7}{2}} + x^3 + C$.

例 4-10　求 $\int \dfrac{4x^2+3x-2\sqrt{x}-1}{x}\mathrm{d}x$.

解：$\int \dfrac{4x^2+3x-2\sqrt{x}-1}{x}\mathrm{d}x=\int\left(\dfrac{4x^2}{x}+\dfrac{3x}{x}-\dfrac{2\sqrt{x}}{x}-\dfrac{1}{x}\right)\mathrm{d}x$

$$=\int\left(4x+3-2x^{-\frac{1}{2}}-\dfrac{1}{x}\right)\mathrm{d}x$$

$$=4\int x\mathrm{d}x+3\int \mathrm{d}x-2\int x^{-\frac{1}{2}}\mathrm{d}x-\int\dfrac{1}{x}\mathrm{d}x$$

$$=2x^2+3x-4\sqrt{x}-\ln|x|+C .$$

例 4-11　求 $\int \dfrac{(x-1)^3}{x^2}\mathrm{d}x$.

解：$\int \dfrac{(x-1)^3}{x^2}\mathrm{d}x=\int \dfrac{x^3-3x^2+3x-1}{x^2}\mathrm{d}x=\int\left(x-3+\dfrac{3}{x}-\dfrac{1}{x^2}\right)\mathrm{d}x$

$$=\int x\mathrm{d}x-3\int \mathrm{d}x+3\int\dfrac{1}{x}\mathrm{d}x-\int\dfrac{1}{x^2}\mathrm{d}x$$

$$=\dfrac{x^2}{2}-3x+3\ln|x|+\dfrac{1}{x}+C .$$

例 4-12　求 $\int(\mathrm{e}^x-3\sin x)\mathrm{d}x$.

解：$\int(\mathrm{e}^x-3\sin x)\mathrm{d}x=\int \mathrm{e}^x\mathrm{d}x-3\int \sin x\mathrm{d}x=\mathrm{e}^x+3\cos x+C .$

例 4-13　求 $\int 2^x\mathrm{e}^x\mathrm{d}x$.

解：$\int 2^x\mathrm{e}^x\mathrm{d}x=\int(2\mathrm{e})^x\mathrm{d}x=\dfrac{(2\mathrm{e})^x}{\ln(2\mathrm{e})}+C=\dfrac{2^x\mathrm{e}^x}{1+\ln 2}+C .$

例 4-14　求 $\int \dfrac{x^2+x+1}{x(x^2+1)}\mathrm{d}x$.

解：$\int \dfrac{x^2+x+1}{x(x^2+1)}\mathrm{d}x=\int \dfrac{(x^2+1)+x}{x(x^2+1)}\mathrm{d}x=\int\dfrac{1}{x}\mathrm{d}x+\int\dfrac{1}{x^2+1}\mathrm{d}x$

$$=\ln|x|+\arctan x+C .$$

例 4-15　求 $\int \dfrac{x^4}{x^2+1}\mathrm{d}x$.

解：$\int \dfrac{x^4}{x^2+1}\mathrm{d}x=\int \dfrac{x^4-1+1}{x^2+1}\mathrm{d}x=\int \dfrac{(x^2-1)(x^2+1)+1}{x^2+1}\mathrm{d}x$

$$=\int\left(x^2-1+\dfrac{1}{x^2+1}\right)\mathrm{d}x$$

$$=\dfrac{1}{3}x^3-x+\arctan x+C .$$

例 4-16　求 $\int\left(\sin\dfrac{x}{2}\cos\dfrac{x}{2}\right)\mathrm{d}x$.

解：$\int\left(\sin\dfrac{x}{2}\cos\dfrac{x}{2}\right)\mathrm{d}x=\dfrac{1}{2}\int \sin x\mathrm{d}x=-\dfrac{1}{2}\cos x+C .$

例 4-17 求 $\displaystyle\int\frac{1}{\sin^2\frac{x}{2}\cos^2\frac{x}{2}}dx$.

解： $\displaystyle\int\frac{1}{\sin^2\frac{x}{2}\cos^2\frac{x}{2}}dx=\int\frac{4}{\sin^2 x}dx=4\int\csc^2 xdx=-4\cot x+C$.

例 4-18 求 $\displaystyle\int\frac{1}{\sin^2 x\cos^2 x}dx$.

解： 因为 $\sin^2 x+\cos^2 x=1$，所以

$$\frac{1}{\sin^2 x\cos^2 x}=\frac{\sin^2 x+\cos^2 x}{\sin^2 x\cos^2 x}=\frac{1}{\cos^2 x}+\frac{1}{\sin^2 x},$$

故

$$\int\frac{1}{\sin^2 x\cos^2 x}dx=\int\left(\frac{1}{\cos^2 x}+\frac{1}{\sin^2 x}\right)dx=\tan x-\cot x+C.$$

例 4-19 求 $\displaystyle\int\sin^2\frac{x}{2}dx$.

解： $\displaystyle\int\sin^2\frac{x}{2}dx=\int\frac{1-\cos x}{2}dx=\frac{1}{2}(x-\sin x)+C$.

例 4-20 求 $\displaystyle\int\tan^2 xdx$.

解： $\displaystyle\int\tan^2 xdx=\int(\sec^2 x-1)dx=\tan x-x+C$.

注意： 在积分时，若所求积分在基本积分表中没有相应的类型，可以尝试将被积函数变形，把被积函数转化成基本积分表中有的类型，再逐项求积分．在遇到被积函数含三角函数时，可以先利用三角函数公式变形，然后再逐项求积分．

习题 4.1

1.利用求导运算验证下列等式.

（1）$\displaystyle\int\frac{1}{2x+1}dx=\frac{1}{2}\ln|2x+1|+C$；

（2）$\displaystyle\int\frac{1}{\sqrt{x^2+1}}dx=\ln(x+\sqrt{x^2+1})+C$；

（3）$\displaystyle\int\frac{1}{x^2\sqrt{4-x^2}}dx=-\frac{\sqrt{4-x^2}}{4x}+C$；

（4）$\displaystyle\int\frac{1}{\sqrt{x^2-a^2}}dx=\ln\left|x+\sqrt{x^2-a^2}\right|+C$；

（5）$\displaystyle\int 2xe^{x^2}dx=e^{x^2}+C$；

（6）$\displaystyle\int x^2e^x dx=e^x(x^2-2x+2)+C$；

（7）$\displaystyle\int\cos 2xdx=\frac{1}{2}\sin 2x+C$；

（8）$\displaystyle\int\cos^2 xdx=\frac{x}{2}+\frac{1}{4}\sin 2x+C$；

（9）$\displaystyle\int x\cos xdx=x\sin x+\cos x+C$；

（10）$\displaystyle\int\sec xdx=\ln|\sec x+\tan x|+C$；

（11）$\displaystyle\int\csc xdx=\ln|\csc x-\cot x|+C$；

（12）$\displaystyle\int e^x\sin xdx=\frac{e^x}{2}(\sin x-\cos x)+C$.

2. 求下列不定积分.

（1）$\int x^2\sqrt{x}\mathrm{d}x$；　（2）$\int\dfrac{1}{x^3}\mathrm{d}x$；　（3）$\int\dfrac{\mathrm{d}x}{x^2\sqrt{x}}$；

（4）$\int\sqrt[m]{x^n}\mathrm{d}x$；　（5）$\int 3x^5\mathrm{d}x$；　（6）$\int(x^2-2x+3)\mathrm{d}x$；

（7）$\int(x^2-1)^2\mathrm{d}x$；　（8）$\int\sqrt{x}(x+1)^2\mathrm{d}x$；　（9）$\int 3^x\mathrm{d}x$；

（10）$\int 3^x\mathrm{e}^x\mathrm{d}x$；　（11）$\int(2^x-3x^2)\mathrm{d}x$；　（12）$\int(2^x+3\cos x)\mathrm{d}x$；

（13）$\int\cos^2\dfrac{x}{2}\mathrm{d}x$；　（14）$\int\dfrac{\mathrm{d}x}{1+\cos 2x}$；　（15）$\int\dfrac{\cos 2x}{\sin x+\cos x}\mathrm{d}x$；

（16）$\int\sin^2 2x\mathrm{d}x$；　（17）$\int\dfrac{x^2-3}{x^2+1}\mathrm{d}x$；　（18）$\int\dfrac{2x^4+x^2}{x^2+1}\mathrm{d}x$.

3. 已知曲线 $y=f(x)$ 过点 $(1,0)$，且该曲线上任一点处的切线斜率均为 x，求该曲线方程.

4. 已知曲线 $y=f(x)$ 过点 (a,b)，且该曲线上任一点处的切线斜率均为 $kx+m$，求该曲线方程.（其中 a,b,k,m 均为常数，且 $k\neq 0$）

第二节　换元积分法

通过第一节的学习，利用积分表与积分性质，我们已经能计算个别不定积分，但是非常有限，本节讨论利用中间变量的代换，求解不定积分.

一、第一类换元法

定理 4-1　设 $f(u)$ 有原函数，$u=\varphi(x)$ 可导，则

$$\int f[\varphi(x)]\varphi'(x)\mathrm{d}x=\left[\int f(u)\mathrm{d}u\right]_{u=\varphi(x)}. \tag{4-1}$$

公式（4-1）如何使用呢？设要求 $\int g(x)\mathrm{d}x$，如果被积函数 $g(x)$ 可以化为 $g(x)=f[\varphi(x)]\varphi'(x)$ 的形式，那么

$$\int g(x)\mathrm{d}x=\int f[\varphi(x)]\varphi'(x)\mathrm{d}x=\left[\int f(u)\mathrm{d}u\right]_{u=\varphi(x)}.$$

这样函数 $g(x)$ 的积分就转化成了函数 $f(u)$ 的积分. 因此，具体应用的时候关键在于如何凑积分变量 $u=\varphi(x)$. 下面以一个例子来介绍如何凑积分变量.

例如，求 $\int\cos 2x\mathrm{d}x$.

分析：令 $g(x)=\cos 2x,\ u=2x,\ f(u)=\cos u$，则

$$g(x)=f(u),\ u'=2,$$

所以
$$\int\cos 2x\mathrm{d}x=\int\cos u\mathrm{d}x\ (u=2x).$$

但若想应用公式（4-1），还缺少 u'，为此

$$\int \cos 2x \mathrm{d}x = \int \cos u \mathrm{d}x = \frac{1}{2} \int (\cos u) u' \mathrm{d}x = \frac{1}{2} \int \cos u \mathrm{d}u$$

$$= \frac{1}{2}(\sin u + C) = \frac{1}{2}\sin 2x + \frac{1}{2}C.$$

因为 C 为任意常数，所以 $\frac{1}{2}C$ 也是任意常数，故上式的最终结果常写成：

$$\int \cos 2x \mathrm{d}x = \frac{1}{2} \int \cos 2x \mathrm{d}2x = \frac{1}{2}\sin 2x + C.$$

上述通过凑积分变量求解积分的方法称为**第一类换元法**.

从公式（4-1）可见，虽然 $\int f[\varphi(x)]\varphi'(x)\mathrm{d}x$ 是一个整体记号，但从形式上看，被积表达式中的 $\mathrm{d}x$ 也可以当作变量 x 的微分来对待，从而微分等式 $\varphi'(x)\mathrm{d}x = \mathrm{d}u\,(u = \varphi(x))$ 可以方便地应用到被积表达式中来.

例 4-21　求 $\int (x-3)^3 \mathrm{d}x$.

解：设 $u = x - 3$，则

$$\int (x-3)^3 \mathrm{d}x = \int (x-3)^3 (x-3)' \mathrm{d}x = \int (x-3)^3 \mathrm{d}(x-3).$$

$$= \int u^3 \mathrm{d}u = \frac{1}{4}u^4 + C = \frac{1}{4}(x-3)^4 + C.$$

例 4-22　求 $\int \frac{1}{2x+1} \mathrm{d}x$.

解：设 $u = 2x + 1$，则

$$\int \frac{1}{2x+1} \mathrm{d}x = \frac{1}{2} \int \frac{1}{2x+1} (2x+1)' \mathrm{d}x = \frac{1}{2} \int \frac{1}{2x+1} \mathrm{d}(2x+1)$$

$$= \frac{1}{2} \int \frac{1}{u} \mathrm{d}u = \frac{1}{2}\ln|u| + C = \frac{1}{2}\ln|2x+1| + C.$$

例 4-23　求 $\int \frac{1}{ax+b} \mathrm{d}x\,(a, b$ 为常数，$a \neq 0)$.

解：设 $u = ax + b$，则

$$\int \frac{1}{ax+b} \mathrm{d}x = \frac{1}{a} \int \frac{(ax+b)'\mathrm{d}x}{ax+b} = \frac{1}{a} \int \frac{1}{ax+b} \mathrm{d}(ax+b)$$

$$= \frac{1}{a} \int \frac{1}{u} \mathrm{d}u = \frac{1}{a}\ln|u| + C = \frac{1}{a}\ln|ax+b| + C.$$

例 4-24　求 $\int \frac{x^2}{(x+1)^3} \mathrm{d}x$.

解：设 $u = x+1, x = u-1, \mathrm{d}x = \mathrm{d}u$，则

$$\int \frac{x^2}{(x+1)^3} dx = \int \frac{(u-1)^2}{u^3} du = \int \frac{u^2 - 2u + 1}{u^3} du = \int \frac{1}{u} du - 2\int \frac{1}{u^2} du + \int \frac{1}{u^3} du$$

$$= \ln|u| + \frac{2}{u} - \frac{1}{2u^2} + C = \ln|x+1| + \frac{2}{x+1} - \frac{1}{2(x+1)^2} + C.$$

例 4-25 求 $\int \frac{e^{3\sqrt{x}}}{\sqrt{x}} dx$.

解： 设 $u = \sqrt{x}, x = u^2, dx = 2u du$，则

$$\int \frac{e^{3\sqrt{x}}}{\sqrt{x}} dx = \int \frac{e^{3u}}{u} 2u du = 2\int e^{3u} du = \frac{2}{3} \int e^{3u} d(3u) = \frac{2}{3} e^{3u} + C = \frac{2}{3} e^{3\sqrt{x}} + C.$$

例 4-26 求 $\int 2x e^{x^2} dx$.

解： 设 $u = x^2, du = 2x dx$，则

$$\int 2x e^{x^2} dx = \int e^{x^2} (x^2)' dx = \int e^{x^2} d(x^2) = \int e^u du = e^u + C = e^{x^2} + C.$$

例 4-27 求 $\int \frac{1}{x^2 + 4x + 5} dx$.

解： $\dfrac{1}{x^2 + 4x + 5} = \dfrac{1}{1 + (x+2)^2}$.

被积函数化成了函数 $\arctan x$ 的原函数形式. 设 $u = x + 2$, $dx = du$，则

$$\int \frac{1}{x^2 + 4x + 5} dx = \int \frac{1}{1 + (x+2)^2} d(x+2) = \int \frac{1}{1 + u^2} du$$

$$= \arctan u + C = \arctan(x+2) + C.$$

例 4-28 求 $\int x\sqrt{1-x^2} dx$.

解： 设 $u = 1 - x^2$, $du = -2x dx$，则

$$\int x\sqrt{1-x^2} dx = -\frac{1}{2} \int \sqrt{1-x^2} d(1-x^2) = -\frac{1}{2} \int u^{\frac{1}{2}} du$$

$$= -\frac{1}{2} \times \left(\frac{2}{3}\right) u^{\frac{3}{2}} + C = -\frac{1}{3} (1-x^2)^{\frac{3}{2}} + C.$$

在对积分变量代换熟悉后，就不需要写出中间变量 u 了.

例 4-29 求 $\int \frac{1}{a^2 + x^2} dx$（$a$ 为常数，$a \neq 0$）.

解： $\int \dfrac{1}{a^2 + x^2} dx = \dfrac{1}{a} \int \dfrac{1}{1 + \left(\dfrac{x}{a}\right)^2} d\left(\dfrac{x}{a}\right) = \dfrac{1}{a} \arctan \dfrac{x}{a} + C$.

例 4-30 求 $\int \frac{1}{\sqrt{a^2 - x^2}} dx$（$a$ 为常数，$a > 0$）.

解：$\displaystyle\int\frac{1}{\sqrt{a^2-x^2}}\mathrm{d}x=\frac{1}{a}\int\frac{1}{\sqrt{1-\left(\frac{x}{a}\right)^2}}\mathrm{d}(x)=\int\frac{1}{\sqrt{1-\left(\frac{x}{a}\right)^2}}\mathrm{d}\left(\frac{x}{a}\right)=\arcsin\frac{x}{a}+C.$

例 4-31 求 $\displaystyle\int\frac{1}{x^2-a^2}\mathrm{d}x$ (a 为常数，$a\neq0$).

解：因为

$$\frac{1}{x^2-a^2}=\frac{1}{(x-a)(x+a)}=\frac{1}{2a}\left(\frac{1}{x-a}-\frac{1}{x+a}\right),$$

所以

$$\int\frac{1}{x^2-a^2}\mathrm{d}x=\frac{1}{2a}\int\left(\frac{1}{x-a}-\frac{1}{x+a}\right)\mathrm{d}x=\frac{1}{2a}\left[\int\frac{1}{x-a}\mathrm{d}(x-a)-\int\frac{1}{x+a}\mathrm{d}(x+a)\right]$$

$$=\frac{1}{2a}(\ln|x-a|-\ln|x+a|)+C=\frac{1}{2a}\ln\left|\frac{x-a}{x+a}\right|+C.$$

例 4-32 求 $\displaystyle\int\frac{1}{\sin^2 x\cos^2 x}\mathrm{d}x$.

解：$\displaystyle\int\frac{1}{\sin^2 x\cos^2 x}\mathrm{d}x=\int\frac{4}{\sin^2 2x}\mathrm{d}x=2\int\csc^2 2x\mathrm{d}(2x)=-2\cot 2x+C.$

将本题与例 4-18 比较会发现，采用不同的积分方法，得到的结果形式不同，但是他们都是被积函数的原函数，因此要想知道积分结果是否正确，只要将结果求导，看求导结果是否等于被积函数即可.

例 4-33 求 $\displaystyle\int\cos^2 x\mathrm{d}x$.

解：$\displaystyle\int\cos^2 x\mathrm{d}x=\int\frac{1+\cos 2x}{2}\mathrm{d}x=\frac{1}{2}\left[\int\mathrm{d}x+\frac{1}{2}\int\cos 2x\mathrm{d}(2x)\right]$

$$=\frac{x}{2}+\frac{1}{4}\sin 2x+C.$$

例 4-34 求 $\displaystyle\int\cos^3 x\mathrm{d}x$.

解：$\displaystyle\int\cos^3 x\mathrm{d}x=\int\cos^2 x\cos x\mathrm{d}x=\int(1-\sin^2 x)\mathrm{d}(\sin x)$

$$=\sin x-\frac{1}{3}\sin^3 x+C.$$

例 4-35 求 $\displaystyle\int\sin^2 x\cos x\mathrm{d}x$.

解：$\displaystyle\int\sin^2 x\cos x\mathrm{d}x=\int\sin^2 x\mathrm{d}(\sin x)=\frac{1}{3}\sin^3 x+C.$

例 4-36 求 $\displaystyle\int\tan x\mathrm{d}x$.

解：$\displaystyle\int\tan x\mathrm{d}x=\int\frac{\sin x}{\cos x}\mathrm{d}x=-\int\frac{1}{\cos x}\mathrm{d}(\cos x)=-\ln|\cos x|+C.$

例 4-37 求 $\displaystyle\int\sec^6 x\mathrm{d}x$.

解：$\displaystyle\int\sec^6 x\mathrm{d}x=\int(\sec^2 x)^2\sec^2 x\mathrm{d}x=\int(1+\tan^2 x)^2\mathrm{d}(\tan x)$

$$=\int(1+2\tan^2 x+\tan^4 x)\mathrm{d}(\tan x)$$

$$= \tan x + \frac{2}{3}\tan^3 x + \frac{1}{5}\tan^5 x + C .$$

例 4-38　求 $\int \csc x \mathrm{d}x$.

解：因为

$$\int \csc x \mathrm{d}x = \int \frac{1}{\sin x} \mathrm{d}x = \int \frac{1}{2\sin\frac{x}{2}\cos\frac{x}{2}} \mathrm{d}x = \int \frac{\cos\frac{x}{2}}{\sin\frac{x}{2}\cos^2\frac{x}{2}} \mathrm{d}\left(\frac{x}{2}\right)$$

$$= \int \frac{1}{\tan\frac{x}{2}\cos^2\frac{x}{2}} \mathrm{d}\left(\frac{x}{2}\right) = \int \frac{1}{\tan\frac{x}{2}} \mathrm{d}\left(\tan\frac{x}{2}\right) = \ln\left|\tan\frac{x}{2}\right| + C .$$

又因为

$$\tan\frac{x}{2} = \frac{\sin\frac{x}{2}}{\cos\frac{x}{2}} = \frac{2\sin^2\frac{x}{2}}{2\sin\frac{x}{2}\cos\frac{x}{2}} = \frac{2\sin^2\frac{x}{2}}{\sin x} = \frac{1-\cos x}{\sin x} = \csc x - \cot x ,$$

所以

$$\int \csc x \mathrm{d}x = \ln\left|\tan\frac{x}{2}\right| + C = \ln\left|\csc x - \cot x\right| + C .$$

例 4-39　求 $\int \sec x \mathrm{d}x$.

解：$\int \sec x \mathrm{d}x = \int \csc\left(x + \frac{\pi}{2}\right) \mathrm{d}x = \ln\left|\csc\left(x + \frac{\pi}{2}\right) - \cot\left(x + \frac{\pi}{2}\right)\right| + C$

$$= \ln\left|\sec x + \tan x\right| + C .$$

被积函数含有三角函数时，在计算中，往往需要利用三角公式变形，转化成熟悉的情况再求解.

二、第二类换元法

定理 4-2　设 $x = \psi(t)$ 是单调的可导函数，并且 $\psi'(t) \neq 0$. 又设 $f[\psi(t)]\psi'(t)$ 有原函数，则

$$\int f(x)\mathrm{d}x = \left[\int f[\psi(t)]\psi'(t)\mathrm{d}t\right]_{t=\psi^{-1}(x)} , \tag{4-2}$$

其中 $\psi^{-1}(x)$ 是 $x = \psi(t)$ 的反函数.

上面这种积分方法称为第二类换元法.

公式（4-2）如何使用呢？与第一类换元法不同（第一类换元法是设法凑出一个积分变量 u ，而 u 是 x 的函数），第二类换元法则是寻求一个新函数 $\psi(t)$ ，使被积函数的自变量 x 等于这个函数，即 $x = \psi(t)$ ，以便于积分运算. 待积分计算出一个 t 的函数后，再用 $t = \psi^{-1}(x)$ 代回去，化成一个 x 的函数. 因此，该方法的关键在于寻求新函数 $\psi(t)$.

下面举例说明公式（4-2）的应用.

例 4-40　求 $\int \sqrt{a^2 - x^2} \mathrm{d}x$（$a$ 为常数，$a > 0$）.

解： 为消除根式，可利用三角公式 $\sin^2 t + \cos^2 t = 1$. 设 $x = a\sin t\left(-\dfrac{\pi}{2} < t < \dfrac{\pi}{2}\right)$，则

$$\sqrt{a^2 - x^2} = \sqrt{a^2 - a^2 \sin^2 t} = a\sqrt{1 - \sin^2 t} = a\cos t, \quad \mathrm{d}x = a\cos t\,\mathrm{d}t,$$

故
$$\int \sqrt{a^2 - x^2}\,\mathrm{d}x = \int a\cos t \cdot a\cos t\,\mathrm{d}t = a^2 \int \cos^2 t\,\mathrm{d}t.$$

结合例 4-33 的结果，有

$$\int \sqrt{a^2 - x^2}\,\mathrm{d}x = a^2\left(\frac{t}{2} + \frac{1}{4}\sin 2t\right) + C = \frac{a^2 t}{2} + \frac{a^2 \sin t \cos t}{2} + C.$$

因为 $x = a\sin t$，所以

$$\sin t = \frac{x}{a},$$

即
$$t = \arcsin \frac{x}{a}.$$

借助图 4-1 的三角形，易知

$$\cos t = \frac{\sqrt{a^2 - x^2}}{a}.$$

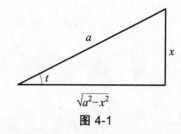

图 4-1

综上，

$$\int \sqrt{a^2 - x^2}\,\mathrm{d}x = \frac{a^2}{2}\arcsin \frac{x}{a} + \frac{x\sqrt{a^2 - x^2}}{2} + C.$$

在利用三角公式代换时，常常借助直角三角形，直观、快速地计算三角函数.

例 4-41 求 $\displaystyle\int \frac{1}{\sqrt{x^2 - a^2}}\,\mathrm{d}x$（$a$ 为常数，$a > 0$）.

解： 为消除根式，可利用三角公式 $1 + \cot^2 t = \csc^2 t$. 设 $x = a\csc t\left(-\dfrac{\pi}{2} < t < 0 \text{ 或 } 0 < t < \dfrac{\pi}{2}\right)$，

则
$$\frac{1}{\sqrt{x^2 - a^2}} = \frac{1}{\sqrt{a^2 \csc^2 t - a^2}} = \frac{1}{a|\cot t|}, \quad \mathrm{d}x = -a\csc t \cot t\,\mathrm{d}t,$$

故
$$\int \frac{1}{\sqrt{x^2 - a^2}}\,\mathrm{d}x = \int \frac{-a\csc t \cot t}{a|\cot t|}\,\mathrm{d}t = -\int \frac{\csc t \cot t}{|\cot t|}\,\mathrm{d}t.$$

当 $0 < t < \dfrac{\pi}{2}$ 时，$\cot t > 0$，

$$\int \frac{1}{\sqrt{x^2 - a^2}}\,\mathrm{d}x = -\int \csc t\,\mathrm{d}t = -\ln|\csc t - \cot t| + C_1.$$

借助图 4-2 的三角形，易知

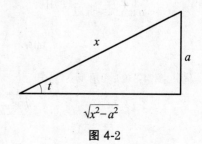

图 4-2

$$\csc t = \frac{x}{a},$$

即

$$\cot t = \frac{\sqrt{x^2 - a^2}}{a}.$$

所以

$$\int \frac{1}{\sqrt{x^2 - a^2}} dx = -\ln|\csc t - \cot t| + C_1 = -\ln\left|\frac{x - \sqrt{x^2 - a^2}}{a}\right| + C_1 = -\ln\left|x - \sqrt{x^2 - a^2}\right| + C_2$$

$$= \ln\left|\frac{x + \sqrt{x^2 - a^2}}{a^2}\right| + C_2 = \ln\left|x + \sqrt{x^2 - a^2}\right| + C.$$

当 $-\frac{\pi}{2} < t < 0$ 时，$\cot t < 0$，

$$\cot t = -\sqrt{\csc^2 t - 1} = -\frac{\sqrt{x^2 - a^2}}{a}, \quad \csc t = \frac{x}{a},$$

所以

$$\int \frac{1}{\sqrt{x^2 - a^2}} dx = \int \csc t \, dt = \ln|\csc t - \cot t| + C_1$$

$$= \ln\left|\frac{x + \sqrt{x^2 - a^2}}{a}\right| + C_1 = \ln\left|x + \sqrt{x^2 - a^2}\right| + C.$$

综上所述，$\displaystyle\int \frac{1}{\sqrt{x^2 - a^2}} dx = \ln\left|x + \sqrt{x^2 - a^2}\right| + C$.

例 4-42　求 $\displaystyle\int \frac{1}{\sqrt{a^2 + x^2}} dx$（$a$ 为常数，$a > 0$）.

解： $1 + \tan^2 t = \sec^2 t$. 设 $x = a\tan t \left(-\frac{\pi}{2} < t < \frac{\pi}{2}\right)$，则

$$\frac{1}{\sqrt{a^2 + x^2}} = \frac{1}{\sqrt{a^2 + a^2 \tan^2 t}} = \frac{1}{a\sec t}, \quad dx = a\sec^2 t \, dt,$$

所以

$$\int \frac{1}{\sqrt{a^2 + x^2}} dx = \int \sec t \, dt = \ln|\sec t + \tan t| + C_1.$$

因为 $x = a\tan t$，所以

$$\tan t = \frac{x}{a}.$$

借助图 4-3 的三角形，易知

$$\sec t = \frac{\sqrt{x^2 + a^2}}{a}.$$

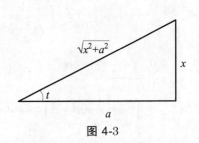

图 4-3

综上所述，

$$\int \frac{1}{\sqrt{a^2 + x^2}} dx = \ln \left| \frac{\sqrt{x^2 + a^2}}{a} + \frac{x}{a} \right| + C_1 = \ln \left| x + \sqrt{x^2 + a^2} \right| + C.$$

当被积函数含有因式：$\sqrt{a^2 - x^2}$，$\sqrt{x^2 - a^2}$，$\sqrt{x^2 + a^2}$ 时，如果不能直接应用基本积分表中的公式，我们往往可以利用三角函数来进行换元，从而消去根式使被积表达式简化，即当被积函数含有：

（1）$\sqrt{a^2 - x^2}$，可作变换 $x = a\sin t$ 或 $x = a\cos t$；

（2）$\sqrt{x^2 - a^2}$，可作变换 $x = a\sec t$ 或 $x = a\csc t$；

（3）$\sqrt{x^2 + a^2}$，可作变换 $x = a\tan t$ 或 $x = a\cot t$。

请试着用第二类换元法计算例 4-30。

例 4-43 求 $\int \frac{1}{x^2 \sqrt{4 - x^2}} dx$。

解：设 $x = 2\sin t \left(-\frac{\pi}{2} < t < \frac{\pi}{2} \right)$，则

$$\sqrt{4 - x^2} = 2\cos t, \quad dx = 2\cos t \, dt, \quad \cot t = \frac{\sqrt{4 - x^2}}{x}.$$

所以

$$\int \frac{1}{x^2 \sqrt{4 - x^2}} dx = \int \frac{2\cos t}{4\sin^2 t \cdot 2\cos t} dt = \frac{1}{4} \int \csc^2 t \, dt = -\frac{1}{4} \cot t + C = -\frac{\sqrt{4 - x^2}}{4x} + C.$$

本题也可以用其他方法求解，比如：

设 $x = \frac{1}{t}$，则 $t = \frac{1}{x}$，$dx = -\frac{dt}{t^2}$，所以

$$\int \frac{1}{x^2 \sqrt{4 - x^2}} dx = -\int \frac{t}{\sqrt{4t^2 - 1}} dt = -\frac{1}{8} \int (4t^2 - 1)^{-\frac{1}{2}} d(4t^2 - 1)$$

$$= -\frac{1}{4}(4t^2 - 1)^{\frac{1}{2}} + C = -\frac{\sqrt{4 - x^2}}{4x} + C.$$

这种变量代换的方式称为倒代换。

例 4-44 求 $\int \frac{1}{x(x^7 + 2)} dx$。

解：设 $x = \frac{1}{t}$，则 $t = \frac{1}{x}$，$dx = -\frac{dt}{t^2}$，所以

$$\int \frac{1}{x(x^7 + 2)} dx = -\int \frac{t^6}{1 + 2t^7} dt = -\frac{1}{14} \int \frac{d(1 + 2t^7)}{1 + 2t^7} = -\frac{1}{14} \ln \left| 1 + 2t^7 \right| + C$$

$$= -\frac{1}{14} \ln \left| \frac{x^7 + 2}{x^7} \right| + C = -\frac{1}{14} \ln \left| x^7 + 2 \right| + \frac{1}{2} \ln x + C.$$

习题 4.2

1. 在下列各式等号右端的横线处填入适当的系数，使等式成立（例如：$dx = \dfrac{1}{3}d(3x-2)$）.

（1）$dx = \underline{\quad} d(3x)$；

（2）$dx = \underline{\quad} d(ax)$；

（3）$dx = \underline{\quad} d(2x-5)$；

（4）$xdx = \underline{\quad} d(x^2)$；

（5）$xdx = \underline{\quad} d(6x^2)$；

（6）$xdx = \underline{\quad} d(1-2x^2)$；

（7）$x^2 dx = \underline{\quad} d(2x^3+5)$；

（8）$x^3 dx = \underline{\quad} d(ax^4+5)$；

（9）$e^{2x} dx = \underline{\quad} d(e^{2x})$；

（10）$e^{-\frac{x}{2}} dx = \underline{\quad} d(2-e^{-\frac{x}{2}})$；

（11）$\dfrac{dx}{x} = \underline{\quad} d(2+3\ln x)$；

（12）$\sin 2x dx = \underline{\quad} d(3\cos 2x-1)$；

（13）$\dfrac{dx}{1+x^2} = \underline{\quad} d(1+2\arctan x)$；

（14）$\dfrac{dx}{1+4x^2} = \underline{\quad} d(1+3\arctan 2x)$；

（15）$\dfrac{dx}{\sqrt{1-x^2}} = \underline{\quad} d(1+\arcsin x)$；

（16）$\dfrac{xdx}{\sqrt{1-x^2}} = \underline{\quad} d(\sqrt{1-x^2})$.

2. 求下列不定积分.

（1）$\displaystyle\int (2x-1)^5 dx$；

（2）$\displaystyle\int (3-2x)^2 dx$；

（3）$\displaystyle\int \sqrt{5x-2} dx$；

（4）$\displaystyle\int \dfrac{1}{2x+3} dx$；

（5）$\displaystyle\int xe^{-x^2} dx$；

（6）$\displaystyle\int \dfrac{e^{\frac{1}{x}}}{x^2} dx$；

（7）$\displaystyle\int x\sqrt{2x^2+1} dx$；

（8）$\displaystyle\int \dfrac{x}{\sqrt{1-2x^2}} dx$；

（9）$\displaystyle\int \dfrac{3x^3}{1-x^4} dx$；

（10）$\displaystyle\int \dfrac{x+1}{x^2+2x+10} dx$；

（11）$\displaystyle\int \dfrac{1}{1+\sqrt{2x}} dx$；

（12）$\displaystyle\int \dfrac{\sqrt{x}}{1+x} dx$；

（13）$\displaystyle\int \dfrac{1}{x^2\sqrt{x^2-9}} dx$；

（14）$\displaystyle\int \dfrac{\sin\sqrt{x}}{\sqrt{x}} dx$；

（15）$\displaystyle\int x\sin(x^2) dx$；

（16）$\displaystyle\int \sin^2 x dx$；

（17）$\displaystyle\int \sin^3 x dx$；

（18）$\displaystyle\int \sin x\cos^2 x dx$.

第三节　分部积分法

利用换元积分法，能计算的不定积分明显多了许多，但是对于 $\displaystyle\int x\cos x dx$ 的积分，利用之前学过的方法，显然不易求得结果. 为此，我们还需要探讨其他的方法.

设函数 $u = u(x)$ 及 $v = v(x)$ 具有连续导数，由导数的运算法则可知：

$$(uv)' = u'v + uv'.$$

移项，得

$$uv' = (uv)' - u'v.$$

两边积分，得

$$\int uv'\mathrm{d}x = \int (uv)'\mathrm{d}x - \int u'v\mathrm{d}x \ \text{或} \ \int u\mathrm{d}v = uv - \int v\mathrm{d}u.$$

定理 3　设函数 $u = u(x)$ 及 $v = v(x)$ 具有连续导数，则

$$\int uv'\mathrm{d}x = \int (uv)'\mathrm{d}x - \int u'v\mathrm{d}x \tag{4-3}$$

或

$$\int u\mathrm{d}v = uv - \int v\mathrm{d}u. \tag{4-4}$$

上述方法称为不定积分的分部积分法. 公式（4-3）和公式（4-4）称为分部积分公式.

例 4-45　求 $\int x\cos x\mathrm{d}x$.

解：
$$\int x\cos x\mathrm{d}x = \int x\mathrm{d}(\sin x).$$

设 $u = x, v = \sin x$，故

$$\int x\cos x\mathrm{d}x = \int x\mathrm{d}(\sin x) = x\sin x - \int \sin x\mathrm{d}x = x\sin x + \cos x + C.$$

例 4-46　求 $\int x\sin 2x\mathrm{d}x$.

解：
$$\begin{aligned}
\int x\sin 2x\mathrm{d}x &= \frac{1}{2}\int x\sin 2x\mathrm{d}(2x) = -\frac{1}{2}\int x\mathrm{d}(\cos 2x) \\
&= -\frac{1}{2}\left(x\cos 2x - \int \cos 2x\mathrm{d}x\right) \\
&= -\frac{1}{2}\left(x\cos 2x - \frac{1}{2}\sin 2x\right) + C \\
&= -\frac{1}{2}x\cos 2x + \frac{1}{4}\sin 2x + C.
\end{aligned}$$

例 4-47　求 $\int x\mathrm{e}^x\mathrm{d}x$.

解： $\int x\mathrm{e}^x\mathrm{d}x = \int x\mathrm{d}(\mathrm{e}^x) = x\mathrm{e}^x - \int \mathrm{e}^x\mathrm{d}x = x\mathrm{e}^x - \mathrm{e}^x + C = \mathrm{e}^x(x-1) + C.$

例 4-48　求 $\int x^2\mathrm{e}^x\mathrm{d}x$.

解：
$$\begin{aligned}
\int x^2\mathrm{e}^x\mathrm{d}x &= \int x^2\mathrm{d}(\mathrm{e}^x) = x^2\mathrm{e}^x - \int \mathrm{e}^x\mathrm{d}(x^2) = x^2\mathrm{e}^x - 2\int x\mathrm{e}^x\mathrm{d}x \\
&= x^2\mathrm{e}^x - 2\mathrm{e}^x(x-1) + C = \mathrm{e}^x(x^2 - 2x + 2) + C.
\end{aligned}$$

由上面的例子可以看出，如果被积函数是幂函数和正（余）弦函数或幂函数与指数函数的乘积，就可以用分部积分法，并取幂函数为 u，其余部分取为 $\mathrm{d}v$. 当分部积分法的运算熟练后，就不需要写出 u 和 $\mathrm{d}v$ 了.

例 4-49　求 $\int x\ln x\mathrm{d}x$.

解： $\displaystyle\int x\ln x\mathrm{d}x = \frac{1}{2}\int\ln x\mathrm{d}(x^2) = \frac{1}{2}\left[x^2\ln x - \int x^2\mathrm{d}(\ln x)\right]$

$\displaystyle\qquad\qquad = \frac{1}{2}\left(x^2\ln x - \int x\mathrm{d}x\right) = \frac{x^2}{2}\ln x - \frac{x^x}{4} + C.$

例 4-50 求 $\displaystyle\int x^2\ln x\mathrm{d}x$.

解： $\displaystyle\int x^2\ln x\mathrm{d}x = \frac{1}{3}\int\ln x\mathrm{d}(x^3) = \frac{1}{3}\left[x^3\ln x - \int x^3\mathrm{d}(\ln x)\right]$

$\displaystyle\qquad\qquad = \frac{1}{3}\left(x^3\ln x - \int x^2\mathrm{d}x\right) = \frac{x^3}{3}\ln x - \frac{x^3}{9} + C.$

例 4-51 求 $\displaystyle\int x\arctan x\mathrm{d}x$.

解： $\displaystyle\int x\arctan x\mathrm{d}x = \frac{1}{2}\int\arctan x\mathrm{d}(x^2) = \frac{1}{2}\left[x^2\arctan x - \int x^2\mathrm{d}(\arctan x)\right]$

$\displaystyle\qquad = \frac{x^2}{2}\arctan x - \frac{1}{2}\int\frac{x^2}{1+x^2}\mathrm{d}x = \frac{x^2}{2}\arctan x - \frac{1}{2}(x - \arctan x) + C.$

由上面的例子可以看出，如果被积函数是幂函数和对数函数或幂函数与反三角函数的乘积，就可以用分部积分法，并取对数函数或反三角函数为 u，其余部分取为 $\mathrm{d}v$.

例 4-52 求 $\displaystyle\int \mathrm{e}^x\sin x\mathrm{d}x$.

解： $\displaystyle\int\mathrm{e}^x\sin x\mathrm{d}x = \int\sin x\mathrm{d}(\mathrm{e}^x) = \mathrm{e}^x\sin x - \int\mathrm{e}^x\mathrm{d}(\sin x) = \mathrm{e}^x\sin x - \int\mathrm{e}^x\cos x\mathrm{d}x$

$\displaystyle\qquad = \mathrm{e}^x\sin x - \int\cos x\mathrm{d}(\mathrm{e}^x) = \mathrm{e}^x\sin x - \left[\mathrm{e}^x\cos x - \int\mathrm{e}^x\mathrm{d}(\cos x)\right]$

$\displaystyle\qquad = \mathrm{e}^x\sin x - \mathrm{e}^x\cos x - \int\mathrm{e}^x\sin x\mathrm{d}x.$

等式两端都有 $\displaystyle\int\mathrm{e}^x\sin x\mathrm{d}x$，移项，得

$$2\int\mathrm{e}^x\sin x\mathrm{d}x = \mathrm{e}^x(\sin x - \cos x) + C_1.$$

故

$$\int\mathrm{e}^x\sin x\mathrm{d}x = \frac{\mathrm{e}^x}{2}(\sin x - \cos x) + C.$$

形如 $\displaystyle\int\mathrm{e}^{ax}\sin bx\mathrm{d}x, \int\mathrm{e}^{ax}\cos bx\mathrm{d}x$ 的不定积分，可以任意选择 u 和 $\mathrm{d}v$，但应注意，由于要使用两次分部积分公式，两次选择的 u 和 $\mathrm{d}v$ 应保持一致，否则将得出恒等式，使计算无法进行下去.

例 4-53 求 $\displaystyle\int\mathrm{e}^{\sqrt{x+1}}\mathrm{d}x$.

解： 设 $t = \sqrt{x+1},\ x = t^2 - 1,\ \mathrm{d}x = 2t\,\mathrm{d}t$，则

$$\int\mathrm{e}^{\sqrt{x+1}}\mathrm{d}x = \int 2t\mathrm{e}^t\mathrm{d}t = 2\int t\mathrm{e}^t\mathrm{d}t.$$

结合例 4-47 的结果，

$$\int\mathrm{e}^{\sqrt{x+1}}\mathrm{d}x = 2\int t\mathrm{e}^t\mathrm{d}t = 2\mathrm{e}^t(t-1) + C.$$

用 $t = \sqrt{x+1}$ 回代，得

$$\int e^{\sqrt{x+1}} dx = 2e^{\sqrt{x+1}}(\sqrt{x+1} - 1) + C.$$

在不定积分计算的过程中，有时往往需要把换元法与分部积分法结合起来使用. 如例 4-53 中，先利用换元法，在计算中又使用了分部积分法.

习题 4.3

求下列不定积分.

（1）$\displaystyle\int x\cos 2x dx$；　　（2）$\displaystyle\int (2x+1)\sin x dx$；　　（3）$\displaystyle\int x^2 e^{-x} dx$；

（4）$\displaystyle\int \ln 2x dx$；　　（5）$\displaystyle\int \arcsin x dx$；　　（6）$\displaystyle\int \arccos x dx$；

（7）$\displaystyle\int e^x \cos x dx$；　　（8）$\displaystyle\int \cos(\ln x) dx$.

小　结

一、原函数与不定积分

若 $F'(x) = f(x)$，则 $F(x)$ 为 $f(x)$ 的一个原函数.

（1）连续函数一定有原函数；

（2）$f(x)$ 的原函数不止一个，有无穷多个，任意两个原函数相差一个常数.

（3）$f(x)$ 的所有原函数称为 $f(x)$ 的不定积分，记为 $\displaystyle\int f(x) dx$，即 $\displaystyle\int f(x) dx = F(x) + C$.

二、不定积分的求解方法

1. 直接积分法：

利用基本积分表直接求解不定积分，该方法是求解不定积分的最基本方法.

2. 第一类换元积分法：

设 $f(u)$ 有原函数，$u = \varphi(x)$ 可导，则

$$\int f[\varphi(x)]\varphi'(x) dx = \left[\int f(u) du\right]_{u=\varphi(x)}.$$

该方法的关键在于如何凑积分变量 $u = \varphi(x)$.

3. 第二类换元积分法：

设 $x = \psi(t)$ 是单调的可导函数，并且 $\psi^{-1}(t) \neq 0$. 又设 $f[\psi(t)]\psi'(t)$ 有原函数，则

$$\int f(x) dx = \left[\int f[\psi(t)]\psi'(t) dt\right]_{t=\psi^{-1}(x)}. \qquad (4\text{-}2)$$

其中 $\psi^{-1}(x)$ 是 $x = \psi(t)$ 的反函数.

该方法的关键在于寻求新函数 $\psi(t)$.

4. 分部积分法:

设函数 $u = u(x)$ 及 $v = v(x)$ 具有连续导数，则

$$\int uv' \mathrm{d}x = \int (uv)' \mathrm{d}x - \int u'v \mathrm{d}x$$

或

$$\int u\mathrm{d}v = uv - \int v\mathrm{d}u.$$

该方法的关键是合理地将被积表达式分成 u 和 $\mathrm{d}v$ 两部分，从而使积分简化.

习题训练（四）

一、选择题

1. 已知 $f'(x) = \dfrac{1}{x(1+2\ln x)}$，且 $f(1)=1$，则 $f(x)$ 等于（　　）.

    A. $\ln(1+2\ln x)+1$ B. $\dfrac{1}{2}\ln(1+2\ln x)+\dfrac{1}{2}$

    C. $\dfrac{1}{2}\ln(1+2\ln x)+1$ D. $2\ln(1+2\ln x)+1$

2. 下列等式正确的是（　　）.

    A. $\dfrac{\mathrm{d}}{\mathrm{d}x}\int f(x)\mathrm{d}x = f(x)$ B. $\int \mathrm{d}f(x) = f(x)$

    C. $\int f'(x)\mathrm{d}x = f(x)$ D. $\mathrm{d}\int f(x) = f(x)$

3. 下列哪个选项为函数 e^{-2x} 的原函数（　　）.

    A. $y = -\dfrac{1}{2}\mathrm{e}^{-2x}$ B. $y = \mathrm{e}^{-2x}$

    C. $y = 2\mathrm{e}^{-2x}$ D. $y = -2\mathrm{e}^{-2x}$

4. 设 $f(x)$ 在区间 $[a,b]$ 上连续，则在区间 $[a,b]$ 上，$f(x)$ 必有（　　）.

    A. 原函数   B. 导函数   C. 最大值与最小值

5. 设 $F'(x) = f(x)$，C 为任意正实数，则 $f(x)$ 的不定积分 $\int f(x)\mathrm{d}x$ 与下列哪项相等？（　　）

    A. $F(x)+C$ B. $F(x)+\sin C$ C. $F(x)+\ln C$ D. $F(x)+\mathrm{e}^{C}$

二、填空题

1. $\int \mathrm{e}^{3x}\mathrm{d}x = \underline{\quad\quad}\mathrm{d}(\mathrm{e}^{3x})$.

2. $\int \dfrac{2x}{1+x^2}\mathrm{d}x = \underline{\quad\quad}$.

3. $\int x^3\mathrm{e}^x\mathrm{d}x = \underline{\quad\quad}$.

4. $\int \dfrac{x+5}{x^2-6x+13}dx = \underline{\hspace{3cm}}$.

5. 如果 $\dfrac{\sin x}{x}$ 是 $f(x)$ 的一个原函数，那么 $\int x^3 f'(x)dx = \underline{\hspace{2cm}}$.

三、计算题

计算下列不定积分：

1. $\int \dfrac{3x^4+3x^2+1}{x^2+1}dx$;

2. $\int \left(\dfrac{1}{x^2+1} + \dfrac{2}{\sqrt{1-x^2}} \right)dx$;

3. $\int \dfrac{x}{\sqrt{1-x^2}}dx$;

4. $\int \dfrac{dx}{e^x-e^{-x}}$;

5. $\int \dfrac{dx}{1-e^x}$;

6. $\int \dfrac{e^x}{(1+e^x)^2}dx$;

7. $\int \dfrac{dx}{x\sqrt{1+\ln x}}$;

8. $\int \dfrac{dx}{1-3x}$;

9. $\int (1-2x)^3 dx$;

10. $\int x\arctan x\,dx$;

11. $\int \arctan \sqrt{x}\,dx$;

12. $\int \dfrac{1-\sin x}{x+\cos x}dx$;

13. $\int \dfrac{\sin x \cos x}{1+\sin^4 x}dx$;

14. $\int e^{\sqrt{x}}dx$.

第五章 定 积 分

第一节 定积分的概念与几何意义

一、定积分的概念

1. 曲边梯形的面积

设 $y = f(x)$ 在区间 $[a,b]$ 上非负、连续. 由直线 $x = a$，$x = b$，x 轴及曲线 $y = f(x)$ 所围成的平面图形，称为曲边梯形.

曲边梯形的面积该如何求解呢？

我们知道，

$$矩形面积 = 底 \times 高$$

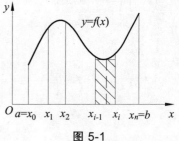

图 5-1

可是，曲边梯形并不是矩形，自然不能直接用上述公式求解. 但是若在区间上插入足够多的点，把区间 $[a,b]$ 分成许多个小区间（见图 5-1），由于 $f(x)$ 连续，那么在每个小区间上 $f(x)$ 的变化将很小，近似于不变，这时就可以用小区间的长度作为底，小区间上任一点 ξ 的函数值 $f(\xi)$ 作为高，用该小矩形面积近似于小曲边梯形的面积. 把所有小矩形面积之和作为曲边梯形面积的近似值，并把区间 $[a,b]$ 无限细分下去，即使每个小区间的长度都趋于零，这时所有小矩形面积之和的极限就可定义为曲边梯形的面积. 这个定义同时也给出了计算曲边梯形面积的方法，如下：

（1）分割.

在区间 $[a,b]$ 内任意插入若干个分点，使得

$$a = x_0 < x_1 < x_2 < \cdots < x_{n-1} < x_n = b,$$

把 $[a,b]$ 分成 n 个小区间 $[x_{i-1}, x_i]$ $(i = 1, 2, \cdots, n)$，各小区间 $[x_{i-1}, x_i]$ 的长度依次记为

$$\Delta x_i = x_i - x_{i-1} \ (i = 1, 2, \cdots, n),$$

过每一个分点作垂直于 x 轴的直线段，把整个曲边梯形分成 n 个小曲边梯形，每个小曲边梯形的面积记为 ΔA_i $(i = 1, 2, \cdots, n)$.

（2）近似.

在每个小区间 $[x_{i-1}, x_i]$ 上任取一点 ξ_i $(x_{i-1} \leqslant \xi_i \leqslant x_i)$，作以 Δx_i 为底，以 $f(\xi_i)$ 为高的小矩形，其面积为 $f(\xi_i)\Delta x_i$，它可作为该区间上的小曲边梯形面积的近似值，即

$$\Delta A_i \approx f(\xi_i)\Delta x_i \ (i=1,2,\cdots,n).$$

（3）求和.

把 n 个小矩形的面积加起来，就得到整个曲边梯形面积的近似值，即

$$A = \sum_{i=1}^{n} \Delta A_i \approx \sum_{i=1}^{n} f(\xi_i)\Delta x_i.$$

（4）取极限.

记 $\lambda = \max\{\Delta x_1, \Delta x_2, \cdots, \Delta x_n\}$，当 $\lambda \to 0$ 时，Δx_i 也趋于 0，取上述和式的极限，便得曲边梯形的面积，即

$$A = \lim_{\lambda \to 0} \sum_{i=1}^{n} f(\xi_i)\Delta x_i.$$

2. 变速直线运动的路程

设某物体做直线运动，已知 $v = v(t)$ 是时间间隔 $[T_1, T_2]$ 上 t 的连续函数，且 $v(t) \geqslant 0$，计算在这段时间内物体所经过的路程 s.

我们知道，对于直线运动，

$$路程 = 速度 \times 时间，$$

但是，本讨论中的速度不是一个常量，而是一个随时间变化的变量，因此，不能按匀速直线运动的路程公式计算. 然而，物体运动的速度函数 $v = v(t)$ 是连续的，在很短的一段时间内，速度的变化很小，近似于匀速. 因此，若把时间间隔分成若干个小段，在每一个小段内，以匀速运动代替变速运动，那么就可算出各小段时间间隔内路程的近似值；再求和，便得到整个路程的近似值；最后，通过对时间间隔无限细分的极限过程，这时所有部分路程的近似值之和的极限，就是所求变速直线运动的路程的精确值.

计算过程如下：

（1）分割.

在时间间隔 $[T_1, T_2]$ 内任意插入若干个分点，使得

$$T_1 = t_0 < t_1 < t_2 < \cdots < t_{n-1} < t_n = T_2,$$

把 $[T_1, T_2]$ 分成 n 个小段 $[t_{i-1}, t_i]$ $(i=1,2,\cdots,n)$，各小段 $[t_{i-1}, t_i]$ 的长度依次记为

$$\Delta t_i = t_i - t_{i-1} \ (i=1,2,\cdots,n)，$$

在各小段内物体经过的路程为 Δs_i $(i=1,2,\cdots,n)$.

（2）近似.

在时间间隔 $[t_{i-1}, t_i]$ 上，任取一个时刻 $\tau_i(t_{i-1} \leqslant \tau_i \leqslant t_i)$，以 τ_i 时的速度 $v(\tau_i)$ 代替 $[t_{i-1}, t_i]$ 上各个时刻的速度，即可得到该小段内路程 Δs_i 的近似值，即

$$\Delta s_i \approx v(\tau_i)\Delta t_i \ (i=1,2,\cdots,n).$$

（3）求和.

把 n 个小段内的路程 Δs_i 加起来，就得到整个时间间隔 $[T_1, T_2]$ 上的路程 s 的近似值，即

$$s = \sum_{i=1}^{n} \Delta s_i \approx \sum_{i=1}^{n} v(\tau_i) \Delta t_i .$$

（4）取极限.

记 $\lambda = \max\{\Delta t_1, \Delta t_2, \cdots, \Delta t_n\}$，当 $\lambda \to 0$ 时，Δt_i 也趋于 0，取上述和式的极限，便得变速直线运动的路程，即

$$s = \lim_{\lambda \to 0} \sum_{i=1}^{n} v(\tau_i) \Delta t_i .$$

3. 定积分的定义

定义　设函数 $y = f(x)$ 在区间 $[a,b]$ 上有界，在 $[a,b]$ 上任意插入若干个分点

$$a = x_0 < x_1 < x_2 < \cdots < x_{n-1} < x_n = b ,$$

把区间 $[a,b]$ 分成 n 个小区间 $[x_0, x_1], [x_1, x_2], \cdots, [x_{n-1}, x_n]$，各小区间的长度记为 $\Delta x_i = x_i - x_{i-1}$ $(i = 1, 2, \cdots, n)$，在每个小区间上任取一点 ξ_i $(x_{i-1} \leqslant \xi_i \leqslant x_i)$，作乘积 $f(\xi_i)\Delta x_i$ $(i = 1, 2, \cdots, n)$，并作出和

$$s = \sum_{i=1}^{n} f(\xi_i) \Delta x_i .$$

记 $\lambda = \max\{\Delta x_1, \Delta x_2, \cdots, \Delta x_n\}$，如果不论对区间 $[a,b]$ 采用怎样的分法，也不论在每个小区间上 ξ_i 怎样取，只要当 $\lambda \to 0$ 时，上式和的极限总存在，则称 $f(x)$ 在 $[a,b]$ 上可积，称这个极限 I 为函数 $f(x)$ 在区间 $[a,b]$ 上的定积分（简称积分），记作 $\int_a^b f(x)\mathrm{d}x$，即

$$\int_a^b f(x)\mathrm{d}x = I = \lim_{\lambda \to 0} \sum_{i=1}^{n} f(\xi_i) \Delta x_i ,$$

其中 $f(x)$ 称为被积函数，$f(x)\mathrm{d}x$ 称为被积表达式，x 称为积分变量，a 称为积分下限，b 称为积分上限，$[a,b]$ 称为积分区间.

注意：定积分的值只与被积函数和积分区间有关，而与积分变量无关，即

$$\int_a^b f(x)\mathrm{d}x = \int_a^b f(t)\mathrm{d}t = \int_a^b f(u)\mathrm{d}u .$$

函数可积的两个充分条件：

（1）设 $f(x)$ 在 $[a,b]$ 上连续，则 $f(x)$ 在 $[a,b]$ 上可积.

（2）设 $f(x)$ 在 $[a,b]$ 上有界，且只有有限个间断点，则 $f(x)$ 在 $[a,b]$ 上可积.

二、定积分的几何意义

（1）在区间 $[a,b]$ 上，若函数 $f(x) \geqslant 0$，即函数 $f(x)$ 的图像在 x 轴上方，那么定积分 $\int_a^b f(x)\mathrm{d}x$ 表示以曲线 $y = f(x)$，直线 $x = a$，$x = b$ 以及 x 轴所围的曲边梯形的面积.

（2）在区间 $[a,b]$ 上，若函数 $f(x) \leqslant 0$，即函数 $f(x)$ 的图像在 x 轴下方，那么定积分 $\int_a^b f(x)\mathrm{d}x$ 表示以曲线 $y = f(x)$，直线 $x = a$，$x = b$ 以及 x 轴所围的曲边梯形面积的负值.

（3）在区间 $[a,b]$ 上，若函数 $f(x)$ 有正有负，即函数 $f(x)$ 的图像部分在 x 轴上方，部分在 x 轴下方，那么定积分 $\int_a^b f(x)\mathrm{d}x$ 表示以曲线 $y = f(x)$，直线 $x = a$，$x = b$ 以及 x 轴所围的曲边梯形面积的**代数和**，其中 x 轴上方的面积为正，x 轴下方的面积为负.

以图 5-2 为例，

$$\int_a^b f(x)\mathrm{d}x = A_1 - A_2 + A_3.$$

因此，若要求曲线 $y = f(x)$ 与直线 $x = a$，$x = b$ 以及 x 轴所围图形的面积，可以用 $\int_a^b |f(x)|\mathrm{d}x$ 求得.

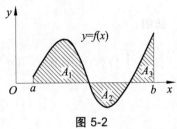

图 5-2

习题 5.1

1. 选择题.

（1）根据定积分的几何意义，下列选项正确的是（　　）.

A. $\int_{\frac{\pi}{2}}^{\pi} \cos x\mathrm{d}x > 0$　　　　B. $\int_{-\frac{\pi}{2}}^{0} \sin x\mathrm{d}x > 0$

C. $\int_{-1}^{1} x^3\mathrm{d}x > 0$　　　　D. $\int_{-2}^{-1} x^2\mathrm{d}x > 0$

（2）如图 5-3 所示，曲线 $y = f(x)$、直线 $x = a$，$x = b$ 以及 x 轴所围成的三块曲边梯形面积分别为 A_1, A_2, A_3，则 $\int_a^b f(x)\mathrm{d}x = ($　　$)$，$\int_a^b |f(x)|\mathrm{d}x = ($　　$)$.

A. $A_1 + A_2 + A_3$　　　　B. $A_1 - A_2 + A_3$

C. $-A_1 + A_2 - A_3$　　　　D. $-A_1 - A_2 - A_3$

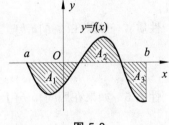

图 5-3

2. 利用定积分的几何意义，计算下列积分.

（1）$\int_0^1 x\mathrm{d}x$；　　　　　　　　（2）$\int_{-1}^1 x\mathrm{d}x$；

（3）$\int_{-1}^1 |x|\mathrm{d}x$；　　　　　　　（4）$\int_a^b x\mathrm{d}x(a < b)$；

（5）$\int_0^2 \sqrt{4 - x^2}\mathrm{d}x$；　　　　　（6）$\int_{-2}^2 \sqrt{4 - x^2}\mathrm{d}x$.

第二节　定积分的性质和基本公式

一、定积分的性质

为便于后续计算及应用，对定积分作以下两点补充规定：

（1）当 $a = b$ 时，$\int_a^b f(x)\mathrm{d}x = 0$；

（2）当 $a > b$ 时，$\int_a^b f(x)\mathrm{d}x = -\int_b^a f(x)\mathrm{d}x$.

下面对定积分的讨论中，均假定性质中所列出的定积分都是存在的.

性质 1 函数和（差）的定积分等于他们定积分的和（差），即

$$\int_a^b [f(x) \pm g(x)]\mathrm{d}x = \int_a^b f(x)\mathrm{d}x \pm \int_a^b g(x)\mathrm{d}x .$$

证明：

$$\int_a^b [f(x) \pm g(x)]\mathrm{d}x = \lim_{\lambda \to 0} \sum_{i=1}^n [f(\xi_i) \pm g(\xi_i)]\Delta x_i = \lim_{\lambda \to 0} \sum_{i=1}^n f(\xi_i)\Delta x_i \pm \lim_{\lambda \to 0} \sum_{i=1}^n g(\xi_i)\Delta x_i$$

$$= \int_a^b f(x)\mathrm{d}x \pm \int_a^b g(x)\mathrm{d}x .$$

性质 2 被积函数的常数因子可以提到积分号外面，即

$$\int_a^b kf(x)\mathrm{d}x = k\int_a^b f(x)\mathrm{d}x \, (k \text{ 为常数}).$$

性质 3 如果将积分区间分成两部分，则在整个区间上的积分等于这两个区间上的积分之和，即，对于任意点 c，有

$$\int_a^b f(x)\mathrm{d}x = \int_a^c f(x)\mathrm{d}x + \int_c^b f(x)\mathrm{d}x .$$

需要说明的是，上式中对 a, b, c 的位置关系没有限制，即 c 可以在 a，b 之间，也可以在 a，b 之外.

性质 4 如果在区间 $[a, b]$ 上，$f(x) \equiv 1$，那么

$$\int_a^b f(x)\mathrm{d}x = b - a .$$

性质 5 如果在区间 $[a, b]$ 上，$f(x) \geqslant 0$，那么

$$\int_a^b f(x)\mathrm{d}x \geqslant 0 \ \ (a < b) .$$

证明： 因为 $f(x) \geqslant 0$，所以

$$f(\xi_i) \geqslant 0 \ (i = 1, 2, \cdots, n)$$

又因为 $\Delta x_i \geqslant 0 \ (i = 1, 2, \cdots, n)$，故

$$\sum_{i=1}^n f(\xi_i)\Delta x_i \geqslant 0 .$$

令 $\lambda = \max\{\Delta x_1, \Delta x_2, \cdots, \Delta x_n\}$，当 $\lambda \to 0$ 时

$$\int_a^b f(x)\mathrm{d}x = \lim_{\lambda \to 0} \sum_{i=1}^n f(\xi_i)\Delta x_i \geqslant 0 .$$

证毕.

由性质 5，可以得到以下两个推论：

推论 1 如果在区间 $[a,b]$ 上，$f(x) \leqslant g(x)$，那么

$$\int_a^b f(x)\mathrm{d}x \leqslant \int_a^b g(x)\mathrm{d}x \quad (a<b).$$

推论 2 $\left| \int_a^b f(x)\mathrm{d}x \right| \leqslant \int_a^b |f(x)|\mathrm{d}x \quad (a<b).$

性质 6 设 M 与 m 分别是函数 $f(x)$ 在区间 $[a,b]$ 上的最大值和最小值，则

$$m(b-a) \leqslant \int_a^b f(x)\mathrm{d}x \leqslant M(b-a) \quad (a<b).$$

利用该性质，就可以估计积分值的大致范围.

性质 7（定积分中值定理） 如果函数 $f(x)$ 在区间 $[a,b]$ 上连续，那么在 $[a,b]$ 上至少存在一点 ξ，使得

$$\int_a^b f(x)\mathrm{d}x = f(\xi)(b-a) \quad (a \leqslant \xi \leqslant b).$$

证明：因为函数 $f(x)$ 在区间 $[a,b]$ 上连续，所以在 $[a,b]$ 上 $f(x)$ 必然有最大值 M 和最小值 m. 由性质 6，有

$$m(b-a) \leqslant \int_a^b f(x)\mathrm{d}x \leqslant M(b-a)，$$

即

$$m \leqslant \frac{1}{b-a}\int_a^b f(x)\mathrm{d}x \leqslant M，$$

即数值 $\dfrac{1}{b-a}\displaystyle\int_a^b f(x)\mathrm{d}x$ 介于函数 $f(x)$ 在区间 $[a,b]$ 上的最大值 M 和最小值 m 之间. 根据闭区间连续函数的介值定理知：在区间 $[a,b]$ 上至少存在一点 ξ，使得

$$f(\xi) = \frac{1}{b-a}\int_a^b f(x)\mathrm{d}x，$$

即

$$\int_a^b f(x)\mathrm{d}x = f(\xi)(b-a) \quad (a \leqslant \xi \leqslant b).$$

证毕.

积分中值定理的几何意义如下：

在区间 $[a,b]$ 上至少存在一点 ξ，使得以 $[a,b]$ 为底的曲边梯形的面积等于同一底边而高为 $f(\xi)$ 的矩形面积，如图 5-4.

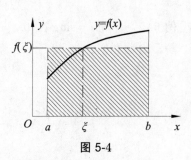

图 5-4

二、定积分的基本公式

利用定积分的定义求定积分，显然不方便，实际上，在定积分中，存在如下定理，可以大大简化定积分的计算.

定理 5-1   如果函数 $F(x)$ 是函数 $f(x)$ 在区间 $[a,b]$ 上的一个原函数，那么

$$\int_a^b f(x)\mathrm{d}x = F(b) - F(a).$$

为了方便起见，通常把 $F(b)-F(a)$ 简记为 $[F(x)]_a^b$ 或 $F(x)\big|_a^b$，所以，上述公式可写成

$$\int_a^b f(x)\mathrm{d}x = [F(x)]_a^b = F(x)\big|_a^b.$$

上述公式就是牛顿-莱布尼茨公式，也叫作微积分基本公式.

以上公式我们不做证明，下面举例来说明公式的使用.

例 5-1   求 $\int_0^1 x\mathrm{d}x$.

解：因为 $\dfrac{x^2}{2}$ 是 x 的一个原函数，所以

$$\int_0^1 x\mathrm{d}x = \frac{x^2}{2}\bigg|_0^1 = \frac{1^2}{2} - \frac{0^2}{2} = \frac{1}{2}.$$

例 5-2   求 $\int_{-2}^{-1} \dfrac{1}{x}\mathrm{d}x$.

解：因为当 $x<0$ 时，$\ln|x|$ 是 $\dfrac{1}{x}$ 的一个原函数，所以

$$\int_{-2}^{-1} \frac{1}{x}\mathrm{d}x = \ln|x|\big|_{-2}^{-1} = \ln 1 - \ln 2 = -\ln 2.$$

例 5-3   求 $\int_1^{\sqrt{3}} \dfrac{1}{x^2+1}\mathrm{d}x$.

解：因为 $\arctan x$ 是 $\dfrac{1}{1+x^2}$ 的一个原函数，所以

$$\int_1^{\sqrt{3}} \frac{1}{x^2+1}\mathrm{d}x = \arctan x\big|_1^{\sqrt{3}} = \arctan\sqrt{3} - \arctan 1 = \frac{\pi}{3} - \frac{\pi}{4} = \frac{\pi}{12}.$$

例 5-4   计算 $y=2x-1$ 在 $[0,3]$ 上与 x 轴所围成的平面图形的面积.

解：由题意知：

$$A = \int_0^3 (2x-1)\mathrm{d}x = (x^2-x)\big|_0^3 = 9-3 = 6.$$

例 5-5   计算 $y=\sin x$ 在 $[0,\pi]$ 上与 x 轴所围成的平面图形的面积.

解：由题意知：

$$A = \int_0^\pi \sin x\mathrm{d}x = -\cos x\big|_0^\pi = 2.$$

习题 5.2

1. 计算下列定积分.

（1）$\int_0^1 (3x^2+x-2)\mathrm{d}x$；   （2）$\int_1^2 \left(x^2+\dfrac{1}{x}\right)\mathrm{d}x$；   （3）$\int_4^9 \sqrt{x}(1+\sqrt{x})\mathrm{d}x$；

（4）$\int_{-\frac{1}{2}}^{\frac{1}{2}} \dfrac{1}{\sqrt{1-x^2}}\mathrm{d}x$；　　　　（5）$\int_0^1 (x^2+\mathrm{e}^x)\mathrm{d}x$；　　　　（6）$\int_0^1 \dfrac{\mathrm{e}^x-\mathrm{e}^{-x}}{2}\mathrm{d}x$；

（7）$\int_{-1}^2 x^2|x|\mathrm{d}x$；　　　　（8）$\int_0^{2\pi}|\sin x|\mathrm{d}x$；

（9）$\int_0^{\frac{\pi}{2}} \dfrac{\cos x}{1+\sin^2 x}\mathrm{d}x$；　　　　（10）$\int_{-\frac{\pi}{6}}^{\frac{\pi}{3}} \tan x\,\mathrm{d}x$．

第三节　定积分的换元法和分部积分法

我们已经知道，用换元法和分部积分法可以求解一些函数的原函数. 而计算定积分可以通过求解被积函数的原函数增量来计算，因此，在一定的条件下，可以用换元法和分部积分法来计算定积分.

一、定积分的换元法

定理 5-2　设函数 $f(x)$ 在区间 $[a,b]$ 上连续，函数 $x=\varphi(t)$ 在区间 $[\alpha,\beta]$ 上是单值函数，且有连续导数，同时满足 $\varphi(\alpha)=a,\varphi(\beta)=b$（或 $\varphi(\alpha)=b,\varphi(\beta)=a$），当 t 在 $[\alpha,\beta]$ 上变化时，x 在 $[a,b]$ 上变化，则有

$$\int_a^b f(x)\mathrm{d}x = \int_\alpha^\beta f[\varphi(t)]\varphi'(t)\mathrm{d}t .$$

以上公式叫作定积分的换元积分公式.

应用换元公式时，有以下两点值得注意：

（1）用 $x=\varphi(t)$ 把原来变量 x 代换成新变量 t 时，积分上、下限也要换成相应于新变量 t 的积分上、下限.

（2）定积分在换元后，按新的积分变量 t 进行定积分运算，求出一个原函数 $F(t)$ 后，不必像不定积分那样再还原为原变量 x 的函数，而只要把新变量的上、下限分别代入 $F(t)$ 中然后相减就行了.

例 5-6　求 $\int_0^a \sqrt{a^2-x^2}\,\mathrm{d}x\,(a>0)$．

解：设 $x=a\sin t$，则 $\mathrm{d}x=a\cos t\mathrm{d}t$. 当 $x=0$ 时，$t=0$；当 $x=a$ 时，$t=\dfrac{\pi}{2}$. 故

$$\int_0^a \sqrt{a^2-x^2}\,\mathrm{d}x = \int_0^{\frac{\pi}{2}} a^2\cos^2 t\mathrm{d}t = \frac{a^2}{2}\int_0^{\frac{\pi}{2}}(1+\cos 2t)\mathrm{d}t$$

$$= \frac{a^2}{2}\left[t+\frac{1}{2}\sin 2t\right]_0^{\frac{\pi}{2}} = \frac{\pi a^2}{4} .$$

换元公式中除了可以假设 $x=\varphi(t)$ 引入新变量 t 外，还可以用 $t=\varphi(x)$ 来引入新变量 t，而 $\alpha=\varphi(a),\beta=\varphi(b)$．

例 5-7 求 $\int_0^{\frac{\pi}{2}} \cos^5 x \sin x \mathrm{d}x$.

解： 设 $t = \cos x$，则 $\mathrm{d}t = -\sin x \mathrm{d}x$. 当 $x = 0$ 时，$t = 1$；当 $x = \frac{\pi}{2}$ 时，$t = 0$. 故

$$\int_0^{\frac{\pi}{2}} \cos^5 x \sin x \mathrm{d}x = -\int_1^0 t^5 \mathrm{d}t = \int_0^1 t^5 \mathrm{d}t = \frac{1}{6}[t^6]_0^1 = \frac{1}{6}.$$

例 5-8 求 $\int_0^4 \frac{x+2}{\sqrt{2x+1}} \mathrm{d}x$.

解： 设 $\sqrt{2x+1} = t$，则 $x = \frac{t^2-1}{2}$，$\mathrm{d}x = t\mathrm{d}t$. 当 $x = 0$ 时，$t = 1$；当 $x = 4$ 时，$t = 3$. 故

$$\int_0^4 \frac{x+2}{\sqrt{2x+1}} \mathrm{d}x = \int_1^3 \frac{\frac{t^2-1}{2}+2}{t} t\mathrm{d}t = \frac{1}{2}\int_1^3 (t^2+3)\mathrm{d}t = \frac{1}{2}\left[\frac{t^3}{3}+3t\right]_1^3$$

$$= \frac{1}{2}\left[\left(\frac{27}{3}+9\right)-\left(\frac{1}{3}+3\right)\right] = \frac{22}{3}.$$

二、定积分的分部积分法

定理 3 设函数 $u(x), v(x)$ 在区间 $[a,b]$ 上具有连续导数 $u'(x)$ 和 $v'(x)$，则

$$\int_a^b u\mathrm{d}v = [uv]_a^b - \int_a^b v\mathrm{d}u$$

或

$$\int_a^b uv'\mathrm{d}x = [uv]_a^b - \int_a^b vu'\mathrm{d}x.$$

以上公式叫作定积分的分部积分公式.

例 5-9 求 $\int_0^1 \arcsin x \mathrm{d}x$.

解： $\int_0^1 \arcsin x \mathrm{d}x = [x \arcsin x]_0^1 - \int_0^1 \frac{x}{\sqrt{1-x^2}} \mathrm{d}x = \frac{\pi}{2} + [\sqrt{1-x^2}]_0^1 = \frac{\pi}{2} - 1$.

例 5-10 求 $\int_0^1 \mathrm{e}^{\sqrt{x}} \mathrm{d}x$.

解： 设 $t = \sqrt{x}$，则 $x = t^2$，$\mathrm{d}x = 2t\mathrm{d}t$. 当 $x = 0$ 时，$t = 0$；当 $x = 1$ 时，$t = 1$. 故

$$\int_0^1 \mathrm{e}^{\sqrt{x}} \mathrm{d}x = 2\int_0^1 t\mathrm{e}^t \mathrm{d}t = 2\int_0^1 t\mathrm{d}\mathrm{e}^t = 2[t\mathrm{e}^t]_0^1 - 2\int_0^1 \mathrm{e}^t \mathrm{d}t = 2\mathrm{e} - 2(\mathrm{e}-1) = 2.$$

例 5-11 求 $\int_{\frac{1}{\mathrm{e}}}^{\mathrm{e}} |\ln x| \mathrm{d}x$.

解： $\int_{\frac{1}{\mathrm{e}}}^{\mathrm{e}} |\ln x| \mathrm{d}x = \int_{\frac{1}{\mathrm{e}}}^1 |\ln x| \mathrm{d}x + \int_1^{\mathrm{e}} |\ln x| \mathrm{d}x = -\int_{\frac{1}{\mathrm{e}}}^1 \ln x \mathrm{d}x + \int_1^{\mathrm{e}} \ln x \mathrm{d}x$

$$= -[x\ln x - x]_{\frac{1}{\mathrm{e}}}^1 + [x\ln x - x]_1^{\mathrm{e}} = 2\left(1 - \frac{1}{\mathrm{e}}\right).$$

习题 5.3

1. 计算下列定积分.

（1）$\int_{\frac{\pi}{6}}^{\pi} \sin\left(x+\frac{\pi}{6}\right)dx$ ；

（2）$\int_{-2}^{1} \frac{dx}{(7+3x)^3}$ ；

（3）$\int_{2}^{3}\left(x+\frac{1}{x}\right)^2 dx$ ；

（4）$\int_{0}^{\sqrt{3}} \sqrt{3-x^2}\, dx$ ；

（5）$\int_{3}^{8} \frac{\sqrt{x+1}}{x}dx$ ；

（6）$\int_{0}^{1} x^2\sqrt{1-x^2}\, dx$ ；

（7）$\int_{-\frac{\pi}{2}}^{\frac{\pi}{2}} \sqrt{\cos x - \cos^3 x}\, dx$ ；

（8）$\int_{\frac{\pi}{6}}^{\frac{\pi}{2}} \cos^2 u\, du$ ；

（9）$\int_{0}^{\frac{\pi}{2}} x\cos 2x\, dx$ ；

（10）$\int_{0}^{\frac{1}{2}} \arcsin x\, dx$.

2. 设函数 $f(x)=\begin{cases} xe^x, & x>0 \\ e^{-x}, & x\leqslant 0 \end{cases}$，求 $\int_{-1}^{1} f(x)dx$.

第四节 定积分的应用

本节我们将利用前面所讲的定积分知识来解决一些几何、物理方面的问题，旨在让大家掌握运用元素法将一个量表达成定积分的方法.

一、定积分的元素法

为了说明定积分的元素法，我们先来回顾一下本章开始求解曲边梯形面积的问题.

设 $y=f(x)$ 在区间 $[a,b]$ 上连续且 $f(x)\geqslant 0$，求由直线 $x=a$，$x=b$，x 轴及曲线 $y=f(x)$ 所围成的平面图形面积 A. 把这个面积 A 表示为定积分 $A=\int_{a}^{b}f(x)dx$ 的步骤是：

（1）分割.

用任意一组分点把区间 $[a,b]$ 分成长度为 $\Delta x_i\ (i=1,2,\cdots,n)$ 的 n 个小区间，相应地把曲边梯形分成 n 个小曲边梯形，第 i 个小曲边梯形的面积记为 ΔA_i，于是有

$$A=\sum_{i=1}^{n}\Delta A_i .$$

（2）近似.

在每个小区间上，用以 Δx_i 为底，以 $f(\xi_i)(x_{i-1}\leqslant \xi_i \leqslant x_i)$ 为高的小矩形面积作为小曲边梯形面积的近似值，即

$$\Delta A_i \approx f(\xi_i)\Delta x_i .$$

（3）求和.

把 n 个小矩形的面积加起来，求得 A 的近似值，即

$$A = \sum_{i=1}^{n} \Delta A_i \approx \sum_{i=1}^{n} f(\xi_i) \Delta x_i.$$

（4）取极限.

记 $\lambda = \max\{\Delta x_1, \Delta x_2, \cdots, \Delta x_n\}$，得

$$A = \lim_{\lambda \to 0} \sum_{i=1}^{n} f(\xi_i) \Delta x_i = \int_a^b f(x)\mathrm{d}x.$$

在引出 A 的积分表达式的四个步骤中，主要的是第二步，这一步是要确定 ΔA_i 的近似值 $f(\xi_i)\Delta x_i$，使得

$$A = \lim_{\lambda \to 0} \sum_{i=1}^{n} f(\xi_i) \Delta x_i = \int_a^b f(x)\mathrm{d}x.$$

在使用上，为了简便起见，省略下标 i，用 ΔA 表示任一小区间 $[x, x+\mathrm{d}x]$ 上的小曲边梯形的面积，这样，

$$A = \sum \Delta A.$$

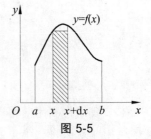

图 5-5

取 $[x, x+\mathrm{d}x]$ 的左端点 x 为 ξ，以点 x 处的函数值 $f(x)$ 为高、$\mathrm{d}x$ 为底的矩形面积 $f(x)\mathrm{d}x$ 作为 ΔA 的近似值（如图 5-5 阴影部分所示），即

$$\Delta A \approx f(x)\mathrm{d}x.$$

$f(x)\mathrm{d}x$ 叫作面积元素，记为 $\mathrm{d}A = f(x)\mathrm{d}x$. 于是

$$A \approx \sum f(x)\mathrm{d}x.$$

因此

$$A = \lim \sum f(x)\mathrm{d}x = \int_a^b f(x)\mathrm{d}x.$$

一般地，如果某一实际问题中的所求量 U 符合下列条件：

（1）U 是与一个变量 x 的变化区间 $[a,b]$ 有关的量；

（2）U 对于区间 $[a,b]$ 具有可加性，也就是说，如果把区间 $[a,b]$ 分成许多部分区间，则 U 相应地分成许多部分量，而 U 等于所有部分量之和；

（3）部分量 ΔU_i 的近似值可表示为 $f(\xi_i)\Delta x_i$，

那么就可考虑用定积分来表达这个量 U.

通常写出这个量 U 的积分表达式的步骤是：

（1）根据问题的具体情况，选取一个变量例如 x 为积分变量，并确定它的变化区间 $[a,b]$；

（2）设想把区间 $[a,b]$ 分成 n 个小区间，取其中任一小区间并记作 $[x, x+\mathrm{d}x]$，求出相应于这个小区间的部分量 ΔU 的近似值. 如果 ΔU 能近似地表示为 $[a,b]$ 上的一个连续函数在 x 处的值 $f(x)$ 与 $\mathrm{d}x$ 的乘积，就把 $f(x)\mathrm{d}x$ 称为量 U 的元素且记作 $\mathrm{d}U$，即

$$\mathrm{d}U = f(x)\mathrm{d}x;$$

（3）以所求量 U 的元素 $f(x)\mathrm{d}x$ 为被积表达式，在区间 $[a,b]$ 上作定积分，得

$$U = \int_a^b f(x)\mathrm{d}x .$$

这就是所求量 U 的积分表达式.

这个方法通常叫作元素法. 后面我们将应用这个方法来讨论一些问题.

二、平面图形的面积

1. 平面直角坐标系下平面图形的面积计算

我们已经知道，由直线 $x=a$，$x=b$，x 轴及曲线 $y=f(x)$ $(f(x)\geqslant 0)$ 所围成的平面图形面积 A 是定积分

$$A = \int_a^b f(x)\mathrm{d}x ,$$

其中，被积表达式 $f(x)\mathrm{d}x$ 就是面积元素，它表示高为 $f(x)$、底为 $\mathrm{d}x$ 的一个矩形.

下面考虑求由两条曲线 $y=f(x)$，$y=g(x)$，$(f(x)\geqslant g(x))$ 及直线 $x=a$，$x=b$ 所围成的平面图形的面积 A（如图 5-6）.

用元素法求面积 A.

（1）取 x 为积分变量，$x\in[a,b]$.

（2）在区间 $[a,b]$ 上，任取一小区间 $[x,x+\mathrm{d}x]$，则该区间上的面积 $\mathrm{d}A$ 可以用以 $f(x)-g(x)$ 为高，以 $\mathrm{d}x$ 为底的小矩形面积近似代替，于是得面积元素

$$\mathrm{d}A = [f(x)-g(x)]\mathrm{d}x .$$

（3）写出积分表达式，即

$$A = \int_a^b [f(x)-g(x)]\mathrm{d}x .$$

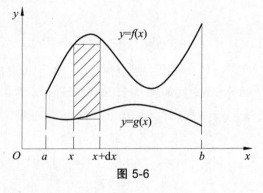

图 5-6

例 5-12 求直线 $y=x$ 与曲线 $y=x^2$ 所围图形的面积.

解： 这两条线所围图形如图 5-7 所示，为了确定图形的范围，先求出直线与曲线的交点. 解方程组

$$\begin{cases} y=x \\ y=x^2 \end{cases},$$

得 $x=0, y=0$ 或 $x=1, y=1$，即这两条线的交点为 $(0,0)$ 和 $(1,1)$，从而知道所求图形在 $x=0$ 和 $x=1$ 之间.

取横坐标 x 为积分变量，它的变化区间为 $[0,1]$. 在该区间上取任一小区间 $[x,x+\mathrm{d}x]$，则该区间上的面积 $\mathrm{d}A$ 可以用以 $x-x^2$ 为高，以 $\mathrm{d}x$ 为底的小矩形面积近似代替，于是得面积元素

$$\mathrm{d}A = (x-x^2)\mathrm{d}x .$$

$$A = \int_0^1 (x-x^2)\mathrm{d}x = \left[\frac{x^2}{2}-\frac{x^3}{3}\right]_0^1 = \frac{1}{6} .$$

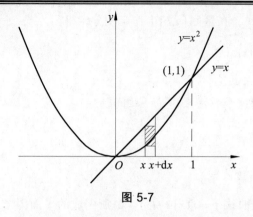

图 5-7

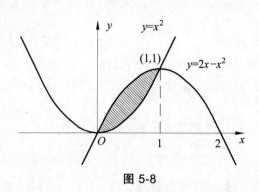

图 5-8

例 5-13   求曲线 $y = 2x - x^2$ 与 $y = x^2$ 所围图形的面积.

解: 画出两曲线所围的平面图形，如图 5-8 所示. 解方程组

$$\begin{cases} y = 2x - x^2 \\ y = x^2 \end{cases},$$

得 $x = 0, y = 0$ 或 $x = 1, y = 1$. 取横坐标 x 为积分变量，$x \in [0,1]$，则

$$A = \int_0^1 (2x - x^2 - x^2)\mathrm{d}x = 2\int_0^1 (x - x^2)\mathrm{d}x = \frac{1}{3}.$$

显然，在以上两个例题中，除了可以选择横坐标 x 为积分变量，也可以选择纵坐标 y 为积分变量. 比如例 5-12 中，若选择 y 为积分变量，则平面图形的边界将由直线 $x = y$ 与曲线 $x = \sqrt{y}$ 所围成，$y \in [0,1]$. 面积元素可写成 $\mathrm{d}A = (\sqrt{y} - y)\mathrm{d}y$，于是

$$A = \int_0^1 (\sqrt{y} - y)\mathrm{d}x = \left[\frac{2}{3} y^{\frac{3}{2}} - \frac{y^2}{2} \right]_0^1 = \frac{1}{6}.$$

例 5-14   求曲线 $y^2 = x$ 与 $y = \dfrac{x}{2} - \dfrac{3}{2}$ 所围图形的面积.

解: 画出两曲线所围的平面图形，如图 5-9 所示. 解方程组

$$\begin{cases} y^2 = x \\ y = \dfrac{x}{2} - \dfrac{3}{2} \end{cases},$$

得 $x = 1, y = -1$ 或 $x = 9, y = 3$. 取纵坐标 y 为积分变量，$y \in [-1,3]$，所以

$$A = \int_{-1}^3 (2y + 3 - y^2)\mathrm{d}y = \left[y^2 + 3y - \frac{y^3}{3} \right]_{-1}^3.$$

$$= 8 + 12 - \frac{28}{3} = \frac{32}{3}.$$

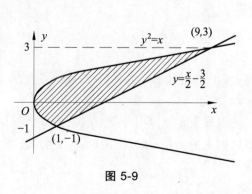

图 5-9

本例的计算可不可以用以下积分计算呢？

$$A = \int_1^9 \left(\sqrt{x} - \frac{x}{2} + \frac{3}{2} \right) dx = \left[\frac{2}{3} x^{\frac{3}{2}} - \frac{x^2}{4} + \frac{3x}{2} \right]_1^9 = \frac{52}{3} - 20 + 12 = \frac{28}{3}.$$

显然，这个计算结果与例题结果不一致. 导致结果不一致的原因是，积分变量 x 的区间不是 $[1,9]$，而是 $[0,9]$，计算结果中少了由直线 $x=0$，$x=1$ 及曲线 $y=\sqrt{x}$ 和 $y=-\sqrt{x}$ 所围成的平面图形面积. 若想选择横坐标 x 为积分变量，那么正确的计算应该是

$$A = 2\int_0^1 \sqrt{x}\, dx + \int_1^9 \left(\sqrt{x} - \frac{x}{2} + \frac{3}{2} \right) dx = \frac{4}{3} + \frac{28}{3} = \frac{32}{3}.$$

由此可见，适当的选择积分变量，可以使计算简化.

例 5-15 求曲线 $y=\cos x$ 与 $y=\sin x$ 在区间 $[0,\pi]$ 上所围图形的面积.

解：画出两曲线所围的平面图形，如图 5-10 所示. 在区间 $[0,\pi]$ 上，两曲线的交点坐标为 $\left(\frac{\pi}{4}, \frac{\sqrt{2}}{2} \right)$，选取 x 作为积分变量，$x \in [0,\pi]$，所以

$$A = \int_0^{\frac{\pi}{4}} (\cos x - \sin x) dx + \int_{\frac{\pi}{4}}^{\pi} (\sin x - \cos x) dx$$

$$= \left[\sin x + \cos x \right]_0^{\frac{\pi}{4}} - \left[\sin x + \cos x \right]_{\frac{\pi}{4}}^{\pi} = 2\sqrt{2}.$$

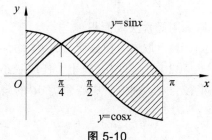

图 5-10

本例的计算可不可以采用以下方法计算呢？

$$A = \int_0^{\pi} (\cos x - \sin x) dx = \left[\sin x + \cos x \right]_0^{\pi} = -2.$$

显然，这个结果是错的，平面图形的面积不可能为负. 究其原因是没有考虑到在区间 $\left[\frac{\pi}{4}, \pi \right]$ 上，曲线 $y=\cos x$ 的图像在 $y=\sin x$ 之下，在该区间上的任一小区间 $[x, x+dx]$ 的面积 dA 是以 $\sin x - \cos x$ 为高，而不是以 $\cos x - \sin x$ 为高.

在用定积分计算由多条曲线所围成的平面图形的面积时，除了应考虑积分变量的区间外，还应使被积函数不为负，这样才能计算出正确的结果.

例 5-16 求曲线 $y=x^3-2x$ 与 $y=x^2$ 所围图形的面积.

解：画出两曲线所围的平面图形，如图 5-11 所示. 解方程组

$$\begin{cases} y = x^3 - 2x, \\ y = x^2, \end{cases}$$

得两曲线的交点坐标：$(-1,1)$，$(0,0)$，$(2,4)$.

由于在区间 $(-1,0)$ 内，曲线 $y=x^3-2x$ 的图像在 $y=x^2$ 之上；在区间 $(0,2)$ 内，曲线 $y=x^2$ 的图像在 $y=x^3-2x$ 之上. 所以，所求面积 A 为

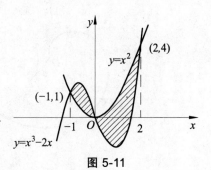

图 5-11

$$A = \int_{-1}^{0} (x^3 - 2x - x^2)\mathrm{d}x + \int_{0}^{2} [x^2 - (x^3 - 2x)]\mathrm{d}x$$

$$= \left[\frac{1}{4}x^4 - x^2 - \frac{1}{3}x^3\right]_{-1}^{0} - \left[\frac{1}{4}x^4 - x^2 - \frac{1}{3}x^3\right]_{0}^{2} = \frac{5}{12} + \frac{8}{3} = \frac{37}{12}.$$

2. 极坐标系下平面图形的面积计算

某些平面图形，用极坐标来计算它们的面积比较方便.

设平面图形是由曲线 $\rho = \rho(\theta)$ 以及射线 $\theta = \alpha, \theta = \beta$ 围成（简称为曲边扇形），现要计算它的面积 A（如图 5-12）. 这里，$\rho(\theta)$ 在区间 $[\alpha, \beta]$ 上连续，且 $\rho(\theta) \geqslant 0, 0 < \beta - \alpha \leqslant 2\pi$.

当 θ 在 $[\alpha, \beta]$ 上变动时，极径 $\rho = \rho(\theta)$ 也在变动，因此所求平面图形的面积 A 不能直接利用扇形面积的计算公式 $A = \frac{1}{2}R^2\theta$ 来计算.

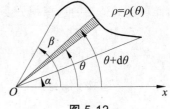

图 5-12

用元素法求面积 A.

（1）取 θ 为积分变量，$\theta \in [\alpha, \beta]$.

（2）在区间 $[\alpha, \beta]$ 上，任取一小区间 $[\theta, \theta + \mathrm{d}\theta]$，则该区间上的小曲边扇形面积 $\mathrm{d}A$ 可以用半径为 $\rho = \rho(\theta)$，中心角为 $\mathrm{d}\theta$ 的扇形面积近似代替，于是得面积元素

$$\mathrm{d}A = \frac{1}{2}[\rho(\theta)]^2 \mathrm{d}\theta.$$

（3）写出积分表达式，即

$$A = \int_{\alpha}^{\beta} \frac{1}{2}[\rho(\theta)]^2 \mathrm{d}\theta.$$

例 5-17　计算阿基米德螺线

$$\rho = a\theta \quad (a > 0)$$

上相应于 θ 从 0 变到 2π 的一段弧与极轴所围成的图形的面积（如图 5-13）.

解：由题意得 $\theta \in [0, 2\pi]$，$\mathrm{d}A = \frac{1}{2}(a\theta)^2 \mathrm{d}\theta$，所以

$$A = \int_{0}^{2\pi} \frac{1}{2}(a\theta)^2 \mathrm{d}\theta = \frac{a^2}{2}\int_{0}^{2\pi}\theta^2\mathrm{d}\theta = \frac{a^2}{2}\left[\frac{\theta^3}{3}\right]_{0}^{2\pi} = \frac{4}{3}a^2\pi^3.$$

图 5-13

图 5-14

例 5–18 计算心形线

$$\rho = a(1+\cos\theta) \quad (a > 0)$$

所围成的平面图形的面积（如图 5-14）.

解： 此图形对称于极轴，因此所求面积 A 等于极轴以上部分图形面积 A_1 的 2 倍. 对于极轴上方部分图形，取 θ 为积分变量，$\theta \in [0, \pi]$，$\mathrm{d}A = \dfrac{1}{2}a^2(1+\cos\theta)^2\mathrm{d}\theta$，所以

$$A_1 = \int_0^\pi \frac{1}{2}a^2(1+\cos\theta)^2\mathrm{d}\theta = \frac{a^2}{2}\int_0^\pi (1+\cos\theta)^2\mathrm{d}\theta = \frac{a^2}{2}\int_0^\pi (1+2\cos\theta+\cos^2\theta)\mathrm{d}\theta$$

$$= \frac{a^2}{2}\int_0^\pi \left(\frac{3}{2}+2\cos\theta+\frac{1}{2}\cos 2\theta\right)\mathrm{d}\theta = \frac{a^2}{2}\left[\frac{3}{2}\theta+2\sin\theta+\frac{1}{4}\sin 2\theta\right]_0^\pi = \frac{3}{4}\pi a^2.$$

所以 $A = 2A_1 = \dfrac{3}{2}\pi a^2$.

三、体　积

1. 旋转体的体积

旋转体是一个平面图形绕该平面内的一条直线旋转一周而成的立体，这条直线叫作旋转轴. 球可以看成半圆绕直径旋转一周而成，圆柱可以看成矩形绕其一条边旋转一周而成，圆锥可以看成直角三角形绕其一条直角边旋转一周而成，所以球体、圆柱体、圆锥体都是旋转体.

设旋转体是由连续曲线 $y = f(x)$，直线 $x = a$, $x = b$ 及 x 轴所围成的曲边梯形绕 x 轴旋转一周而成的立体（如图 5-15），那么它的体积如何用定积分来计算呢？

取 x 为积分变量，它的变化区间为 $[a,b]$. 相应于 $[a,b]$ 上的任一小区间 $[x, x+\mathrm{d}x]$ 的曲边梯形绕 x 轴旋转而成的薄片的体积近似于以 $f(x)$ 为底面半径、$\mathrm{d}x$ 为高的圆柱体体积，从而得体积元素

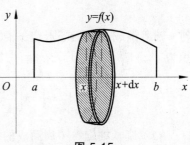

图 5-15

$$\mathrm{d}V = \pi[f(x)]^2\mathrm{d}x.$$

在闭区间 $[a,b]$ 上作定积分，于是得旋转体体积

$$V = \int_a^b \pi[f(x)]^2\mathrm{d}x.$$

类似地，由连续曲线 $x = \varphi(y)$，直线 $y = a$, $y = b$ 及 y 轴所围成的曲边梯形绕 y 轴旋转一周而成的旋转体体积为

$$V = \int_a^b \pi[\varphi(y)]^2\mathrm{d}y.$$

例 5–19 过坐标原点 O 及点 $A(h,r)$ 的直线、直线 $x = h$ 以及 x 轴围成一个直角三角形（如图 5-16）. 将它绕 x 轴旋转一周得到一个底半径为 r、高为 h 的圆锥体，试计算这个圆锥体的体积 V.

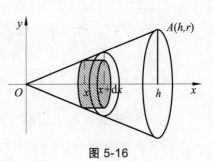

图 5-16

解： 过原点及点 $A(h,r)$ 的直线方程为

$$y = \frac{r}{h}x.$$

取横坐标 x 为积分变量，则 $x \in [0,h]$，在该区间上的任一小区间 $[x, x+dx]$ 的薄片体积近似等于以 $\frac{r}{h}x$ 为底半径、以 dx 为高的圆柱体体积，从而得体积元素

$$dV = \pi \left(\frac{r}{h}x\right)^2 dx.$$

在闭区间 $[0,h]$ 上作定积分，于是得所求圆锥体的体积

$$V = \int_0^h \pi \left(\frac{r}{h}x\right)^2 dx = \frac{\pi r^2 h}{3}.$$

例 5-20 计算由椭圆

$$\frac{x^2}{a^2} + \frac{y^2}{b^2} = 1$$

所围成的平面图形分别绕 x 轴、y 轴旋转一周而成的旋转体（旋转椭球体）的体积.

解：（1）绕 x 轴旋转一周而成的椭球体，可以看作由 x 轴上方的半个椭圆

$$y = \frac{b}{a}\sqrt{a^2 - x^2}$$

与 x 轴所围成的平面图形绕 x 轴旋转而成. 取 x 为积分变量，$x \in [-a, a]$，则所求椭球体的体积为

$$V_x = \int_{-a}^a \pi \left(\frac{b}{a}\sqrt{a^2 - x^2}\right)^2 dx = \frac{2\pi b^2}{a^2} \int_0^a (a^2 - x^2) dx = \frac{4}{3}\pi ab^2.$$

（2）绕 y 轴旋转一周而成的椭球体，可以看作由 y 轴右方的半个椭圆

$$x = \frac{a}{b}\sqrt{b^2 - y^2}$$

与 y 轴所围成的平面图形绕 y 轴旋转而成. 取 y 为积分变量，$y \in [-b, b]$，则所求椭球体的体积为

$$V_y = \int_{-b}^b \pi \left(\frac{a}{b}\sqrt{b^2 - y^2}\right)^2 dy = \frac{2\pi a^2}{b^2} \int_0^b (b^2 - y^2) dy = \frac{4}{3}\pi a^2 b.$$

当 $a = b = R$ 时，$V = \frac{4}{3}\pi R^3$，这就是球体的体积公式.

2. 平行截面面积已知的立体体积

由计算旋转体体积的过程可以知道，若一个立体不是旋转体，但是知道该立体上垂直于

一定轴的各个截面面积，那么，这个立体的体积也可以用定积分来计算.

如图 5-17 所示，取上述定轴为 x 轴，并设该立体在过点 $x=a, x=b$ 且垂直于 x 轴的两个平面之间. 以 $A(x)$ 表示过点 x 且垂直于 x 轴的截面面积. 假定 $A(x)$ 为已知的 x 的连续函数. 这时，取 x 为积分变量，则 $x \in [a,b]$，立体中相应于 $[a,b]$ 上的任一小区间 $[x, x+dx]$ 的薄片体积近似于底面积为 $A(x)$、高为 dx 的圆柱体体积，从而得体积元素

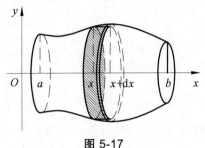

$$dV = A(x)dx .$$

在闭区间 $[a,b]$ 上作定积分，于是得立体的体积

$$V = \int_a^b A(x)dx .$$

图 5-17

例 5-21 一平面经过半径为 R 的圆柱体的底面中心，并与底面交成 α 角（如图 5-18 所示），计算这平面截圆柱体所得立体的体积.

解： 取这平面与圆柱体的底面的交线为 x 轴，底面上过圆心且垂直于 x 轴的直线为 y 轴，那么，底圆的方程为 $x^2 + y^2 = R^2$. 立体中过 x 轴的点 x 且垂直于 x 轴的截面是一个直角三角形. 它的两条直角边的长分别为 y 及 $y\tan\alpha$，即 $\sqrt{R^2 - x^2}$ 及 $\sqrt{R^2 - x^2}\tan\alpha$. 因而截面面积为

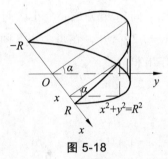

$$A(x) = \frac{1}{2}(R^2 - x^2)\tan\alpha ,$$

图 5-18

于是所求立体的体积为

$$V = \int_{-R}^R \frac{1}{2}(R^2 - x^2)\tan\alpha dx = \int_0^R (R^2 - x^2)\tan\alpha dx$$

$$= \tan\alpha\left[R^2 x - \frac{1}{3}x^3\right]_0^R = \frac{2}{3}R^3\tan\alpha .$$

习题 5.4

1. 求下列直线与曲线所围成的图形的面积.

（1）直线 $y = x$ 与曲线 $y = \sqrt{x}$ ； （2）直线 $x = 0, y = e$ 与曲线 $y = e^x$ ；

（3）直线 $y = x$ 与曲线 $y = x^2$.

2. 求下列各组曲线所围成的图形的面积.

（1）$y = \frac{1}{x}$ 与直线 $y = x$ 及 $x = 2$ ； （2）$y = e^x$ 与 $y = e^{-x}$ 及直线 $x = 1$ ；

（3）$y^2 = 2x$ 与 $y^2 = 1 - x$.

3. 计算由下列曲线所围成的图形的面积.

（1）$\rho = 2\cos\theta$；　　　　　　　　　　　　　　（2）$\rho = 2 + \cos\theta$.

4. 求由 $y = x^2 + 1, y = 0, x = 0, x = 1$ 所围成的平面图形绕 x 轴旋转一周所得旋转体的体积.

小　结

本章主要学习定积分的概念及其几何意义；定积分的性质；牛顿-莱布尼茨公式；用换元法和分部积分法计算定积分；用元素法求平面图形的面积和旋转体的体积.

一、定积分的概念与几何意义

定义　设函数 $y = f(x)$ 在区间 $[a,b]$ 上有界，在 $[a,b]$ 上任意插入若干个分点

$$a = x_0 < x_1 < x_2 < \cdots < x_{n-1} < x_n = b,$$

把区间 $[a,b]$ 分成 n 个小区间 $[x_0, x_1], [x_1, x_2], \cdots, [x_{n-1}, x_n]$，各小区间的长度记为 $\Delta x_i = x_i - x_{i-1}$ $(i = 1, 2, \cdots, n)$，在每个小区间上任取一点 ξ_i $(x_{i-1} \leqslant \xi_i \leqslant x_i)$，作乘积 $f(\xi_i)\Delta x_i$ $(i = 1, 2, \cdots, n)$，并作出和

$$s = \sum_{i=1}^{n} f(\xi_i)\Delta x_i.$$

记 $\lambda = \max\{\Delta x_1, \Delta x_2, \cdots, \Delta x_n\}$，如果不论对区间 $[a,b]$ 采用怎样的分法，也不论在每个小区间上 ξ_i 怎样取，只要当 $\lambda \to 0$ 时，上式和的极限总存在，则称 $f(x)$ 在 $[a,b]$ 上可积，称这个极限 I 为函数 $f(x)$ 在区间 $[a,b]$ 上的定积分（简称积分），记作 $\int_a^b f(x)\mathrm{d}x$，即

$$\int_a^b f(x)\mathrm{d}x = I = \lim_{\lambda \to 0} \sum_{i=1}^{n} f(\xi_i)\Delta x_i.$$

其中 $f(x)$ 称为被积函数，$f(x)\mathrm{d}x$ 称为被积表达式，x 称为积分变量，a 称为积分下限，b 称为积分上限，$[a,b]$ 称为积分区间.

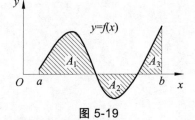

图 5-19

如图 5-19 所示，$\int_a^b f(x)\mathrm{d}x = A_1 - A_2 + A_3$.

二、定积分的性质

性质 1　函数和（差）的定积分等于它们定积分的和（差），即

$$\int_a^b [f(x) \pm g(x)]\mathrm{d}x = \int_a^b f(x)\mathrm{d}x \pm \int_a^b g(x)\mathrm{d}x.$$

性质 2　被积函数的常数因子可以提到积分号外面，即

$$\int_a^b kf(x)\mathrm{d}x = k\int_a^b f(x)\mathrm{d}x \ (k \text{ 为常数}).$$

性质 3 如果将积分区间分成两部分，则在整个区间上的积分等于这两个区间上的积分之和，即对于任意点 c，有

$$\int_a^b f(x)\mathrm{d}x = \int_a^c f(x)\mathrm{d}x + \int_c^b f(x)\mathrm{d}x.$$

性质 4 如果在区间 $[a,b]$ 上，$f(x)\equiv 1$，那么

$$\int_a^b f(x)\mathrm{d}x = b-a.$$

性质 5 如果在区间 $[a,b]$ 上，$f(x)\geqslant 0$，那么

$$\int_a^b f(x)\mathrm{d}x \geqslant 0 \ (a<b).$$

性质 6 设 M 与 m 分别是函数 $f(x)$ 在区间 $[a,b]$ 上的最大值和最小值，则

$$m(b-a)\leqslant \int_a^b f(x)\mathrm{d}x \leqslant M(b-a) \ (a<b).$$

性质 7（定积分中值定理） 如果函数 $f(x)$ 在区间 $[a,b]$ 上连续，那么在 $[a,b]$ 上至少存在一点 ξ，使得

$$\int_a^b f(x)\mathrm{d}x = f(\xi)(b-a) \ (a\leqslant \xi \leqslant b).$$

三、各类公式

1. 牛顿-莱布尼茨公式．如果函数 $F(x)$ 是函数 $f(x)$ 在区间 $[a,b]$ 上的一个原函数，那么

$$\int_a^b f(x)\mathrm{d}x = F(b)-F(a).$$

2. 定积分的换元法．设函数 $f(x)$ 在区间 $[a,b]$ 上连续，函数 $x=\varphi(t)$ 在区间 $[\alpha,\beta]$ 上是单值函数，且有连续导数，同时满足 $\varphi(\alpha)=a, \varphi(\beta)=b$（或 $\varphi(\alpha)=b, \varphi(\beta)=a$），当 t 在 $[\alpha,\beta]$ 上变化时，x 在 $[a,b]$ 上变化，则有

$$\int_a^b f(x)\mathrm{d}x = \int_\alpha^\beta f[\varphi(t)]\varphi'(t)\mathrm{d}t.$$

3. 定积分的分部积分法．设函数 $u(x), v(x)$ 在曲线 $[a,b]$ 上具有连续导数 $u'(x)$ 和 $v'(x)$，则

$$\int_a^b u\mathrm{d}v = [uv]_a^b - \int_a^b v\mathrm{d}u$$

或

$$\int_a^b uv'\mathrm{d}x = [uv]_a^b - \int_a^b vu'\mathrm{d}x.$$

4. 用定积分求平面图形的面积．

（1）平面直角坐标系下平面图形的面积．

由直线 $x=a$，$x=b$，x 轴及曲线 $y=f(x) \,(f(x)\geqslant 0)$ 所围成的平面图形面积 A 为

$$A = \int_a^b f(x)\mathrm{d}x.$$

（2）极坐标系下平面图形的面积.

设平面图形是由曲线 $\rho = \rho(\theta)$ 以及射线 $\theta = \alpha, \theta = \beta$ 围成，若 $\rho(\theta)$ 在区间 $[\alpha, \beta]$ 上连续，且 $\rho(\theta) \geqslant 0, 0 < \beta - \alpha \leqslant 2\pi$，那么该平面图形的面积 A 为

$$A = \int_{\alpha}^{\beta} \frac{1}{2}[\rho(\theta)]^2 \mathrm{d}\theta.$$

5. 用定积分求旋转体的体积.

设旋转体是由连续曲线 $y = f(x)$，直线 $x = a$，$x = b$ 及 x 轴所围成的曲边梯形绕 x 轴旋转一周而成的立体，那么它的体积 V 为

$$V = \int_a^b \pi[f(x)]^2 \mathrm{d}x.$$

若旋转体是由连续曲线 $x = \varphi(y)$，直线 $y = a, y = b$ 及 y 轴所围成的曲边梯形绕 y 轴旋转一周而成的立体，那么它的体积 V 为

$$V = \int_a^b \pi[\varphi(y)]^2 \mathrm{d}y.$$

习题训练（五）

一、选择题

1. 由曲线 $y = f(x)$，直线 $x = a$，$x = b\,(a < b)$ 及 x 轴所围成的平面图形的面积可用以下公式（　　）表示.

　　A. $\int_a^b f(x)\mathrm{d}x$　　　　B. $\int_b^a f(x)\mathrm{d}x$　　　　C. $\int_a^b |f(x)|\mathrm{d}x$　　　　D. $\left|\int_a^b f(x)\mathrm{d}x\right|$

2. 在 $[-\pi, \pi]$ 上，曲线 $y = \sin x$ 与 x 轴所围成的面积为（　　）.

　　A. 0　　　　　　　B. 2　　　　　　　C. π　　　　　　　D. 4

3. 设 $\dfrac{\sin x}{x}$ 是 $f(x)$ 的一个原函数，则 $\int_{\frac{\pi}{2}}^{\pi} x f'(x)\mathrm{d}x = $（　　）.

　　A. $\dfrac{4}{\pi} - 1$　　　　B. $\dfrac{\pi}{4} - 1$　　　　C. $\dfrac{4}{\pi} + 1$　　　　D. $\dfrac{\pi}{4} + 1$

4. 曲线 $y = x^3 - 5x^2 + 6x$ 与 x 轴所围成的面积为（　　）.

　　A. $\dfrac{37}{12}$　　　　　B. $\dfrac{9}{4}$　　　　　C. $\dfrac{8}{3}$　　　　　D. $\dfrac{11}{6}$

5. $\int_{-\frac{\pi}{2}}^{\frac{\pi}{2}} (1 + x^{2016}) \sin x \mathrm{d}x = $（　　）.

　　A. 0　　　　　　　B. -1　　　　　　C. 1　　　　　　　D. 2

二、计算题

1. 计算下列定积分.

（1）$\int_0^2 (x^2 + 3)\mathrm{d}x$；　　　　　（2）$\int_0^1 (\mathrm{e}^x - \mathrm{e}^{-x})\mathrm{d}x$；　　　　　（3）$\int_0^1 \left(\dfrac{2 - x^2}{1 + x^2}\right)\mathrm{d}x$；

（4）$\int_1^4 \dfrac{1}{1+\sqrt{x}}\,\mathrm{d}x$；　　　　（5）$\int_0^1 \mathrm{e}^{\sqrt{1-x}}\,\mathrm{d}x$；　　　　（6）$\int_0^{\sqrt{2}} \sqrt{2-x^2}\,\mathrm{d}x$；

（7）$\int_0^{2\pi} |\sin x|\,\mathrm{d}x$；　　　　（8）$\int_0^{\pi} \sqrt{\sin^3 x - \sin^5 x}\,\mathrm{d}x$；

（9）$\int_0^1 x\mathrm{e}^{-x}\,\mathrm{d}x$；　　　　（10）$\int_1^{\mathrm{e}} x\ln x\,\mathrm{d}x$.

2. 计算直线 $y=2x+3$ 与曲线 $y=x^2$ 所围成的图形的面积.

3. 计算直线 $x=2, x=4$，x 轴与曲线 $y=\mathrm{e}^x$ 所围成的图形的面积.

4. 计算曲线 $y=x^{\frac{3}{2}}$，直线 $x=4$ 与 x 轴所围图形绕 y 轴旋转而成的旋转体的体积.

5. 计算心形线

$$\rho = a(1-\cos\theta) \quad (a>0)$$

所围成的平面图形的面积（如图 5-20）.

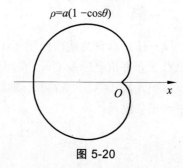

图 5-20

第六章　工程结构截面几何性质

第一节　截面的静矩与形心

一、静　矩

设一任意形状的截面如图 6-1 所示，其截面面积为 A. 以图形所在平面内任一点 O 为坐标原点建立直角坐标系 Oxy. 在图形上坐标为 (x, y) 处取一面积元素 $\mathrm{d}A$，则 $x\mathrm{d}A$ 和 $y\mathrm{d}A$ 分别称为该面积元素 $\mathrm{d}A$ 对于 y 轴和 x 轴的静矩. 面积为 A 的整个截面对 x 轴和 y 轴的静矩，分别用以下两积分表示：

$$\left.\begin{array}{l} S_x = \displaystyle\int_A y\,\mathrm{d}A \\[2mm] S_y = \displaystyle\int_A x\,\mathrm{d}A \end{array}\right\} \tag{6-1}$$

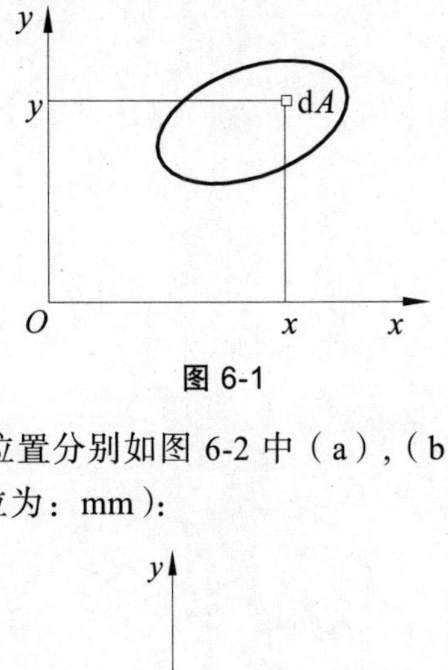

图 6-1

矩形 $ABCD$ 在坐标系中的位置分别如图 6-2 中（a），（b），（c）所示，那么它对于 x 轴和 y 轴的静矩将分别如下（单位为：mm）：

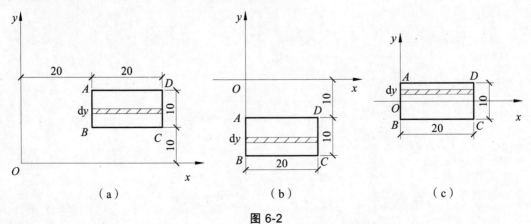

（a）　　　　　　　　　　（b）　　　　　　　　　　（c）

图 6-2

（a）图中，矩形 $ABCD$ 对 x 轴的静矩 $S_x = \int_A y\mathrm{d}A$. 取 y 为积分变量，$y \in [10,20]$，取平行于 x 轴的狭长条作为面积元素 $\mathrm{d}A$，$\mathrm{d}A = 20\mathrm{d}y$，所以

$$S_x = \int_A y\mathrm{d}A = \int_{10}^{20} y \times 20\mathrm{d}y = 10[y^2]_{10}^{20} = 3000 \ (\mathrm{mm}^3).$$

矩形 $ABCD$ 对 y 轴的静矩 $S_y = \int_A x\mathrm{d}A$. 取 x 为积分变量，$x \in [20,40]$，取平行于 y 轴的狭长条作为面积元素 $\mathrm{d}A$，$\mathrm{d}A = 10\mathrm{d}x$，所以

$$S_y = \int_A x\mathrm{d}A = \int_{20}^{40} x \times 10\mathrm{d}x = 5[x^2]_{20}^{40} = 6000 \ (\mathrm{mm}^3).$$

（b）图中，矩形 $ABCD$ 对 x 轴的静矩 $S_x = \int_A y\mathrm{d}A$. 取 y 为积分变量，$y \in [-20,-10]$，取平行于 x 轴的狭长条作为面积元素 $\mathrm{d}A$，$\mathrm{d}A = 20\mathrm{d}y$，所以

$$S_x = \int_A y\mathrm{d}A = \int_{-20}^{-10} y \times 20\mathrm{d}y = 10[y^2]_{-20}^{-10} = -3000 \ (\mathrm{mm}^3).$$

矩形 $ABCD$ 对 y 轴的静矩 $S_y = \int_A x\mathrm{d}A$. 取 x 为积分变量，$x \in [0,20]$，取平行于 y 轴的狭长条作为面积元素 $\mathrm{d}A$，$\mathrm{d}A = 10\mathrm{d}x$，所以

$$S_y = \int_A x\mathrm{d}A = \int_{0}^{20} x \times 10\mathrm{d}x = 5[x^2]_{0}^{20} = 2000 \ (\mathrm{mm}^3).$$

（c）图中，矩形 $ABCD$ 对 x 轴的静矩 $S_x = \int_A y\mathrm{d}A$. 取 y 为积分变量，$y \in [-5,5]$，取平行于 x 轴的狭长条作为面积元素 $\mathrm{d}A$，$\mathrm{d}A = 20\mathrm{d}y$，所以

$$S_x = \int_A y\mathrm{d}A = \int_{-5}^{5} y \times 20\mathrm{d}y = 10[y^2]_{-5}^{5} = 0 \ (\mathrm{mm}^3).$$

矩形 $ABCD$ 对 y 轴的静矩 $S_y = \int_A x\mathrm{d}A$. 取 x 为积分变量，$x \in [0,20]$，取平行于 y 轴的狭长条作为面积元素 $\mathrm{d}A$，$\mathrm{d}A = 10\mathrm{d}x$，所以

$$S_y = \int_A x\mathrm{d}A = \int_{0}^{20} x \times 10\mathrm{d}x = 5[x^2]_{0}^{20} = 2000 \ (\mathrm{mm}^3).$$

注意：截面的静矩是对某一坐标轴而言的，同一截面对不同坐标轴的静矩不同. 静矩可能为正值，可能为负值，对于通过形心的坐标轴，静矩为零. 静矩常用单位为 m^3 或 mm^3.

二、形　心

由力学知识知，在 Oxy 坐标系中，均质等厚薄板的重心坐标为

$$\begin{cases} x_C = \dfrac{\int_A x\mathrm{d}A}{A} \\[2mm] y_C = \dfrac{\int_A y\mathrm{d}A}{A} \end{cases}.$$

而均质等厚薄板的重心与该板的形心是重合的，因此，可利用上式来计算截面（图 6-1）的形心坐标. 利用公式（6-1），上式可写成：

$$
\left.\begin{array}{l}
x_C = \dfrac{\int_A x\mathrm{d}A}{A} = \dfrac{S_y}{A} \\[4mm]
y_C = \dfrac{\int_A y\mathrm{d}A}{A} = \dfrac{S_x}{A}
\end{array}\right\}
\tag{6-2}
$$

由上式可知，若已知截面对于 x 轴和 y 轴的静矩，即可求得截面形心的坐标.

若将上式写为

$$
\left.\begin{array}{l}
S_y = Ax_C \\[2mm]
S_x = Ay_C
\end{array}\right\}
\tag{6-3}
$$

则在已知截面面积 A 及形心坐标(x_C, y_C)时，就可求得截面对于 y 轴和 x 轴的静矩. 截面对某轴的静矩等于其面积与形心坐标（形心到该轴的距离）的乘积. 若截面对某一轴的静矩为零，则该轴必通过截面的形心；反之，截面对于通过其形心的轴的静矩恒等于零.

如果一个平面图形是由几个简单平面图形组成的，则该图形称为组合平面图形. 设组合平面图形的第 i 块分图形的面积为 A_i，形心坐标为(x_{Ci}, y_{Ci})，则该组合平面图形的静矩和形心坐标分别为

$$
S_x = \sum_{i=1}^n A_i y_{Ci}, \quad S_y = \sum_{i=1}^n A_i x_{Ci},
$$

$$
x_C = \frac{S_y}{A} = \frac{\sum_{i=1}^n A_i x_{Ci}}{\sum A}, \quad y_C = \frac{S_x}{A} = \frac{\sum_{i=1}^n A_i y_{Ci}}{\sum A}.
$$

例 6-1   试计算图 6-3 所示的矩形截面对 x 轴的静矩 S_x.

解：取平行于 x 轴的面积元素 $\mathrm{d}A = b\mathrm{d}y$，由公式（6-1）得

$$
S_x = \int_A y\mathrm{d}A = \int_0^h y \cdot b\mathrm{d}y = \frac{b\cdot[y^2]_0^h}{2} = \frac{1}{2}bh^2.
$$

注：本题也可以用公式（6-3）求解：$S_x = Ay_C = bh \cdot \dfrac{h}{2} = \dfrac{1}{2}bh^2.$

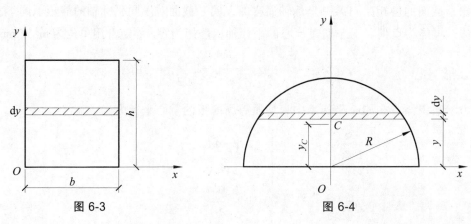

图 6-3   图 6-4

例 6-2 试计算图 6-4 所示的半圆形截面对 x 轴、y 轴的静矩 S_x，S_y 以及形心位置.

解：显然，该半圆形截面关于 y 轴对称，$x_C = 0$，$S_y = 0$. 取平行于 x 轴的狭长条作为面积元素 $\mathrm{d}A$，则

$$\mathrm{d}A = 2\sqrt{R^2 - y^2}\,\mathrm{d}y.$$

故

$$S_x = \int_A y\,\mathrm{d}A = \int_0^R 2y\sqrt{R^2 - y^2}\,\mathrm{d}y = \frac{2}{3}R^3.$$

$$y_C = \frac{S_x}{A} = \frac{4R}{3\pi}.$$

例 6-3 试计算图 6-5 所示的三角形截面对于与其底边重合的 x 轴的静矩及形心的纵坐标.

解：取平行于 x 轴的狭长条作为面积元素：$\mathrm{d}A = \dfrac{b}{h}(h - y)\mathrm{d}y$，故

$$S_x = \int_A y\,\mathrm{d}A = \int_0^h \frac{b}{h}(h - y)y\,\mathrm{d}y = \frac{1}{6}bh^2.$$

$$y_C = \frac{S_x}{A} = \frac{h}{3}.$$

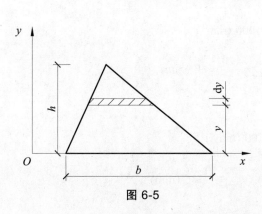 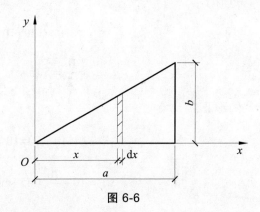

图 6-5　　　　　　　　　　　图 6-6

例 6-4 试计算图 6-6 所示的三角形的形心位置.

解：取平行于 y 轴的面积元素 $\mathrm{d}A = \dfrac{b}{a} \cdot x\mathrm{d}x$，则

$$S_y = \int_A x\,\mathrm{d}A = \int_0^a \frac{b}{a} \cdot x^2\,\mathrm{d}x = \frac{1}{3}a^2 b.$$

$$x_C = \frac{S_y}{A} = \frac{2}{3}a.$$

同理，

$$y_C = \frac{S_x}{A} = \frac{1}{3}b.$$

注：若某三角形均布荷载的形状与该三角形相似，那么它的合力作用线距 O 点为 $\frac{2}{3}a$.

例 6–5　某组合截面的形状及尺寸如图 6-7 所示，试求该截面的形心位置（单位：mm）.

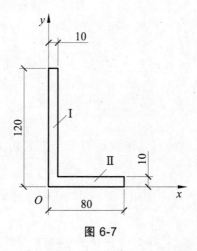

图 6-7

解：将截面看成由两个矩形 I 和 II 组成，在图示坐标系下每个矩形的面积及形心位置分别为：

矩形 I：

$$A_{\text{I}} = 120 \times 10 = 1200 \ (\text{mm}^2).$$

$$x_{C\text{I}} = \frac{10}{2} = 5 \ (\text{mm}), \ \ y_{C\text{I}} = \frac{120}{2} = 60 \ (\text{mm}).$$

矩形 II：

$$A_{\text{II}} = 70 \times 10 = 700 \ (\text{mm}^2),$$

$$x_{C\text{II}} = 10 + \frac{70}{2} = 45 \ (\text{mm}), \ \ y_{C\text{II}} = \frac{10}{2} = 5 \ (\text{mm}).$$

整个截面的形心坐标为：

$$x_C = \frac{A_{\text{I}} x_{C\text{I}} + A_{\text{II}} x_{C\text{II}}}{A_{\text{I}} + A_{\text{II}}} = \frac{1200 \times 5 + 700 \times 45}{1200 + 700} \approx 19.73 \ (\text{mm}),$$

$$y_C = \frac{A_{\text{I}} y_{C\text{I}} + A_{\text{II}} y_{C\text{II}}}{A_{\text{I}} + A_{\text{II}}} = \frac{1200 \times 60 + 700 \times 5}{1200 + 700} \approx 39.73 \ (\text{mm}).$$

习题 6.1

1. 试求图 6-8 中各组合截面的形心位置（单位：mm）.

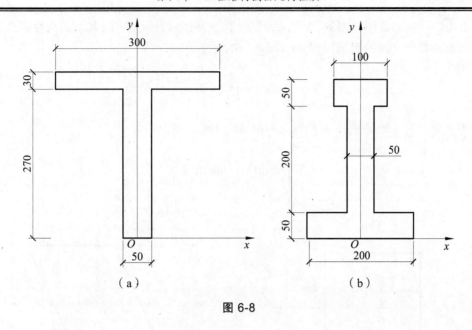

图 6-8

第二节　截面的惯性矩、极惯性矩与惯性积

一、惯性矩

设一任意形状的截面如图 6-9 所示，其截面面积为 A. 以图形所在平面内任一点 O 为坐标原点建立直角坐标系 Oxy. 在图形上坐标为 (x,y) 处取一面积元素 $\mathrm{d}A$，则 $x^2\mathrm{d}A$ 和 $y^2\mathrm{d}A$ 分别称为该面积元素 $\mathrm{d}A$ 对于 y 轴和 x 轴的惯性矩. 整个截面对 x 轴和 y 轴的惯性矩，分别用以下两积分表示：

$$\left.\begin{aligned} I_x &= \int_A y^2\,\mathrm{d}A \\ I_y &= \int_A x^2\,\mathrm{d}A \end{aligned}\right\}. \tag{6-4}$$

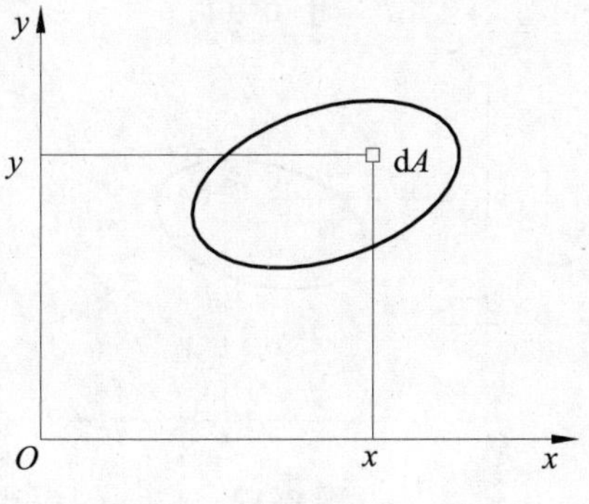

图 6-9

截面的惯性矩是对某一坐标轴而言的，同一截面对不同坐标轴的惯性矩不同. 显然，惯性矩的数值恒为正值，其单位为 m⁴ 或 mm⁴.

例 6-6 一矩形截面如图 6-10 所示，试计算该截面对其对称轴 x 和 y 的惯性矩.

解： 取平行于 x 轴的面积元素 $\mathrm{d}A = b\mathrm{d}y$ ，由公式（6-4）得

$$I_x = \int_A y^2 \mathrm{d}A = \int_{-\frac{h}{2}}^{\frac{h}{2}} by^2 \mathrm{d}y = \frac{bh^3}{12}.$$

同理，在计算 y 轴的惯性矩 I_y 时，可取 $\mathrm{d}A = h\mathrm{d}x$ ，所以

$$I_y = \int_A x^2 \mathrm{d}A = \int_{-\frac{b}{2}}^{\frac{b}{2}} hx^2 \mathrm{d}x = \frac{b^3 h}{12}.$$

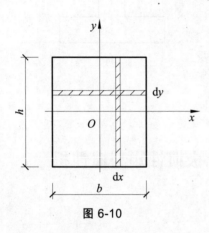

图 6-10

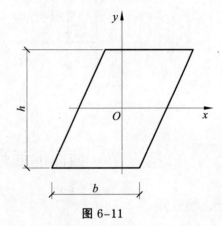

图 6-11

若截面是高度为 h 的平行四边形（如图 6-11），则其对形心轴 x 的惯性矩同样是 $I_x = \dfrac{bh^3}{12}$.

二、极惯性矩

如图 6-12 所示，若以 ρ 表示面积元素 $\mathrm{d}A$ 距坐标原点的距离，则 $\rho^2 \mathrm{d}A$ 称为该面积元素 $\mathrm{d}A$ 对于坐标原点 O 的极惯性矩. 整个截面对 O 点的极惯性矩为

$$I_\rho = \int_A \rho^2 \mathrm{d}A. \tag{6-5}$$

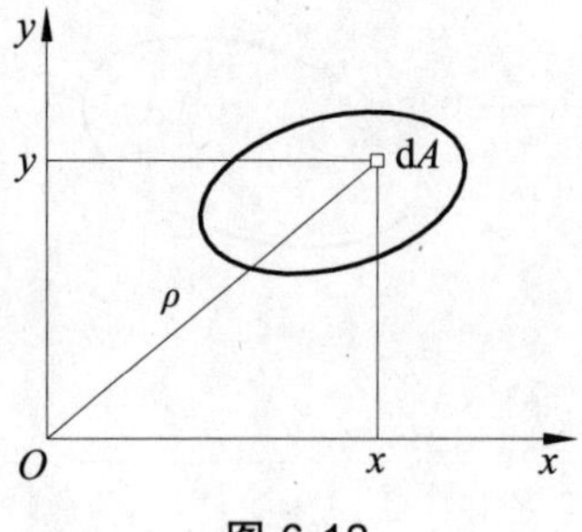

图 6-12

因为 $\rho^2 = x^2 + y^2$ ，所以

$$I_\rho = \int_A \rho^2 \mathrm{d}A = \int_A (x^2 + y^2)\mathrm{d}A = I_x + I_y. \tag{6-6}$$

公式（6-6）表明，任意截面对某点的极惯性矩的数值，等于它对以该点为原点的任意两正交坐标轴的惯性矩之和.

很显然，极惯性矩的数值恒为正值，其单位为 m^4 或 mm^4.

定义下式：

$$i_x = \sqrt{\frac{I_x}{A}}, \quad i_y = \sqrt{\frac{I_y}{A}},$$

式中 i_x，i_y 为截面对 x 轴和 y 轴的惯性半径.

例 6-7　一圆形截面如图 6-13 所示，试计算该截面对其对称轴 x 和 y 的惯性矩 I_x，I_y 以及对坐标原点的极惯性矩 I_ρ.

解：取距圆心为 ρ 的厚度为 dρ 的环形面积为面积元素：

$$\mathrm{d}A = 2\pi\rho\mathrm{d}\rho.$$

则

$$I_\rho = \int_A \rho^2 \mathrm{d}A = \int_0^{\frac{D}{2}} 2\pi\rho \cdot \rho^2 \mathrm{d}\rho = \int_0^{\frac{D}{2}} 2\pi\rho^3 \mathrm{d}\rho = \frac{\pi D^4}{32}.$$

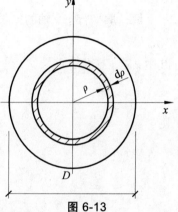

图 6-13

由对称性可知：

$$I_x = I_y.$$

因为 $I_\rho = I_x + I_y$，所以

$$I_x = I_y = \frac{\pi D^4}{64}.$$

对于空心圆截面，若外径为 D，内径为 d，令 $\alpha = \frac{d}{D}$，则

$$I_x = I_y = \frac{\pi D^4}{64}(1-\alpha^4).$$

$$I_\rho = \frac{\pi D^4}{32}(1-\alpha^4).$$

三、惯性积

面积元素 dA 与其分别至 y 轴和 x 轴距离的乘积 $xy\mathrm{d}A$，称为该面积元素对于两坐标轴的惯性积. 整个截面对于 x，y 两坐标轴的惯性积为

$$I_{xy} = \int_A xy\mathrm{d}A. \tag{6-7}$$

若 x，y 两坐标轴中有一个为截面的对称轴，则其惯性积 I_{xy} 恒等于零. 但若截面对某一对坐标轴的惯性积为零，该对坐标轴中不一定包含图形的对称轴. 惯性积的单位为 m^4 或 mm^4.

例 6-8　一三角形截面如图 6-14 所示，试计算该截面的 I_{xy}.

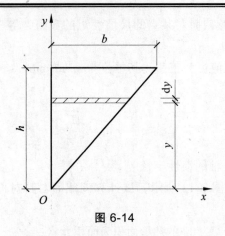

图 6-14

解： 取平行于 x 轴的狭长矩形为面积元素，由于

$$\mathrm{d}A = x\mathrm{d}y,$$

其中 x 随 y 变化，即

$$x = \frac{by}{h},$$

则

$$I_{xy} = \int_A \frac{x}{2} y \mathrm{d}A = \int_0^h \frac{b^2 y^3}{2h^2} \mathrm{d}y = \frac{b^2 h^2}{8}.$$

习题 6.2

1. 试求图 6-15 所示的平面图形对 x 轴的惯性矩（单位：mm）.

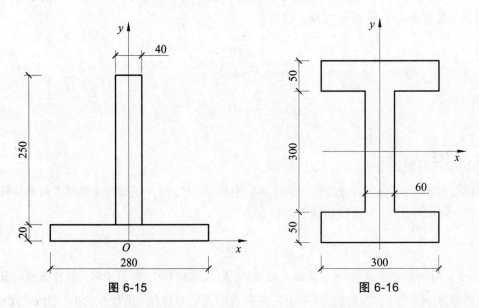

图 6-15   图 6-16

2. 试求图 6-16 所示的平面图形对 x 轴和 y 轴的惯性矩（单位：mm）.

第三节 惯性矩的平行移轴公式

一、惯性矩的平行移轴公式

由惯性矩计算公式可知，同一截面对不同坐标轴的惯性矩不同，但相互之间却存在着一定的关系. 那么同一截面对两个相互平行的坐标轴的惯性矩之间有什么关系呢?

设一面积为 A 的任意形状的截面如图 6-17 所示，截面对任意坐标轴 x，y 的惯性矩分别为 I_x，I_y. 通过截面形心 C 有分别与 x，y 轴平行的 x_C，y_C 轴，称为形心轴. 截面对形心轴的惯性矩分别为 I_{xC}，I_{yC}，形心 C 在 Oxy 坐标系内的坐标为 (a, b).

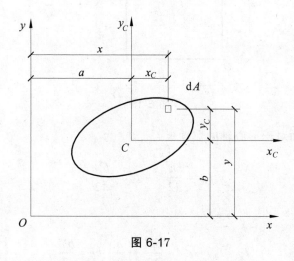

图 6-17

由图 6-17 可知，截面上任一面积元素 $\mathrm{d}A$ 在两坐标系内的坐标 (x, y) 和 (x_C, y_C) 之间的关系为

$$x = x_C + a, \quad y = y_C + b.$$

将上式代入公式（6-4）中第一式，可得

$$I_x = \int_A y^2 \mathrm{d}A = \int_A (y_C + b)^2 \mathrm{d}A = \int_A y_C^2 \mathrm{d}A + 2b \int_A y_C \mathrm{d}A + b^2 \int_A \mathrm{d}A.$$

根据惯性矩和静矩的定义和特点，上式右端的各项积分分别为

$$\int_A y_C^2 \mathrm{d}A = I_{xC}, \quad 2b \int_A y_C \mathrm{d}A = 0, \quad b^2 \int_A \mathrm{d}A = b^2 A,$$

于是，

$$I_x = I_{xC} + b^2 A. \tag{6-8a}$$

同理

$$I_y = I_{yC} + a^2 A. \tag{6-8b}$$

（公式 6-8）称为惯性矩的平行移轴公式. 应用上式即可根据截面对于形心轴的惯性矩，计算截面对于与形心轴平行的坐标轴的惯性矩.

注意： 公式（6-8）中的 a, b 两坐标值有正负号.

例 6-9　试用平行移轴公式计算图 6-18 所示的矩形对 x, y 轴的惯性矩 I_x, I_y.

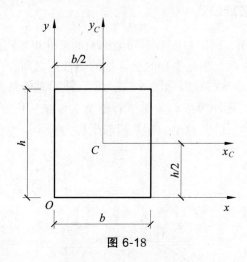

图 6-18

解： 已知矩形截面对于形心轴的惯性矩 I_{xC}, I_{yC} 为

$$I_{xC} = \frac{bh^3}{12}, \quad I_{yC} = \frac{b^3 h}{12}.$$

利用平行移轴公式（6-8）得

$$I_x = I_{xC} + b^2 A = \frac{bh^3}{12} + \left(\frac{h}{2}\right)^2 bh = \frac{bh^3}{3},$$

$$I_y = I_{yC} + a^2 A = \frac{b^3 h}{12} + \left(\frac{b}{2}\right)^2 bh = \frac{b^3 h}{3}.$$

二、组合截面惯性矩的计算

当截面是由若干个简单图形组合而成时，根据惯性矩的定义可知，整个截面对某一坐标轴的惯性矩等于各简单图形对同一坐标轴的惯性矩的和. 若截面由 n 个部分组成，则组合截面对 x, y 两轴的惯性矩分别为

$$I_x = \sum_{i=1}^{n} I_{xi}, \quad I_y = \sum_{i=1}^{n} I_{yi} \tag{6-9}$$

式中 I_{xi}, I_{yi} 分别为组合截面中各组成部分 i 对于 x, y 两轴的惯性矩.

例 6-10　确定图 6-19 所示图形的形心位置，并计算图形对形心轴 x_C, y_C 的惯性矩.（单位：mm）

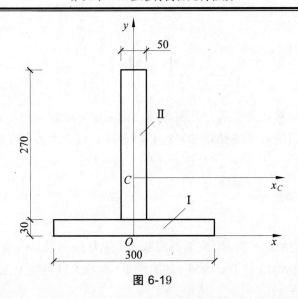

图 6-19

解： 将图形分成矩形 Ⅰ 和矩形 Ⅱ 两部分，建立如图 6-18 所示的 Oxy 坐标系.

显然，平面图形关于 y 轴对称，故

$$x_C = 0.$$

由形心坐标计算公式知：

$$y_C = \frac{30 \times 300 \times 15 + 270 \times 50 \times (135 + 30)}{30 \times 300 + 270 \times 50} = 105 \text{ (mm)}.$$

矩形 Ⅰ 对于自身形心轴 x_{C1}, y_{C1} 的惯性矩：

$$I_{x1} = \frac{b_1 h_1^3}{12} = \frac{300 \times 30^3}{12},$$

$$I_{y1} = \frac{b_1^3 h_1}{12} = \frac{300^3 \times 30}{12}.$$

矩形 Ⅱ 对于自身形心轴 x_{C2}, y_{C2} 的惯性矩：

$$I_{x2} = \frac{b_2 h_2^3}{12} = \frac{50 \times 270^3}{12},$$

$$I_{y2} = \frac{b_2^3 h_2}{12} = \frac{50^3 \times 270}{12}.$$

由平行移轴公式知，整个截面对形心轴的惯性矩：

$$I_{xC} = I_{x1} + (-90)^2 \times 300 \times 30 + I_{x2} + (60)^2 \times 50 \times 270 = 73.58 \times 10^6 (\text{mm}^4),$$

$$I_{yC} = I_{y1} + I_{y2} = 70.31 \times 10^6 (\text{mm}^4).$$

习题 6.3

1. 试用惯性矩的平行移轴公式，计算习题 6.2 中的题目，并检核自己之前的计算是否正确.

小　结

本章主要学习了工程截面的部分几何性质，如截面的静矩与形心，截面的惯性矩、极惯性矩及惯性积，最后学习了惯性矩的平行移轴公式，这大大方便了我们求解规则图形的惯性矩.

一、截面的静矩与形心

1. 截面的静矩.

直角坐标系 Oxy 内的某一截面，在截面图形上坐标为 (x, y) 处取一面积元素 $\mathrm{d}A$，则 $x\mathrm{d}A$ 和 $y\mathrm{d}A$ 分别称为该面积元素 $\mathrm{d}A$ 对于 y 轴和 x 轴的静矩. 面积为 A 的整个截面对 x 轴和 y 轴的静矩，分别用以下两积分表示：

$$S_x = \int_A y\mathrm{d}A, \quad S_y = \int_A x\mathrm{d}A.$$

若已知截面面积 A 及形心坐标 (x_C, y_C) 时，可直接用下式求得截面对于 x 轴和 y 轴的静矩：

$$S_x = Ay_C, \quad S_y = Ax_C.$$

若截面对某一轴的静矩为零，则该轴必通过截面的形心；反之，截面对于通过其形心的轴的静矩恒等于零.

组合平面图形对某轴的静矩等于各分图形对该轴的静矩之和. 设组合平面图形的第 i 块分图形的面积为 A_i，形心坐标为 (x_{Ci}, y_{Ci})，则该组合平面图形的静矩为

$$S_x = \sum_{i=1}^{n} A_i y_{Ci}, \quad S_y = \sum_{i=1}^{n} A_i x_{Ci}.$$

2. 截面的形心.

截面在直角坐标系 Oxy 内的形心坐标为 (x_C, y_C)，若已知截面对于 x 轴和 y 轴的静矩 S_x，S_y，则

$$x_C = \frac{S_y}{A}, \quad y_C = \frac{S_x}{A}.$$

设组合平面图形的第 i 块分图形的面积为 A_i，形心坐标为 (x_{Ci}, y_{Ci})，则该组合平面图形的形心坐标分别为

$$x_C = \frac{S_y}{A} = \frac{\sum_{i=1}^{n} A_i x_{Ci}}{\sum A}, \quad y_C = \frac{S_x}{A} = \frac{\sum_{i=1}^{n} A_i y_{Ci}}{\sum A}.$$

二、截面的惯性矩、极惯性矩及惯性积

设有一任意形状的截面，其截面面积为 A. 以图形所在平面内任一点 O 为坐标原点建立

直角坐标系 Oxy，在图形上坐标为 (x,y) 处取一面积元素 $\mathrm{d}A$，以 ρ 表示该面积元素距坐标原点的距离.

1. 截面的惯性矩.

整个截面对 x 轴和 y 轴的惯性矩，分别为

$$I_x = \int_A y^2 \mathrm{d}A, \quad I_y = \int_A x^2 \mathrm{d}A.$$

惯性矩的数值恒为正值.

2. 截面的极惯性矩.

$$I_\rho = \int_A \rho^2 \mathrm{d}A = \int_A (x^2 + y^2)\mathrm{d}A = I_x + I_y.$$

极惯性矩的数值恒为正值.

3. 截面的惯性积.

$$I_{xy} = \int_A xy\mathrm{d}A.$$

若 x, y 两坐标轴中有一个为截面的对称轴，则其惯性积 I_{xy} 恒等于零. 但若截面对某一对坐标轴的惯性积为零，该对坐标轴中不一定包含图形的对称轴.

三、惯性矩的平行移轴公式

设有一面积为 A 的任意形状的截面，截面对任意坐标轴 x, y 的惯性矩分别为 I_x, I_y. 通过截面形心 C 有分别与 x, y 轴平行的 x_C, y_C 轴，称为形心轴. 截面对形心轴的惯性矩分别为 I_{xC}, I_{yC}，形心 C 在 Oxy 坐标系内的坐标为 (a,b). 则

$$I_x = I_{xC} + b^2 A, \quad I_y = I_{yC} + a^2 A.$$

组合截面对某一坐标轴的惯性矩等于各简单图形对同一坐标轴的惯性矩的和. 若截面由 n 个部分组成，则组合截面对 x, y 两轴的惯性矩分别为

$$I_x = \sum_{i=1}^{n} I_{xi}, \quad I_y = \sum_{i=1}^{n} I_{yi}.$$

习题训练（六）

计算题

1. 求图 6-20 中各图形对 x 轴的静矩.（单位：mm）

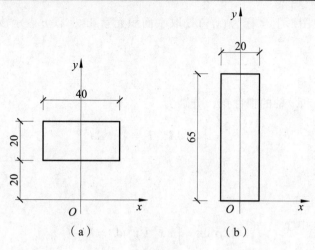

（a）　　　　　　　（b）

图 6-20

2. 试计算图 6-21 中各截面的形心位置.（单位：mm）

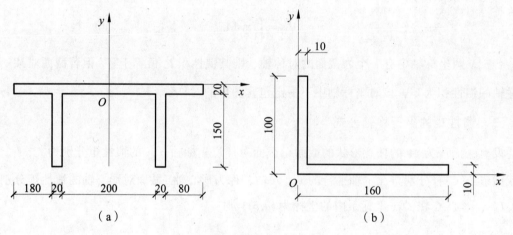

（a）　　　　　　　　　（b）

图 6-21

3. 试求图 6-22 中四分之一圆形截面对于 x, y 两轴的惯性矩 I_x, I_y.（单位：mm）

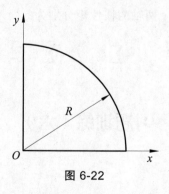

图 6-22

4. 试求图 6-23 中正方形截面对其对角线的惯性矩.（单位：mm）

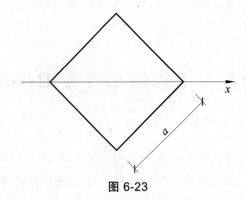

图 6-23

5. 试求图 6-24 中 T 型截面对于其形心轴 x 的惯性矩.（单位：mm）

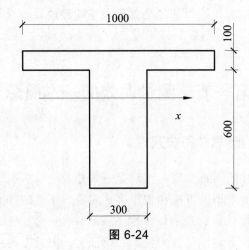

图 6-24

第七章　工程测量误差理论基础

测量的目的是获取被测量的真实量值，然而由于受到种种因素的影响，测量结果总是与被测量的真实量值不一致，即任何测量都不可避免地存在着测量误差. 为了减小和消除测量误差对测量结果的影响，需要研究和了解测量误差的基本概念、产生原因、传播规律及衡量误差的标准. 本章内容包括三个部分. 第一部分是测量误差，包括测量误差的基本概念、各类测量误差的特点及处理方法；第二部分是测量误差的传递及合成与分配等；第三部分主要介绍数据处理的一种方法——等精度直接平差.

第一节　测量误差的基本概念

一、测量误差存在的必然性和普遍性

在实际测量过程中，我们不难发现：当对某一未知量进行多次重复观测时，无论所使用的仪器和工具多么精密，所采用的方法和程序多么完善，所处的外界环境条件多么有利，观测者在作业过程中多么仔细认真，观测结果也不一定完全一致. 这说明测量误差的存在是客观的，误差存在的必然性和普遍性已为大量实践所证实，因此下列误差公理成立.

误差公理：误差自始至终存在于一切观测过程之中；所有观测结果都不可避免地包含误差，不包含误差的观测结果是不存在的.

测量结果必然包含误差这一突出特点，不仅决定了测量问题的处理不同于一般的数学问题，而且也正是测量问题所特有的、区别于一般数学问题的本质所在. 例如，对于一个平面三角形的测量，从几何学上说，只要已知两个内角就完全可以决定一个平面三角形的形状；但在测量学上，通常要观测全部三个内角，并在尽可能消除误差的前提下进行数据处理，以决定三角形的最佳形状.

随着科学技术的发展和人类认识水平的不断提高，可以将测量误差控制得越来越小，但是测量误差的存在仍是不可避免的. 因此，误差的存在具有必然性和普遍性.

二、有关量值的几个基本概念

1. 真　值

由于自然界的一切事物都处于永恒的运动之中，所以无论作为计量单位的已知量，还是作为被测对象的未知量，在整个观测过程中都在运动变化. 因此，未知量的真值是无法测得的.

国家质量监督检验检疫总局 2011 年 11 月 30 日发布，2012 年 3 月实施的 JJF 1001-2011《通用计量术语及定义》，定义量的真值为"与量的定义一致的量值"。在这里，我们需要注意：首先，在描述关于测量的"误差方法"中，认为真值是唯一的，实际上它是不可知的。在"不确定度方法"中认为，由于定义本身细节的不完善，不存在单一真值，只存在与定义一致的一组真值，然而，从原理上和实际上来看，这一组值是不可知的。另一些方法免除了所有关于真值的概念，而依靠测量结果计量兼容性的概念去评定测量结果的有效性；其次，在基本常量这一特殊情况下，量被认为具有一个单一真值；最后，当被测量的定义的不确定度与测量不确定度其他分量相比可忽略时，认为被测量具有一个"基本唯一"的真值，这就是 GUM 和相关文件采用的方法，其中"真"字被认为是多余的。

综上所述，我们这样定义科学实验中的真值：当观测次数为无限多时，在无系统误差影响的情况下，依据偶然误差的统计规律所求得的几近于未知量值真值的数值。即真值是指在一定的时间和空间条件下，能够准确反映某一被测量真实状态和属性的量值，也就是某一被测量客观存在的、实际具有的量值。

量值的定义：用数和参照对象一起表示的量的大小。例如：给定杆的长度 5.34 m 或 534 cm；给定物体的质量：0.152 kg 或 152 g。

2. 理论真值和约定真值

真值有理论真值和约定真值两种。

理论真值是在理想情况下表征某一被测量真实状态和属性的量值。理论真值是客观存在的，或者是根据一定的理论所定义的。例如，三角形三内角之和为 180°。由于测量误差的普遍存在，一般情况下被测量的理论真值是不可能通过测量得到的，但却是实际存在的。

由于被测量的理论真值不能通过测量得到，为了解决测量中的真值问题，只能用约定的办法来确定真值。约定真值是指人们为了达到某种目的，按照约定的办法所确定的量值。约定真值是人们所定义的，并得到国际上公认的某个物理量的标准量值。例如：光速被约定为 3×10^8 m/s；以高精度等级仪器的测量值约定为低精度等级仪器测量值的约定真值。

3. 实际值

在满足实际需要的前提下，相对于实际测量所考虑的精确程度，其测量误差可以忽略的测量结果，称为实际值。实际值在满足规定的精确程度时用以代替被测量的真值。例如在标定测量装置时，把高精度等级的标准器所测得的量值作为实际值。

4. 测量值和指示值

通过测量所得到的量值称为测量值。测量值一般是被测量真值的近似值。由测量装置的显示部件直接给出的测量值，称为指示值，简称示值。

5. 标称值

测量装置的显示部件上标注的量值称为标称值。因受制造、测量条件或环境变化的影响，标称值并不一定等于被测量的实际值。通常在给出标称值的同时，也给出它的误差范围或精度等级。

三、测量误差的定义及表示方法

1. 测量误差的定义

如前文所述，任何物质都有自身的特性，反映这些特性的物理量所具有的客观真实数值称为这些物理量的真值. 测量的目的就是力求得到真值. 但测量总是依据一定的理论和方法，使用一定的仪器，在一定的环境中，由一定的人进行. 在实验测量过程中，由于受到测量仪器、测量方法、测量条件和测量人员的水平以及种种因素的限制，使测量结果与客观存在的真值不可能完全相同，导致所测得的只能是该物理量的近似值. 也就是说，任何一种测量结果的测量值与客观存在的真值之间总会或多或少地存在一定的差值，这种差值称为该测量值的测量误差（又称测量值的真误差），简称"误差".

我们可以这样定义误差：设某量的真值为 X，对其进行 n 次观测，得到 n 个观测值 $L_1, L_2, \cdots, L_n$，则第 i 个观测值的真误差 Δ_i 定义为

$$\Delta_i = L_n - X \quad (i = 1, 2, 3, \cdots, n). \tag{7-1}$$

误差存在于一切测量之中，而且贯穿测量过程的始终. 每使用一种仪器进行测量都会引起误差. 测量所根据的方法和理论越繁多、所用仪器越复杂、所经历的时间越长，引起误差的机会就越多. 因此，实验应根据要求和误差限度来制定或选择合理的方案和仪器. 要避免测量中某个环境盲目追求不切实际的高指标，这样做既不符合现代信息理论的基本思想，又提高了测量的代价. 一个优秀的测量工作者，应该是在一定的要求下，以最低的代价来取得最佳的结果，要做到既保证必要的测量精度又合理地节省人力与物力.

2. 误差的表示方法

误差常用的表示方法有两种：绝对误差和相对误差.

（1）绝对误差.

绝对误差 Δ 的定义为被测量的测量值 L 与真值 X 之差，即

$$\Delta = L - X. \tag{7-2}$$

绝对误差具有与被测量相同的单位，其值可为正，亦可为负. 由于被测量的真值 X 往往无法得到，因此常用观测值或估计值来代替.

采用绝对误差来表示测量误差往往不能很确切地表明测量质量的好坏. 例如，对于长度元素的测量过程中，分别丈量了 1000 m 及 500 m 的两段距离，它们的绝对误差均为 ±2 cm，虽然两者的绝对误差相同，但就单位长度而言，两者精度并不相同. 显然前者的相对精度比后者要高.

（2）相对误差.

对于衡量精度来说，在很多情况下，仅仅知道观测中的绝对误差大小还不能完全表达观测精度的好坏. 因此，必须再引入相对误差.

相对误差 δ 的定义为绝对误差 Δ（中误差、容许误差、真误差）的绝对值与真值 X 的比值，用百分数来表示，即

$$\delta = \frac{|\Delta|}{X} \times 100\%. \tag{7-3}$$

由于实际测量中真值常常未知，而观测值或估计值与真值接近，所以可以将绝对误差的绝对值与其观测结果的比作为相对误差，即

$$\delta = \frac{|\Delta|}{L} \times 100\%. \tag{7-4}$$

采用相对误差来表示测量误差能够较确切地表明测量的精确程度. 实际测量过程中，相对误差一般用于长度、面积、体积、流量等物理量测量中. 由于角度误差的大小主要是观测两个方向引起的，并不依赖角度大小的变化，因此角度测量不采用相对误差.

例 7-1　观测两段距离，分别为 1 000 m ±2 cm 和 500 m ±2 cm. 问：这两段距离的真误差是否相等？它们的相对精度是否相同？

解：这两段距离的真误差相等，均为 ±2 cm. 它们的相对精度不相同，前一段距离的相对误差为 $\frac{1}{50000}$，后一段距离的相对误差为 $\frac{1}{25000}$.

四、测量误差的来源

1. 观测的分类

我们将观测按下述几种情况分类.

（1）按照观测量与未知量之间的关系分类.

直接观测：直接测定未知量的观测. 例如，用经纬仪观测一个未知角度，用钢尺丈量一段水平距离，用水准仪测定两点间的高差，用罗盘仪测定一条边的磁方位角等，均属直接观测. 显然，在直接观测中，观测量与未知量之间的关系最为简单——观测量就是未知量.

间接观测：未知量是通过直接观测的量推算得到的. 例如，在视距测量中，直接测定的量是斜视距和高度角，而推算的却是未知点到测站（已知点）的水平距离和高差. 再如，在角度交会和距离交会中，直接测定的量分别为几个水平角和几段距离，而求算的量却均为未知点的坐标. 显然，在间接观测中，未知量均为观测量的函数. 由于在直接观测和间接观测中误差的影响不同，所以测定未知量的精度也不同，当条件相同时，直接观测的精度比间接观测要高.

（2）按观测量之间的关系分类.

独立观测：观测量之间在理论上不受任何条件约束的观测. 例如，在三角测量中，仅仅观测所有三角形的任意两个内角. 再如，在角度交会和距离交会中，仅仅观测两个角度或两段距离. 显然，在独立观测中，观测值就是被观测量的最或是值.

条件观测：观测量之间在理论上应满足一定条件的观测. 例如，闭合环水准线路的高差总和应等于零；观测三角形的所有三个内角，其和应等于180°，等等. 显然，在条件观测中，观测值之间不仅要受某种条件的约束，而且只有在严格满足这些条件的前提下，对观测值所包含的误差进行一定的数学处理，才能求得观测量的最或是值.

（3）按观测时所处的条件分类.

等精度观测：一列观测值在同样的条件下获得.

不等精度观测：一列观测结果在互不相同的条件下获得，因而其质量不尽相同.

（4）按观测量在观测过程中所处的状态分类.

静态观测：被观测的量在观测过程中处于静止状态.

动态观测：被观测的量在观测过程中处于运动状态. 例如，天文测量、卫星测量、弹道导弹的跟踪测量等.

下面介绍观测条件：

观测条件：一般将直接与观测有关的人、仪器、自然环境及测量对象这四个因素，合称为观测条件.

2. 误差的来源

误差一般来源于如下四个方面：

（1）由观测者引起的误差.

每个人都有自己的鉴别能力，一定的分辨率和技术条件，在仪器安置、照准、读数等方面都会产生误差，又称为人差.

（2）由仪器、工具引起的误差.

又称为仪器误差. 例如，在水准测量中，如果水准仪的视准轴不平行于水准管轴，则当前后视距离不等时，会影响所测定的高差.

（3）由外界条件引起的误差.

又称为条件误差. 例如，温度、气压变化会引起光速的变化，从而影响光电测距仪的观测结果；大气不稳定时，读数困难，从而大大降低水准测量的精度，等等.

（4）由方法和程序引起的误差.

又称为方法误差. 例如，在桥梁竣工测量中，用钢卷尺直接丈量圆形桥墩的周长，以计算其直径，则由于二值取位的不同，必然会产生误差.

实际观测中，观测结果常受上述四方面的综合影响.

第二节　误差的分类及特性

测量误差按其性质可分为三类：系统误差、偶然误差和粗差.

一、系统误差

在相同的观测条件下作一系列的观测，如果误差在大小、符号上表现出系统性，或者在观测过程中按一定的规律变化，或者为某一常数，那么这种误差称为系统误差. 简言之，符号函数规律的误差称为系统误差.

设对某一量观测结果的系统误差为 ε，影响因子为 $x_1, x_2, x_3, \cdots, x_n$. 系统误差可表示为

$$\varepsilon = f_\varepsilon(x_1, x_2, x_3, \cdots, x_n).$$

系统误差的特例：ε = 常数.

例如，测距仪的乘常数误差所引起的距离误差与所测距离的长度成正比增加，距离越长，误差也越大. 测距仪的加常数误差所引起的距离误差为一常数，与距离的长度无关. 这是由于仪器不完善或工作前未经检验校正而产生的系统误差. 又如，用钢尺量距时的温度与检定尺长时的温度不一致，而使所测得距离产生误差；测角时因大气折光的影响而产生的角度误差，等等，这些都是由于外界条件所引起的系统误差.

系统误差具有累积性，对观测结果影响较为显著. 因此，在测量工作中，应尽量消除系统误差. 通过对它们出现的规律进行分析研究，可以找出方法予以消除，或者将其削弱到最低程度，通常可采用如下措施：

（1）在测量前采取有效的预防措施，如对测前对仪器设备进行必要的检验与校正以防止外界干扰，选好观测位置以消除视差，选择环境条件比较稳定时再读数等.

（2）在测量系统中采取补偿措施，以找出系统误差出现的规律并设法求出它的数值，然后对观测结果进行修正.

（3）改进仪器结构并制订有效的观测方法和操作程序，使系统误差按数值接近、符号相反的规律交错出现，以使其在观测结果中能较好的抵消. 如水准测量中采用前、后视距相等的方法，可以消除 i 角的影响.

（4）通过观测资料的综合分析，发现系统误差，以在计算中将其消除. 如钢尺量距中的尺长改正、温度改正等.

二、偶然误差

1. 偶然误差的定义

在相同的观测条件下作一系列的观测，如果误差在大小和符号上表现出偶然性，即从单个误差看，该列误差的大小和符号没有规律，但就大量误差的总体而言，具有一定的统计规律，这种误差称为偶然误差. 简言之，符号统计规律的误差称为偶然误差.

设对某一量观测结果的系统误差为 Δ，影响因子为 $x_1, x_2, x_3, \cdots, x_n$. 系统误差可表示为

$$\Delta = f_\Delta(x_1, x_2, x_3, \cdots, x_n).$$

例如，经纬仪测角误差是由照准误差、读数误差、外界条件变化引起的误差和仪器本身不完善而引起的误差等综合的结果. 而其中每一项误差又是由许多偶然因素所引起的小误差. 例如，照准误差可能是由于照准部旋转不正确、脚架或觇标的晃动或扭转、风力风向的变化、目标的背景、大气折光等偶然因素影响而产生的小误差. 因此，测量误差实际上是由许许多多微小误差项构成，而每项微小误差又随着偶然因素的影响不断变化，其数值的大小和符号的正负具有随机性. 这样，由它们所构成的误差，就个体而言，无论是数值的大小和符号的正负都是不能事先预知的. 因此，把这种性质的误差称为偶然误差. 偶然误差就其总体而言，具有一定的统计规律，有时又把偶然误差称为随机误差.

2. 偶然误差的特性

如前文所述，产生偶然误差的原因很多，主要是由于仪器或人的感觉器官能力的限制，如观测者的估读误差、照准误差等，以及环境中不能控制的因素如不断变化的温度、风力等

外界环境所造成的误差. 鉴于偶然误差发生的原因纯属偶然,它影响观测成果的质量,因此,研究偶然误差的特性,揭示其内在的规律(即其特性),具有重要的现实意义.

偶然误差就个体而言具有随机性,它是一种随机误差,但在总体上又具有一定的统计规律. 例如在射击中,由于诸多偶然因素的影响,每发射一弹命中靶心的上、下、左、右都有可能,但当射击次数足够多时,弹着点就会呈现明显规律——越靠近靶心越密,越远离靶心越稀疏,差不多依靶心为对称. 偶然误差具有与之类似的规律,一般我们认为偶然误差是服从于正态分布的随机变量.

例如,某测区在相同的观测条件下,独立地观测了 217 个三角形的全部内角. 已知三角形内角之和等于180°,这是三内角之和的理论值即真值 X,实际观测所得的三内角之和即观测值 L,由于各观测值中都含有偶然误差,因此各观测值不一定等于真值,其差即真误差 Δ. 具体分析如下:

(1)误差分布表.

由误差定义可知,每个三角形三内角之和的观测值 L 与其真值 180°之差,就是该三角形内角和的真误差 Δ. 按其大小和一定的区间(本例 $d_\Delta = 3''$),将这 217 个内角和的真误差按其正负号和大小排列. 出现在某区间内的误差个数称为频数,用 k 表示. 频数除以误差的总个数 n 得 $\frac{k}{n}(n = 217)$,称为误差在该区间的频率. 统计结果列于表 7-1 中,此表称为误差频率分布表.

表 7-1　误差频率分布表

误差区间 d_Δ	正误差		负误差		合计	
	个数 k	频率 $\frac{k}{n}$	个数 k	频率 $\frac{k}{n}$	个数 k	频率 $\frac{k}{n}$
$0'' \sim 3''$	30	0.138	29	0.134	59	0.272
$3'' \sim 6''$	21	0.097	20	0.092	41	0.189
$6'' \sim 9''$	15	0.069	18	0.083	33	0.152
$9'' \sim 12''$	14	0.065	16	0.073	30	0.138
$12'' \sim 15''$	12	0.055	10	0.046	22	0.101
$15'' \sim 18''$	8	0.037	8	0.037	16	0.074
$18'' \sim 21''$	5	0.023	6	0.028	11	0.051
$21'' \sim 24''$	2	0.009	2	0.009	4	0.018
$24'' \sim 27''$	1	0.005	0	0	1	0.005
$27''$ 以上	0	0	0	0	0	0
合计	108	0.498	109	0.502	217	1.000

注:① $d_\Delta = 3''$.
　　② 等于区间左端值的误差计入该区间中.

从表 7-1 中可以看出,该组误差的分布表现出如下规律:① 误差的绝对值有一定的限值(本例为 27″);② 绝对值较小的误差比绝对值较大的误差多;③ 绝对值相等的正、负误差出现的个数和频率大致相等. 实践证明,对大量测量误差进行统计分析,都可以得出上述同样的规律，且观测的次数越多，这种规律就越明显.

（2）直方图和误差分布曲线.

为了更直观地表现误差的分布，可将表 7-1 的数据用统计上比较直观的频率直方图来表示. 以真误差的大小为横坐标，以各区间内误差出现的频率 $\frac{k}{n}$ 与区间 d_Δ 的比值为纵坐标，在每一区间上根据相应的纵坐标值画出一矩形，则各矩形的面积等于误差出现在该区间内的频率 $\frac{k}{n}$. 如图 7-1 中有斜线的矩形面积，表示误差出现在 +6″ ~ +9″ 的频率，等于 0.069. 显然，所有矩形面积的总和等于 1.

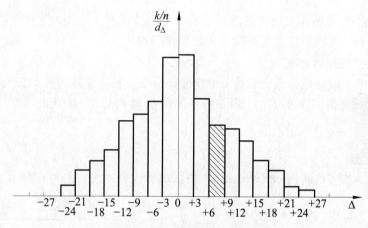

图 7-1　误差分布的频率直方图

可以设想，如果在相同的条件下，所观测的三角形个数不断增加，则误差出现在各区间的频率就趋向于一个稳定值. 当 $n \to \infty$ 时，各区间的频率也就趋向于一个完全确定的数值——概率. 若无限缩小误差区间，即 $d_\Delta \to 0$，则图 7-1 各矩形的上部折线，就趋向于一条以纵轴为对称的光滑曲线（如图 7-2 所示），称为误差概率分布曲线，简称误差分布曲线. 由此可见，偶然误差的频率分布，随着 n 的逐渐增大，都是以正态分布为其极限的. 通常也称偶然误差频率分布为其经验分布，而将正态分布称为它们的理论分布.

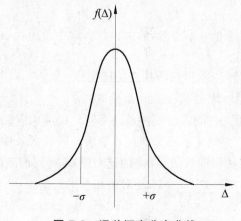

图 7-2　误差概率分布曲线

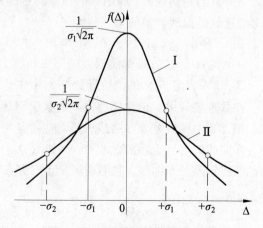

图 7-3　不同精度的误差分布曲线

根据上面的实例，可以概括偶然误差的特性：

① 有限性：在一定的观测条件下，偶然误差的绝对值是不会超过一定的限值；

② 集中性：即绝对值较小的误差比绝对值较大的误差出现的概率大；

③ 对称性：绝对值相等的正误差和负误差出现的概率相同；

④ 抵偿性：当观测次数无限增多时，偶然误差的算术平均值趋近于零. 即

$$\lim_{n \to \infty} \frac{[\Delta]}{n} = 0, \tag{7-5}$$

式中 $[\Delta] = \Delta_1 + \Delta_2 + \cdots + \Delta_n = \sum_{i=1}^{n} \Delta_i$ ；$[\quad]$ 为总和的符号.

上述第一个特性说明误差出现的范围，第二个特性说明误差的规律性，第三个特性说明误差符号的规律性. 第四个特性可由第三个特性推导而出.

（3）偶然误差的概率密度.

若在图 7-1 中，以理论分布（曲线）取代经验分布（长方条顶边所形成的折线），则图中各长条的纵坐标就是概率密度 $f(\Delta)$ ，而长方条的面积为 $f(\Delta)d_\Delta$ ，即代表误差出现在该区间内的概率，即

$$P(\Delta) = f(\Delta)d_\Delta. \tag{7-6}$$

德国数学家高斯（Carl Friedrich Gauss）根据偶然误差的统计特性，推导出误差分布曲线的方程为

$$f(\Delta) = \frac{1}{\sigma\sqrt{2\pi}} e^{-\frac{\Delta^2}{2\sigma^2}}, \tag{7-7}$$

式中 Δ 为偶然误差；$\sigma(>0)$ 为与观测条件有关的一个参数，称为误差分布的标准差，它的大小可以反映观测精度的高低. 其定义为

$$\sigma = \lim_{n \to \infty} \sqrt{\frac{[\Delta\Delta]}{n}}. \tag{7-8}$$

从式 7-7 可以看出正态分布具有前述的偶然误差特性，即：

① $f(\Delta)$ 是偶函数. 即绝对值相等的正误差与负误差求得的 $f(\Delta)$ 相等，所以曲线对称于纵轴. 这就是偶然误差的第三特性.

② Δ 愈小，$f(\Delta)$ 愈大. 当 $\Delta = 0$ 时，$f(\Delta)$ 有最大值；反之，Δ 愈大，$f(\Delta)$ 愈小. 当 $n \to \pm\infty$ 时，$f(\Delta) \to 0$ ，这就是偶然误差的第一和第二特性.

③ 如果求出 $f(\Delta)$ 的二阶导数并令其等于零，可以求得曲线拐点的横坐标：$\Delta_{拐} = \pm\sigma$.

在数理统计中，也称偶然误差的数学期望为零，用公式表示为 $E(\Delta) = 0$.

图 7-2 中的误差分布曲线，是对应着某一观测条件的，当观测条件不同时，其相应误差的分布曲线的形状也将随之改变. 例如图 7-3 中，曲线 Ⅰ、Ⅱ 为对应着两组不同观测条件得出的两组误差分布曲线，它们均属于正态分布，但从两曲线的形状可以看出两组观测的差异. 当 $\Delta = 0$ 时，$f_1(\Delta) = \frac{1}{\sigma_1\sqrt{2\pi}}$ ，$f_2(\Delta) = \frac{1}{\sigma_2\sqrt{2\pi}}$. $\frac{1}{\sigma_1\sqrt{2\pi}}$ ，$\frac{1}{\sigma_2\sqrt{2\pi}}$ 是这两误差分布曲线的峰值，其中曲线 Ⅰ 的峰值较曲线 Ⅱ 高，即 $\sigma_1 < \sigma_2$ ，故第 Ⅰ 组观测小误差出现的概率较第 Ⅱ 组大. 由于

误差分布曲线到横坐标轴之间的面积恒等于 1，所以当小误差出现的概率较大时，大误差出现的概率必然要小. 因此，曲线 Ⅰ 表现为较陡峭，即分布比较集中，或称离散度较小，因而观测精度较高. 而曲线 Ⅱ 相对来说较为平缓，即离散度较大，因而观测精度较低.

3. 削减偶然误差措施

（1）在必要时或仪器设备允许的条件下适当提高仪器等级.

（2）多余观测.

（3）求最可靠值. 一般情况下，未知量真值无法求得，通过多余观测，求出观测值的最或是值，即最可靠值最常见的方法是求得观测值的算数平均值.

由偶然误差的特性可知，当观测次数无限增加时，偶然误差的算数平均值必然趋近于零. 但实际上，对任何一个未知量不可能进行无限次观测，通常为有限次观测，因而不能以严格的数学理论去理解这个表达式，它只能说明这个趋势. 但是，由于其正的误差和负的误差可以相互抵消，因此，我们可以采用多次观测，取观测结果的算数平均值为最终结果.

三、粗　差

1. 粗差的定义

在测量过程中，有时会出现明显地偏离了被测量值所对应的误差，即测量数据发生错误，称为粗大误差，简称粗差. 它是由于测量人员主观因素或者由于观测条件突然变化引起的明显与测量结果不符的误差，比如仪器操作不当、读数错误、记录和计算错误、测量仪器设备的突然故障和环境条件等疏忽因素而造成的误差.

粗大误差是严重歪曲测量结果的量，所以除了设法从测量结果中发现并加以剔除外，更重要的是要加强测量人员的工作责任心和以严格的科学态度对待工作. 此外还要保证测量条件的稳定，尽量避免在外界条件发生激烈变化时测量. 有时，为了及时发现与防止测量值中含有粗大误差，可采用不等精度测量和相互之间进行校核的方法.

2. 判别粗差的准则

含有粗差的测量值称为坏值. 测量数据中如果混杂有坏值，必然会歪曲测量结果. 为了避免或消除测量中产生粗大误差，首先要保证测量条件的稳定，增强测量人员的责任心并以严谨的作风对待测量任务.

对粗大误差的处理原则是：利用科学的方法对可疑值做出正确判断，对确认的坏值予以剔除. 实际操作中需注意：（1）确定混有粗差的数据未加剔除，必然会造成测量重复性偏低的后果；（2）不恰当地剔除含有误差的正常数据，会造成测量重复性偏好的假象.

对可疑值是否是坏值进行正确判断，须利用坏值判别准则. 这些坏值判别准则要建立在数理统计原理的基础上，并在一定的假设条件下来确立. 此标准可作为对坏值剔除的准则. 其基本方法就是给定一个显著水平 α，然后按照一定的假设条件来确定相应的置信区间，则超出此置信区间的误差就被认为是粗大误差，相应的测量值就是坏值，应予以剔除. 这些坏值判别准则都是在某些特定条件下建立的，都有一定的局限性，因此不是绝对可靠和十全十美的. 下面介绍几种最常用的坏值判别准则.

（1）拉依达准则（3σ准则）.

凡残余误差大于三倍标准差的误差就是粗大误差，相应的测量值就是坏值，应予以舍弃. 其数学表达式为

$$|v_b| = |x_b - \bar{x}| > 3\sigma, \tag{7-9}$$

式中 x_b 为坏值；v_b 为坏值的残余误差；$\bar{x}$ 为包括坏值在内的全部测量值的算术平均值；σ 为测量列的标准差，可用估计值 s 来代替.

拉伊达准则又称 3σ 准则，它的理论基础是正态分布理论. 拉依达准则方法简单，它不需要查表，便于应用，但在理论上不够严谨，只适用于重复测量次数较多（$n > 50$）的场合. 若测量次数不够多，使用拉伊达准则就不可靠，一般无法从测量列中正确判别出坏值来. 在实际应用中我们应注意：

① 3σ 准则是最常用也是最简单的判别粗大误差的准则，这一判别的可靠性为 99.73%. 然而该准则的方均根误差 σ 应为理论值或大量重复测量的实验统计，或预先经大量重复测量已统计出其方均根误差 σ 的情况. 它是以测量次数充分大为前提的.

② 当重复测量次数不太大，如 $n \leqslant 50$，又未预先经大量重复测量统计其方均根误差 σ 时，按该准则剔除粗差就不可靠. 这主要是由于按 3σ 准则剔除粗差时的可靠性为 99.73%.

③ 在重复测量的次数很大时有个别残差超出 $\pm 3\sigma$ 也是正常的. 如 $n = 1\,000$ 时，就有可能有 $2 \sim 3$ 个正常的残差超出该界限. 所以当测量次数很大时还应以 4σ 作为剔除粗差的界限，此时其可靠性将达到 99.994%.

例 7-2 对某量进行 15 次等精度测量，测量数据如表 7-2 所示，假定该组数据中系统误差已经消除，判断该数据中是否存在粗大误差？

表 7-2

序号	x_i	v	v^2	v'	v'^2
1	20.42	0.016	0.000 256	0.009	0.000 081
2	20.43	0.026	0.000 676	0.019	0.000 361
3	20.40	-0.004	0.000 016	-0.011	0.000 121
4	20.43	0.026	0.000 676	0.019	0.000 361
5	20.42	0.016	0.000 256	0.009	0.000 081
6	20.43	0.026	0.000 676	0.019	0.000 361
7	20.39	-0.014	0.000 196	-0.021	0.000 441
8	20.30	-0.104	0.010 816		
9	20.40	-0.004	0.000 016	-0.011	0.000 121
10	20.43	0.026	0.000 676	0.019	0.000 361
11	20.42	0.016	0.000 256	0.009	0.000 081
12	20.41	0.006	0.000 036	-0.001	0.000 001
13	20.39	-0.014	0.000 196	-0.021	0.000 441
14	20.39	-0.014	0.000 196	-0.021	0.000 441
15	20.40	-0.004	0.000 016	-0.011	0.000 121
	$\bar{x} = \dfrac{\sum x_i}{n} = 20.404$		$\sum v_i^2 = 0.015\,0$		$\sum v_i'^2 = 0.003\,37$

解：

$$\overline{x} = \frac{\sum x_i}{n} = 20.404,$$

$$s = \sqrt{\frac{\sum v_i^2}{n-1}} = 0.033,$$

$$3s = 3 \times 0.033 = 0.099.$$

根据 3σ 准则，第八数据的残差 $|v_8| = 0.104 > 0.099$，故它含有粗大误差，应予以剔除.

在剩余 14 个数据中：

$$\overline{x}' = \frac{\sum x_i}{n'} = 20.404,$$

$$s' = \sqrt{\frac{\sum v_i'^2}{n'-1}} = 0.033,$$

$$3s' = 3 \times 0.033 = 0.099,$$

即 $|v_i'| < 3s'$. 故无粗大误差.

（2）格拉布斯准则.

凡残余误差大于格拉布斯鉴别值的误差就是粗大误差，相应的测量值就是坏值，应予以剔除. 其数学表达式为

$$|v_b| = |x_b - \overline{x}| > [G(n, P_a)]\sigma, \tag{7-10}$$

式中 x_b 为坏值；v_b 为坏值的残余误差；$\overline{x}$ 为包括坏值在内的全部测量值的算术平均值；σ 为测量列的标准差，可用估计值 s 来代替；$G(n, P_a)$ 为格拉布斯临界系数；$[G(n, P_a)]\sigma$ 为格拉布斯鉴别值，它与测量次数 n 和取定的置信概率 P_a 有关. 表 7-3 给出了对应不同测量次数 n 和不同置信概率 P_a 的格拉布斯临界系数 $G(n, P_a)$.

表 7-3　格拉布斯临界系数 $G(n, P_a)$

n	3	4	5	6	7	8	9	10	11	12	13	14	15	16
P_a 0.95	1.15	1.46	1.67	1.82	1.94	2.03	2.11	2.18	2.23	2.28	2.33	2.37	2.41	2.44
0.99	1.16	1.49	1.75	1.94	2.10	2.22	2.32	2.41	2.48	2.55	2.61	2.66	2.70	2.75

n	17	18	19	20	21	22	23	24	25	30	35	40	50	100
P_a 0.95	2.48	2.50	2.53	2.56	2.58	2.60	2.62	2.64	2.66	2.74	2.81	2.87	2.96	3.17
0.99	2.78	2.82	2.85	2.88	2.91	2.94	2.96	2.99	3.01	3.10	3.18	3.27	3.34	3.59

应用格拉布斯准则时，应先计算测量列的算术平均值和标准差；再取定置信概率 P_a，根据测量次数 n 查出相应的格拉布斯临界系数 $G(n, P_a)$，计算格拉布斯鉴别值 $[G(n, P_a)]s$；将各测量值的残余误差 v_i 与格拉布斯鉴别值相比较，若满足式（7-10），则可认为对应的测量值 x_i 为坏值，应予剔除；否则 x_i 不是坏值，不予剔除.

格拉布斯准则在理论上比较严谨,它不仅考虑了测量次数的影响,而且还考虑了标准差本身存在误差的影响,被认为是较为科学和合理的,可靠性高,适用于测量次数比较少而要求较高的测量列.格拉布斯准则的计算量较大.

(3)肖维勒准则.

凡残余误差大于肖维勒鉴别值的误差就是粗大误差,相应的测量值就是坏值,应予以剔除.其数学表达式为

$$|v_b| = |x_b - \bar{x}| > [Z_c(n)]\sigma, \tag{7-11}$$

式中,x_b 为坏值;v_b 为坏值的残余误差;$\bar{x}$ 为包括坏值在内的全部测量值的算术平均值;σ 为测量列的标准差,可用估计值 s 来代替;$Z_c(n)$ 为肖维勒临界系数;$[Z_c(n)]\sigma$ 为肖维勒鉴别值,它们与测量次数 n 有关.表 7-4 给出了对应不同测量次数 n 的肖维勒临界系数 $Z_c(n)$.

表 7-4　肖维勒临界系数 $Z_c(n)$

n	3	4	5	6	7	8	9	10	11	12
$Z_c(n)$	1.38	1.54	1.65	1.73	1.80	1.86	1.92	1.96	2.00	2.03
n	13	14	15	16	18	20	25	30	40	50
$Z_c(n)$	2.07	2.10	2.13	2.15	2.20	2.24	2.33	2.39	2.49	2.58

应用肖维勒准则时,先计算测量列的算术平均值和标准差;再根据测量次数 n 查出相应的肖维勒临界系数 $Z_c(n)$,计算肖维勒鉴别值 $[Z_c(n)]s$;将各测量值的残余误差 v_i 与肖维勒鉴别值相比较,若满足式(7-12),则可认为对应的测量值 x_i 为坏值,应予剔除;否则 x_i 不是坏值,不予剔除.

肖维勒判别准则与拉伊达准则同样,它的理论基础也是正态分布理论,但较拉伊达准则细化,准确性较高.肖维勒判别准则的可靠性和准确性没有格拉布斯准则高,但比格拉布斯准则简单.

四、三种误差的联系

在实际测量过程中,三种误差总是混杂在一起联合影响观测结果,特别是系统误差和偶然误差很难截然分开.一般来说,剔除异常值(粗差)后,任何一个观测结果中,总是同时存在系统误差和偶然误差,而且当条件变化时,二者可以相互转化.例如,水准尺的分划误差,对制造来说纯属偶然误差,但用于水准测量,则会给观测结果带来系统性影响.再如,经纬仪水平度盘的分划误差,对制造来说也纯属偶然误差.但在水平角观测中,如果使用其固定部位,则对观测结果产生系统性影响.但是,如果各测回时使用度盘的不同部位,则对观测结果只能产生偶然性影响.

掌握了系统误差在一定条件下可以转化为偶然误差这一特性,就可以把某些具有复杂规律、外业观测无法消除、内业计算无法改正的系统误差转变为偶然误差,从而利用偶然误差的抵偿性减弱其对观测结果的影响.例如,在水平角观测中,仪器的对中误差纯属偶然误差:仪器中心总是位于以标石中心为圆心、以该仪器可能产生的最大对中误差为半径的一个小圆

内，而每次对中却在该小圆内的不同位置. 但是，一旦仪器安置妥当，对中误差对水平角观测成果的影响却是系统性的：测站与二目标决定一个大圆，如果仪器中心恰好位于该大圆上，观测结果不受影响；如果仪器中心落在该大圆内，观测结果必然大于实际角值；如果仪器中心位于该大圆外，观测结果必然小于实际角值；而且同一位置的多次重复观测也无法消除这种影响. 但是，如果在测回间重新对中和整平，使得仪器中心的落点在测回间变化于小圆之内，而不是在所有测回中固定于一点，则虽然不能完全消除其影响，但只能对观测结果产生偶然性影响，从而当各测回值取平均时，利用偶然误差的抵偿性减弱对中误差对角度观测成果的影响.

第三节　衡量工程测量精度的标准

评定测量成果的质量，就是衡量成果精度的大小. 本节首先说明精度的含义，然后介绍几种常用衡量精度的标准.

一、精密度、准确度、精确度

通常人们用"精度"这类词来形容测量结果的误差大小，但精度是一个笼统的概念，我们有必要从误差角度对此作一定的说明.

精度（precision）：误差分布的密集离散程度，也就是指离散度的大小. 分布密集即离散度较小，观测质量较好；分布较离散即离散度较大，观测质量较差.

正确度（accuracy）：测量值与真值的符合程度. 它表示系统误差对测量值的影响，反映系统误差大小的程度，正确度高表示系统误差小，测量值接近真值的程度高.

精密度（precision）：测量结果的离散程度. 反映了偶然误差大小的程度，精密度高表示偶然误差小.

准确度（exactitude）：描述各测量值的重复性及测得结果与真值的接近程度. 反映了系统误差和偶然误差的综合效应，准确度高，表示测量结果精密正确，即偶然误差和系统误差都小.

图 7-4 可以形象地帮助我们理解以上三个名词.

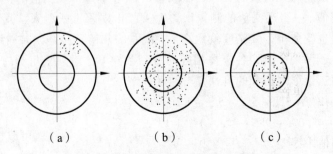

（a）　　　　　（b）　　　　　（c）

图 7-4　精密度、准确度、正确度

图 7-4（a）弹击中靶子的点比较击中，但都偏离靶心，表示射击的精密度高但正确度低，

即偶然误差小而系统误差大；图 7-4（b）虽然弹点较分散，但平均值较接近靶心，表示射击的正确度高但精密度低，即系统误差小而偶然误差大；图 7-4（c）表示射击的准确度高，既精密又正确，系统误差和偶然误差都小，亦即精确度较高.

二、衡量精度的标准

研究测量误差理论的主要任务之一，是要评定测量成果精度的大小. 从误差分布曲线不难看出：凡是分布较为密集即离散度较小的，表示观测精度较高；而分布较为分散即离散度较大的，则表示观测精度较低. 用分布曲线或直方图虽然可以比较出观测精度的高低，但这种方法既不方便也不实用，因为在实际测量问题中并不需要求出它的分布情况，而需要有一个数字特征能反映误差分布的离散程度. 用它来评定观测成果的精度，就是说需要有评定精度的指标. 下面介绍几种在测量中评定精度的主要指标.

1. 中误差

中误差又称标准差，或称均方差、方根差. 在相同的观测条件下，对同一量进行 $n(n \to \infty)$ 次观测，观测值的中误差 σ 定义为

$$\sigma = \lim_{n \to \infty} \sqrt{\frac{[\Delta^2]}{n}} = \lim_{n \to \infty} \sqrt{\frac{[\Delta\Delta]}{n}},\tag{7-12}$$

式中 $[\Delta\Delta] = [\Delta_1^2 + \Delta_2^2 + \cdots + \Delta_n^2]$.

实际上，观测次数 n 总是有限的. 设在相同观测条件下，对真值为 X 的一个未知量 L 进行了 n 次观测，观测值为 $L_1, L_2, \cdots, L_n$，每个观测值相应的真误差（真值与观测值之差）为 $\Delta_1, \Delta_2, \cdots, \Delta_n$，则以各个真误差之平方和的平均数的平方根作为精度评定的标准，用 m 表示，称为观测值中误差，简称"中误差".

$$m = \sqrt{\frac{[\Delta_1^2 + \Delta_2^2 + \cdots + \Delta_n^2]}{n}} = \pm\sqrt{\frac{[\Delta\Delta]}{n}},\tag{7-13}$$

式中 n 为观测次数；m 为观测值中误差（又称均方误差）；$[\Delta\Delta] = [\Delta_1^2 + \Delta_2^2 + \cdots + \Delta_n^2]$，为各个真误差 Δ 的平方的总和.

上式表明了中误差与真误差的关系，中误差并不等于每个观测值的真误差，中误差仅是一组真误差的代表值. 一组观测值的测量误差愈大，中误差也就愈大，其精度就愈低；测量误差愈小，中误差也就愈小，其精度就愈高. 中误差的几何意义是误差曲线拐点的横坐标.

例 7-3　甲、乙两个小组，各自在相同的观测条件下，对某三角形内角和分别进行了 7 次观测，求得每次三角形内角和的真误差分别为：

甲组：$+2''$，$-2''$，$+3''$，$+5''$，$-5''$，$-8''$，$+9''$；

乙组：$-3''$，$+4''$，$0''$，$-9''$，$-4''$，$+1''$，$+13''$.

则甲、乙两组观测值中误差为

$$m_{甲} = \pm\sqrt{\frac{2^2 + (-2)^2 + 3^2 + 5^2 + (-5)^2 + (-8)^2 + 9^2}{7}} = \pm5.5'',$$

$$m_Z = \pm\sqrt{\frac{(-3)^2 + 4^2 + (-9)^2 + (-4)^2 + 1^2 + 13^2}{7}} = \pm 6.3''.$$

由此可知，乙组观测精度低于甲组，这是因为乙组的观测值中有较大误差出现，因中误差能明显反映出较大误差对测量结果可靠程度的影响，所以成为被广泛采用的一种评定精度的标准.

2. 相对误差

某些长度元素的观测结果，对观测值的精度仅用中误差来衡量还不能正确反映观测的质量. 例如，用钢卷尺量 200 m 和 40 m 两段距离，量距的中误差都是 ± 2 cm，但不能认为两者的精度是相同的，因为量距的误差与其长度有关.

为此，用观测值的中误差与观测值之比的形式来描述观测的质量. 即 $\frac{m}{L}$ 来评定精度，通常称此比值为相对中误差，用字母 k 表示. 相对中误差是一个无名数，在测量中一般将分子化为 1，即用 $\frac{1}{N}$ 表示. 上例为 $k_1 = \frac{m_1}{L_1} = \frac{1}{10\,000}$，$k_2 = \frac{m_2}{L_2} = \frac{1}{2\,000}$. 可见前者的精度比后者高.

与相对误差相对应，真误差、中误差、容许误差都称为绝对误差.

测量规范中也规定相对误差和相对中误差的限值，或称为允许的相对误差和允许的相对中误差. 例如，城市测量规范规定三级钢尺量距导线全长相对闭合差的限值为 $k_允 = \frac{1}{5\,000}$，二级小三角起始边边长相对中误差的限值为 $k_允 = \frac{1}{20\,000}$.

3. 极限误差和容许误差

（1）极限误差.

由偶然误差的第一特性可知，在一定的观测条件下，偶然误差的绝对值不会超过一定的限值. 这个限值就是极限误差. 在一组等精度观测值中，绝对值大于 m（中误差）的偶然误差，其出现的概率为 31.7%；绝对值大于 $2m$ 的偶然误差，其出现的概率为 4.5%；绝对值大于 $3m$ 的偶然误差，出现的概率仅为 0.3%.

根据式（7-6）和式（7-7）有：

$$P(-\sigma < \Delta < \sigma) = \int_{-\sigma}^{+\sigma} f(\Delta)\mathrm{d}\Delta = \frac{1}{\sigma\sqrt{2\pi}}\int_{-\sigma}^{+\sigma} \mathrm{e}^{-\frac{\Delta^2}{2\sigma^2}}\mathrm{d}\Delta \approx 0.683.$$

上式表示真误差出现在区间 $(-\sigma, +\sigma)$ 内的概率等于 0.683，或者说，误差出现在该区间外的概率为 0.317. 同法可得：

$$P(-2\sigma < \Delta < 2\sigma) = \int_{-2\sigma}^{+2\sigma} f(\Delta)\mathrm{d}\Delta = \frac{1}{\sigma\sqrt{2\pi}}\int_{-2\sigma}^{+2\sigma} \mathrm{e}^{-\frac{\Delta^2}{2\sigma^2}}\mathrm{d}\Delta \approx 0.955.$$

$$P(-3\sigma < \Delta < 3\sigma) = \int_{-3\sigma}^{+3\sigma} f(\Delta)\mathrm{d}\Delta = \frac{1}{\sigma\sqrt{2\pi}}\int_{-3\sigma}^{+3\sigma} \mathrm{e}^{-\frac{\Delta^2}{2\sigma^2}}\mathrm{d}\Delta \approx 0.997.$$

上列三式的概率含义是：在一组等精度观测值中，绝对值大于 σ 的偶然误差，其出现的概率为 31.7%；绝对值大于 2σ 的偶然误差，其出现的概率为 4.5%；绝对值大于 3σ 的偶然误差，出现的概率仅为 0.3%.

在测量工作中，要求对观测误差有一定的限值. 若以 m 作为观测误差的限值，则将有近 32% 的观测会超过限值而被认为不合格，显然这样要求过分苛刻. 而大于 $3m$ 的误差出现的机会只有 3‰，在有限的观测次数中，实际上不大可能出现. 所以可取 $3m$ 作为偶然误差的极限值，称极限误差，即 $\Delta_{极} = 3m$.

（2）容许误差.

在实际工作中，测量规范要求观测中不容许存在较大的误差，可由极限误差来确定测量误差的容许值，称为容许误差，即 $\Delta_{容} = 3m$.

当要求严格时，也可取两倍的中误差作为容许误差，即 $\Delta_{容} = 2m$.

如果观测值中出现了大于所规定的容许误差的偶然误差，则认为该观测值不可靠，应舍去不用或重测.

第四节　误差传播定律

前面已经叙述了评定观测值的精度指标，并指出在测量工作中一般采用中误差作为评定精度的指标. 但在实际测量工作中，往往会碰到有些未知量是不可能或者是不便于直接观测的，需要由观测值通过函数关系间接计算出来，这些量称为间接观测量. 例如，某未知点 B 的高程 H_B，是由起始点 A 的高程 H_A 加上从 A 点到 B 点间进行了若干站水准测量而得来的观测高差 $h_1, h_2, \cdots, h_n$ 求和得出的. 由于直接观测值中都带有误差，因此未知量也必然受到影响而产生误差. 阐述观测值的中误差与其函数的中误差之间关系的定律，叫作误差传播定律，它在测量学中有着广泛的用途.

一、误差传播定律函数

误差传播定律包括线性函数的误差传播定律、非线性函数的误差传播定律. 本节主要介绍最常用的倍数函数、和差函数、线性函数及一般函数的误差传播定律.

1. 倍数的函数

设有函数：

$$z = kx, \tag{7-14}$$

式中 z 为观测值的函数，k 为常数（无误差，下同），x 为观测值，已知其中误差为 m_x，求 z 的中误差 m_z.

设 x 和 z 的真误差分别为 Δ_x 和 Δ_z. 由（7-14）式可知，Δ_x 和 Δ_z 的关系为

$$\Delta_z = k\Delta_x.$$

若对 x 共观测了 n 次，则

$$\Delta_{z_i} = k\Delta_{x_i} \ (i = 1, 2, \cdots, n).$$

将上式平方，得

$$\Delta_{z_i}^2 = k^2 \Delta_{x_i}^2 \ (i = 1, 2, \cdots, n).$$

按上式求和，并除以 n，得

$$\frac{[\Delta_z^2]}{n} = \frac{k^2[\Delta_x^2]}{n} \tag{7-15}$$

按中误差定义可知

$$m_z^2 = \frac{[\Delta_z^2]}{n},$$

$$m_x^2 = \frac{[\Delta_x^2]}{n},$$

所以（7-15）式可写为

$$m_z^2 = k^2 m_x^2 \quad 或 \quad m_z = km_x. \tag{7-16}$$

即观测值与常数乘积的中误差，等于观测值中误差乘常数.

例 7-4　在 1 : 500 比例尺地形图上，量得 A, B 两点间的距离 $S_{ab} = 23.4$ mm，其中误差 $m_{sab} = \pm 0.2$ mm，求 A, B 间的实地距离 S_{AB} 及其中误差 m_{sAB}.

解：　　　　　　$S_{AB} = 500 \times S_{ab} = 500 \times 23.4 = 11700$ mm $= 11.7$ m.

由式(7-17)得

$$m_{S_{AB}} = 500 \times m_{S_{ab}} = 500 \times (\pm 0.2) = \pm 100 \text{ mm} = \pm 0.1 \text{ m},$$

则 $S_{AB} = 11.7$ m ± 0.1 m.

2. 和差函数

设有函数：

$$z = x \pm y,$$

式中 z 是 x, y 的和或差的函数，x, y 为独立观测值，它们的中误差已知为 m_x, m_y，求 z 的中误差 m_z.

设 x, y, z 的真误差分别为 Δ_x，Δ_y，Δ_z. 由上式可得出：

$$\Delta_z = \Delta_x \pm \Delta_y.$$

当 x, y 均观测了 n 次，则

$$\Delta z_i = \Delta x_i \pm \Delta y_i \ (i = 1, 2, \cdots, n).$$

将上式平方得

$$\Delta z_i^2 = \Delta x_i^2 + \Delta y_i^2 \pm 2\Delta x_i \Delta y_i \ (i = 1, 2, \cdots, n).$$

按上式求和，并除以 n，得

$$\frac{[\Delta_z^2]}{n} = \frac{[\Delta_x^2]}{n} + \frac{[\Delta_y^2]}{n} \pm 2\frac{[\Delta_x\Delta_y]}{n}. \tag{7-17}$$

由于 Δ_x，Δ_y 均为偶然误差，其符号为正或负的机会相同，同时 Δ_x，Δ_y 为独立误差，出现的正、负号互不相关，所以其乘积 $\Delta_x\Delta_y$ 也具有正负机会相同的性质。根据偶然误差第三、四特性，在求 $[\Delta_x\Delta_y]$ 时其正值与负值有互相抵消的可能；当 n 愈大时，（7-17）式中 $\frac{[\Delta_x\Delta_y]}{n}$ 将趋近于零，即：

$$\lim_{n\to\infty} \frac{[\Delta_x\Delta_y]}{n} = 0. \tag{7-18}$$

以后将满足上式的误差 Δ_x，Δ_y 称为互相独立的误差，简称独立误差，相应的观测值称为独立观测值。在推导误差传播定律时，对于独立观测值来说，即使 n 是有限量，由于（7-18）式残存的值不大，一般就忽视它的影响。根据中误差定义，得

$$m_z^2 = \frac{[\Delta_z^2]}{n}, \quad m_x^2 = \frac{[\Delta_x^2]}{n}, \quad m_y^2 = \frac{[\Delta_y^2]}{n}, \tag{7-19}$$

因此（7-16）式可写为

$$m_z^2 = m_x^2 + m_y^2, \tag{7-20}$$

即两观测值代数和的中误差平方，等于两观测值中误差的平方之和。

当 z 是一组观测值 $x_1, x_2, \cdots, x_n$ 代数和(差)的函数时，即

$$z = x_1 \pm x_2 \pm \cdots \pm x_n,$$

根据上面推导方法，可得函数 z 的中误差平方为

$$m_z^2 = m_{x_1}^2 + m_{x_2}^2 + \cdots + m_{x_n}^2. \tag{7-21}$$

上式中 m_{x_i} 是观测值 x_i 的中误差。由（7-20）式可见：n 个观测值代数和（差）的中误差平方，等于 n 个观测值中误差平方之和。当诸观测值 x_i 为同精度观测值时，设其中误差为 m，即：

$$m_{x_1} = m_{x_2} = \cdots = m_{x_n} = m,$$

则可将（7-21）式写为

$$m_z = m\sqrt{n}. \tag{7-22}$$

上式说明：在同精度观测时，观测值代数和（差）的中误差，与观测值个数 n 的平方根成正比。

3. 线性函数

设有线性函数

$$z = k_1 x_1 \pm k_2 x_2 \pm \cdots \pm k_n x_n, \tag{7-23}$$

式中 $x_1, x_2, \cdots, x_n$ 为独立观测值，$k_1, k_2, \cdots, k_n$ 为常数，则综合(7-17)式和(7-21)式得

$$m_z^2 = (k_1 m_1)^2 + (k_2 m_2)^2 + \cdots + (k_n m_n)^2 . \tag{7-24}$$

例 7-5　设有某线性函数

$$z = \frac{4}{14} x_1 + \frac{9}{14} x_2 + \frac{1}{14} x_3 ,$$

其中 x_1, x_2, x_3 的中误差分别为 $m_1 = \pm 3$ mm，$m_2 = \pm 2$ mm，$m_3 = \pm 6$ mm，求 z 的中误差.

解：按（7-24）式，并将 x_1, x_2, x_3 的中误差代入后可得

$$m_z = \pm \sqrt{\left(\frac{4}{14} \times 3\right)^2 + \left(\frac{9}{14} \times 2\right)^2 + \left(\frac{1}{14} \times 6\right)^2} = \pm 1.6 \text{ mm} .$$

4. 一般函数

设 Z 是独立观测量 $x_1, x_2, \cdots, x_n$ 的函数，即

$$Z = f(x_1, x_2, \cdots, x_n) , \tag{7-25}$$

式中 $x_1, x_2, \cdots, x_n$ 为直接观测量，它们的相应观测值的中误差分别为 $m_1, m_2, \cdots, m_n$，欲求观测值的函数 Z 的中误差 m_Z.

设各独立变量 $x_i (i = 1, 2, \cdots, n)$ 的相应观测值为 L_i，真误差分别为 Δx_i，相应函数 Z 的真误差为 ΔZ，则有

$$Z + \Delta Z = f(x_1 + \Delta x_1, x_2 + \Delta x_2, \cdots, x_n + \Delta x_n) .$$

因真误差 Δx_i 均为微小的量，故可将上式按泰勒级数展开，并舍去二次及以上的各项，得

$$Z + \Delta Z = f(x_1, x_2, \cdots, x_n) + \left(\frac{\partial f}{\partial x_1} \Delta x_1 + \frac{\partial f}{\partial x_2} \Delta x_2 + \cdots + \frac{\partial f}{\partial x_n} \Delta x_n \right) . \tag{7-26}$$

（7-25）减去（7-26）式，得

$$\Delta Z = \frac{\partial f}{\partial x_1} \Delta x_1 + \frac{\partial f}{\partial x_2} \Delta x_2 + \cdots + \frac{\partial f}{\partial x_n} \Delta x_n . \tag{7-27}$$

上式为函数 Z 的真误差与独立观测值 L_i 的真误差之间的关系式. 式中 $\dfrac{\partial f}{\partial x_i}$ 为函数 Z 分别对各变量 x_i 的偏导数，并将观测值 $(x_i = L_i)$ 代入偏导数后的值，故均为常数.

若对各独立观测量都观测了 k 次，则可写出 k 个类似于（7-27）式的关系式：

$$\begin{cases} \Delta Z^{(1)} = \dfrac{\partial f}{\partial x_1} \Delta x_1^{(1)} + \dfrac{\partial f}{\partial x_2} \Delta x_2^{(1)} + \cdots + \dfrac{\partial f}{\partial x_n} \Delta x_n^{(1)} \\[2mm] \Delta Z^{(2)} = \dfrac{\partial f}{\partial x_1} \Delta x_1^{(2)} + \dfrac{\partial f}{\partial x_2} \Delta x_2^{(2)} + \cdots + \dfrac{\partial f}{\partial x_n} \Delta x_n^{(2)} \\[2mm] \cdots \cdots \\[2mm] \Delta Z^{(k)} = \dfrac{\partial f}{\partial x_1} \Delta x_1^{(k)} + \dfrac{\partial f}{\partial x_2} \Delta x_2^{(k)} + \cdots + \dfrac{\partial f}{\partial x_n} \Delta x_n^{(k)} \end{cases} , \tag{7-28}$$

将以上各式等号两边平方后再相加，得

$$[\Delta Z^2] = \left(\frac{\partial f}{\partial x_1}\right)^2 [\Delta x_1^2] + \left(\frac{\partial f}{\partial x_2}\right)^2 [\Delta x_2^2] + \cdots + \left(\frac{\partial f}{\partial x_n}\right)^2 [\Delta x_n^2] + \sum_{\substack{i,j=1 \\ i \neq j}}^{n} \left(\frac{\partial f}{\partial x_i}\right)\left(\frac{\partial f}{\partial x_j}\right) [\Delta x_i \Delta x_j].$$

上式两端各除以 k，得

$$\frac{[\Delta Z^2]}{k} = \left(\frac{\partial f}{\partial x_1}\right)^2 \frac{[\Delta x_1^2]}{k} + \left(\frac{\partial f}{\partial x_2}\right)^2 \frac{[\Delta x_2^2]}{k} + \cdots + \left(\frac{\partial f}{\partial x_n}\right)^2 \frac{[\Delta x_n^2]}{k} + \sum_{\substack{i,j=1 \\ i \neq j}}^{n} \left(\frac{\partial f}{\partial x_i}\right)\left(\frac{\partial f}{\partial x_j}\right) \frac{[\Delta x_i \Delta x_j]}{k}.$$

因各变量 x_i 的观测值 L_i 均为彼此独立的观测，则 $\Delta x_i \Delta x_j$ 当 $i \neq j$ 时，亦为偶然误差. 根据偶然误差的第四个特性可知，上式的末项当 $k \to \infty$ 时趋近于 0，即

$$\lim_{k \to \infty} \frac{[\Delta x_i \Delta x_j]}{k} = 0.$$

根据中误差的定义，上式可写成：

$$\lim_{k \to \infty} \frac{[\Delta Z^2]}{k} = \lim_{k \to \infty} \left(\left(\frac{\partial f}{\partial x_1}\right)^2 \frac{[\Delta x_1^2]}{k} + \left(\frac{\partial f}{\partial x_2}\right)^2 \frac{[\Delta x_2^2]}{k} + \cdots + \left(\frac{\partial f}{\partial x_n}\right)^2 \frac{[\Delta x_n^2]}{k} \right),$$

$$\sigma_z^2 = \left(\frac{\partial f}{\partial x_1}\right)^2 \sigma_1^2 + \left(\frac{\partial f}{\partial x_2}\right)^2 \sigma_2^2 + \cdots + \left(\frac{\partial f}{\partial x_n}\right)^2 \sigma_n^2.$$

当 k 为有限值时，即：

$$m_z^2 = \left(\frac{\partial f}{\partial x_1}\right)^2 m_1^2 + \left(\frac{\partial f}{\partial x_2}\right)^2 m_2^2 + \cdots + \left(\frac{\partial f}{\partial x_n}\right)^2 m_n^2 \tag{7-29}$$

或

$$m_z = \pm\sqrt{\left(\frac{\partial f}{\partial x_1}\right)^2 m_1^2 + \left(\frac{\partial f}{\partial x_2}\right)^2 m_2^2 + \cdots + \left(\frac{\partial f}{\partial x_n}\right)^2 m_n^2} \tag{7-30}$$

式中 $\dfrac{\partial f}{\partial x_i}$ 为函数 Z 分别对各变量 x_i 的偏导数，并将观测值 $(x_i = L_i)$ 代入偏导数后的值，故均为常数. 公式（7-29）或（7-30）即为计算函数中误差的一般形式.

常用函数的中误差公式如表 7-5 所示.

表 7-5　常用函数的中误差公式

函数式	函数的中误差
倍数函数 $z = kx$	$m_z = km_x$
和差函数 $z = x_1 \pm x_2 \pm \cdots \pm x_n$	$m_z = \pm\sqrt{m_1^2 + m_2^2 + \cdots + m_n^2}$
	若 $m_1 = m_2 = \cdots = m_n$ 时，$m_z = m\sqrt{n}$
线性函数 $z = k_1 x_1 \pm k_2 x_2 \pm \cdots \pm k_n x_n$	$m_z = \pm\sqrt{k_1^2 m_1^2 + k_2^2 m_2^2 + \cdots + k_n^2 m_n^2}$

二、应用误差传播定律的基本步骤及注意事项

1. 基本步骤

由一般函数误差传播定律的推导过程，可以总结出任意函数中误差的方法和步骤如下：

（1）列出观测值函数的表达式：

$$Z = f(x_1, x_2, \cdots, x_n).$$

（2）对函数 Z 进行全微分：

$$dZ = \frac{\partial f}{\partial x_1} dx_1 + \frac{\partial f}{\partial x_2} dx_2 + \cdots + \frac{\partial f}{\partial x_n} dx_n.$$

因 dZ，dx_1，dx_2，$\cdots$ 都是微小的变量，可看成是相应的真误差 ΔZ，Δx_1，Δx_2，$\cdots$，因此上式就相当于真误差关系式，系数 $\dfrac{\partial f}{\partial x_i}$ 均为常数.

（3）求出函数中误差与观测值中误差之间的关系式：

$$m_z^2 = \left(\frac{\partial f}{\partial x_1}\right)^2 m_1^2 + \left(\frac{\partial f}{\partial x_2}\right)^2 m_2^2 + \cdots + \left(\frac{\partial f}{\partial x_n}\right)^2 m_n^2$$

2. 注意事项

应用误差传播定律应注意以下两点：

（1）要正确列出函数式.

例如，用长 30 m 的钢尺丈量了 10 个尺段，若每尺段的中误差为 $m_l = \pm 5$ mm，求全长 D 及其中误差 m_D.

全长 $D = 10l = 10 \times 30 = 300$ m，$D = 10l$ 为倍乘函数. 但实际上全长应是 10 个尺段之和，故函数式应为和差函数.

用和差函数式求全长中误差，因各段中误差均相等，故全长中误差为

$$m_D = \sqrt{10} m_l = \pm 16 \text{ mm}.$$

若按倍数函数式求全长中误差，将得出：

$$m_D = 10 m_l = \pm 50 \text{ mm}.$$

按实际情况分析用和差公式是正确的，而用倍数公式则是错误的.

（2）在函数式中各个观测值必须相互独立，即互不相关.

如有函数式

$$z = y_1 + 2y_2 + 1, \tag{a}$$

$$y_1 = 3x; \quad y_2 = 2x + 2. \tag{b}$$

若已知 x 的中误差为 m_x，求 Z 的中误差 m_z.

若直接用公式计算，由（a）式得：

$$m_z = \pm\sqrt{m_{y1}^2 + 4m_{y2}^2} \tag{c}$$

而

$$m_{y_1} = 3m_x, \ m_{y_2} = 2m_x.$$

将以上两式代入（c）式得

$$m_z = \pm\sqrt{(3m_x)^2 + 4(2m_x)^2} = 5m_x.$$

但上面所得的结果是错误的. 因为 y_1 和 y_2 都是 x 的函数，它们不是互相独立的观测值，因此在（a）式基础上不能应用误差传播定律. 正确的做法是先把（b）式代入（a）式，再把同类项合并，然后用误差传播定律计算.

$$z = 3x + 2(2x+2) + 1 = 7x + 5 \Rightarrow m_z = 7m_x.$$

三、误差传播定律的实例

误差传播定律在测绘领域的应用十分广泛，利用它不仅可以求得观测值函数的中误差，而且还可以研究确定容许误差值以及事先分析观测可能达到的精度等. 下面说明其应用方法.

例 7-6 设用长为 L 的卷尺量距，共丈量了 n 个尺段，已知每尺段量距的中误差都为 m，求全长 S 的中误差 m_s.

解： 因为全长 $S = L + L + \cdots + L$(共 n 个 L)，而 L 的中误差为 m，按式(7-22)得

$$m_s = m\sqrt{n},$$

即量距的中误差与丈量段数 n 的平方根成正比.

如以 30 m 长的钢尺丈量 90 m 的距离，当每尺段量距的中误差为 ± 5 mm 时，全长的中误差为 $m_{90} = \pm 5\sqrt{3} = \pm 8.7$ mm. 当使用量距的钢尺长度相等，每尺段的量距中误差都为 m_L，则每千米长度的量距中误差 m_{km} 也是相等的. 当对长度为 S 千米的距离丈量时，全长的真误差将是 S 个一千米丈量真误差的代数和，于是 S 千米的中误差为

$$m_s = \sqrt{S}m_{km}, \tag{7-31}$$

式中 S 的单位：千米.（7-31）式表明：在距离丈量中，距离 S 的量距中误差与长度 S 的平方根成正比.

例 7-7 为了求得 A, B 两水准点间的高差，自 A 点开始进行水准测量，经 n 站后测完. 已知每站高差的中误差均为 $m_{站}$，求 A, B 两点间高差的中误差.

解： 因为 A, B 两点间的高差 h_{AB} 等于各站的观测高差 $h_i (i = 1, 2, \cdots, n)$ 之和，即：

$$h_{AB} = H_B - H_A = h_1 + h_2 + \cdots + h_n. \tag{7-32}$$

按（7-32）式可得

$$mh_{AB} = \sqrt{n}m_{站}. \tag{7-33}$$

即水准测量高差的中误差，与测站数 n 的平方根成正比.

从（7-33）式可看出，在不同的水准路线上，即使两点间的路线长度相同，但受地面起

伏限制，设的测站数不同时，两点间高差的中误差也是不同的. 但当水准路线通过平坦地区时，各站的视线长度大致相同，每千米的测站数接近相等，因此每千米的水准测量高差的中误差可认为相同，设为 m_{km}. 当 A, B 两点间的水准路线为 S 千米时，A, B 点间高差的中误差为

$$mh_{AB}^2 = \underbrace{m_{km}^2 + m_{km}^2 + \cdots + m_{km}^2}_{S\uparrow} = Sm_{km}^2, \tag{7-34}$$

即

$$mh_{AB} = \sqrt{S}m_{km}.$$

即水准测量高差的中误差与距离 S 的平方根成正比.

用某种仪器，按某种操作方法进行水准测量时，每千米高差中误差为 ± 20 mm，则按这种水准测量进行了 25 km 后，测得高差的中误差为 $\pm 20\sqrt{25} = \pm 100$ mm.

在水准测量作业时，对于地形起伏不大的地区或平坦地区，可用(7-34)式计算高差的中误差；对于起伏较大地区，则用(7-33)式计算高差的中误差.

例 7-8　水准测量中，已知后视读数 $a = 1.734$ m，前视读数 $b = 0.476$ m，中误差分别为 $m_a = \pm 0.002$ m，$m_b = \pm 0.003$ m，试求两点的高差及其中误差.

解： 函数关系式为 $h = a - b$，属和差函数，得

$$h = a - b = 1.734 - 0.476 = 1.258 \ (\text{m}),$$
$$m_h = \pm\sqrt{m_a^2 + m_b^2} = \pm\sqrt{0.002^2 + 0.003^2} \approx \pm 0.004 \ (\text{m}).$$

两点的高差结果可写为 1.258 m ± 0.004 m.

例 7-9　在斜坡上丈量距离，其斜距为 $L = 247.50$ m，中误差 $m_L = \pm 0.05$ m，并测得倾斜角 $\alpha = 10°34'$，其中误差 $m_\alpha = \pm 3'$，求水平距离 D 及其中误差 m_D.

解： 首先列出函数式 $D = L\cos\alpha$.

水平距离：

$$D = 247.50 \times \cos10°34' = 243.303 \ \text{m}.$$

这是一个非线性函数，所以对函数式进行全微分，先求出各偏导值如下：

$$\frac{\partial D}{\partial L} = \cos10°34' = 0.9830,$$

$$\frac{\partial D}{\partial \alpha} = -L \cdot \sin10°34' = -247.50 \times \sin10°34' = -45.3864.$$

写成中误差形式：

$$m_D = \pm\sqrt{\left(\frac{\partial D}{\partial L}\right)^2 m_L^2 + \left(\frac{\partial D}{\partial \alpha}\right)^2 m_\alpha^2}$$

$$= \pm\sqrt{0.9830^2 \times 0.05^2 + (-45.3864)^2 \times \left(\frac{3'}{3438'}\right)^2} = \pm 0.06 \ \text{m}.$$

故得 $D = 243.30$ m ± 0.06 m.

例 7-10　图根水准测量中，已知每次读水准尺的中误差为 $m_i = \pm 2$ mm，假定视距平均长度为 50 m. 若以 3 倍中误差为容许误差，试求在测段长度为 L km 的水准路线上，图根水

准测量往返测所得高差闭合差的容许值.

解：已知每站观测高差为 $h = a - b$，则每站观测高差的中误差为

$$m_h = \sqrt{2}m_i = \pm 2\sqrt{2} \text{ mm}.$$

因视距平均长度为 50 m，则每千米可观测 10 个测站，L 千米共观测 $10L$ 个测站，L 千米高差之和为：

$$\sum h = h_1 + h_2 + \cdots + h_{10L}.$$

L 千米高差和的中误差为

$$m_\Sigma = \sqrt{10L}m_h = \pm 4\sqrt{5L} \text{ mm}.$$

往返高差的较差（即高差闭合差）为

$$f_h = \sum h_{往} + \sum h_{返},$$

高差闭合差的中误差为

$$m_{f_h} = \sqrt{2}m_\Sigma = 4\sqrt{10L} \text{ mm}.$$

以 3 倍中误差为容许误差，则高差闭合差的容许值为

$$f_{h容} = 3m_{f_h} = \pm 12\sqrt{10L} \approx 38\sqrt{L} \text{ mm}.$$

在前面水准测量的学习中，我们取 $f_{h容} = \pm 40\sqrt{L}$ (mm) 作为闭合差的容许值是考虑了除读数误差以外的其他误差的影响（如外界环境的影响、仪器的 i 角误差等）.

第五节　等精度直接观测平差

当测定一个角度、一个高程或一段距离的值时，按理说观测一次就可以获得. 但仅有一个观测值，测得对错与否，精确与否，都无从知道. 如果进行多余观测，就可以有效地解决上述问题，它可以提高观测成果的质量，也可以发现和消除错误. 重复观测形成了多余观测，也就产生了观测值之间互不相等这样的矛盾. 如何由这些互不相等的观测值求出观测值的最佳估值，同时对观测质量进行评估，就是"测量平差"所研究的内容.

根据对同一个量多次直接观测的结果，按照最小二乘原理，求其最或然值并评定精度的过程，称为直接平差. 根据观测条件，有等精度直接观测平差和不等精度直接观测平差. 平差的结果是得到未知量最可靠的估值，它最接近真值，平差中一般称这个最接近真值的估计为"最或然值"，本节将讨论如何求等精度直接观测值的最或然值及其精度的评定.

一、最或然值及其残差

1. 最或然值的定义及计算公式

最或然值：又称为"最可靠值"，即最接近于真值的近似值. 在一般的观测中，真值是未

知的，对某一量进行多次观测，各次观测的结果总是互不一致，只有在观测次数无限增大时，其平均值即趋近于该量的真值．在实际工作中不可能进行无限次观测，因而根据观测结果所得到的仅是相对真值，它就是该量的最或然值．

设在相同的观测条件下对未知量观测了 n 次，观测值为 $l_1, l_2, \cdots, l_n$，中误差为 $m_1, m_2, \cdots, m_n$，则其算数平均值（最或然值）：

$$\overline{x} = \frac{l_1 + l_2 + \cdots + l_n}{n} = \frac{[l]}{n}. \tag{7-35}$$

推导过程：

根据上述条件，设未知量的真值为 x，可写出观测值的真误差公式为

$$\Delta i = l_i - x \ (i = 1, 2, \cdots, n).$$

将上式相加可得

$$\Delta_1 + \Delta_2 + \cdots + \Delta_n = (l_1 + l_2 + \cdots + l_n) - nx$$

或

$$[\Delta] = [l] - nx.$$

故

$$\frac{[\Delta]}{n} = \frac{[l]}{n} - x. \tag{7-36}$$

由偶然误差第四特性知道，当观测次数无限增多时，有：

$$\lim_{n \to \infty} \frac{[\Delta]}{n} = 0,$$

即 $n \to \infty$，$x = \dfrac{[l]}{n}$，及 $x = \overline{x}$．

上述推导过程说明，当观测次数 n 趋近无穷大时，算数平均值无限接近真值．但在实际工作中，观测次数不可能无穷多，因此真值是不可能获得的，但是经过有限次观测得到的算数平均值与真值只差一个小量，此时，偶然误差的影响已经被削弱了，算数平均值很接近于真值，是该值的最或然值．

根据误差定义及（7-36）式，可求得最或然值的真误差为

$$\Delta_{\overline{x}} = \overline{x} - x = \frac{[\Delta]}{n}.$$

2. 最或然值的精度

设最或然值的标准差为 $\sigma_{\overline{x}}$，在等精度观测中：

$$\sigma_{l_1} = \sigma_{l_2} = \cdots = \sigma_{l_n} = \sigma.$$

由于 $\overline{x} = \dfrac{l_1 + l_2 + \cdots + l_n}{n}$ 是线性函数，由公式：

$$m_z^2 = \left(\frac{\partial f}{\partial x_1}\right)^2 m_1^2 + \left(\frac{\partial f}{\partial x_2}\right)^2 m_2^2 + \cdots + \left(\frac{\partial f}{\partial x_n}\right)^2 m_n^2, \tag{7-37}$$

可得

$$\sigma_{\bar{x}}^2 = \frac{1}{n^2}\sigma + \frac{1}{n^2}\sigma + \cdots + \frac{1}{n^2}\sigma = \frac{1}{n}\sigma. \tag{7-38}$$

所以最或然值的标准差为

$$\sigma_{\bar{x}} = \frac{\sigma}{\sqrt{n}}. \tag{7-39}$$

即最或然值的标准差是单一观测标准差的 $\frac{1}{\sqrt{n}}$ 倍. 也就是说，最或然值的精度是单一观测精度的 $\sqrt{n}$ 倍，这里 n 为观测次数.

3. 残差及其特性

（1）残差的定义.

进行测量时，为了得到更好的结果，通常要做多次重复测量. 如测量某物理量的量值，经多次独立测量，得 $x_1, x_2, \cdots, x_n$. 为了判定测量质量，如是否包含粗大误差、是否含有系统误差及算出评定精度所需的均方误差，我们需要比较测量值 $x_1, x_2, \cdots, x_n$ 之间的关系，此时最方便的方法就是计算残差.

我们把每一观测值与算术平均值之差，称为残差，记作 v，即

$$v = l - \bar{x}.$$

设一组独立观测的观测值为 $l_1, l_2, \cdots, l_n$，算术平均值为 $\bar{x}$，则残差为

$$v_i = l_i - \bar{x}\ (i = 1, 2, \cdots, n). \tag{7-40}$$

（2）残差的基本特性.

任何一列等精度观测值，其残差之和恒为 0，即

$$[v] = 0.$$

因为 $v_i = l_i - \bar{x}(i = 1, 2, \cdots, n)$，且 $x = \frac{[l]}{n}$，所以

$$[v] = [l_i] - n\bar{x}.$$

二、评定精度

1. 由真误差来计算

当观测量的真值已知时，根据中误差的定义，即

$$m = \sqrt{\frac{[\Delta_1^2 + \Delta_2^2 + \cdots + \Delta_n^2]}{n}} = \pm\sqrt{\frac{[\Delta\Delta]}{n}}. \tag{7-41}$$

由观测值的真误差来计算其中误差.

2. 用观测值的改正数来确定观测值的中误差.

在实际测量工作中，观测值的真值往往是不知道的，因此真误差也无法求得，所以常通过观测值的改正数 v_i 来计算观测值中误差.

（1）改正数.

改正数：观测值的算数平均值 $\bar{x}$ 与观测值 L 之差，称为观测值的改正数，一般用 v 表示，则

$$\left.\begin{array}{l} v_1 = \bar{x} - L_1 \\ v_2 = \bar{x} - L_2 \\ \cdots\cdots \\ v_i = \bar{x} - L_i \end{array}\right\}, \tag{7-42}$$

式中 v_i 为第 i 次观测值的改正数，L_i 为第 i 次观测的观测值（$i = 1, 2, \cdots, n$）.

将上列等式两端相加得

$$[v] = n\bar{x} - [L],$$

其中 $\bar{x} = \dfrac{[L]}{n}$，则有

$$[v] = n\frac{[L]}{n} - [L] = 0. \tag{7-43}$$

说明在等精度观测中，观测值改正数的总和等于零. 这一特性可检验算数平均值和改正数.

（2）改正数计算中误差公式（白塞尔公式）.

由（7-41）式可知，同精度观测值中误差的计算公式为

$$m = \sqrt{\frac{[\Delta_1^2 + \Delta_2^2 + \cdots + \Delta_n^2]}{n}} = \pm\sqrt{\frac{[\Delta\Delta]}{n}},$$

式中 $\Delta_i = L_i - X (i = 1, 2, \cdots, n)$. 由于真值一般不知道，可用观测值的改正数 v_i 来求得.

将 $\Delta_i = L_i - X$ 与式 $v_i = \bar{x} - L_i$ 相加得

$$\Delta_i = (\bar{x} - X) - v_i \ (i = 1, 2, \cdots, n).$$

由上式平方并取和，得

$$[\Delta\Delta] = [vv] + n(\bar{x} - X)^2 - 2(\bar{x} - X)[v].$$

由 $\Delta_x = \bar{x} - X$ 为最或然值的真误差，上式均除以 n，并考虑到 $\bar{x} = \dfrac{[L]}{n}$，则得

$$\frac{[\Delta\Delta]}{n} = \frac{[vv]}{n} + \Delta_x^2 - 2[v]\frac{\Delta_x}{n}.$$

由 $\bar{x} = \dfrac{[L]}{n}$，$\Delta_i = L_i - X (i = 1, 2, \cdots, n)$ 和 $[v] = 0$，可得

$$X = \frac{[L]}{n} - \frac{[\Delta]}{n} = \bar{x} - \frac{[\Delta]}{n}.$$

则前式可记为

$$\frac{[\Delta\Delta]}{n} = \frac{[vv]}{n} + \Delta_s^2.$$

由 $\Delta_i = L_i - X (i = 1, 2, \cdots, n)$，可得

$$[v] = n\bar{x} - [L] = n\frac{[L]}{n} - [L] = 0.$$

可得

$$\Delta_x = \bar{x} - X = \frac{[\Delta]}{n}.$$

上式两端平方后可得

$$\Delta_x^2 = \frac{[\Delta_1 + \Delta_2 + \cdots + \Delta_n]^2}{n^2}$$

$$= \frac{[\Delta_1^2 + \Delta_2^2 + \cdots + \Delta_n^2]}{n^2} + 2\frac{[\Delta_1\Delta_2 + \Delta_2\Delta_3 + \cdots + \Delta_{n-1}\Delta_n]}{n^2}.$$

当 n 无限增大时，有

$$\lim_{n \to \infty} \frac{[\Delta_1\Delta_2 + \Delta_2\Delta_3 + \cdots + \Delta_{n-1}\Delta_n]}{n} = 0.$$

则

$$\frac{[\Delta_1^2 + \Delta_2^2 + \cdots + \Delta_n^2]}{n^2} = \frac{m^2}{n}.$$

由算术平均值中误差公式 $m_{\bar{x}} = \frac{m}{\sqrt{n}}$，可得

$$\Delta_x^2 = m_{\bar{x}}^2.$$

因为 n 为限值，故以算术平均值的中误差 $m_{\bar{x}}$ 代替真误差，则

$$\frac{[\Delta\Delta]}{n} = \frac{[vv]}{n} + m_{\bar{x}}^2.$$

将 $m = \pm\sqrt{\frac{[\Delta\Delta]}{n}}$，$m_{\bar{x}} = \pm\frac{m}{\sqrt{n}}$ 代入，并移项得

$$m^2 - \frac{m^2}{n} = \frac{[vv]}{n}.$$

则

$$m = \pm\sqrt{\frac{[vv]}{n-1}}. \tag{7-44}$$

式（7-44）为用观测值的改正数来求观测值中误差公式，称为白塞尔公式.

3. 最或然值中误差.

设各独立观测值 L_i 的精度相同, 其中误差均为 m, M 为算数平均值的中误差. 由 $\bar{x} = \dfrac{[L]}{n}$ 可得

$$\bar{x} = \frac{L_1}{n} + \frac{L_2}{n} + \cdots + \frac{L_n}{n}.$$

式中 $\dfrac{1}{n}$ 为常数. 由《误差传播定律》（见前节） $m_z^2 = (k_1 m_1)^2 + (k_2 m_2)^2 + \cdots + (k_n m_n)^2$, 可得最或然值（算数平均值）的中误差为

$$m_{\bar{x}}^2 = \underbrace{\frac{1}{n^2} m^2 + \frac{1}{n^2} m^2 + \cdots + \frac{1}{n^2} m^2}_{n\text{项}} = \frac{m^2}{n},$$

可得

$$m_z = \pm \frac{m}{\sqrt{n}}. \tag{7-45}$$

将（7-44）式入（7-45）式, 得到用改正数计算最或然值中误差（算术平均值中误差）的公式为

$$m_{\bar{x}} = \pm \sqrt{\frac{[vv]}{n(n-1)}}. \tag{7-46}$$

由（7-45）式可知, 最或然值（算数平均值）中误差为观测值中误差的 $\dfrac{1}{\sqrt{n}}$ 倍, 这说明最或然值的精度比观测值的精度要高. 所以多次观测取其平均值, 是减小偶然误差影响、提高成果精度的有效方法.

思考: 是否随意增加观测次数对精度有利而经济上又合算呢?

分析: 设观测值精度一定时. 如设 $m = 1$ 时, 当 n 取不同值时, 按（7-45）式得 m_z 值, 如表7-6:

表 7-6

n	1	2	3	4	5	6	10	20	30	40	50	100
m_z	1.00	0.71	0.58	0.50	0.45	0.41	0.32	0.22	0.18	0.16	0.14	0.10

由表7-6可以看出, 随着 n 的增大, m_z 值不断减少, 即精度不断提高. 但当观测次数增加到一定数目后, 再增加观测次数, 精度就提高得很少. 由此可见, 要提高观测数据的精度, 单靠增加观测次数是不经济的. 精度受观测条件的限制, 因此为了提高观测精度, 需要考虑采用适当的仪器、改进操作方法、选择良好的外界环境并提高人员的操作素质等措施来改善观测条件.

例 7-11　对某角等精度观测 6 次, 其观测值如表7-10所示. 试求观测值的最或然值、观测值的中误差以及最或然值的中误差.

解： 由本节可知，等精度直接观测值的最或然值是观测值的算术平均值. 根据（7-42）式计算各观测值的改正数 v_i，利用（7-43）式进行校核，计算结果列入表 7-7 中.

表 7-7　等精度直接观测平差计算

观测值	改正数 v（"）	vv（$"^2$）
$L_1 = 75°32'13''$	$2.5''$	6.25
$L_2 = 75°32'18''$	$-2.5''$	6.25
$L_3 = 75°32'15''$	$0.5''$	0.25
$L_4 = 75°32'17''$	$-1.5''$	2.25
$L_5 = 75°32'16''$	$-0.5''$	0.25
$L_6 = 75°32'14''$	$1.5''$	2.25
$x = [L]/n = 75°32'15.5''$	$[v] = 0$	$[vv] = 17.5$

根据（7-44）式计算观测值中误差为：$m = \pm\sqrt{\dfrac{[vv]}{n-1}} = \pm\sqrt{\dfrac{17.5}{6-1}} = \pm1.98''$；

根据（7-45）式计算最或然值中误差为：$m_z = \dfrac{m}{\sqrt{n}} = \pm\dfrac{1.98''}{\sqrt{6}} = \pm0.8''$.

例 7-12　某一段距离共丈量了 6 次，结果如表 7-8、7-9 所示，求算术平均值、观测中误差、算术平均值的中误差及相对误差.

解：

表 7-8

测　次	观测值(m)	观测值改正数 v(mm)	vv(mm)	计　算
1	148.643	$+15$	225	$L = \dfrac{[l]}{n} = 148.628(\text{m})$
2	148.590	-38	1 444	
3	148.610	-18	324	$m = \pm\sqrt{\dfrac{[vv]}{n-1}} = \pm\sqrt{\dfrac{3\,046}{6-1}} \pm 24.7(\text{mm})$
4	148.624	-4	16	
5	148.654	$+26$	676	$M = \pm\sqrt{\dfrac{[vv]}{n(n-1)}} = \pm\sqrt{\dfrac{3\,046}{6(6-1)}} \pm 10.1(\text{mm})$
6	148.647	$+19$	361	
平均值	148.628	$[\Delta] = 0$	3 046	$M_x = \dfrac{\mid M \mid}{D} = \dfrac{0.0101}{148.628} = \dfrac{1}{14\,716}$

表 7-9　观测值的中误差计算公式汇总表

名　称	公　式	备　注
标准差 σ	$\sigma = \lim\limits_{n\to\infty}\sqrt{\dfrac{[\Delta^2]}{n}} = \lim\limits_{n\to\infty}\sqrt{\dfrac{[\Delta\Delta]}{n}}$	
观测值中误差 m	$m = \sqrt{\dfrac{[\Delta_1^2 + \Delta_2^2 + \cdots + \Delta_n^2]}{n}} = \pm\sqrt{\dfrac{[\Delta\Delta]}{n}}$	通常不能直接计算

续表

名　称	公　式	备　注
真误差 Δ	$\Delta_i = L_i - X \ (i = 1, 2, \cdots, n)$	
算术平均值 $\bar{x}$	$\bar{x} = \dfrac{L_1 + L_2 + \cdots + L_n}{n} = \dfrac{[L]}{n}$	代替真值 X
改正数 v	$v_i = \bar{x} - L_i \ (i = 1, 2, \cdots, n)$	代替真误差 Δ
最或然值中误差 $m_{\bar{x}}$	$m_{\bar{x}} = \dfrac{m}{\sqrt{n}}$	
观测值中误差 m	$m = \pm \sqrt{\dfrac{[vv]}{n-1}}$	利用改正数 v 计算
最或然值中误差 m_z	$m_z = \pm \sqrt{\dfrac{[vv]}{n(n-1)}}$	利用改正数 v 计算

小　结

主要内容如下：

1. 误差产生的原因，真值和真误差的概念，系统误差、偶然误差的产生原因及特点.

2. 偶然误差的正态分布特性：$f(\Delta) = \dfrac{1}{\sigma\sqrt{2\pi}}\mathrm{e}^{-\frac{\Delta^2}{2\sigma^2}}$.

3. 几种精度标准（平均误差、绝对误差与相对误差、中误差、允许误差）的概念及表达式.

4. 误差传播定律，四种函数的中误差的表达式及其特点，中误差的计算.

习题训练（七）

一、填空题

1. 真误差为_____减去_____.

2. 观测误差按性质可分为_____、_____、_____三类.

3. 测量误差主要是由于_____、_____、_____和_____四方面的原因产生的.

4. 距离测量的精度高低是用_____来衡量的.

5. 衡量观测值精度的指标是_____、_____和_____.

6. 独立观测值的中误差和函数的中误差之间的关系称为_____.

7. 用钢尺丈量某段距离，往测为 112.314 m，返测为 112.329 m，则相对误差为_____.

8. 用经纬仪对某角观测 4 次，由观测结果算得观测值中误差为 $\pm 20''$，则该角的算术平均值中误差为_____.

9. 某线段长度为 300 m，相对误差为 $\dfrac{1}{3200}$，则该线段中误差为_____.

10. 设观测一个角度的中误差为 ±8″, 则三角形内角和的中误差应为_____.

11. 水准测量时, 设每站高差观测中误差为 ±3 mm, 若 1 km 观测了 15 个测站, 则 1 km 的高差观测中误差为_____, 1 km 的高差中误差为_____.

二、名词解释

1. 观测条件; 2. 相对误差; 3. 等精度观测; 4. 非等精度观测.

三、简答题

1. 简述偶然误差的特性.
2. 简述粗差、系统误差、偶然误差的区别和联系.

四、计算题

1. 设对某线段测量六次, 其结果为

$$312.581 \text{ m}, 312.546 \text{ m}, 312.551 \text{ m}, 312.532 \text{ m}, 312.537 \text{ m}, 312.499 \text{ m},$$

试求算数平均值、观测值中误差、算数平均值中误差及相对误差.

2. 在 1:500 比例尺地形图上, 量的 A, B 两点间的距离 $S_{ab} = 23.4 \text{ m}$, 其中误差 $m_{S_{ab}} = \pm0.2 \text{ mm}$, 求 A, B 间的实地距离 S_{AB} 及其中误差 $m_{S_{AB}}$.

第八章　土建工程中常用计算方法

第一节　内插法

一、插值法简述

插值法是一种古老的数学方法. 在我国古代就有了内插法，当时称为招差术，如公元前 1 世纪左右的《九章算术》中的"盈不足术"即相当于一次差内插（线性内插）；隋朝《皇极历》的作者刘焯发明了二次差内插（抛物线内插）；唐朝《太衍历》的作者僧一行又发明了不等间距的二次差内插法；元朝《授时历》的作者郭守敬进一步发明了三次差内插法. 然而插值理论却是在 17 世纪微积分产生后才逐渐发展起来的，牛顿提出的插值公式理论是当时最重要的成果.

在实际问题中常常遇到这样的函数 $y = f(x)$，其函数形式可能很复杂，或者函数本身只是一组实验数据，我们很难对其性质进行分析. 假如通过实验或者测量可以获得 $f(x)$ 在区间 $[a,b]$ 上的一组 $n+1$ 个不同的点 $a \leqslant x_0 < x_1 < x_2 < \cdots < x_n \leqslant b$ 上的函数值 $y_i = f(x_i)$ $(i = 0,1,2,\cdots,n)$. 在误差允许的范围内，要找到一个表达简单、便于计算的函数 $P(x)$ 来近似代替 $f(x)$，插值法就是一种最简单的重要方法.

定义　设函数 $y = f(x)$ 在 $[a,b]$ 上有定义，且已知在点 $a \leqslant x_0 < x_1 < x_2 < \cdots < x_n \leqslant b$ 处的函数值

$$y_0 = f(x_0),\ y_1 = f(x_1),\ \cdots,\ y_n = f(x_n),$$

若存在一简单的函数 $P(x)$，满足条件

$$P(x_i) = f(x_i)\ \ (i = 0,1,2,\cdots,n),$$

就称 $P(x)$ 为 $f(x)$ 的插值函数. 点 $x_0, x_1, \cdots, x_n$ 称为插值节点，区间 $[a,b]$ 称为插值区间，求插值函数 $P(x)$ 的方法称为插值法，又称内插法.

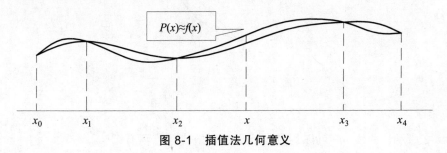

图 8-1　插值法几何意义

二、工程中常用的插值法——直线内插

内插法根据函数变化的快慢、引数的间距、表的结构和精度的要求等，可以分为比例内插、变率内插及高次差内插等内插法. 比例内插是最简单的内插法，根据自变量的个数可分为比例单内插、比例双内插、比例三内插. 工程上常用的内插法一般是数学上的比例单内插，也可称作直线内插，及插值函数 $P(x)$ 为一元线性函数.

设有函数 $y = f(x)$，根据此函数编制一表（见表 8-1），表中 $y_0, y_1, \cdots, y_n$ 是对应于 $x_0, x_1, \cdots, x_n$ 的函数值. 如果自变量（表的引数）的间距足够小且误差在一定范围内，不管函数的性质如何，我们可以假设函数值的变化与自变量的变化成比例，则要求居间引数的函数值，就可以用比例方法计算，这种计算方法称为比例内插法，也叫线性内插.

表 8-1

引 数	函数值	表差
x_0	y_0	
		Δ_1
x_1	y_1	
		Δ_2
x_2	y_2	
		$\cdots$
$\cdots$	$\cdots$	
		Δ_n
x_n	y_n	

如果在容许的误差范围内，一元函数 $y = f(x)$ 可以用线性函数 $y = P(x)$ 近似代替. 设 x 是介于表列数值 x_0 和 x_1 之间的引数，我们来求它的函数值 y. 从几何上看，直线内插法就是求直线 $y = P(x)$，使其通过给定 $n+1$ 个点 $(x_i, y_i)(i = 0, 1, 2, \cdots, n)$，并用它近似未知曲线 $y = f(x)$. 被插函数 $f(x)$ 和插值函数 $P(x)$ 在节点 x_i 处的函数值必然相等，但在节点外 $P(x)$ 的值可能就会偏离 $f(x)$，因此 $P(x)$ 近似代替 $f(x)$ 必然存在着误差.

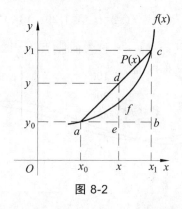

图 8-2

如图 8-2 所示，曲线 afc 可以用其弦 adc 近似地代替，则有

$$\frac{de}{cb} = \frac{ae}{ab},$$

即

$$\frac{y - y_0}{y_1 - y_0} = \frac{x - x_0}{x_1 - x_0}.$$

于是有

$$y = y_0 + \frac{x - x_0}{x_1 - x_0}(y_1 - y_0).$$

令 $k = \dfrac{x - x_0}{x_1 - x_0}$，$\Delta = y_1 - y_0$，则

$$y = y_0 + k\Delta.$$

三、内插法应用案例

例 8-1　国家发展改革委、建设部 2007 年 3 月 30 日颁布，5 月 1 日实施的《建设工程监理与相关服务收费管理规定》的相关附件《建设工程监理与相关服务收费标准》中规定"施工监理服务收费基价是完成国家法律法规、规范规定的施工阶段监理基本服务内容的价格.施工监理服务收费基价按《施工监理服务收费计价表》(见表 8-2) 确定，计费额处于两个数值区间的，采用直线内插法确定施工监理服务收费基价".

表 8-2　施工监理服务收费基价表

序号	计费额	收费基价
1	500	16.5
2	1 000	30.1
3	3 000	78.1
4	5 000	120.8
5	8 000	181.0
6	10 000	218.6
7	20 000	393.4
8	40 000	708.2
9	60 000	991.4
10	80 000	1 255.8
11	100 000	1 507.0
12	200 000	2 712.5
13	400 000	4 882.6
14	600 000	6 835.6
15	800 000	8 658.4
16	1 000 000	10 390.1

注：计费额大于 1 000 000 万元的，以计费额乘以 1.039% 的收费率计算收费基价. 其他未包含的其收费由双方协商议定.

根据比例内插公式可按下式计算收费基价:

$$y = y_1 + \frac{x - x_1}{x_2 - x_1}(y_2 - y_1).$$

说明: x_1, x_2 为《建设工程监理与相关服务收费标准》附表中计算额的区段值; y_1, y_2 为对应于 x_1, x_2 的收费基价; y 为对应于 x 由内插法计算而得的收费基价.

若计算的计费额为 600 万元,计算其收费基价.

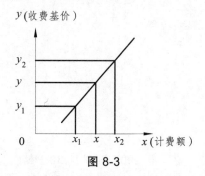

图 8-3

解: 根据《施工监理服务收费基价表》,计费额处于区段值 500 万元(收费基价为 16.5 万元)与 1000 万元(收费基价为 30.1 万元)之间,则对应于 600 万元计费额的收费基价:

$$y = 16.5 + \frac{30.1 - 16.5}{1000 - 500} \times (600 - 500) = 19.22 \,(\text{万元}).$$

例 8-2 根据《公路桥涵设计通用规范》(JTG D60-2004)规定,人群荷载标准可按下列规定采用:当桥梁计算跨径小于或等于 50 m 时,人群荷载标准值为 3.0 kN/m^2;当桥梁计算跨径等于或大于 150 m 时,人群荷载标准值为 2.5 kN/m^2;当桥梁计算跨径在 50 m ~ 150 m 时,可由线性内插得到人群荷载标准值. 试求:当桥梁计算跨径为 70 m 的时候,人群荷载标准值应取多少?

解: 令 A 点坐标为 $(50, 3.0)$, B 点坐标为 $(150, 2.5)$,由此可求出 AB 直线的斜率为

$$k = \frac{2.5 - 3.0}{150 - 50} = -0.005.$$

则当桥梁计算跨径为 70 m 时,即 AB 直线上有点 P 的横坐标为 70 m,纵坐标是所要求的人群荷载标准值:

$$y = 3.0 + (-0.005) \times (70 - 50) = 2.9 \,(\text{kN}).$$

例 8-3 根据《文化馆建设标准》(建标 136-2010)要求,文化馆建筑面积规模依据服务人口数量确定并符合表 8-3 的要求:

表 8-3 文化馆建筑面积指标

类型	服务人口/万人	建筑面积/m²	适用范围
大型馆	≥250	≥8 000	大城市
	50 ~ 250	6 000 ~ 8 000	

续表

类型	服务人口/万人	建筑面积/m²	适用范围
中型馆	20～50	4 000～6 000	中等城市
	≥30		市辖区
小型馆	5～20	2 000～4 000	小城市
	5～30		市辖区或独立组团
	＜5	800～2 000	城关镇

注：省、市、县文化馆服务人口以其所在城镇常住人口进行核算，其他文化馆服务人员以其服务范围内的常住人口进行核算；处于两个数值区间的，采用直线内插法确定建筑面积；小于 2 000 m² 的文化馆应与其他相关文化设施联合建设.

某中等城市预新建一座服务人口为 30 万的中型文化馆，试求建筑面积指标为多少？

解：令 A 点坐标为(20, 4000)，B 点坐标为(50, 6000)，由此可求出 AB 直线的斜率为

$$k = \frac{(6000 - 4000)}{50 - 20} = \frac{200}{3}.$$

则当在该中型城市建设文化馆的服务人口为 30 万时，即 AB 直线上有点 P 的横坐标为 30 万，纵坐标是所要求的建筑面积指标：

$$y = 4000 + \frac{200}{3} \times (30 - 10) = 5333.33 (\text{m}^2).$$

第二节 图乘法

一、问题的提出

在结构力学计算中，刚架与梁等以弯曲变形为主的构件发生位移时，通常采用数学积分方法进行计算，计算公式为

$$\Delta_{iP} = \sum \int \frac{\bar{M} M_P}{EI} \mathrm{d}s \tag{8-1}$$

式中 Δ_{iP} 代表位移，M_P 代表荷载弯矩图，$\bar{M}$ 代表虚拟单位荷载的弯矩图，EI 为抗弯刚度. 如图 8-4 所示.

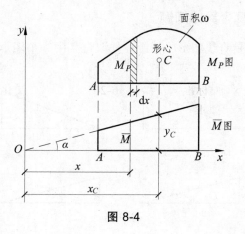

图 8-4

但是在杆件数量多的情况下，上述公式运算较为繁多. Vereshagin 于 1925 年提出了图乘法，他当时还是莫斯科铁路运输学院的学生. 图乘法的基本思想：利用图形静矩的概念将图形积分变为图形相乘，即将积分式化成两个弯矩图的图形相乘.

二、公式推导

图 8-4 为某直杆段 AB 的两个弯矩图，其中 $\bar{M}$ 图为直线，M_P 图为任意形状，抗弯刚度 EI 为常数. 我们以杆轴为 x 轴，以图的延长线与 x 轴的交点 O 为原点并设置 y 轴，则（8-1）积分式 $\sum \int \dfrac{\bar{M}M_P}{EI} \mathrm{d}s$ 中，$\mathrm{d}s = \mathrm{d}x$，$EI$ 可提到积分号外面，$\bar{M}$ 为直线变化，故有：

$$\bar{M} = x \tan \alpha，且 \tan \alpha 为常数，$$

故上面的积分式称为

$$\sum \int \frac{\bar{M}M_P}{EI} \mathrm{d}s = \frac{\tan \alpha}{EI} \int x M_P \mathrm{d}x = \frac{\tan \alpha}{EI} \int x \mathrm{d}\omega，\tag{8-2}$$

式中 $\mathrm{d}\omega = M_P \mathrm{d}x$，$M_P$ 为图 8-4 中阴影线的微分面积，故 $x\mathrm{d}\omega$ 为微分面积对 y 轴的静矩. $\int x\mathrm{d}\omega$ 为整个 M_P 图的面积对 y 轴的静矩，根据合力矩定理，它应等于 M_P 图的面积 ω 乘以其形心 C 到 y 轴的距离 x_C，即

$$\int x\mathrm{d}\omega = \omega x_C.\tag{8-3}$$

代入式（8-2）有

$$\sum \int \frac{\bar{M}M_P}{EI} \mathrm{d}s = \frac{\tan \alpha}{EI} \omega x_C = \frac{\omega y_C}{EI}\tag{8-4}$$

这里 y_C 是 M_P 图的形心 C 所对应的 $\bar{M}$ 图的竖标. 可见，上述积分式等于一个弯矩图的面积 ω 乘以其形心处所对应的另一个直线图形上的竖标 y_C，再除以 EI，这就是图乘法.

根据上面的推导过程，可知在使用图乘法时应注意下列各点：

（1）必须符合以下三个条件：① 杆轴为直线；② $EI =$ 常数；③ 两个弯矩图中至少有一个是直线图形.

（2）纵距 y_C 只能取自直线图形.

（2）ω 与 y_C 若在杆件的同侧则乘积取正号，否则取负号.

三、应用图乘法的几个具体问题

（1）如果两个图形都是直线图形，标距可任取自其中一个图形（图 8-5）. 即

$$\Delta = \omega_1 y_1 = \omega_2 y_2.$$

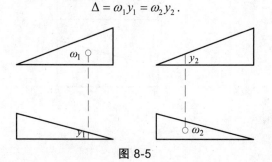

图 8-5

（2）如果有一个图形为折线，则应分段考虑（图8-6）. 即

$$\Delta = \omega_1 y_1 + \omega_2 y_2.$$

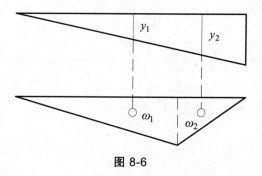

图 8-6

（3）如果图形比较复杂，应根据弯矩图的叠加原理将图形分解为几个简单图形，分项计算后再进行叠加图8-7. 即

$\Delta = \omega_1 y_1 + \omega_2 y_2$（图8-7b 中 ω_1 与 y_1 的乘积为负值；图8-7c 中抛物线为非标准曲线）.

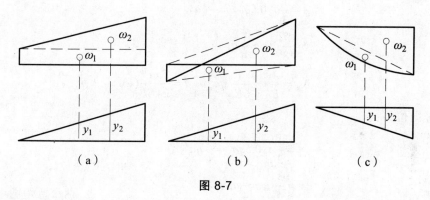

（a）　　　　　（b）　　　　　（c）

图 8-7

四、应用举例

例 8-4　试计算图8-8悬臂梁 B 点和 C 点的竖向位移、B 点的转角位移，EI 为常数.

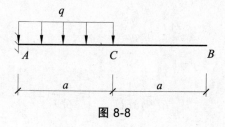

图 8-8

解：（1）虚设单位荷载，作实际状态和虚设单位荷载的弯矩图，B 点和 C 点的竖向位移、B 点的转角位移分别为图8-9（a），（b），（c）.

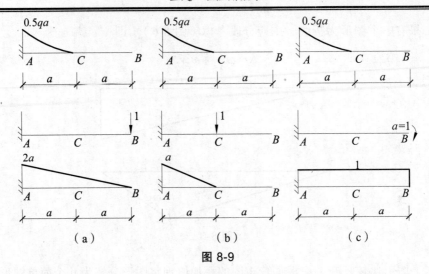

图 8-9

（2）实际荷载弯矩图中计算面积，单位荷载弯矩图中计算竖标，代入公式，图乘.

B 点竖向位移：

$$A = \frac{1}{3}a \cdot 0.5qa^2 = \frac{1}{6}qa^3,$$

$$y = \frac{7}{8} \cdot 2a = \frac{7}{4}a,$$

$$\Delta_B = \frac{Ay}{EI} = \frac{1}{6EI}qa^3 \cdot \frac{7}{4}a = \frac{7qa^4}{24EI}(\downarrow).$$

C 点竖向位移：

$$A = \frac{1}{3}a \cdot 0.5qa^2 = \frac{1}{6}qa^3,$$

$$y = \frac{3}{4} \cdot a = \frac{3}{4}a,$$

$$\Delta_C = \frac{Ay}{EI} = \frac{1}{6EI}qa^3 \cdot \frac{3}{4}a = \frac{qa^4}{8EI}(\downarrow).$$

B 点转角位移：

$$A = \frac{1}{3}a \cdot 0.5qa^2 = \frac{1}{6}qa^3,$$

$$y = 1,$$

$$\theta_B = \frac{Ay}{EI} = \frac{1}{6EI}qa^3 \cdot 1 = \frac{qa^3}{6EI}(\looparrowleft).$$

第三节 工程量计算

在工程上，经常需要计算某些不规则图形的面积，常用的工程量测定方法有以下几种.

一、几何图形法

在工程建设过程中，工程量计算多表现为复杂形状的几何图形计算. 由于规则的几何图形在初等数学上都广有叙述，故在工程实际中，当欲求面积为形状复杂的几何图形时，可以把该图形分解为若干个规则的几何图形，然后利用规则几何图形面积计算公式计算出每个图形的面积，最后将所有图形的面积之和乘以该地形图比例尺分母的平方即为所求面积.

如图 8-10 所示，欲求面积边界均为直线，我们可以将该图形分解为若干个三角形，然后利用三角形面积计算公式求解各三角形面积，然后求和，最后按比例尺换算实际面积.

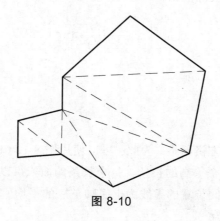

图 8-10

二、坐标计算法

如果图形为任意多边形，并且各顶点的坐标已知，则可以利用坐标计算法精确求算该图形的面积. 坐标计算法也称为坐标求积法. 如图 8-9 所示，各顶点按照逆时针方向编号，则面积可用下列公式计算：

$$S = \frac{1}{2}\sum_{i=1}^{n} x_i (y_{i-1} - y_{i+1}),\qquad\qquad(8\text{-}5)$$

上式中，当 $i = 1$ 时，y_{i-1} 用 y_n 代替；当 $i = n$ 时，y_{i+1} 用 y_1 代替.

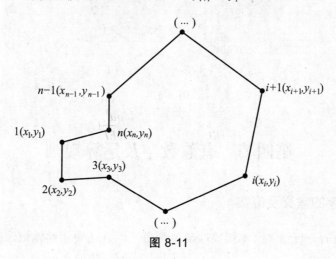

图 8-11

三、透明方格法

对于不规则图形，可以采用图解法求算图形面积. 通常使用绘有单元图形的透明纸蒙在待测图形上，统计落在待测图形轮廓线以内的单元图形个数来量测面积.

透明方格法通常是在透明纸上绘出边长为 1 mm 的小方格，如图 8-12（a）所示，每个方格的面积为 1 mm²，而其所代表的实际面积则由地形图的比例尺决定. 量测图上面积时，将透明方格纸固定在图纸上，先数出完整小方格数 n_1，再数出图形边缘不完整的小方格数 n_2. 然后，按下式计算整个图形的实际面积：

$$S = \left(n_1 + \frac{n_2}{2} \right) \frac{M^2}{10^6} \ (\mathrm{m}^2) \tag{8-6}$$

式中 M 为地形图比例尺分母.

四、透明平行线法

透明方格法的缺点是数方格困难，为此，可以使用图 8-12（b）所示的透明平行线法. 被测图形被平行线分割成若干个等高的长条，每个长条的面积可以按照梯形公式计算. 例如，图中绘有斜线的面积，其中间位置的虚线为上底加下底的平均值 d_i，可以直接量出，而每个梯形的高均为 h，则其面积为

$$A = h \sum_{i=1}^{n} d_i M^2 , \tag{8-7}$$

式中 M 为地形图比例尺分母，采用时注意单位统一.

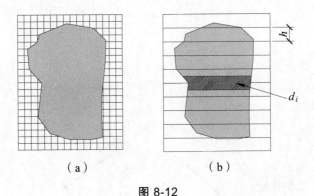

（a）   （b）

图 8-12

第四节　有效数字及运算规则

一、有效数字的含义及位数

为了得到准确的分析结果，不仅要准确地测量，而且还要正确地记录和运算，即记录的

数字不仅表示数量的大小，而且要正确地反映测量的精确程度.

如某物长 0.5180 m，其中 0.518 是准确的，"0" 位可疑，即其有上下一个单位的误差，也就是说，此物长的绝对误差为 ± 0.0001 m，相对误差为

$$\pm \frac{0.0001}{0.5180} \times 100\% = \pm 0.02\%.$$

若写成 0.518 m，则绝对误差为 ± 0.001 m，相对误差为

$$\pm \frac{0.001}{0.518} \times 100\% = \pm 0.2\%.$$

可见，多一位或少一位零，从数字角度考虑关系不大，但反映的精密程度确相差 10 倍.

有效数字：分析工作中实际能测量到的数字，或者说，测量结果中所有可靠数字加上末位的可疑数字统称为测量结果的有效数字.

例如：

$$1.0006 \quad 0.5000 \quad 0.678 \quad 0.0678 \quad 0.4 \quad 32.08 \quad 1.86 \times 10^3 \quad 0.69\%$$

数字 "0"，作为普通数字使用时，它是有效数字，例如 0.6400；只起定位作用时，不是有效数字，如 0.0042.

二、有效数字的运算规则

1. 和或差的有效数字

几个数相加减时，和或差的有效数字的保留，应以小数点后位数最少的数据为根据，即决定于绝对误差最大的那个数据.

例如：

$$0.0121 + 25.64 + 1.05782 = 26.70992,$$

应以 25.64 为依据，即：原式 = 26.71.

小数点后位数的多少反映了测量绝对误差的大小，如小数后有 1 位，它的绝对误差为 ± 0.1，而小数点有 2 位时，绝对误差为 ± 0.01. 可见，小数点具有相同位数的数字，其绝对误差的大小也相同. 而且，绝对误差的大小仅与小数部分有关，而与有效数字位数无关.

所以，在加减运算中，原始数据的绝对误差，决定了计算结果的绝对误差大小，计算结果的绝对误差必然受到绝对误差最大的那个原始数据的制约而与之处于同一水平上.

2. 乘除法

几个数相乘、除时，其积或商的有效数字应与参加运算的数字中，有效数字位数最少的那个数字相同. 即：所得结果的位数取决于相对误差最大的那个数字.

例如：

$$\frac{0.0325 \times 5.103 \times 60.06}{139.8} = 0.0712504 = 0.0713,$$

商应与 0.0325 在同一水平上，即取 3 位.

又如：

$$3.001 \times 2.1 = 6.3.$$

有效数字的位数的多少反映了测量相对误差的大小. 如 2 位有效数字 1.0 和 9.9，它们的绝对误差都是 ±0.1，相对误差分别为 ±10% 和 ±1%，即：

两位有效数字的相对误差总在 ±1% ~ 10%；

三位有效数字的相对误差总在 ±0.1% ~ 1%；

四位有效数字的相对误差总在 ±0.01% ~ ±0.1%.

可见，相同有效数字位数的数字，其相对误差处在同一水平上，而且绝对误差的大小，仅与有效数字位数有关，而与小数点位数无关. 因此，积或商的相对误差必然受到相对误差最大的那个有效数字的制约，且在同一水平上.

例如前例：$0.0325 \rightarrow \dfrac{\pm 0.0001}{0.0325} \times 100\% = \pm 0.3\%$ ；

$$5.103 \rightarrow \dfrac{\pm 0.001}{5.103} \times 100\% = \pm 0.02\% ;$$

$$60.06 \rightarrow \dfrac{\pm 0.001}{60.06} \times 100\% = \pm 0.02\% ;$$

$$139.8 \rightarrow \dfrac{\pm 0.01}{139.8} \times 100\% = \pm 0.07\% ;$$

$$0.0713 \rightarrow \dfrac{\pm 0.0001}{0.0713} \times 100\% = \pm 0.1\% .$$

总之，不论是加减，还是乘除运算，都要遵循一个原则，即：计量结果的精度取决于测量精度最差的那个原始数据的精度. 而加减法和乘除法则要从不同的角度分别考虑其原因，这与误差传递理论有关，在第七章中已作介绍，在此不再赘述.

三、有效数字的修约原则

计算结果要按有效数字的计算规则保留适当位数以修约多余数字.

（1）四舍五入规则.

（2）四舍六入五成双：

当尾数 ≤4 时舍去，尾数 ≥6 时进位.

当尾数为 5 时，则看留下来的末位数是偶数还是奇数. 末位数是奇数时，5 进位，是偶数时，舍弃，如：4.175，4.165，处理为三位有效数字时则为：4.18，4.16.

当被修约的 5 后面还有数字时，该数总比 5 大，这种情况下，该数以进位为宜. 如：2.451→2.5，83.5009→84.

注意： 在修约数字时，只能对原始数据修约到所需位数，而不能连续修约. 如：要把 17.46 修约为两位，只能一次修约为 17，而不能 17.46→17.5→18.

对有效数字进行记录与运算时要注意以下几点：

（1）记录时保留一位可疑数字.

（2）运算中，采用"四舍五入"或"四舍六入五成双"修约原则，先修约，后计算.

（3）首位数字大于或等于 8 的，有效数字位数可多算一位（主要指乘除计算），如：8.37 是三位数，可看作四位；0.9812 是四位数，可看作五位.

（4）加减运算，以绝对误差最大的那个原始数据为准；乘除运算，以相对误差最大的那个原始数据为准.

（5）对于一些分数、常数、自然数可视为足够有效，不考虑其位数.

必须注意，测量结果的有效数字的位数多少取决于测量，而不取决于运算过程. 因此在运算时，尤其是使用计算器时，不要随意扩大或减少有效数字位数，更不要认为算出结果的位数越多越好.

小　结

主要内容如下：

1. 线性内插法的数学思想，线性内插法在工程上的适用条件，线性内插法的计算.

线性内插法计算公式：$y = y_0 + \dfrac{x - x_0}{x_1 - x_0}(y_1 - y_0)$.

2. 图乘法的概念、推导过程、应用中的问题及计算要点.

图乘法计算公式：$\Delta_{iP} = \sum \int \dfrac{\bar{M} M_P}{EI} \mathrm{d}s$.

3. 工程量面积测定方法.

4. 有效数字的含义、修约原则及运算规则.

习题训练（八）

一、填空题

用 $y = x^2$ 造表，求 $x = 4.2$ 时的 y 值.

1. 用比例内插求得 $y =$ _____.

2. 用 $x = 4$ 变率内插求得 $y =$ _____.

3. 用 $x = 5$ 变率内插求得 $y =$ _____.

二、计算题

1. 纵向受拉钢筋的绑扎搭接长度是以锚固长度为先决条件，再根据纵向钢筋搭接接头面积百分率给出 3 个修正系数来计算，公式为：

$$L = \zeta la,$$

式中 L 为纵向受拉钢筋的搭接长度，la 为纵向受拉钢筋的锚固长度，ζ 为纵向受拉钢筋搭接长度修正系数.

修正系数 ζ 的三个值 $1.2, 1.4, 1.6$，分别对应纵向钢筋搭接接头面积百分率（%）的三个值 $25, 50, 100$.（"纵向钢筋搭接接头面积百分率（%）"的意义如下：需要接头的钢筋截面积与纵向钢筋总截面积之比）.

试求当钢筋搭接接头面积百分率为 $40\%, 75\%, 82\%$ 时修正系数 ζ 的值.

2. 如图 8-13，求 D 点竖向位移.

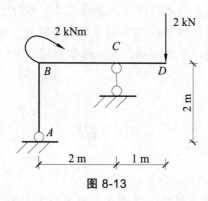

图 8-13

第九章 线性代数基础

线性代数是基础数学的重要分支，在自然科学、技术科学、社会科学等领域都有广泛应用，同时其重要构成部分线性方程组也是解决工程实际问题的重要工具. 本章主要介绍行列式、矩阵及线性方程组解法的基本内容（线性表示未知量的最高次幂为一次）.

第一节 行列式

行列式是很重要的数学工具，尤其对于解线性方程组有重要意义.

一、行列式的概念

在初等数学中，我们常常碰到二元线性方程组

$$\begin{cases} a_{11}x_1 + a_{12}x_2 = b_1 \\ a_{21}x_1 + a_{22}x_2 = b_2 \end{cases},$$

利用加减消元可得

$$\begin{cases} (a_{11}a_{22} - a_{12}a_{21})x_1 = b_1a_{22} - a_{12}b_2 \\ (a_{11}a_{22} - a_{12}a_{21})x_2 = a_{11}b_2 - b_1a_{21} \end{cases}.$$

当 $a_{11}a_{22} - a_{12}a_{21} \neq 0$，得到方程组的解为

$$\begin{cases} x_1 = \dfrac{b_1a_{22} - a_{12}b_2}{a_{11}a_{22} - a_{12}a_{21}} \\ x_2 = \dfrac{a_{11}b_2 - b_1a_{21}}{a_{11}a_{22} - a_{12}a_{21}} \end{cases}.$$

观察解的结构不难发现，其分子与分母都是由原方程组的系数与常数项交叉相乘再相减得到的. 例如，$a_{11}a_{22} - a_{12}a_{21}$ 就是对应 $\begin{matrix} a_{11} & a_{12} \\ a_{21} & a_{22} \end{matrix}$ 相乘，然后用实线上对应结果减去虚线上对应结果. 为了方便记忆，这种解方程组中常见的形式我们定义了**二阶行列式**，即

$$\begin{vmatrix} a_{11} & a_{12} \\ a_{21} & a_{22} \end{vmatrix} \tag{9-1}$$

而 $a_{11}a_{22} - a_{12}a_{21}$ 为（9-1）式的展开式，同时也是计算结果，可见二阶行列式实质上是一个数.

在行列式 $\begin{vmatrix} a_{11} & a_{12} \\ a_{21} & a_{22} \end{vmatrix}$ 中，横排称为**行**，竖排称为**列**，行列交叉处的 a_{ij} 称为**元素**，i 表示元素所在行，j 表示元素所在列. 例如，a_{21} 表示位于第二行第一列的元素，而从左上角至右下角的对角线称为**主对角线**，从左下角至右上角的对角线称为**次（副）对角线**.

利用二阶行列式的定义，不难将上述计算结果表述如下：

x_1 和 x_2 的系数构成行列式：$D = \begin{vmatrix} a_{11} & a_{12} \\ a_{21} & a_{22} \end{vmatrix} = a_{11}a_{12} - a_{12}a_{21}$；

用常数项替换 x_1 的系数得到行列式：$D_1 = \begin{vmatrix} b_1 & a_{12} \\ b_2 & a_{22} \end{vmatrix} = b_1 a_{22} - b_2 a_{12}$；

用常数项替换 x_2 的系数得到行列式：$D_2 = \begin{vmatrix} a_{11} & b_1 \\ a_{21} & b_2 \end{vmatrix} = b_2 a_{11} - b_1 a_{21}$.

从而方程组的解表示成行列式的形式：

$$x_1 = \frac{D_1}{D}, \quad x_2 = \frac{D_2}{D}. \tag{9-2}$$

例 9-1 解二元线性方程组 $\begin{cases} 2x + 3y = 8 \\ x - 2y = -3 \end{cases}$.

解：按照（9-2）的形式解可得

$$D = \begin{vmatrix} 2 & 3 \\ 1 & -2 \end{vmatrix} = 2 \times (-2) - 3 \times 1 = -7,$$

$$D_1 = \begin{vmatrix} 8 & 3 \\ -3 & -2 \end{vmatrix} = 8 \times (-2) - 3 \times (-3) = -7,$$

$$D_2 = \begin{vmatrix} 2 & 8 \\ 1 & -3 \end{vmatrix} = 2 \times (-3) - 8 \times 1 = -14.$$

解得 $x = \dfrac{D_1}{D} = \dfrac{-7}{-7} = 1$，$y = \dfrac{D_2}{D} = \dfrac{-14}{-7} = 2$.

我们通过初等解法不难验证这个结果的准确性，而这种利用行列式解方程组的方法也不是偶然才成功的，这种方法称为**"克拉默法则"**（Cramer 法则）.

虽然克拉默法则是解方程组很有效的方法，但不是所有的方程组都适用. 利用克拉默法则解方程组有两个前提：

（1）所解方程组存在系数行列式（行数 = 列数）；

（2）系数行列式 $D \neq 0$.

我们将方程组的未知量数量增加，设有三元线性方程组：

$$\begin{cases} a_{11}x_1 + a_{12}x_2 + a_{13}x_3 = b_1 \\ a_{21}x_1 + a_{22}x_2 + a_{23}x_3 = b_2 \\ a_{31}x_1 + a_{32}x_2 + a_{33}x_3 = b_3 \end{cases},$$

按照二阶行列式的定义形式，我们可以将方程组的系数表示称为**三阶行列式**：

$$D = \begin{vmatrix} a_{11} & a_{12} & a_{13} \\ a_{21} & a_{22} & a_{23} \\ a_{31} & a_{32} & a_{33} \end{vmatrix} = \begin{aligned} & a_{11}a_{22}a_{33} + a_{12}a_{23}a_{31} + a_{13}a_{21}a_{32} \\ & -a_{11}a_{23}a_{32} - a_{12}a_{21}a_{33} - a_{13}a_{22}a_{31} \end{aligned}$$

观察三阶行列式的展开规律：展开项有 3!项，每一项都是不同行、不同列的 3 个元素构成，有 3 项取正号、3 项取负号，而取正负的规律如下：

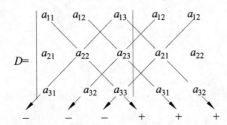

类似二元线性方程组情况，用常数项分别替换 x_1, x_2, x_3 的系数得到：

$$D_1 = \begin{vmatrix} b_1 & a_{12} & a_{13} \\ b_2 & a_{22} & a_{23} \\ b_3 & a_{32} & a_{33} \end{vmatrix}, \quad D_2 = \begin{vmatrix} a_{11} & b_1 & a_{13} \\ a_{21} & b_2 & a_{23} \\ a_{31} & b_3 & a_{33} \end{vmatrix}, \quad D_3 = \begin{vmatrix} a_{11} & a_{12} & b_1 \\ a_{21} & a_{22} & b_2 \\ a_{31} & a_{32} & b_3 \end{vmatrix}.$$

则三元线性方程组的解为

$$x_1 = \frac{D_1}{D}, \ x_2 = \frac{D_2}{D}, \ x_3 = \frac{D_3}{D}. \tag{9-3}$$

例 9-2　解三元线性方程组 $\begin{cases} x_1 - 2x_2 + x_3 = -2 \\ 2x_1 + x_2 - 3x_3 = 1 \\ -x_1 + x_2 - x_3 = 0 \end{cases}$.

解： 按照（9-3）的形式解可得到

$$D = \begin{vmatrix} 1 & -2 & 1 \\ 2 & 1 & -3 \\ -1 & 1 & -1 \end{vmatrix} = 1 \times 1 \times (-1) + (-2) \times (-3) \times (-1) + 1 \times 2 \times 1$$

$$-1 \times 1 \times (-1) - (-2) \times 2 \times (-1) - 1 \times (-3) \times 1 = -5,$$

$$D_1 = \begin{vmatrix} -2 & -2 & 1 \\ 1 & 1 & -3 \\ 0 & 1 & -1 \end{vmatrix} = -5,$$

$$D_2 = \begin{vmatrix} 1 & -2 & 1 \\ 2 & 1 & -3 \\ -1 & 0 & -1 \end{vmatrix} = -10,$$

$$D_3 = \begin{vmatrix} 1 & -2 & -2 \\ 2 & 1 & 1 \\ -1 & 1 & 0 \end{vmatrix} = -5.$$

解得 $x_1 = \dfrac{D_1}{D} = 1$, $x_2 = \dfrac{D_2}{D} = 2$, $x_3 = \dfrac{D_3}{D} = 1$.

对于未知量数量更多的方程，我们可以进一步将二、三阶行列式的概念加以推广，得到 n 阶行列式定义.

定义 9-1 由 n 行、n 列元素（共 n^2 个）组成的

$$D = \begin{vmatrix} a_{11} & a_{12} & \cdots & a_{1n} \\ a_{21} & a_{22} & \cdots & a_{2n} \\ \vdots & \vdots & & \vdots \\ a_{n1} & a_{n2} & \cdots & a_{nn} \end{vmatrix}$$

称为 n **阶行列式**，它表示取自不同行、不同列的 n 个元素乘积的代数和

$$\sum (-1)^t a_{1p_1} a_{2p_2} \cdots a_{np_n},$$

可简记为 $\det(a_{ij})$.

显然，当 $n = 2$, $n = 3$ 时，为二、三阶行列式. 特别当 $n = 1$ 时，一阶行列式 $|a| = a$，值等于零的行列式称为零值行列式. 除此之外有如下三种常见的特殊行列式：

对角行列式：主对角线元素不全为零，其他元素均为零，表现形式如下：

$$\begin{vmatrix} a_{11} & 0 & \cdots & 0 \\ 0 & a_{22} & \cdots & 0 \\ \vdots & \vdots & & \vdots \\ 0 & 0 & \cdots & a_{nn} \end{vmatrix} = a_{11} a_{22} \ldots a_{nn}.$$

上三角行列式：主对角线及其上方元素不全为零，其他元素均为零，表现形式如下：

$$\begin{vmatrix} a_{11} & a_{12} & \cdots & a_{1n} \\ a_{21} & a_{22} & \cdots & a_{2n} \\ \vdots & \vdots & & \vdots \\ 0 & 0 & \cdots & a_{nn} \end{vmatrix} = a_{11} a_{22} \ldots a_{nn}.$$

下三角行列式：主对角线及其下方元素不全为零，其他元素均为零，表现形式如下：

$$\begin{vmatrix} a_{11} & 0 & \cdots & 0 \\ a_{21} & a_{22} & \cdots & 0 \\ \vdots & \vdots & & \vdots \\ a_{n1} & a_{n2} & \cdots & a_{nn} \end{vmatrix} = a_{11} a_{22} \ldots a_{nn}.$$

二、n 阶行列式的解法

从三阶行列式的展开式变形可得到：

$$\begin{vmatrix} a_{11} & a_{12} & a_{13} \\ a_{21} & a_{22} & a_{23} \\ a_{31} & a_{32} & a_{33} \end{vmatrix} = a_{11} a_{22} a_{33} + a_{12} a_{23} a_{31} + a_{13} a_{21} a_{32} - a_{11} a_{23} a_{32} - a_{12} a_{21} a_{33} - a_{13} a_{22} a_{31}$$

$$= a_{11}a_{22}a_{33} - a_{11}a_{23}a_{32} + a_{12}a_{23}a_{31} - a_{12}a_{21}a_{33} + a_{13}a_{21}a_{32} - a_{13}a_{22}a_{31}$$

$$= a_{11}(a_{22}a_{33} - a_{23}a_{32}) + a_{12}(a_{23}a_{31} - a_{21}a_{33}) + a_{13}(a_{21}a_{32} - a_{22}a_{31})$$

$$= a_{11}\begin{vmatrix} a_{22} & a_{23} \\ a_{32} & a_{33} \end{vmatrix} - a_{12}\begin{vmatrix} a_{21} & a_{23} \\ a_{31} & a_{33} \end{vmatrix} + a_{13}\begin{vmatrix} a_{21} & a_{22} \\ a_{31} & a_{32} \end{vmatrix}. \tag{9-4}$$

式（9-4）是第一行元素分别与二阶行列式乘积的代数和，而每一个二阶行列式都是将原三阶行列式划去元素 a_{1j} 所在的行与列的元素，余下的元素按原位置不动构成的，这种行列式称为 a_{1j} 的**余子式**，记作 M_{1j}，而 $A_{1j} = (-1)^{1+j}M_{1j}$ 称为 a_{1j} 的**代数余子式**，从而

$$\begin{vmatrix} a_{11} & a_{12} & a_{13} \\ a_{21} & a_{22} & a_{23} \\ a_{31} & a_{32} & a_{33} \end{vmatrix} = a_{11}A_{11} + a_{12}A_{12} + a_{13}A_{13} = \sum_{j=1}^{3} a_{1j}A_{1j}.$$

余子式概念适合所有阶的行列式. 例如取四阶行列式 $D = \begin{vmatrix} 1 & 2 & 3 & 4 \\ 0 & 4 & 2 & 1 \\ 0 & 0 & 5 & 6 \\ 0 & 0 & 0 & 8 \end{vmatrix}$ 的代数余子式 A_{33}：

$$A_{33} = (-1)^{3+3}\begin{vmatrix} 1 & 2 & 4 \\ 0 & 4 & 1 \\ 0 & 0 & 8 \end{vmatrix}.$$

通过上述方式可定义 n 阶行列式**按 i 第行展开**：

$$D_n = a_{i1}A_{i1} + a_{i2}A_{i2} + \cdots + a_{in}A_{in} = \sum_{j=1}^{n} a_{ij}A_{ij} \quad (i = 1, 2, \cdots, n),$$

其中 A_{ij} 为元素 a_{ij} 的代数余子式，且 $A_{ij} = (-1)^{i+j}M_{ij}$，$M_{ij}$ 为划去第 i 行第 j 列元素后按原顺序构成的 $n-1$ 阶行列式.

类似的，n 阶行列式也可以**按第 j 列展开**：

$$D_n = a_{1j}A_{1j} + a_{2j}A_{2j} + \cdots + a_{nj}A_{nj} = \sum_{k=1}^{n} a_{kj}A_{kj} \quad (j = 1, 2, \cdots, n).$$

通过这种行列式的按行（列）展开，可以使行列式不断降阶，最终降到二阶行列式得到结果.

例 9-3　计算三阶行列式 $D = \begin{vmatrix} 1 & 2 & 3 \\ 4 & 0 & 5 \\ 1 & 0 & 6 \end{vmatrix}$.

解：按行列式的第一行展开，得

$$D = 1 \times A_{11} + 2 \times A_{12} + 3 \times A_{13}$$

$$= 1 \times (-1)^{1+1}\begin{vmatrix} 0 & 5 \\ 0 & 6 \end{vmatrix} + 2 \times (-1)^{1+2}\begin{vmatrix} 4 & 5 \\ -1 & 6 \end{vmatrix} + 3 \times (-1)^{1+3}\begin{vmatrix} 4 & 0 \\ -1 & 0 \end{vmatrix}$$

$$= 1 \times 0 + 2 \times (-29) + 3 \times 0$$

$$= -58.$$

例 9-4 计算四阶行列式 $D_4 = \begin{vmatrix} 3 & 2 & 0 & 8 \\ 4 & -9 & 2 & 10 \\ -1 & 6 & 0 & -7 \\ 0 & 0 & 0 & 5 \end{vmatrix}$.

解： 因为第三列中有三个零元素，可按第三列展开，得

$$D_4 = 2 \cdot (-1)^{2+3} \begin{vmatrix} 3 & 2 & 8 \\ -1 & 6 & -7 \\ 0 & 0 & 5 \end{vmatrix}.$$

对于上面的三阶行列式，按第三行展开，得

$$D_4 = -2 \cdot 5 \cdot (-1)^{3+3} \begin{vmatrix} 3 & 2 \\ -1 & 6 \end{vmatrix} = -200.$$

由此可见，计算行列式时，选择先按零元素多的行或列展开可大大简化行列式的计算，这是计算行列式的常用技巧之一. 对于解 n 阶行列式除了使用行列式的按行（列）展开，巧妙地利用行列式的性质更能达到事半功倍的效果.

三、行列式的性质

定义 9-2 将行列式 D 的行与列互换后得到的行列式，称为 D 的转置行列式，记为 D^{T}.

$$D = \begin{vmatrix} a_{11} & a_{12} & \cdots & a_{1n} \\ a_{21} & a_{22} & \cdots & a_{2n} \\ \vdots & \vdots & & \vdots \\ a_{n1} & a_{n2} & \cdots & a_{nn} \end{vmatrix}, \quad D^{\mathrm{T}} = \begin{vmatrix} a_{11} & a_{21} & \cdots & a_{n1} \\ a_{12} & a_{22} & \cdots & a_{n2} \\ \vdots & \vdots & & \vdots \\ a_{1n} & a_{2n} & \cdots & a_{nn} \end{vmatrix}.$$

性质 1（转置性） 行列式与它的转置行列式相等，即 $D = D^{\mathrm{T}}$.

性质 1 说明行列式中的行与列具有相同的地位，行列式的性质凡是对行成立的，对列也同样成立，反之亦然.

性质 2（变号性） 交换行列式的任意两行（列），行列式的值变号.

一般情况下用"r_i"表示第 i 行，用"$\leftrightarrow$"表示交换行（列）. 例如，可以将交换第一行与第二行表示为 $r_1 \leftrightarrow r_2$，那么利用性质 2 不难得到如下例子：

若 $A = \begin{vmatrix} 1 & -1 & 2 \\ 1 & 1 & 1 \\ 2 & 3 & -1 \end{vmatrix} = -5$，则对 A 进行 $r_1 \leftrightarrow r_2$，得

$$B = \begin{vmatrix} 1 & 1 & 1 \\ 1 & -1 & 2 \\ 2 & 3 & -1 \end{vmatrix} = 5.$$

通过性质 2 不难发现，若行列式 C 有两行元素相同，交换这相同的两行后仍得到 C，但值却为相反数，从而 $C = 0$，即得到如下推论.

推论 1　若行列式中有两行（列）的对应元素相同，则此行列式为零.

性质 3（数乘性）　用数 k 乘行列式的某一行（列），等于用数 k 乘此行列式，即

$$k \cdot \begin{vmatrix} a_{11} & a_{12} & \cdots & a_{1n} \\ a_{21} & a_{22} & \cdots & a_{2n} \\ \vdots & \vdots & & \vdots \\ a_{n1} & a_{n2} & \cdots & a_{nn} \end{vmatrix} = \begin{vmatrix} a_{11} & a_{12} & \cdots & a_{1n} \\ ka_{21} & ka_{22} & \cdots & ka_{2n} \\ \vdots & \vdots & & \vdots \\ a_{n1} & a_{n2} & \cdots & a_{nn} \end{vmatrix} = \begin{vmatrix} ka_{11} & a_{12} & \cdots & a_{1n} \\ ka_{21} & a_{22} & \cdots & a_{2n} \\ \vdots & \vdots & & \vdots \\ ka_{n1} & a_{n2} & \cdots & a_{nn} \end{vmatrix}.$$

值得注意的是，性质 3 也可以看成当行列式的某一行（列）有公因子时，可以提到行列式外. 例如

$$E = \begin{vmatrix} 2 & -4 & 1 \\ 3 & -6 & 3 \\ -5 & 10 & 4 \end{vmatrix} = -2 \times \begin{vmatrix} 2 & 2 & 1 \\ 3 & 3 & 3 \\ -5 & -5 & 4 \end{vmatrix}.$$

根据推论 1 不难得到上述行列式 E 值为零，进而得到如下推论：

推论 2　若行列式中有两行（列）的对应元素成比例，则此行列式为零.

例 9-5　设 $\begin{vmatrix} a_{11} & a_{12} & a_{13} \\ a_{21} & a_{22} & a_{23} \\ a_{31} & a_{32} & a_{33} \end{vmatrix} = 1$，求 $\begin{vmatrix} 6a_{11} & -2a_{12} & -10a_{13} \\ -3a_{21} & a_{22} & 5a_{23} \\ -3a_{31} & a_{32} & 5a_{33} \end{vmatrix}$.

解：由性质 3 得

$$\begin{vmatrix} 6a_{11} & -2a_{12} & -10a_{13} \\ -3a_{21} & a_{22} & 5a_{23} \\ -3a_{31} & a_{32} & 5a_{33} \end{vmatrix} = -2 \begin{vmatrix} -3a_{11} & a_{12} & 5a_{13} \\ -3a_{21} & a_{22} & 5a_{23} \\ -3a_{31} & a_{32} & 5a_{33} \end{vmatrix}$$

$$= -2 \times (-3) \times 5 \begin{vmatrix} a_{11} & a_{12} & a_{13} \\ a_{21} & a_{22} & a_{23} \\ a_{31} & a_{32} & a_{33} \end{vmatrix}$$

$$= -2 \times (-3) \times 5 \times 1 = 30.$$

性质 4（分项性）　若行列式的某一行（列）的各元素都是两项之和，则这个行列式可以表示成两个行列式的和，即

$$\begin{vmatrix} a_{11} & a_{12} & \cdots & a_{1n} \\ \vdots & \vdots & & \vdots \\ b_{i1}+c_{i1} & b_{i2}+c_{i2} & \cdots & b_{in}+c_{in} \\ \vdots & \vdots & & \vdots \\ a_{n1} & a_{n2} & \cdots & a_{nn} \end{vmatrix} = \begin{vmatrix} a_{11} & a_{12} & \cdots & a_{1n} \\ \vdots & \vdots & & \vdots \\ b_{i1} & b_{i2} & \cdots & b_{in} \\ \vdots & \vdots & & \vdots \\ a_{n1} & a_{n2} & \cdots & a_{nn} \end{vmatrix} + \begin{vmatrix} a_{11} & a_{12} & \cdots & a_{1n} \\ \vdots & \vdots & & \vdots \\ c_{i1} & c_{i2} & \cdots & c_{in} \\ \vdots & \vdots & & \vdots \\ a_{n1} & a_{n2} & \cdots & a_{nn} \end{vmatrix}.$$

值得注意的是当两个行列式除了某一行（列）以外所有元素均相同时，可利用性质 4 将两个行列式合并成一个. 例如

若 $D_1 = \begin{vmatrix} a & b & c \\ 1 & 2 & 3 \\ x & y & z \end{vmatrix}$，$D_2 = \begin{vmatrix} a & b & c \\ 1 & 1 & 1 \\ x & y & z \end{vmatrix}$，则

$$D_1 + D_2 = D = \begin{vmatrix} a & b & c \\ 1+1 & 1+2 & 1+3 \\ x & y & z \end{vmatrix} = \begin{vmatrix} a & b & c \\ 2 & 3 & 4 \\ x & y & z \end{vmatrix}.$$

性质 5（倍加性）　将行列式的某一行（列）的各元素同乘数 k 后加到另一行（列）对应位置的元素上去，行列式的值不变.

$$\begin{vmatrix} a_{11} & \cdots & a_{1i} & \cdots & a_{1j} & \cdots & a_{1n} \\ a_{21} & \cdots & a_{2i} & \cdots & a_{2j} & \cdots & a_{2n} \\ \vdots & & \vdots & & \vdots & & \vdots \\ a_{n1} & \cdots & a_{ni} & \cdots & a_{nj} & \cdots & a_{nn} \end{vmatrix} = \begin{vmatrix} a_{11} & \cdots & a_{1i}+ka_{1j} & \cdots & a_{1j} & \cdots & a_{1n} \\ a_{21} & \cdots & a_{2i}+ka_{2j} & \cdots & a_{2j} & \cdots & a_{2n} \\ \vdots & & \vdots & & \vdots & & \vdots \\ a_{n1} & \cdots & a_{ni}+ka_{nj} & \cdots & a_{nj} & \cdots & a_{nn} \end{vmatrix}$$

上式用符号表示为 $c_i + kc_j$，即将第 j 列同乘数 k 加到第 i 列.

利用上述性质将行列式变形成零元素较多的行列式，然后再利用按行（列）展开的方法计算行列式值可以提高计算效率，甚至可以通过变形直接将行列式变成上（下）三角形行列式计算.

例 9-6　计算 $D = \begin{vmatrix} 3 & 1 & 1 & 1 \\ 1 & 3 & 1 & 1 \\ 1 & 1 & 3 & 1 \\ 1 & 1 & 1 & 3 \end{vmatrix}$.

解：观察行列式的形式，不难发现各行元素之和都为 6，故利用性质 5 把 $2,3,4$ 三行同时加到第 1 行，提出公因子 6，然后各行减去第 1 行，化为上三角形行列式来计算：

$$D \xlongequal{r_1+r_2+r_3+r_4} \begin{vmatrix} 6 & 6 & 6 & 6 \\ 1 & 3 & 1 & 1 \\ 1 & 1 & 3 & 1 \\ 1 & 1 & 1 & 3 \end{vmatrix} = 6 \begin{vmatrix} 1 & 1 & 1 & 1 \\ 1 & 3 & 1 & 1 \\ 1 & 1 & 3 & 1 \\ 1 & 1 & 1 & 3 \end{vmatrix} \xlongequal[\substack{r_3-r_1 \\ r_4-r_1}]{r_2-r_1} 6 \begin{vmatrix} 1 & 1 & 1 & 1 \\ 0 & 2 & 0 & 0 \\ 0 & 0 & 2 & 0 \\ 0 & 0 & 0 & 2 \end{vmatrix} = 48.$$

利用这种方法我们可以得到更一般的结果：

$$\begin{vmatrix} a & b & b & \cdots & b \\ b & a & b & \cdots & b \\ \vdots & \vdots & \vdots & & \vdots \\ b & b & b & \cdots & a \end{vmatrix} = [a+(n-1)b](a-b)^{n-1}.$$

例 9-7　计算 $D = \begin{vmatrix} 3 & 1 & -1 & 2 \\ -5 & 1 & 3 & -4 \\ 2 & 0 & 1 & -1 \\ 1 & -5 & 3 & -3 \end{vmatrix}$.

解：由于 D 中只有一个零元素如果直接用按行（列）展开计算会比较复杂，故先利用行列式的性质将行列式变形.

$$D \xrightarrow{c_1 \leftrightarrow c_2} - \begin{vmatrix} 1 & 3 & -1 & 2 \\ 1 & -5 & 3 & -4 \\ 0 & 2 & 1 & -1 \\ -5 & 1 & 3 & -3 \end{vmatrix} \xrightarrow[r_4+5r_1]{r_2-r_1} - \begin{vmatrix} 1 & 3 & -1 & 2 \\ 0 & -8 & 4 & -6 \\ 0 & 2 & 1 & -1 \\ 0 & 16 & -2 & 7 \end{vmatrix}$$

$$\xrightarrow{r_2 \leftrightarrow r_3} \begin{vmatrix} 1 & 3 & -1 & 2 \\ 0 & 2 & 1 & -1 \\ 0 & -8 & 4 & -6 \\ 0 & 16 & -2 & 7 \end{vmatrix} \xrightarrow[r_4-8r_2]{r_3+4r_2} \begin{vmatrix} 1 & 3 & -1 & 2 \\ 0 & 2 & 1 & -1 \\ 0 & 0 & 8 & -10 \\ 0 & 0 & -10 & 15 \end{vmatrix}$$

$$\xrightarrow{r_4+\frac{5}{4}r_3} \begin{vmatrix} 1 & 3 & -1 & 2 \\ 0 & 2 & 1 & -1 \\ 0 & 0 & 8 & -10 \\ 0 & 0 & 0 & \dfrac{5}{2} \end{vmatrix} = 40.$$

若对于三阶行列式的计算公式熟悉，也可在将第一列大多元素都变成零后按第一列将行列式展开：

$$D = - \begin{vmatrix} -8 & 4 & -6 \\ 2 & 1 & -1 \\ 16 & -2 & 7 \end{vmatrix} = 40 .$$

除了计算行列式的值，行列式的性质经常用在行列式有关的证明问题中.

例 9-8　用行列式的性质证明下列等式：

$$\begin{vmatrix} y+z & z+x & x+y \\ x+y & y+z & z+x \\ z+x & x+y & y+z \end{vmatrix} = 2 \begin{vmatrix} x & y & z \\ z & x & y \\ y & z & x \end{vmatrix}.$$

证明：利用性质 9-4 将第一列分项，得

$$左式 = \begin{vmatrix} y & z+x & x+y \\ x & y+z & z+x \\ z & x+y & y+z \end{vmatrix} + \begin{vmatrix} z & z+x & x+y \\ y & y+z & z+x \\ x & x+y & y+z \end{vmatrix},$$

再将第一个行列式的第三列和第二个行列式的第三列分项得

$$左式 = \begin{vmatrix} y & z+x & x \\ x & y+z & z \\ z & x+y & y \end{vmatrix} + \begin{vmatrix} y & z+x & y \\ x & y+z & z \\ z & x+y & z \end{vmatrix} + \begin{vmatrix} z & z & x+y \\ y & y & z+x \\ x & x & y+z \end{vmatrix} + \begin{vmatrix} z & x & x+y \\ y & z & z+x \\ x & y & y+z \end{vmatrix}.$$

由推论 1 知，上式中第二项与第三项的值为零，再次作同样处理得

$$左式 = \begin{vmatrix} y & z & x \\ x & y & z \\ z & x & y \end{vmatrix} + \begin{vmatrix} z & x & y \\ y & z & x \\ x & y & z \end{vmatrix}.$$

按性质 2 对第一个行列式先 $r_1 \leftrightarrow r_2$ 再 $r_2 \leftrightarrow r_3$，对第二个行列式先 $r_1 \leftrightarrow r_3$ 再 $r_2 \leftrightarrow r_3$ 得到：

$$
\text{左式} = \begin{vmatrix} x & y & z \\ z & x & y \\ y & z & x \end{vmatrix} + \begin{vmatrix} x & y & z \\ z & x & y \\ y & z & x \end{vmatrix} = \text{右式}.
$$

得证.

四、克拉默法则

克拉默法则是利用行列式求解线性方程组，前面我们已经给出了二、三元线性方程组的解与行列式的关系，下面将这种形式推广到 n 元线性方程组的情况.

对于 n 元线性方程组：

$$
\begin{cases} a_{11}x_1 + a_{12}x_2 + \cdots + a_{1n}x_n = b_1 \\ a_{21}x_1 + a_{22}x_2 + \cdots + a_{2n}x_n = b_2 \\ \cdots\cdots \\ a_{n1}x_1 + a_{n2}x_2 + \cdots + a_{nn}x_n = b_n \end{cases},
$$

当系数行列式 $D \neq 0$ 时，其解可用 n 阶行列式求得

$$
x_j = \frac{D_j}{D} \ (j = 1, 2, \cdots, \ n),
$$

其中 D_j 是将系数行列式 D 中第 j 列元素 $a_{1j}, a_{2j}, \cdots, a_{1j}$ 替换成常数项 $b_1, b_2, \cdots, b_n$，而其余各列保持不变所得到的行列式 $(j = 1, 2, \cdots, \ n)$，即

$$
D = \begin{vmatrix} a_{11} & a_{12} & \cdots & a_{1n} \\ a_{21} & a_{22} & \cdots & a_{2n} \\ \vdots & \vdots & & \vdots \\ a_{n1} & a_{n2} & \cdots & a_{nn} \end{vmatrix}, \quad D_1 = \begin{vmatrix} b_1 & a_{12} & \cdots & a_{1n} \\ b_2 & a_{22} & \cdots & a_{2n} \\ \vdots & \vdots & & \vdots \\ b_n & a_{n2} & \cdots & a_{nn} \end{vmatrix},
$$

$$
D_2 = \begin{vmatrix} a_{11} & b_1 & \cdots & a_{1n} \\ a_{21} & b_2 & \cdots & a_{2n} \\ \vdots & \vdots & & \vdots \\ a_{n1} & b_n & \cdots & a_{nn} \end{vmatrix}, \cdots, D_n = \begin{vmatrix} a_{11} & a_{12} & \cdots & b_1 \\ a_{21} & a_{22} & \cdots & b_2 \\ \vdots & \vdots & & \vdots \\ a_{n1} & a_{n2} & \cdots & b_n \end{vmatrix}.
$$

注意：克拉默法则仅适用未知量个数等于方程个数的非齐次线性方程组（即常数项 $b_1, b_2, \cdots, b_n$ 不全为零）且要求系数行列式 $D \neq 0$，若上述条件不符合克拉默法则不能使用，我们会在后续章节介绍解法.

例 9-9 用克拉默法则解方程组 $\begin{cases} 2x_1 + x_2 - 5x_3 + x_4 = 8 \\ x_1 - 3x_2 - 6x_4 = 9 \\ 2x_2 - x_3 + 2x_4 = -5 \\ x_1 + 4x_2 - 7x_3 + 6x_4 = 0 \end{cases}$.

解：$D = \begin{vmatrix} 2 & 1 & -5 & 1 \\ 1 & -3 & 0 & -6 \\ 0 & 2 & -1 & 2 \\ 1 & 4 & -7 & 6 \end{vmatrix} \xrightarrow[r_4-r_2]{r_1-2r_2} \begin{vmatrix} 0 & 7 & -5 & 13 \\ 1 & -3 & 0 & -6 \\ 0 & 2 & -1 & 2 \\ 0 & 7 & -7 & 12 \end{vmatrix}$

$= -\begin{vmatrix} 7 & -5 & 13 \\ 2 & -1 & 2 \\ 7 & -7 & 12 \end{vmatrix} \xrightarrow[c_3+2c_2]{c_1+2c_2} -\begin{vmatrix} -3 & -5 & 3 \\ 0 & -1 & 0 \\ -7 & -7 & -2 \end{vmatrix} = \begin{vmatrix} -3 & 3 \\ -7 & -2 \end{vmatrix} = 27.$

类似地解出

$$D_1 = \begin{vmatrix} 8 & 1 & -5 & 1 \\ 9 & -3 & 0 & -6 \\ -5 & 2 & -1 & 2 \\ 0 & 4 & -7 & 6 \end{vmatrix} = 81, \quad D_2 = \begin{vmatrix} 2 & 8 & -5 & 1 \\ 0 & 9 & 0 & -6 \\ 1 & -5 & -1 & 2 \\ 0 & 0 & -7 & 6 \end{vmatrix} = -108,$$

$$D_3 = \begin{vmatrix} 2 & 1 & 8 & 1 \\ 1 & -3 & 9 & -6 \\ 0 & 2 & -5 & 2 \\ 1 & 4 & 0 & 6 \end{vmatrix} = -27, \quad D_4 = \begin{vmatrix} 2 & 1 & -5 & 8 \\ 1 & 3 & 0 & 9 \\ 0 & -2 & -1 & -5 \\ 1 & 4 & -7 & 0 \end{vmatrix} = 27.$$

从而得到方程组的解为：

$$x_1 = \frac{D_1}{D} = \frac{81}{27} = 3, \quad x_2 = \frac{D_2}{D} = \frac{-108}{27} = 4, \quad x_3 = \frac{D_3}{D} = \frac{-27}{27} = -1, \quad x_4 = \frac{D_4}{D} = \frac{27}{27} = 1.$$

例 9-10 大学生在饮食方面存在很多问题：多数大学生不重视吃早餐，日常饮食也没有规律，因此，为了身体健康，大学生需要注意日常饮食中的营养. 大学生每天的配餐中需要摄入一定的蛋白质、脂肪和碳水化合物，表 9-1 给出了这三种食物提供的营养以及大学生所需的营养（它们的质量以适当的单位计量）. 试根据这个问题建立一个线性方程组，并通过求解方程组来确定大学生每天需要摄入的上述三种食物的量.

表 9-1

营养	单位食物所含的营养			所需营养
	食物一	食物二	食物三	
蛋白质	36	51	13	33
脂肪	0	7	1.1	3
碳水化合物	52	34	74	45

解：设 x_1, x_2, x_3 分别为三种食物的摄入量，则由表中的数据可得出下列线性方程组：

$$\begin{cases} 36x_1 + 51x_2 + 13x_3 = 33 \\ 7x_2 + 1.1x_3 = 3 \\ 52x_1 + 34x_2 + 74x_3 = 45 \end{cases}.$$

从而

$$D = \begin{vmatrix} 36 & 51 & 13 \\ 0 & 7 & 1.1 \\ 52 & 34 & 74 \end{vmatrix} = 15486.8, \quad D_1 = \begin{vmatrix} 33 & 51 & 13 \\ 3 & 7 & 1.1 \\ 45 & 34 & 74 \end{vmatrix} = 4293.3,$$

$$D_2 = \begin{vmatrix} 36 & 33 & 13 \\ 0 & 3 & 1.1 \\ 52 & 45 & 74 \end{vmatrix} = 6069.6, \quad D_3 = \begin{vmatrix} 36 & 51 & 33 \\ 0 & 7 & 3 \\ 52 & 34 & 45 \end{vmatrix} = 3612.$$

由克拉默法则得

$$x_1 = \frac{D_1}{D} = 0.277, \quad x_2 = \frac{D_2}{D} = 0.392, \quad x_3 = \frac{D_3}{D} = 0.233,$$

从而我们每天输入 0.277 个单位的食物一、0.392 个单位的食物二、0.233 个单位的食物三，就可以保证我们的健康饮食了.

习题 9.1

1. 计算下列二阶行列式.

（1） $\begin{vmatrix} 1 & 3 \\ 1 & 4 \end{vmatrix}$;

（2） $\begin{vmatrix} a & a^2 \\ b & ab \end{vmatrix}$;

（3） $\begin{vmatrix} 5 & 2 \\ 7 & 3 \end{vmatrix}$;

（4） $\begin{vmatrix} a & b \\ a^2 & b^2 \end{vmatrix}$.

2. 计算下列三阶行列式.

（1） $\begin{vmatrix} -3 & -5 & 3 \\ 0 & -1 & 0 \\ 7 & 7 & 2 \end{vmatrix}$;

（2） $\begin{vmatrix} -2 & -4 & 1 \\ 3 & 0 & 3 \\ 5 & 4 & -2 \end{vmatrix}$;

（3） $\begin{vmatrix} 1 & -1 & 0 \\ 4 & -5 & -3 \\ 2 & 3 & 6 \end{vmatrix}$;

（4） $\begin{vmatrix} 1 & 2 & -4 \\ -2 & 2 & 1 \\ -3 & 4 & -2 \end{vmatrix}$.

3. 写出三阶行列 $\begin{vmatrix} -3 & 0 & 4 \\ 5 & 0 & 3 \\ 2 & -2 & 1 \end{vmatrix}$ 中元素 2 和 -2 的代数余子式，并求其值.

4. 求解下列方程组.

（1） $\begin{cases} 3x + 2y = 5 \\ 2x - y = 8 \end{cases}$;

（2） $\begin{cases} x + 2y + z = 14 \\ x + y + z = 10 \\ 2x + 3y - z = 1 \end{cases}$.

5. 计算下列四阶行列式.

（1）$\begin{vmatrix} 4 & 1 & 2 & 4 \\ 1 & 2 & 0 & 2 \\ 10 & 5 & 2 & 0 \\ 0 & 1 & 1 & 7 \end{vmatrix}$；

（2）$\begin{vmatrix} 1 & 1 & 1 & 1 \\ -1 & 1 & 1 & 1 \\ -1 & -1 & 1 & 1 \\ -1 & -1 & -1 & 1 \end{vmatrix}$；

（3）$\begin{vmatrix} 1 & 2 & 3 & 4 \\ 2 & 3 & 4 & 1 \\ 3 & 4 & 1 & 2 \\ 4 & 1 & 2 & 3 \end{vmatrix}$；

（4）$\begin{vmatrix} -2 & 2 & -4 & 0 \\ 4 & -1 & 3 & 5 \\ 3 & 1 & -2 & -3 \\ 2 & 0 & 5 & 1 \end{vmatrix}$

6. 已知四阶行列式 D 中第三列元素以此为 $-1, 2, 0, 1$ 它们的余子式依次为 $5, 3, -7, 4$，求 D .

7. 利用行列式性质证明.

（1）$\begin{vmatrix} a^2 & ab & b^2 \\ 2a & a+b & 2b \\ 1 & 1 & 1 \end{vmatrix} = (a-b)^3$；

（2）$\begin{vmatrix} -ab & ac & ae \\ bd & -cd & de \\ bf & cf & -ef \end{vmatrix} = -4adfbce.$

8. 计算下列行列式的值.

（1）$\begin{vmatrix} 1 & 0 & a & 1 \\ 0 & -1 & b & -1 \\ -1 & -1 & c & -1 \\ -1 & 1 & d & 0 \end{vmatrix}$；

（2）$\begin{vmatrix} 1+x & 1 & 1 & 1 \\ 1 & 1-x & 1 & 1 \\ 1 & 1 & 1+y & 1 \\ 1 & 1 & 1 & 1-y \end{vmatrix}.$

9. 用克拉默法则解下列方程组.

（1）$\begin{cases} 3x_1 + 5x_2 + 2x_3 + x_4 = 3 \\ 3x_2 + 4x_4 = 4 \\ x_1 + x_2 + x_3 + x_4 = \dfrac{11}{6} \\ x_1 - x_2 - 3x_3 + 2x_4 = \dfrac{5}{6} \end{cases}$；

（2）$\begin{cases} x_1 + x_2 + x_3 + x_4 = 5 \\ x_1 + 2x_2 - x_3 + 4x_4 = -2 \\ 2x_1 - 3x_2 - x_3 - 5x_4 = -2 \\ 3x_1 + x_2 + 2x_3 + 11x_4 = 0 \end{cases}.$

第二节　矩　阵

上一节介绍了用行列式解 n 个方程 n 个未知量的线性方程组的方法，而对于变量个数与方程个数不同的线性方程组就要用矩阵理论求解，同时矩阵理论在自然科学、技术科学领域亦广泛应用.

一、矩阵的概念

1. 基本定义

矩阵到底是什么，下面介绍一个将具体问题抽象成矩阵的例子.

引例：某施工单位想购置三种钢材，其价格调查员调查了四家钢材销售商，每一家均有不同程度折扣，各家价格与折扣汇总如表 9-2（单价：元/吨）：

表 9-2

	50*5 角钢	16#槽钢	25#工字钢	折　扣
销售商 1	2650	2650	2580	95%
销售商 2	2670	2690	2560	94.5%
销售商 3	2630	2640	2570	95.5%
销售商 4	2620	2610	2580	96%

从表 9-2 不难发现，有的供货商折扣低，有的供货商某一钢材价格低，所以需要不同数量的三种钢材时，应从不同供货商选购. 那么如何对数据与选购量建立对应关系，显然用表格是很麻烦的，我们可以考虑先把表格的文字及框线去掉，只留下数字再用括号括起来，这样简洁直观，而这种用括号括起来的数表即为矩阵.

表示各供货商价格的矩阵如下：

$$\begin{pmatrix} 2650 & 2650 & 2580 \\ 2670 & 2690 & 2560 \\ 2630 & 2640 & 2570 \\ 2620 & 2610 & 2580 \end{pmatrix}.$$

表示各供货商折扣的矩阵如下：

$$\begin{pmatrix} 95\% \\ 94.5\% \\ 95.5\% \\ 96\% \end{pmatrix}.$$

在定义矩阵类运算以后，我们可以灵活地利用这些数表进行有关的计算. 除了将表格简化为矩阵，线性方程组的系数与常数项也可以表示成矩阵：

$$\begin{cases} a_{11}x_1 + a_{12}x_2 + \cdots + a_{1n}x_n = b_1 \\ a_{21}x_1 + a_{22}x_2 + \cdots + a_{2n}x_n = b_2 \\ \cdots\cdots \\ a_{n1}x_1 + a_{n2}x_2 + \cdots + a_{nn}x_n = b_n \end{cases},$$

按系数与常数项在方程中的位置直接转化为如下矩阵：

$$\begin{pmatrix} a_{11} & a_{12} & \cdots & a_{1n} & b_1 \\ a_{21} & a_{22} & \cdots & a_{2n} & b_2 \\ \vdots & \vdots & & \vdots & \vdots \\ a_{n1} & a_{n2} & \cdots & a_{nn} & b_n \end{pmatrix}.$$

定义 9-3 由 $m \times n$ 个数 a_{ij} $(i=1,2,\cdots,m; j=1,2,\cdots,n)$ 排成的 m 行 n 列数表

$$\begin{pmatrix} a_{11} & a_{12} & \cdots & a_{1n} \\ a_{21} & a_{22} & \cdots & a_{2n} \\ \vdots & \vdots & & \vdots \\ a_{m1} & a_{m2} & \cdots & a_{mn} \end{pmatrix}.$$

称为 m **行** n **列矩阵**，简称 $m \times n$ **矩阵**，记作 $A_{m \times n}$ 或 $(a_{ij})_{m \times n}$，其中 a_{ij} 称为矩阵的元素.

元素是实数的矩阵称为**实矩阵**，元素是复数的矩阵称为**复矩阵**，本书涉及的矩阵均为实矩阵. 当矩阵中元素具备某种特殊性时，矩阵的样式也会特别，下面看几种常见的特殊矩阵.

2. 几种特殊矩阵

（1）行矩阵：当 $m=1$ 时，矩阵只有一行 $A=(a_1,a_2,\cdots,a_n)$，称为**行矩阵**(或行向量).

（2）列矩阵：当 $n=1$ 时，矩阵只有一列 $A=\begin{pmatrix} a_1 \\ a_2 \\ \vdots \\ a_n \end{pmatrix}$，称为**列矩阵**(或列向量).

（3）n 阶方阵：当 $m=n$ 时，矩阵的行数与列数相等，称为 n **阶方阵**，记为 A_n.

（4）上（下）三角矩阵：在 n 阶方阵中，若主对角线下方的元素都等于零，则该矩阵称为**上三角矩阵**.

$$A = \begin{pmatrix} a_{11} & a_{12} & \cdots & a_{1n} \\ 0 & a_{22} & \cdots & a_{2n} \\ \vdots & \vdots & & \vdots \\ 0 & 0 & \cdots & a_{nn} \end{pmatrix}.$$

类似地，在 n 阶方阵中，若主对角线上方的元素都等于零，则该矩阵称为**下三角矩阵**.

$$A = \begin{pmatrix} a_{11} & 0 & \cdots & 0 \\ a_{21} & a_{22} & \cdots & 0 \\ \vdots & \vdots & & \vdots \\ a_{n1} & a_{n2} & \cdots & a_{nn} \end{pmatrix}.$$

（5）对角矩阵：在 n 阶方阵中，若主对角线上元素不全为零，而其他元素均为零，该矩阵称为**对角矩阵**，记为 $A = \mathrm{diag}(\lambda_1,\lambda_2,\cdots,\lambda_n)$.

$$A = \mathrm{diag}(\lambda_1,\lambda_2,\cdots,\lambda_n) = \begin{pmatrix} \lambda_1 & 0 & \cdots & 0 \\ 0 & \lambda_2 & \cdots & 0 \\ \vdots & \vdots & & \vdots \\ 0 & 0 & \cdots & \lambda_n \end{pmatrix}.$$

当 $\lambda_1 = \lambda_2 = \cdots = \lambda_n = 1$ 时，该矩阵称为**单位矩阵**，记为 E_n 或 E. 例如，四阶单位矩阵如下：

$$E_4 = \begin{pmatrix} 1 & 0 & 0 & 0 \\ 0 & 1 & 0 & 0 \\ 0 & 0 & 1 & 0 \\ 0 & 0 & 0 & 1 \end{pmatrix}.$$

值得注意的是，单位矩阵的作用等同于数 1 在实数域的作用，当 $\lambda_1 = \lambda_2 = \cdots = \lambda_n = k$ 时，该矩阵称为**数量矩阵**，记为 kE_n 或 kE.

（6）零矩阵：元素全为零的矩阵称为**零矩阵**，记为 $O_{m \times n}$. 在不发生混淆的情况下，常用大写字母 O 表示.

需要注意的是，不同阶数的零矩阵是不相等的. 例如，如下两个矩阵均为零，但矩阵却不相等：

$$\begin{pmatrix} 0 & 0 & 0 & 0 \\ 0 & 0 & 0 & 0 \\ 0 & 0 & 0 & 0 \\ 0 & 0 & 0 & 0 \end{pmatrix} \neq \begin{pmatrix} 0 & 0 & 0 & 0 \end{pmatrix}.$$

3. 方矩阵的行列式

初学者往往把矩阵与行列式混淆，其实两者是两个不同的概念，并且有明显区别：

（1）外框：矩阵的外框是小括号"（ ）"，而行列式的外框是绝对值"| |"；

（2）行列数：矩阵的行数可以不等于列数，而行列式必须是行列数相等；

（3）本质：矩阵本质是一个表格，而行列式本质是一个数值.

虽然两者不同，但也可以联系在一起，那就是对于方阵而言，我们可以计算其行列式，然而对于 $m \neq n$ 的矩阵式是不能取行列式的.

将方阵 A 取行列式，称为方阵 A 的行列式，记为 $\det A$，即

$$A = \begin{pmatrix} a_{11} & a_{12} & \cdots & a_{1n} \\ a_{21} & a_{22} & \cdots & a_{2n} \\ \vdots & \vdots & & \vdots \\ a_{n1} & a_{n2} & \cdots & a_{nn} \end{pmatrix} \Rightarrow \det A = \begin{vmatrix} a_{11} & a_{12} & \cdots & a_{1n} \\ a_{21} & a_{22} & \cdots & a_{2n} \\ \vdots & \vdots & & \vdots \\ a_{n1} & a_{n2} & \cdots & a_{nn} \end{vmatrix}.$$

例如，矩阵 $A = \begin{pmatrix} 3 & 4 \\ 2 & 1 \end{pmatrix}$，其行列式 $\det A = \begin{vmatrix} 3 & 4 \\ 2 & 1 \end{vmatrix} = 3 \times 1 - 4 \times 2 = -3$.

二、矩阵的计算

矩阵的意义不仅在于可以将实际问题简化成一个数表，更在于进行矩阵的各种运算，以解决实际问题.

1. 矩阵同型与相等

定义 9-4 若两个矩阵 $A = (a_{ij})$，$B = (b_{ij})$ 的行数和列数分别相等，称矩阵 A 与 B 为**同型矩阵**. 对于同型矩阵，若所有元素都对应相等，即

$$a_{ij} = b_{ij} \ (i = 1, 2, \cdots, m; \ j = 1, 2, \cdots, n),$$

则称矩阵 A 与 B 相等，记为 $A = B$.

例如，$A = \begin{pmatrix} 1 & 2 \\ 5 & 6 \\ 3 & 7 \end{pmatrix}$，$B = \begin{pmatrix} 14 & 3 \\ 8 & 4 \\ 3 & 9 \end{pmatrix}$，$C = \begin{pmatrix} 1 & 2 \\ 5 & 6 \\ 3 & 7 \end{pmatrix}$，则矩阵 A 与 B 同型，矩阵 A 与 C 相等，即

$A = C$.

再如，若 $A = \begin{pmatrix} 1 & 2 & 3 \\ 3 & 1 & 2 \end{pmatrix}$，$B = \begin{pmatrix} 1 & x & 3 \\ y & 1 & z \end{pmatrix}$，且 $A = B$，则 $x = 2$，$y = 3$，$z = 2$.

2. 矩阵的加法

定义 9-5　设 $A = (a_{ij})$，$B = (b_{ij})$ 均为 $m \times n$ 矩阵，则两矩阵对应元素相加得到的矩阵称为矩阵 A 与矩阵 B 的和，记为 $A + B$，即

$$A + B = \begin{pmatrix} a_{11} + b_{11} & a_{12} + b_{12} & \cdots & a_{1n} + b_{1n} \\ a_{21} + b_{21} & a_{22} + b_{22} & \cdots & a_{2n} + b_{2n} \\ \vdots & \vdots & & \vdots \\ a_{m1} + b_{m1} & a_{m2} + b_{m2} & \cdots & a_{mn} + b_{mn} \end{pmatrix}.$$

例如，$\begin{pmatrix} 12 & 3 & -5 \\ 1 & -9 & 0 \\ 3 & 6 & 8 \end{pmatrix} + \begin{pmatrix} 1 & 8 & 9 \\ 6 & 5 & 4 \\ 3 & 2 & 1 \end{pmatrix} = \begin{pmatrix} 12+1 & 3+8 & -5+9 \\ 1+6 & -9+5 & 0+4 \\ 3+3 & 6+2 & 8+1 \end{pmatrix} = \begin{pmatrix} 13 & 11 & 4 \\ 7 & -4 & 4 \\ 6 & 8 & 9 \end{pmatrix}$.

值得注意的是，只有当两个矩阵是同型矩阵时，才能进行加法运算.

矩阵的加法运算满足如下规律：

（1）$A + B = B + A$；

（2）$(A + B) + C = A + (B + C)$；

（3）$A + O = A$；

（4）$-A = (-a_{ij}) = \begin{pmatrix} -a_{11} & -a_{12} & \cdots & -a_{1n} \\ -a_{21} & -a_{22} & \cdots & -a_{2n} \\ \vdots & \vdots & & \vdots \\ -a_{m1} & -a_{m1} & \cdots & -a_{mn} \end{pmatrix}$，称为 A 的负矩阵.

负矩阵的意义相当于相反数，按照减法可以看作是一个正数加上一个负数的思路，我们类似地定义矩阵的减法：

$$A - B = A + (-B)，且有 A + (-A) = O.$$

3. 数与矩阵的乘法

定义 9-6　用数 λ 乘以矩阵 A 的每一个元素 a_{ij} 得到的矩阵称为数 λ 与矩阵 A 的积，记为 λA 或 $A\lambda$，即

$$\lambda A = A\lambda = \begin{pmatrix} \lambda a_{11} & \lambda a_{12} & \cdots & \lambda a_{1n} \\ \lambda a_{21} & \lambda a_{22} & \cdots & \lambda a_{2n} \\ \vdots & \vdots & & \vdots \\ \lambda a_{m1} & \lambda a_{m1} & \cdots & \lambda a_{mn} \end{pmatrix}.$$

例如，$3\begin{pmatrix} -2 & 4 \\ 1 & -2 \end{pmatrix} = \begin{pmatrix} -6 & 12 \\ 3 & -6 \end{pmatrix}$．

例 9-11 已知 $A = \begin{pmatrix} -1 & 2 & 3 & 1 \\ 0 & 3 & -2 & 1 \\ 0 & 0 & 3 & 2 \end{pmatrix}$，$B = \begin{pmatrix} 4 & 3 & 2 & -1 \\ 5 & -3 & 0 & 0 \\ 1 & 2 & -5 & 0 \end{pmatrix}$，求 $3A - 2B$．

解： $3A - 2B = 3\begin{pmatrix} -1 & 2 & 3 & 1 \\ 0 & 3 & -2 & 1 \\ 4 & 0 & 3 & 2 \end{pmatrix} - 2\begin{pmatrix} 4 & 3 & 2 & -1 \\ 5 & -3 & 0 & 1 \\ 1 & 2 & -5 & 0 \end{pmatrix}$

$= \begin{pmatrix} -3-8 & 6-6 & 9-4 & 3+2 \\ 0-10 & 9+6 & -6-0 & 3-2 \\ 12-2 & 0-4 & 9+10 & 6-0 \end{pmatrix}$

$= \begin{pmatrix} -11 & 0 & 5 & 5 \\ -10 & 15 & -6 & 1 \\ 10 & -4 & 19 & 6 \end{pmatrix}$．

矩阵的数乘运算满足如下规律：

（1）$(\lambda\mu)A = \lambda(\mu A) = \mu(\lambda A)$；

（2）$(\lambda+\mu)A = \lambda A + \mu A$；

（3）$\lambda(A+B) = \lambda A + \lambda B$；

（4）$1 \cdot A = A$；

（5）$0 \cdot A = O$，

其中 λ, μ 为数，A, B 为矩阵，1 为数一，0 为数零，O 为零矩阵．

矩阵行列数的加法和数乘运算统称为矩阵的**线性运算**．下面来做一道用另一种运算形式求解线性运算的例题．

例 9-12 设矩阵 $A = \begin{pmatrix} 3 & -2 & 0 \\ 2 & 8 & 6 \end{pmatrix}$，$B = \begin{pmatrix} 0 & 4 & 6 \\ -1 & 2 & -3 \end{pmatrix}$，求满足 $A + 3X = B$ 的矩阵 X．

解： 在 $A + 3X = B$ 的两端加上 A 的负矩阵，得

$$3X = B - A = \begin{pmatrix} 0 & 4 & 6 \\ -1 & 2 & -3 \end{pmatrix} - \begin{pmatrix} 3 & -2 & 0 \\ 2 & 8 & 6 \end{pmatrix} = \begin{pmatrix} -3 & 6 & 6 \\ -3 & -6 & -9 \end{pmatrix}.$$

将上式两端同时乘以 $\frac{1}{3}$，得

$$X = \frac{1}{3}\begin{pmatrix} -3 & 6 & 6 \\ -3 & -6 & -9 \end{pmatrix} = \begin{pmatrix} -1 & 2 & 2 \\ -1 & -2 & -3 \end{pmatrix}.$$

4. 矩阵的乘法

定义 9-7 设 $A = (a_{ij})$ 是一个 $m \times s$ 矩阵，$B = (b_{ij})$ 是一个 $s \times n$ 矩阵，规定矩阵 A 与 B 的乘积是一个 $m \times n$ 矩阵 $C = (c_{ij})$，其中

$$c_{ij} = a_{i1}b_{1j} + a_{i2}b_{2j} + \cdots + a_{is}b_{sj} = \sum_{k=1}^{s} a_{ik}b_{kj} \quad (i = 1, 2, \cdots m; j = 1, 2, \cdots, n).$$

记为 $C = AB$，读作 A 左乘 B 或 B 右乘 A．

注意：

（1）只有当左边矩阵的列数等于右边矩阵的行数时，两个矩阵才能进行乘法运算：

$$\underset{m\times s}{A}\ \underset{s\times n}{B}=\underset{m\times n}{C}$$

（2）矩阵 C 的第 i 行第 j 列元素 c_{ij} 是左边矩阵的第 i 行元素对应乘以右边矩阵第 j 列元素再相加的结果：

$$c_{ij}=(a_{i1}\quad a_{i2}\quad \cdots \quad a_{is})\begin{pmatrix}b_{1j}\\b_{2j}\\\vdots\\b_{sj}\end{pmatrix}=a_{i1}b_{1j}+a_{i2}b_{2j}+\cdots+a_{is}b_{sj}.$$

例 9-13 判断下列矩阵是否可以相乘，如果可以相乘请计算结果：

（1）$\begin{pmatrix}2\\2\\3\end{pmatrix}(1\quad 2)$；

（2）$\begin{pmatrix}-2 & 4\\1 & -2\end{pmatrix}\begin{pmatrix}1 & 2\\5 & 6\\3 & 7\end{pmatrix}$；

（3）$(1\quad 2)\begin{pmatrix}2\\2\\3\end{pmatrix}$；

（4）$\begin{pmatrix}1 & -2 & 1\\1 & 1 & 1\end{pmatrix}\begin{pmatrix}1 & 2\\-1 & 1\\-2 & 3\end{pmatrix}$.

解：（1）$\begin{pmatrix}2\\2\\3\end{pmatrix}(1\quad 2)=\begin{pmatrix}2\times1 & 2\times2\\2\times1 & 2\times2\\3\times1 & 3\times2\end{pmatrix}=\begin{pmatrix}2 & 4\\2 & 4\\3 & 6\end{pmatrix}$；

（2）左矩阵 2 行，右矩阵 3 列，不可以相乘；

（3）左矩阵 2 行，右矩阵 3 列，不可以相乘；

（4）$\begin{pmatrix}1 & -2 & 1\\1 & 1 & 1\end{pmatrix}\begin{pmatrix}1 & 2\\-1 & 1\\-2 & 3\end{pmatrix}=\begin{pmatrix}1\times1+(-2)\times(-1)+1\times(-2) & 1\times2+(-2)\times1+1\times3\\1\times1+1\times(-1)+1\times(-2) & 1\times2+1\times1+1\times3)\end{pmatrix}=\begin{pmatrix}1 & 3\\-2 & 6\end{pmatrix}$.

例 9-14 设 $A=\begin{pmatrix}1 & 1\\-1 & -1\end{pmatrix}$，$B=\begin{pmatrix}1 & -1\\-1 & 1\end{pmatrix}$，求 AB 和 BA.

解： $AB=\begin{pmatrix}1\times1+1\times(-1) & 1\times(-1)+1\times1\\(-1)\times1+(-1)\times(-1) & (-1)\times(-1)+(-1)\times1\end{pmatrix}=\begin{pmatrix}0 & 0\\0 & 0\end{pmatrix}$.

$BA=\begin{pmatrix}1\times1+(-1)\times(-1) & 1\times1+(-1)\times(-1)\\(-1)\times1+1\times(-1) & (-1)\times1+1\times(-1)\end{pmatrix}=\begin{pmatrix}2 & 2\\-2 & -2\end{pmatrix}$.

例 9-15 设 $A=\begin{pmatrix}-2 & 4\\1 & -2\end{pmatrix}$，$B=\begin{pmatrix}2 & 4\\-3 & -6\end{pmatrix}$，求 AB 和 BA.

解： $AB=\begin{pmatrix}-16 & -32\\8 & 16\end{pmatrix}$，

$BA=\begin{pmatrix}0 & 0\\0 & 0\end{pmatrix}$.

从例 9-14 和例 9-15 可以看到矩阵乘法有两个不同于数的乘法的特点：

（1）在 $A \neq O$ 且 $B \neq O$ 时，能有 $AB = O$；

（2）对于矩阵 $AB \neq BA$，即矩阵乘法运算不满足交换律.

虽然对于一般矩阵不满足交换律，但也有特殊情况. 例如，$A = \begin{pmatrix} 2 & 0 \\ 0 & 2 \end{pmatrix}$，$B = \begin{pmatrix} 1 & -1 \\ -1 & 1 \end{pmatrix}$，

$AB = BA = \begin{pmatrix} 2 & -2 \\ -2 & 2 \end{pmatrix}$. 对于 $AB = BA$ 这样的特殊矩阵，称 A 与 B 为**可交换矩阵**，简称 A 与 B **可换**.

对于单位矩阵 E_n，有 $E_n A_n = A_n = A_n E_n$，从而单位阵与同阶方阵可换. 除此之外，矩阵的乘法运算还满足如下规律：

（1）$(AB)C = A(BC)$；

（2）$A(B+C) = AB + AC$，$(B+C)A = BA + CA$；

（3）$\lambda(AB) = (\lambda A)B = A(\lambda B)$（其中 λ 为数）；

（4）$|\lambda A| = \lambda^n |A|$；

（5）$|AB| = |A||B| = |B||A| = |BA|$.

5. 矩阵的幂

定义 9-8 设 A 是一个 n 阶方阵，k 是正整数，则 $A^k = \underbrace{A\,A\cdots A}_{k\uparrow}$，称为 A 的 k 次幂，规定 $A^0 = E$.

例 9-16 设 $A = \begin{pmatrix} \lambda & 1 & 0 \\ 0 & \lambda & 1 \\ 0 & 0 & \lambda \end{pmatrix}$，求 A^4.

解： $A^2 = \begin{pmatrix} \lambda & 1 & 0 \\ 0 & \lambda & 1 \\ 0 & 0 & \lambda \end{pmatrix}\begin{pmatrix} \lambda & 1 & 0 \\ 0 & \lambda & 1 \\ 0 & 0 & \lambda \end{pmatrix} = \begin{pmatrix} \lambda^2 & 2\lambda & 1 \\ 0 & \lambda^2 & 2\lambda \\ 0 & 0 & \lambda^2 \end{pmatrix}$；

$A^3 = A \cdot A^2 = \begin{pmatrix} \lambda & 1 & 0 \\ 0 & \lambda & 1 \\ 0 & 0 & \lambda \end{pmatrix}\begin{pmatrix} \lambda^2 & 2\lambda & 1 \\ 0 & \lambda^2 & 2\lambda \\ 0 & 0 & \lambda^2 \end{pmatrix} = \begin{pmatrix} \lambda^3 & 3\lambda^2 & 3\lambda \\ 0 & \lambda^3 & 3\lambda^2 \\ 0 & 0 & \lambda^3 \end{pmatrix}$；

$A^4 = A \cdot A^3 = \begin{pmatrix} \lambda & 1 & 0 \\ 0 & \lambda & 1 \\ 0 & 0 & \lambda \end{pmatrix}\begin{pmatrix} \lambda^3 & 3\lambda^2 & 3\lambda \\ 0 & \lambda^3 & 3\lambda^2 \\ 0 & 0 & \lambda^3 \end{pmatrix} = \begin{pmatrix} \lambda^4 & 4\lambda^3 & 6\lambda^2 \\ 0 & \lambda^4 & 4\lambda^3 \\ 0 & 0 & \lambda^4 \end{pmatrix}$.

矩阵的幂运算满足如下规律：

（1）$(A^m)^k = A^{mk}$；

（2）$A^m A^k = A^{m+k}$；

（3）当 A 与 B 可换时，$(AB)^m = A^m B^m$；

（4）$|A^m| = |A|^m$，

其中 m, k 为数，值得注意的是一般情况下 $(AB)^m \neq A^m B^m$.

6. 矩阵的转置

定义 9-9　将矩阵 A 的行换成同序数的列得到的新矩阵，称为 A 的转置矩阵，记为 A^T，即

$$A = \begin{pmatrix} a_{11} & a_{12} & \cdots & a_{1n} \\ a_{21} & a_{22} & \cdots & a_{2n} \\ \vdots & \vdots & & \vdots \\ a_{m1} & a_{m2} & \cdots & a_{mn} \end{pmatrix}, \quad A^T = \begin{pmatrix} a_{11} & a_{21} & \cdots & a_{m1} \\ a_{12} & a_{22} & \cdots & a_{m2} \\ \vdots & \vdots & & \vdots \\ a_{1n} & a_{2n} & \cdots & a_{mn} \end{pmatrix}.$$

例如，$A = \begin{pmatrix} 1 & 1 \\ -1 & -1 \end{pmatrix}$，则 $A^T = \begin{pmatrix} 1 & -1 \\ 1 & -1 \end{pmatrix}$.

矩阵的转置运算满足如下规律：

（1）$(A^T)^T = A$；

（2）$(A+B)^T = A^T + B^T$；

（3）$(kA)^T = kA^T$（k 为数）；

（4）$(AB)^T = B^T A^T$；

（5）$\left| A^T \right| = |A|$.

例 9-17　设 $A = \begin{pmatrix} 2 & 0 & -1 \\ 1 & 3 & 2 \end{pmatrix}$，$B = \begin{pmatrix} 1 & 7 & -1 \\ 4 & 2 & 3 \\ 2 & 0 & 1 \end{pmatrix}$，求 $(AB)^T$.

解：（解法一）因为

$$AB = \begin{pmatrix} 2 & 0 & -1 \\ 1 & 3 & 2 \end{pmatrix}\begin{pmatrix} 1 & 7 & -1 \\ 4 & 2 & 3 \\ 2 & 0 & 1 \end{pmatrix} = \begin{pmatrix} 0 & 14 & -3 \\ 17 & 13 & 10 \end{pmatrix},$$

所以 $(AB)^T = \begin{pmatrix} 0 & 17 \\ 14 & 13 \\ -3 & 10 \end{pmatrix}$.

（解法二）$(AB)^T = B^T A^T = \begin{pmatrix} 1 & 4 & 2 \\ 7 & 2 & 0 \\ -1 & 3 & 1 \end{pmatrix}\begin{pmatrix} 2 & 1 \\ 0 & 3 \\ -1 & 2 \end{pmatrix} = \begin{pmatrix} 0 & 17 \\ 14 & 13 \\ -3 & 10 \end{pmatrix}$.

例 9-18　设 $A = \begin{pmatrix} 1 & 1 & 1 \\ 1 & 1 & -1 \\ 1 & -1 & 1 \end{pmatrix}$，$B = \begin{pmatrix} 1 & 2 & 3 \\ -1 & -2 & 4 \\ 0 & 5 & 1 \end{pmatrix}$，求 $3AB - 2A$ 和 $A^T B$.

解： $3AB - 2A = 3\begin{pmatrix} 1 & 1 & 1 \\ 1 & 1 & -1 \\ 1 & -1 & 1 \end{pmatrix}\begin{pmatrix} 1 & 2 & 3 \\ -1 & -2 & 4 \\ 0 & 5 & 1 \end{pmatrix} - 2\begin{pmatrix} 1 & 1 & 1 \\ 1 & 1 & -1 \\ 1 & -1 & 1 \end{pmatrix}$

$$= 3\begin{pmatrix} 0 & 5 & 8 \\ 0 & -5 & 6 \\ 2 & 9 & 0 \end{pmatrix} - 2\begin{pmatrix} 1 & 1 & 1 \\ 1 & 1 & -1 \\ 1 & -1 & 1 \end{pmatrix} = \begin{pmatrix} -2 & 13 & 22 \\ -2 & -17 & 20 \\ 4 & 29 & -2 \end{pmatrix}.$$

$$A^{\mathrm{T}}B=\begin{pmatrix}1&1&1\\1&1&-1\\1&-1&1\end{pmatrix}\begin{pmatrix}1&2&3\\-1&-2&4\\0&5&1\end{pmatrix}=\begin{pmatrix}0&5&8\\0&-5&6\\2&9&0\end{pmatrix}.$$

三、逆矩阵

前一部分我们定义了矩阵的加法、减法、乘法运算,那么有没有关于矩阵的除法运算呢? 从上面的定义不难发现,矩阵的加法、减法、乘法运算既有与数运算的相似之处,又有很大区别. 同样的,对于矩阵也有类似于除法的运算,称之为**矩阵的逆**.

定义 9-10　若 n 阶方阵 A 与 B 满足 $AB=BA=E$,则称 A 是可逆的,称 B 为 A 的逆矩阵,记为 A^{-1} ,即 $B=A^{-1}$.

显然, A 也称为 B 的逆矩阵,记为 $B^{-1}=A$,两者互为逆矩阵. 不难发现, A^{-1} 是唯一的. 下面我们来探讨求逆矩阵的具体方法.

例 9-19　设 $A=\begin{pmatrix}2&1\\-1&0\end{pmatrix}$,求 A 的逆矩阵.

分析:由逆矩阵的概念出发,可以先假设逆矩阵 B 的形式,通过待定系数法来求解.

解:设 $B=\begin{pmatrix}a&b\\c&d\end{pmatrix}$,则有

$$AB=\begin{pmatrix}2&1\\-1&0\end{pmatrix}\begin{pmatrix}a&b\\c&d\end{pmatrix}=\begin{pmatrix}1&0\\0&1\end{pmatrix}.$$

根据矩阵的乘法有

$$\begin{pmatrix}2a+c&2b+d\\-a&-b\end{pmatrix}=\begin{pmatrix}1&0\\0&1\end{pmatrix}.$$

进而有

$$\begin{cases}2a+c=1\\2b+d=0\\-a=0\\-b=1\end{cases}.$$

解得 $\begin{cases}a=0\\b=-1\\c=1\\d=2\end{cases}$. 所以 $A^{-1}=\begin{pmatrix}0&-1\\1&2\end{pmatrix}$.

从上述例子不难发现,用待定系数法求更高阶 $(n\geqslant 3)$ 的矩阵的逆会十分麻烦,下面介绍通过伴随矩阵求逆矩阵的方法.

定义 9-11　行列式 $|A|$ 的各个元素的代数余子式 A_{ij} 所构成的矩阵

$$A^{*}=\begin{pmatrix}A_{11}&A_{21}&\cdots&A_{n1}\\A_{12}&A_{22}&\cdots&A_{n2}\\\vdots&\vdots&&\vdots\\A_{1n}&A_{2n}&\cdots&A_{nn}\end{pmatrix}$$

称为矩阵 A 的伴随矩阵.

伴随矩阵有如下性质：

性质 6　　$AA^* = A^*A = |A|E$.

从性质 6 不难推得 $A^{-1} = \dfrac{A^*}{|A|}$，这是第二种求矩阵逆的方法. 同时从性质 6 可直接得到如

下推论：

推论 3　矩阵 A 可逆的充要条件是 $|A| \neq 0$，这种矩阵又称**非奇异（非退化）矩阵**.

例 9-20　若 $A = \begin{pmatrix} 1 & 2 & 3 \\ 2 & 2 & 1 \\ 3 & 4 & 3 \end{pmatrix}$，判断 A 是否可逆，若可逆，求其逆矩阵.

解：由于 $|A| = \begin{vmatrix} 1 & 2 & 3 \\ 2 & 2 & 1 \\ 3 & 4 & 3 \end{vmatrix} = 2 \neq 0$，故 A^{-1} 存在.

又　　　　　　　　　　$A_{11} = \begin{vmatrix} 2 & 1 \\ 4 & 3 \end{vmatrix} = 2$，　$A_{12} = -\begin{vmatrix} 2 & 1 \\ 3 & 3 \end{vmatrix} = -3$，

同理可得

$$A_{13} = 2, \ A_{21} = 6, \ A_{22} = -6, \ A_{23} = 2, \ A_{31} = -4, \ A_{32} = 5, \ A_{33} = -2，$$

则　　　　　　　　　　$A^* = \begin{pmatrix} 2 & 6 & -4 \\ -3 & -6 & 5 \\ 2 & 2 & -2 \end{pmatrix}$，

故　　　　　　　$A^{-1} = \dfrac{1}{2}\begin{pmatrix} 2 & 6 & -4 \\ -3 & -6 & 5 \\ 2 & 2 & -2 \end{pmatrix} = \begin{pmatrix} 1 & 3 & -2 \\ -\dfrac{3}{2} & -3 & \dfrac{5}{2} \\ 1 & 1 & -1 \end{pmatrix}$.

矩阵的逆运算满足如下规律：

（1）若矩阵 A 可逆，则 A^{-1} 亦可逆，且 $(A^{-1})^{-1} = A$；

（2）若矩阵 A 可逆，则 A^{T} 亦可逆，且 $(A^{\mathrm{T}})^{-1} = (A^{-1})^{\mathrm{T}}$；

（3）若矩阵 A 可逆，数 $k \neq 0$，则 kA 亦可逆，且 $(kA)^{-1} = \dfrac{1}{k}A^{-1}$；

（4）若 n 阶方阵 A 与 B 都可逆，则 AB 亦可逆，且 $(AB)^{-1} = B^{-1}A^{-1}$；

（5）$|A^{-1}| = \dfrac{1}{|A|}$.

例 9-21　若 $A = \begin{pmatrix} 1 & 2 & 3 \\ 2 & 2 & 1 \\ 3 & 4 & 3 \end{pmatrix}$，$B = \begin{pmatrix} 2 & 1 \\ 5 & 3 \end{pmatrix}$，$C = \begin{pmatrix} 1 & 3 \\ 2 & 0 \\ 3 & 1 \end{pmatrix}$，求矩阵 X 满足 $AXB = C$.

解：由于

$$|A| = \begin{vmatrix} 1 & 2 & 3 \\ 2 & 2 & 1 \\ 3 & 4 & 3 \end{vmatrix} = 2 \neq 0, \quad |B| = \begin{vmatrix} 2 & 1 \\ 5 & 3 \end{vmatrix} = 1 \neq 0,$$

故 A^{-1}, B^{-1} 都存在.

通过伴随矩阵可得

$$A^{-1} = \begin{pmatrix} 1 & 3 & -2 \\ -\dfrac{3}{2} & -3 & \dfrac{5}{2} \\ 1 & 1 & -1 \end{pmatrix}, \quad B^{-1} = \begin{pmatrix} 3 & -1 \\ -5 & 2 \end{pmatrix}. \text{（计算步骤略）}$$

在 $AXB = C$ 两边左乘 A^{-1}，右乘 B^{-1} 有

$$A^{-1}AXBB^{-1} = A^{-1}CB^{-1},$$

即 $X = A^{-1}CB^{-1}$，于是

$$X = \begin{pmatrix} 1 & 3 & -2 \\ -\dfrac{3}{2} & -3 & \dfrac{5}{2} \\ 1 & 1 & -1 \end{pmatrix} \begin{pmatrix} 1 & 3 \\ 2 & 0 \\ 3 & 1 \end{pmatrix} \begin{pmatrix} 3 & -1 \\ -5 & 2 \end{pmatrix} = \begin{pmatrix} -2 & 1 \\ 10 & -4 \\ -10 & 4 \end{pmatrix}.$$

按照例 9-21 的思路，矩阵的逆运算是求解线性方程组的有效方法. 对于如下线性方程组：

$$\begin{cases} a_{11}x_1 + a_{12}x_2 + \cdots + a_{1n}x_n = b_1 \\ a_{21}x_1 + a_{22}x_2 + \cdots + a_{2n}x_n = b_2 \\ \cdots \cdots \\ a_{n1}x_1 + a_{n2}x_2 + \cdots + a_{nn}x_n = b_n \end{cases},$$

按系数、变量与常数项在方程中的位置直接转化为如下矩阵：

$$A = \begin{pmatrix} a_{11} & a_{12} & \cdots & a_{1n} & b_1 \\ a_{21} & a_{22} & \cdots & a_{2n} & b_2 \\ \vdots & \vdots & & \vdots & \vdots \\ a_{n1} & a_{n2} & \cdots & a_{nn} & b_n \end{pmatrix}, \quad X = \begin{pmatrix} x_1 \\ x_2 \\ \vdots \\ x_n \end{pmatrix}, \quad B = \begin{pmatrix} b_1 \\ b_2 \\ \vdots \\ b_m \end{pmatrix}.$$

根据乘法法则，可以将上述线性方程组记为

$$AX = B,$$

若 A 可逆，则有

$$A^{-1}AX = A^{-1}B,$$

即 $X = A^{-1}B$. 这样，求解线性方程组即转化为矩阵 A 求逆的问题.

例 9-22 求解线性方程组 $\begin{cases} x_1 - x_2 - x_3 = 2 \\ 2x_1 - x_2 - 3x_3 = 1 \\ 3x_1 + 2x_2 - 5x_3 = 0 \end{cases}$.

解：记

$$A = \begin{pmatrix} 1 & -1 & -1 \\ 2 & -1 & -3 \\ 3 & 2 & -5 \end{pmatrix}, \quad X = \begin{pmatrix} x_1 \\ x_2 \\ x_3 \end{pmatrix}, \quad B = \begin{pmatrix} 2 \\ 1 \\ 0 \end{pmatrix},$$

则 $AX = B$.

由

$$|A| = \begin{vmatrix} 1 & -1 & -1 \\ 2 & -1 & -3 \\ 3 & 2 & -5 \end{vmatrix} = 3, \quad A^* = \begin{pmatrix} 11 & -7 & 2 \\ 1 & -2 & 1 \\ 7 & -5 & 1 \end{pmatrix},$$

得

$$A^{-1} = \begin{pmatrix} \dfrac{11}{3} & -\dfrac{7}{3} & \dfrac{2}{3} \\ \dfrac{1}{3} & -\dfrac{2}{3} & \dfrac{1}{3} \\ \dfrac{7}{3} & -\dfrac{5}{3} & \dfrac{1}{3} \end{pmatrix}.$$

从而

$$X = A^{-1}B = \begin{pmatrix} \dfrac{11}{3} & -\dfrac{7}{3} & \dfrac{2}{3} \\ \dfrac{1}{3} & -\dfrac{2}{3} & \dfrac{1}{3} \\ \dfrac{7}{3} & -\dfrac{5}{3} & \dfrac{1}{3} \end{pmatrix} \begin{pmatrix} 2 \\ 1 \\ 0 \end{pmatrix} = \begin{pmatrix} 5 \\ 0 \\ 3 \end{pmatrix}.$$

即 $x_1 = 5, x_2 = 0, x_3 = 3$.

显然用逆矩阵求解线性方程组是很便捷的，但用伴随矩阵来求逆矩阵，其计算却是比较繁琐的，下面我们来学习用矩阵的初等变换求矩阵的逆.

四、矩阵的初等变换

在利用加减消元法求解线性方程组时常用到三种变换：对换两个方程的位置，用一个数乘以某一个方程，将一个方程的倍数加到另一个方程上. 在这三种变换基础上方程组的解是不变的. 由于方程组的系数与矩阵有紧密联系，这种变换同样适用于矩阵.

1. 矩阵的初等行（列）变换

定义 9-12　矩阵的下列变换称为初等行（列）变换（列用 c 表示）：

（1）对换矩阵两行（列）位置，**简称对换变换**，记为 $r_i \leftrightarrow r_j$（对调 i, j 两行）；

（2）用一个非零数乘矩阵的某一行（列），**简称倍乘变换**，记为 $r_i \times k$（k 乘以第 i 行）；

（3）将矩阵的某一行（列）的倍数加到另一行（列）上，**简称倍加变换**，记为 $r_i + kr_j$（第 j 的 k 倍加到第 i 行上）.

矩阵 A 经过初等变换变成 B，用 $A \to B$ 表示. 如果 B 是由 A 经过有限次的初等变换得到的，称 A 与 B 是等价矩阵，记为 $A \sim B$.

矩阵之间等价关系满足如下性质：

（1）自反性：$A \sim A$；

（2）对称性：若 $A \sim B$，则 $B \sim A$；

（3）传递性：若 $A \sim B$，$B \sim C$，则 $A \sim C$.

线性方程组在进行加减消元时，实质上只是系数和常数进行运算，而未知量并未参与，若将系数和常数矩阵合并（成为增广矩阵），再进行矩阵的初等变换同样可以实现解方程的目的.

例如，解方程组：

$$\begin{cases} 2x_1 - x_2 - x_3 + x_4 = 2 \\ x_1 + x_2 - 2x_3 + x_4 = 4 \\ 4x_1 - 6x_2 + 2x_3 - 2x_4 = 4 \\ 3x_1 + 6x_2 - 9x_3 + 7x_4 = 9 \end{cases},$$

其系数矩阵为

$$A = \begin{pmatrix} 2 & -1 & -1 & 1 \\ 1 & 1 & -2 & 1 \\ 4 & -6 & 2 & -2 \\ 3 & 6 & -9 & 7 \end{pmatrix},$$

常数矩阵为

$$b = \begin{pmatrix} 2 \\ 4 \\ 4 \\ 9 \end{pmatrix},$$

增广矩阵表示为

$$B = (A|b) = \begin{pmatrix} 2 & -1 & -1 & 1 & 2 \\ 1 & 1 & -2 & 1 & 4 \\ 4 & -6 & 2 & -2 & 4 \\ 3 & 6 & -9 & 7 & 9 \end{pmatrix},$$

则有

$$B = \begin{pmatrix} 2 & -1 & -1 & 1 & 2 \\ 1 & 1 & -2 & 1 & -4 \\ 4 & -6 & 2 & -2 & 4 \\ 3 & 6 & -9 & 7 & 9 \end{pmatrix} \xrightarrow[r_3 \div 2]{r_1 \leftrightarrow r_2} B_1 = \begin{pmatrix} 1 & 1 & -2 & 1 & 4 \\ 2 & -1 & -1 & 1 & 2 \\ 2 & -3 & 1 & -1 & 2 \\ 3 & 6 & -9 & 7 & 9 \end{pmatrix}$$

$$\xrightarrow[\substack{r_3 - 2r_1 \\ r_4 - 3r_1}]{r_2 - r_3} B_2 = \begin{pmatrix} 1 & 1 & -2 & 1 & 4 \\ 0 & 2 & -2 & 2 & 0 \\ 0 & -5 & 5 & -3 & -6 \\ 0 & 3 & -3 & 4 & -3 \end{pmatrix} \xrightarrow[\substack{r_3 - 5r_2 \\ r_4 - 3r_2}]{r_2 \div 2} B_3 = \begin{pmatrix} 1 & 1 & -2 & 1 & 4 \\ 0 & 1 & -1 & 1 & 0 \\ 0 & 0 & 0 & 2 & -6 \\ 0 & 0 & 0 & 1 & -3 \end{pmatrix}$$

$$\xrightarrow[r_4 - 2r_3]{r_3 \leftrightarrow r_4} B_4 = \begin{pmatrix} 1 & 1 & -2 & 1 & 4 \\ 0 & 1 & -1 & 1 & 0 \\ 0 & 0 & 0 & 1 & -3 \\ 0 & 0 & 0 & 0 & 0 \end{pmatrix} \xrightarrow[r_2 - r_3]{r_1 - r_2} B_5 = \begin{pmatrix} 1 & 0 & -1 & 0 & 4 \\ 0 & 1 & -1 & 0 & 3 \\ 0 & 0 & 0 & 1 & -3 \\ 0 & 0 & 0 & 0 & 0 \end{pmatrix}.$$

交换后的矩阵 B_5 对应的方程组为

$$\begin{cases} x_1 = x_3 + 4 \\ x_2 = x_3 + 3 \\ x_4 = -3 \end{cases}.$$

令 $x_3 = c$，解得 $x = \begin{pmatrix} x_1 \\ x_2 \\ x_3 \\ x_4 \end{pmatrix} = \begin{pmatrix} c+4 \\ c+3 \\ c \\ -3 \end{pmatrix}.$

这种利用增广矩阵求解方程组的方式在解的过程中不带有变量符号，比加减消元法的步骤简单.

上述过程中出现的矩阵 B_4 和 B_5 称为行阶梯形矩阵（见图 9-1）. 其特征是：可划出一条阶梯线，线的下方全为零，并且每个台阶只有一行，台阶数就是非零行的行数，阶梯线的竖线后面的第一个元素为非零元. 上述矩阵变换得到的结果还称为行最简形矩阵，即非零行的第一个非零元为 1，且这些非零元所在列的其他元素都是零.

$$\begin{pmatrix} ① & 0 & -1 & 0 & 4 \\ 0 & ① & -1 & 0 & 3 \\ 0 & 0 & 0 & ① & -3 \\ 0 & 0 & 0 & 0 & 0 \end{pmatrix}$$

图 9-1

值得注意的是，行最简形矩阵是由方程组唯一确定的，行阶梯形矩阵的行数也是由方程组唯一确定的，并且任何矩阵经过有限次的初等行变换都可变换为行阶梯形矩阵和行最简形矩阵.

例 9-23　将矩阵 $\begin{pmatrix} 3 & 2 & 9 & 6 \\ -1 & -3 & 4 & -17 \\ 1 & 4 & -7 & 3 \\ -1 & -4 & 7 & -3 \end{pmatrix}$ 化为行阶梯矩阵和行最简形矩阵.

解：$\begin{pmatrix} 3 & 2 & 9 & 3 \\ -1 & -3 & 4 & -17 \\ 1 & 4 & -7 & 3 \\ -1 & -4 & 7 & -3 \end{pmatrix} \xrightarrow{r_1 \leftrightarrow r_3} \begin{pmatrix} 1 & 4 & -7 & 3 \\ -1 & -3 & 4 & -17 \\ 3 & 2 & 9 & 6 \\ -1 & -4 & 7 & -3 \end{pmatrix}$

$\xrightarrow[\substack{r_3 - 3r_1 \\ r_4 + r_1}]{r_2 + r_1} \begin{pmatrix} 1 & 4 & -7 & 3 \\ 0 & 1 & -3 & -14 \\ 0 & -10 & 30 & -3 \\ 0 & 0 & 0 & 0 \end{pmatrix} \xrightarrow{r_3 + 10r_2} \begin{pmatrix} 1 & 4 & -7 & 3 \\ 0 & 1 & -3 & -14 \\ 0 & 0 & 0 & -143 \\ 0 & 0 & 0 & 0 \end{pmatrix},$

其中 $\begin{pmatrix} 1 & 4 & -7 & 3 \\ 0 & 1 & -3 & -14 \\ 0 & 0 & 0 & -143 \\ 0 & 0 & 0 & 0 \end{pmatrix}$ 为行阶梯矩阵.

$$\begin{pmatrix} 1 & 4 & -7 & 3 \\ 0 & 1 & -3 & -14 \\ 0 & 0 & 0 & -143 \\ 0 & 0 & 0 & 0 \end{pmatrix} \xrightarrow{r_3\left(-\frac{1}{143}\right)} \begin{pmatrix} 1 & 4 & -7 & 3 \\ 0 & 1 & -3 & -14 \\ 0 & 0 & 0 & 1 \\ 0 & 0 & 0 & 0 \end{pmatrix}$$

$$\xrightarrow[r_1-3r_3]{r_2+14r_3} \begin{pmatrix} 1 & 4 & -7 & 0 \\ 0 & 1 & -3 & 0 \\ 0 & 0 & 0 & 1 \\ 0 & 0 & 0 & 0 \end{pmatrix} \xrightarrow{r_1-4r_2} \begin{pmatrix} 1 & 0 & 5 & 0 \\ 0 & 1 & -3 & 0 \\ 0 & 0 & 0 & 1 \\ 0 & 0 & 0 & 0 \end{pmatrix},$$

其中 $\begin{pmatrix} 1 & 0 & 5 & 0 \\ 0 & 1 & -3 & 0 \\ 0 & 0 & 0 & 1 \\ 0 & 0 & 0 & 0 \end{pmatrix}$ 为行最简形矩阵.

2. 利用初等行变换求逆矩阵

把矩阵形式的线性方程组 $AX=B$ 写成 $AX=EB$ ，这样求解过程可记成如下形式：

$$AX=EB \xrightarrow{初等行变换} EX=A^{-1}B.$$

即当左边方程中的 A 变成右边方程中 E 的同时，左边方程中的 E 也就变成右边方程中的 A^{-1}，这个形式可以如下表示：

$$(A|E) \xrightarrow{初等行变换} (E|A^{-1}).$$

也就是说，我们可以利用初等变换求得逆矩阵：在矩阵 A 的右边写上一个同阶的单位阵 E，构成 $(A|E)$，利用初等行变换将左半部分的 A 化成单位阵 E，此时右半部分的 E 就化成了 A^{-1}，我们称这种方法为初等行变换法. 下面来看两个例子.

例 9-24　设 $A=\begin{pmatrix} 1 & 2 & 3 \\ 2 & 2 & 1 \\ 3 & 4 & 3 \end{pmatrix}$，求 A^{-1}.

解：$(A|E)=\begin{pmatrix} 1 & 2 & 3 & 1 & 0 & 0 \\ 2 & 2 & 1 & 0 & 1 & 0 \\ 3 & 4 & 3 & 0 & 0 & 1 \end{pmatrix} \xrightarrow[r_3-3r_1]{r_2-2r_1} \begin{pmatrix} 1 & 2 & 3 & 1 & 0 & 0 \\ 0 & -2 & -5 & -2 & 1 & 0 \\ 0 & -2 & -6 & -3 & 0 & 1 \end{pmatrix}$

$\xrightarrow[r_3-r_1]{r_2+r_1} \begin{pmatrix} 1 & 0 & -2 & -1 & 1 & 0 \\ 0 & -2 & -5 & -2 & 1 & 0 \\ 0 & 0 & -1 & -1 & -1 & 1 \end{pmatrix} \xrightarrow[r_2-5r_3]{r_1-2r_3} \begin{pmatrix} 1 & 0 & 0 & 1 & 3 & -2 \\ 0 & -2 & 0 & 3 & 6 & -5 \\ 0 & 0 & -1 & -1 & -1 & 1 \end{pmatrix},$

$\xrightarrow[-r_3]{\frac{1}{2}r_2} \begin{pmatrix} 1 & 0 & 0 & 1 & 3 & -2 \\ 0 & 1 & 0 & -\frac{3}{2} & -3 & \frac{5}{2} \\ 0 & 0 & 1 & 1 & 1 & -1 \end{pmatrix},$

从而 $A^{-1} = \begin{pmatrix} 1 & 3 & -2 \\ -\dfrac{3}{2} & -3 & \dfrac{5}{2} \\ 1 & 1 & -1 \end{pmatrix}$.

例 9-25　设 $A = \begin{pmatrix} 3 & -2 & 0 & -1 \\ 0 & 2 & 2 & 1 \\ 1 & -2 & -3 & -2 \\ 0 & 1 & 2 & 1 \end{pmatrix}$，求 A^{-1}.

解：$(A|E) = \left(\begin{array}{cccc|cccc} 3 & -2 & 0 & -1 & 1 & 0 & 0 & 0 \\ 0 & 2 & 2 & 1 & 0 & 1 & 0 & 0 \\ 1 & -2 & -3 & -2 & 0 & 0 & 1 & 0 \\ 0 & 1 & 2 & 1 & 0 & 0 & 0 & 1 \end{array} \right)$

$\xrightarrow[r_2 \leftrightarrow r_4]{r_1 \leftrightarrow r_3} \left(\begin{array}{cccc|cccc} 1 & -2 & -3 & -2 & 0 & 0 & 1 & 0 \\ 0 & 1 & 2 & 1 & 0 & 0 & 0 & 1 \\ 3 & -2 & 0 & -1 & 1 & 0 & 0 & 0 \\ 0 & 2 & 2 & 1 & 0 & 1 & 0 & 0 \end{array} \right)$

$\xrightarrow[r_3 +(-3)r_1]{r_4 +(-2)r_2} \left(\begin{array}{cccc|cccc} 1 & -2 & -3 & -2 & 0 & 1 & 1 & 0 \\ 0 & 1 & 2 & 1 & 0 & 0 & 0 & 1 \\ 0 & 4 & 9 & 5 & 1 & 0 & -3 & 0 \\ 0 & 0 & -2 & -1 & 0 & 1 & 0 & -2 \end{array} \right)$

$\xrightarrow[r_4 +2r_1]{r_3 +(-4)r_2} \left(\begin{array}{cccc|cccc} 1 & -2 & -3 & -2 & 0 & 1 & 1 & 0 \\ 0 & 1 & 2 & 1 & 0 & 0 & 0 & 1 \\ 0 & 0 & 1 & 1 & 1 & 0 & -3 & -4 \\ 0 & 0 & 0 & 1 & 2 & 1 & -6 & -10 \end{array} \right)$

$\xrightarrow[r_3 -r_4]{\substack{r_1 +2r_4 \\ r_2 -r_4}} \left(\begin{array}{cccc|cccc} 1 & -2 & -3 & 0 & 4 & 2 & -11 & -20 \\ 0 & 1 & 2 & 0 & -2 & -1 & 6 & 11 \\ 0 & 0 & 1 & 0 & -1 & -1 & 3 & 6 \\ 0 & 0 & 0 & 1 & 2 & 1 & -6 & -10 \end{array} \right)$

$\xrightarrow[r_1 +2r_2]{\substack{r_1 +3r_3 \\ r_2 -2r_3}} \left(\begin{array}{cccc|cccc} 1 & 0 & 0 & 0 & 1 & 1 & -2 & -4 \\ 0 & 1 & 0 & 0 & 0 & 1 & 0 & -1 \\ 0 & 0 & 1 & 0 & -1 & -1 & 3 & 6 \\ 0 & 0 & 0 & 1 & 2 & 1 & -6 & -10 \end{array} \right)$.

从而 $A^{-1} = \begin{pmatrix} 1 & 1 & -2 & -4 \\ 0 & 1 & 0 & -1 \\ -1 & -1 & 3 & 6 \\ 2 & 1 & -6 & -10 \end{pmatrix}$.

显然，我们也可以用上述方法判定矩阵 A 是否可逆. 在对矩阵 $(A|E)$ 进行初等行变换的

过程中，如果 $(A|E)$ 中的左半部分 A 出现零行，说明矩阵 $|A|=0$，则可判定 A 不可逆；如果 $(A|E)$ 中的左半部分 A 被化成了单位阵 E，说明矩阵 $|A| \neq 0$，则可判定 A 可逆.

例 9-26 设 $A = \begin{pmatrix} -12 & -1 & 6 \\ 4 & 0 & 5 \\ -6 & -1 & 1 \end{pmatrix}$，问 A 是否可逆？

解： $(A|E) = \begin{pmatrix} -12 & -1 & 6 & | & 1 & 0 & 0 \\ 4 & 0 & 5 & | & 0 & 1 & 0 \\ -6 & -1 & 1 & | & 0 & 0 & 1 \end{pmatrix} \rightarrow \begin{pmatrix} -2 & -1 & 6 & | & 1 & 0 & 0 \\ 0 & -2 & 17 & | & 2 & 1 & 0 \\ 0 & 2 & -17 & | & -3 & 0 & 1 \end{pmatrix}$

$\rightarrow \begin{pmatrix} -2 & -1 & 6 & | & 1 & 0 & 0 \\ 0 & -2 & 17 & | & 2 & 1 & 0 \\ 0 & 0 & 0 & | & -1 & 1 & 1 \end{pmatrix}$，

左侧矩阵的第三行化为了零行，故 A 不可逆.

五、矩阵的秩

矩阵的秩的概念是讨论矩阵的逆、线性方程组解的存在性等问题的重要工具，从上一部分内容知道矩阵可经初等行变换化为行阶梯形矩阵，且行阶梯形矩阵的非零行数是唯一确定的，这个数实质上就是矩阵的"秩". 下面我们首先利用行列式来定义矩阵的秩，然后利用初等变换求矩阵的秩.

定义 9-13 在 $m \times n$ 矩阵 A 中，任取 k 行 k 列 $(k \leqslant m, k \leqslant n)$，位于这些行列的交叉处有 k^2 个元素，它们按在 A 中所处的位置次序构成行列式，称为矩阵 A 的 k 阶子式.

例如，矩阵 $A = \begin{pmatrix} 1 & 3 & 4 & 5 \\ -1 & 0 & 2 & 3 \\ 0 & 1 & -1 & 0 \end{pmatrix}$，其第 $1, 3$ 行和第 $2, 4$ 列的交叉处元素形成二阶子式 $\begin{vmatrix} 3 & 5 \\ 1 & 0 \end{vmatrix}$.

矩阵的秩就是定义在矩阵的 k 阶子式基础上的.

定义 9-14 在 $m \times n$ 矩阵 A 中，如果存在 A 的 r 阶子式不为零，而任何 $r+1$ 阶子式全为零，则称数 r 为矩阵 A 的秩，记为 $R(A)$（或 $r(A)$），并规定零矩阵的秩为零.

例 9-27 求矩阵 $A = \begin{pmatrix} 1 & 2 & 3 \\ 2 & 3 & -5 \\ 4 & 7 & 1 \end{pmatrix}$ 的秩.

解： 在 A 中 $\begin{vmatrix} 1 & 3 \\ 2 & -5 \end{vmatrix} \neq 0$，即存在二阶子式不为零，又

$$|A| = \begin{vmatrix} 1 & 2 & 3 \\ 2 & 3 & -5 \\ 3 & 7 & 1 \end{vmatrix} = \begin{vmatrix} 1 & 2 & 3 \\ 0 & -1 & -11 \\ 0 & -1 & -11 \end{vmatrix} = 0 ,$$

故 $R(A) = 2$.

当矩阵的阶数较高时，找到不全为零的 r 阶子式并不容易，所以直接从定义出发判断矩阵的秩的难度较大. 在求解过程中可以直接用初等变换的方式求矩阵的秩：将一个矩阵变成

行阶梯形矩阵，其非零行数就是秩.

例 9-28 求 $A = \begin{pmatrix} 3 & 2 & 0 & 5 & 0 \\ 3 & -2 & 3 & 6 & -1 \\ 2 & 0 & 1 & 5 & -3 \\ 1 & 6 & -4 & -1 & 4 \end{pmatrix}$ 的秩.

解：对 A 作初等行变换，使其变成阶梯形矩阵：

$$A \xrightarrow{r_1 \leftrightarrow r_4} \begin{pmatrix} 1 & 6 & -4 & -1 & 4 \\ 3 & -2 & 3 & 6 & -1 \\ 2 & 0 & 1 & 5 & -3 \\ 3 & 2 & 0 & 5 & 0 \end{pmatrix} \xrightarrow[\substack{r_3-2r_1 \\ r_4-3r_1}]{r_2-3r_1} \begin{pmatrix} 1 & 6 & -4 & -1 & 4 \\ 0 & -20 & 15 & 9 & -13 \\ 0 & -12 & 9 & 7 & -11 \\ 0 & -16 & 12 & 8 & -12 \end{pmatrix}$$

$$\xrightarrow[\substack{r_3-r_4 \\ \frac{1}{4}r_4}]{-r_2+r_4} \begin{pmatrix} 1 & 6 & -4 & -1 & 4 \\ 0 & 4 & -3 & -1 & 1 \\ 0 & 4 & -3 & -1 & 1 \\ 0 & -4 & 3 & 2 & -3 \end{pmatrix} \xrightarrow[\substack{r_4+r_2}]{r_3-r_2} \begin{pmatrix} 1 & 6 & -4 & -1 & 4 \\ 0 & 4 & -3 & -1 & 1 \\ 0 & 0 & 0 & 0 & 0 \\ 0 & 0 & 0 & 1 & -2 \end{pmatrix}$$

$$\xrightarrow{r_3 \leftrightarrow r_4} \begin{pmatrix} 1 & 6 & -4 & -1 & 4 \\ 0 & 4 & -3 & -1 & 1 \\ 0 & 0 & 0 & 1 & -2 \\ 0 & 0 & 0 & 0 & 0 \end{pmatrix}.$$

由阶梯形矩阵有三个非零行可知 $R(A) = 3$.

对于线性方程组 $AX = B$，系数矩阵与增广矩阵的秩可以一起判断，下面我们来看一个例子：

例 9-29 设线性方程组的系数、常数矩阵如下：

$$A = \begin{pmatrix} 1 & -2 & 2 & -1 \\ 2 & -4 & 8 & 0 \\ -2 & 4 & -2 & 3 \\ 3 & -6 & 0 & -6 \end{pmatrix}, \quad b = \begin{pmatrix} 1 \\ 2 \\ 3 \\ 4 \end{pmatrix},$$

求 A 及 $B = (A|b)$ 的秩.

解：$B = \begin{pmatrix} 1 & -2 & 2 & -1 & 1 \\ 2 & -4 & 8 & 0 & 2 \\ -2 & 4 & -2 & 3 & 3 \\ 3 & -6 & 0 & -6 & 4 \end{pmatrix} \xrightarrow[\substack{r_3+2r_1 \\ r_4-3r_1}]{r_2-2r_1} \begin{pmatrix} 1 & -2 & 2 & -1 & 1 \\ 0 & 0 & 4 & 2 & 0 \\ 0 & 0 & 2 & 1 & 5 \\ 0 & 0 & -6 & -3 & 1 \end{pmatrix}$

$\xrightarrow[\substack{r_3-r_2 \\ r_4+3r_2}]{\frac{1}{2}r_2} \begin{pmatrix} 1 & -2 & 2 & -1 & 1 \\ 0 & 0 & 2 & 1 & 0 \\ 0 & 0 & 0 & 0 & 5 \\ 0 & 0 & 0 & 0 & 1 \end{pmatrix} \xrightarrow{r_4-\frac{1}{5}r_3} \begin{pmatrix} 1 & -2 & 2 & -1 & 1 \\ 0 & 0 & 2 & 1 & 0 \\ 0 & 0 & 0 & 0 & 5 \\ 0 & 0 & 0 & 0 & 0 \end{pmatrix}.$

变换后矩阵 A 有两个零行，矩阵 B 有一个零行，从而 $R(A) = 2, R(B) = 3$.

下面介绍有关秩的性质与算律：

（1）若矩阵 A 中有某个 s 阶子式不为 0，则 $R(A) \geqslant s$；

（2）若矩阵 A 中所有 t 阶子式为 0，则 $R(A) < t$；

（3）若 A 为 $m \times n$ 矩阵，则 $0 \leqslant R(A) \leqslant \min\{m, n\}$；

（4）$R(A) = R(A^{\mathrm{T}})$．

值得注意的是，当 $R(A) = \min\{m, n\}$ 时，称矩阵 A 满秩．特别地，对于 n 阶方阵 A，当 $R(A) = n$ 时满秩，此时 $|A| \neq 0$，A 为非奇异（非退化）矩阵．

矩阵是反映图表最有效的方式，同时也是计算线性方程组的重要工具．有关矩阵的理论远不止于此，但基本的运算、性质和算律本节已经比较全面地进行了概括，下一节将会具体应用矩阵的理论解线性方程组．

习题 9.2

1. 计算下列矩阵.

（1）$\begin{pmatrix} 1 & 6 & 4 \\ -4 & 2 & 8 \end{pmatrix} + \begin{pmatrix} -2 & 0 & 1 \\ 2 & -3 & 4 \end{pmatrix}$；
（2）$\begin{pmatrix} 1 & 2 \\ 0 & 1 \end{pmatrix} - \begin{pmatrix} 2 & -2 \\ 0 & 3 \end{pmatrix}$．

2. 设 $A = \begin{pmatrix} 1 & 2 & 1 & 2 \\ 2 & 1 & 2 & 1 \\ 1 & 2 & 3 & 4 \end{pmatrix}$，$B = \begin{pmatrix} 4 & 3 & 2 & 1 \\ -2 & 1 & -2 & 1 \\ 0 & -1 & 0 & -1 \end{pmatrix}$，计算（1）$3A - B$；（2）$2A + 3B$；（3）若

X 满足 $A + X = B$，求 X．

3. 计算下列矩阵.

（1）$\begin{pmatrix} 4 & 3 & 1 \\ 1 & -2 & 3 \\ 5 & 7 & 0 \end{pmatrix} \begin{pmatrix} 7 \\ 2 \\ 1 \end{pmatrix}$；
（2）$\begin{pmatrix} 1 & 2 & 3 \\ 2 & 4 & 6 \\ 3 & 6 & 9 \end{pmatrix} \begin{pmatrix} -1 & -2 & -4 \\ -1 & -2 & -4 \\ 1 & 2 & 4 \end{pmatrix}$；

（3）$(1 \quad 2 \quad 3) \begin{pmatrix} 3 \\ 2 \\ 1 \end{pmatrix}$；
（4）$\begin{pmatrix} 3 \\ 2 \\ 1 \end{pmatrix} (1 \quad 2 \quad 3)$；

（5）$\begin{pmatrix} 1 & 2 & 3 \\ -2 & 1 & 2 \end{pmatrix} \begin{pmatrix} 1 & 2 & 0 \\ 0 & 1 & 1 \\ 3 & 0 & -1 \end{pmatrix}$；
（6）$(x_1 \quad x_2 \quad x_3) \begin{pmatrix} a_{11} & a_{12} & a_{13} \\ a_{12} & a_{22} & a_{23} \\ a_{13} & a_{23} & a_{33} \end{pmatrix} \begin{pmatrix} x_1 \\ x_2 \\ x_3 \end{pmatrix}$．

4. 计算下列矩阵.

（1）$\begin{pmatrix} 1 & 1 \\ 0 & 0 \end{pmatrix}^3$；
（2）$\begin{pmatrix} 1 & 0 \\ \lambda & 1 \end{pmatrix}^5$；
（3）$\begin{pmatrix} a & 0 & 0 \\ 0 & b & 0 \\ 0 & 0 & c \end{pmatrix}^3$．

5. 设 $A = \begin{pmatrix} 1 & 1 \\ 0 & 1 \end{pmatrix}$，求所有与 A 可换的矩阵.

6. 判断下列矩阵是否可逆，若可逆，求其逆矩阵.

（1）$\begin{pmatrix} 1 & 2 & 3 \\ 2 & 1 & 2 \\ 1 & 3 & 3 \end{pmatrix}$;　　　　（2）$\begin{pmatrix} 2 & 3 & -1 \\ -1 & 3 & 5 \\ 1 & 5 & -11 \end{pmatrix}$;　　　　（3）$\begin{pmatrix} 1 & 2 \\ 3 & 5 \end{pmatrix}$.

7. 用逆矩阵解下列矩阵方程.

（1）$\begin{pmatrix} 2 & 5 \\ 1 & 3 \end{pmatrix} X = \begin{pmatrix} 4 & -6 \\ 2 & 1 \end{pmatrix}$;　　　　（2）$\begin{pmatrix} 1 & 4 \\ -1 & 2 \end{pmatrix} X \begin{pmatrix} 2 & 0 \\ -1 & 1 \end{pmatrix} = \begin{pmatrix} 3 & 1 \\ 0 & -1 \end{pmatrix}$.

8. 利用逆矩阵解下列线性方程组.

（1）$\begin{cases} x_1 + 2x_2 + 3x_3 = 1 \\ 2x_1 + 2x_2 + 5x_3 = 2 \\ 3x_1 + 5x_2 + x_3 = 3 \end{cases}$;　　　　（2）$\begin{cases} 2x_1 + 2x_2 + 3x_3 = 1 \\ x_1 - x_2 = 0 \\ -x_1 + 2x_2 + x_3 = -1 \end{cases}$.

9. 求下列矩阵的秩.

（1）$\begin{pmatrix} 3 & 1 & 0 & 2 \\ 1 & -1 & 2 & -1 \\ 1 & 3 & -4 & -4 \end{pmatrix}$;　　　　（2）$\begin{pmatrix} 3 & 2 & -1 & -3 & -1 \\ 2 & -1 & 3 & 1 & -3 \\ 7 & 0 & 5 & -1 & -8 \end{pmatrix}$.

10. 若 $A = \begin{pmatrix} 1 & \lambda & -1 & 2 \\ 2 & -1 & \lambda & 5 \\ 1 & 10 & -6 & 1 \end{pmatrix}$，其中 λ 为参数，求 A 矩阵的秩.

第三节　线性方程组

在工程技术和工程管理中有许多问题经常可以归结为线性方程组类型的数学模型，这些模型中方程和未知量个数往往较多，而未知量个数与方程个数也未必相同，方程的解未必唯一，甚至未必存在，本节即讨论方程解的存在性与结构问题.

一、线性方程组的基本概念

方程组的概念大家应该并不陌生，这里强调一下线性的意义，即线性表示方程中变量的最更高次幂是一次的. 一般情况下，有 n 个未知量、m 个方程的方程组表示如下：

$$\begin{cases} a_{11}x_1 + a_{12}x_2 + \cdots + a_{1n}x_n = b_1 \\ a_{21}x_1 + a_{22}x_2 + \cdots + a_{2n}x_n = b_2 \\ \cdots\cdots \\ a_{n1}x_1 + a_{n2}x_2 + \cdots + a_{nn}x_n = b_n \end{cases},$$

其中 a_{ij} 表示系数，x_i 表示变量，b_j 表示常数项，当 $b_j(i=1,\cdots,n)$ 不全为零时，称上述方程组为**非齐次线性方程组**；当 $b_j \equiv 0(i=1,\cdots,n)$ 时，称上述方程组为**齐次线性方程组**.

为了方便表示与讨论，令

$$A = \begin{pmatrix} a_{11} & a_{12} & \cdots & a_{1n} \\ a_{21} & a_{22} & \cdots & a_{2n} \\ \vdots & \vdots & & \vdots \\ a_{n1} & a_{n2} & \cdots & a_{nn} \end{pmatrix}, \quad X = \begin{pmatrix} x_1 \\ x_2 \\ \vdots \\ x_n \end{pmatrix}, \quad B = \begin{pmatrix} b_1 \\ b_2 \\ \vdots \\ b_n \end{pmatrix}, \quad O = \begin{pmatrix} 0 \\ 0 \\ \vdots \\ 0 \end{pmatrix},$$

则非齐次线性方程组表示为

$$AX = B ,$$

将系数与常数项合并构成增广矩阵表示为 $(A|B)$ 或 (AB)，记为 $\bar{A}$，而齐次线性方程组表示为

$$AX = O .$$

通过矩阵的秩和初等变换的学习，不难发现线性方程组解的存在与系数或增广矩阵的秩有关，而求解的过程即为初等变换. 下面介绍解的存在性判定方法与求解的过程.

二、齐次线性方程组解的存在性判定与求解

对于齐次线性方程组，可表示为 $AX = O$，其解是一定存在的，至少存在零解，即 $X = \begin{pmatrix} 0 \\ 0 \\ \vdots \\ 0 \end{pmatrix}$，

但我们要求的往往不是零解，下面的定理给出了非零解存在的条件，同时它也是判定方法.

定理 9-1　对于 n 个未知量、m 个方程的齐次线性方程组 $AX = O$ 有非零解的充要条件为系数矩阵的秩 $R(A) < n$，当 $R(A) = n$ 时方程只有零解. （证明从略）

例 9-30　求解齐次线性方程组 $\begin{cases} x_1 + 2x_2 + x_3 + x_4 = 0 \\ 2x_1 + x_2 - 2x_3 - 2x_4 = 0 \\ x_1 - x_2 - 4x_3 - 3x_4 = 0 \end{cases}$.

解：对系数矩阵 A 施行初等行变换：

$$A = \begin{pmatrix} 1 & 2 & 2 & 1 \\ 2 & 1 & -2 & -2 \\ 1 & -1 & -4 & -3 \end{pmatrix} \xrightarrow[r_3 - r_1]{r_2 - 2r_1} \begin{pmatrix} 1 & 2 & 2 & 1 \\ 0 & -3 & -6 & -4 \\ 0 & -3 & -6 & -4 \end{pmatrix}$$

$$\xrightarrow[-\frac{1}{3}r_3]{r_3 - r_2} \begin{pmatrix} 1 & 2 & 2 & 1 \\ 0 & 1 & 2 & \frac{4}{3} \\ 0 & 0 & 0 & 0 \end{pmatrix} \xrightarrow{r_1 - 2r_2} \begin{pmatrix} 1 & 0 & -2 & -\frac{5}{3} \\ 0 & 1 & 2 & \frac{4}{3} \\ 0 & 0 & 0 & 0 \end{pmatrix} ,$$

从而得到与原方程组同解的方程组：

$$\begin{cases} x_1 - 2x_3 - \dfrac{5}{3}x_4 = 0 \\ x_2 + 2x_3 + \dfrac{4}{3}x_4 = 0 \end{cases} .$$

由此可得

$$\begin{cases} x_1 = 2x_3 + \dfrac{5}{3}x_4 \\ x_2 = -2x_3 - \dfrac{4}{3}x_4 \end{cases} ， \text{其中 } x_3, x_4 \text{可取任意值，}$$

若令 $x_3 = c_1$, $x_4 = c_2$，得

$$\begin{cases} x_1 = 2c_1 + \dfrac{5}{3}c_2 \\ x_2 = -2c_1 - \dfrac{4}{3}c_2 \\ x_3 = c_1 \\ x_4 = c_2 \end{cases}.$$

值得注意的是，对于多元线性方程组，其解往往不是唯一的，上述例题中的解称为方程的通解，它表示了方程的有规律性的无穷多个解.

三、非齐次线性方程组解的存在性判定与求解

非齐次线性方程组的结构比齐次线性方程组复杂，其解的存在性、唯一性不仅与系数矩阵 A 有关，还与增广矩阵 $\tilde{A}$ 有关，下面给出解的存在性、唯一性的判定方法.

定理 9-2　对于 n 个未知量、m 个方程的非齐次线性方程组 $AX = B$，当 $R(A) = R(\tilde{A})$ 时方程组有解，反之方程组无解. 特别地，当 $R(A) = R(\tilde{A}) = n$ 时方程组有唯一解；$R(A) = R(\tilde{A}) < n$ 时方程组有无穷多个解.（证明从略）

例 9-31　判定非齐次线性方程组 $\begin{cases} x_1 - 2x_2 + 3x_3 - x_4 = 1 \\ 3x_1 - x_2 + 5x_3 - 3x_4 = 2 \\ 2x_1 + x_2 + 2x_3 - 2x_4 = 3 \end{cases}$ 的解的存在性.

解：对增广矩阵 $\tilde{A}$ 进行初等变换：

$$\tilde{A} = \begin{pmatrix} 1 & -2 & 3 & -1 & 1 \\ 3 & -1 & 5 & -3 & 2 \\ 2 & 1 & 2 & -2 & 3 \end{pmatrix} \xrightarrow[r_3 - 2r_1]{r_2 - 3r_1} \begin{pmatrix} 1 & -2 & 3 & -1 & 1 \\ 0 & 5 & -4 & 0 & -1 \\ 0 & 5 & -4 & 0 & 1 \end{pmatrix}$$

$$\xrightarrow{r_3 - r_2} \begin{pmatrix} 1 & -2 & 3 & -1 & 1 \\ 0 & 5 & -4 & 0 & -1 \\ 0 & 0 & 0 & 0 & 2 \end{pmatrix},$$

从而 $R(A) = 2, R(\tilde{A}) = 3$，则该方程组无解.

例 9-32　求解非齐次线性方程组 $\begin{cases} x_1 - x_2 - x_3 + x_4 = 0 \\ x_1 - x_2 + x_3 - 3x_4 = 1 \\ x_1 - x_2 - 2x_3 + 3x_4 = -\dfrac{1}{2} \end{cases}$.

解：对增广矩阵 $\tilde{A}$ 进行初等变换：

$$\tilde{A} = \begin{pmatrix} 1 & -1 & -1 & 1 & 0 \\ 1 & -1 & 1 & -3 & 1 \\ 1 & -1 & -2 & 3 & -\dfrac{1}{2} \end{pmatrix} \xrightarrow[r_3 - r_1]{r_2 - r_1} \begin{pmatrix} 1 & -1 & -1 & 1 & 0 \\ 0 & 0 & 2 & -4 & 1 \\ 0 & 0 & -1 & 2 & -\dfrac{1}{2} \end{pmatrix}$$

$$\xrightarrow{r_3+\frac{1}{2}r_2}\begin{pmatrix} 1 & -1 & 0 & -1 & \dfrac{1}{2} \\ 0 & 0 & 1 & -2 & \dfrac{1}{2} \\ 0 & 0 & 0 & 0 & 0 \end{pmatrix},$$

从而 $R(A)=R(\tilde{A})=2$，则该方程组有无穷解.

从上述矩阵得到

$$\begin{cases} x_1=x_2+x_4+\dfrac{1}{2} \\ x_3=2x_4+\dfrac{1}{2} \end{cases}，\text{其中 } x_2,x_4 \text{ 可取任意值}，$$

若令 $x_2=c_1$，$x_4=c_2$，得

$$\begin{cases} x_1=c_1+c_2+\dfrac{1}{2} \\ x_2=c_1 \\ x_3=2c_2+\dfrac{1}{2} \\ x_4=c_2 \end{cases}.$$

上述方程组的解还可以表示为矩阵的形式：

$$\begin{pmatrix} x_1 \\ x_2 \\ x_3 \\ x_4 \end{pmatrix}=x_2\begin{pmatrix} 1 \\ 1 \\ 0 \\ 0 \end{pmatrix}+x_4\begin{pmatrix} 1 \\ 0 \\ 2 \\ 1 \end{pmatrix}+\begin{pmatrix} \dfrac{1}{2} \\ 0 \\ \dfrac{1}{2} \\ 0 \end{pmatrix}.$$

再如，例 9-30 中的解 $\begin{cases} x_1=2c_1+\dfrac{5}{3}c_2 \\ x_2=-2c_1-\dfrac{4}{3}c_2 \\ x_3=c_1 \\ x_4=c_2 \end{cases}$ 可表示成

$$\begin{pmatrix} x_1 \\ x_2 \\ x_3 \\ x_4 \end{pmatrix}=c_1\begin{pmatrix} 2 \\ -2 \\ 1 \\ 0 \end{pmatrix}+c_2\begin{pmatrix} \dfrac{5}{3} \\ -\dfrac{4}{3} \\ 0 \\ 1 \end{pmatrix}.$$

下面提升一下难度，解含有参数的线性方程组.

例 9-33 设有非齐次线性方程组 $\begin{cases} \lambda x_1 + x_2 + x_3 = 1 \\ x_1 + \lambda x_2 + x_3 = \lambda \\ x_1 + x_2 + \lambda x_3 = \lambda^2 \end{cases}$ ，问 λ 取何值时，方程有解？有无穷

多解？

解：对增广矩阵 $\tilde{A}$ 进行初等变换：

$$\begin{pmatrix} \lambda & 1 & 1 & 1 \\ 1 & \lambda & 1 & \lambda \\ 1 & 1 & \lambda & \lambda^2 \end{pmatrix} \xrightarrow{r_1 \leftrightarrow r_3} \begin{pmatrix} 1 & 1 & \lambda & \lambda^2 \\ 1 & \lambda & 1 & \lambda \\ \lambda & 1 & 1 & 1 \end{pmatrix} \xrightarrow[r_3 - \lambda r_1]{r_2 - r_1} \begin{pmatrix} 1 & 1 & \lambda & \lambda^2 \\ 0 & \lambda-1 & 1-\lambda & \lambda-\lambda^2 \\ 0 & 1-\lambda & 1-\lambda^2 & 1-\lambda^2 \end{pmatrix}$$

$$\xrightarrow{r_3 + r_2} \begin{pmatrix} 1 & 1 & \lambda & \lambda^2 \\ 0 & \lambda-1 & 1-\lambda & \lambda-\lambda^2 \\ 0 & 0 & 2-\lambda-\lambda^2 & 1+\lambda-\lambda^2-\lambda^3 \end{pmatrix},$$

讨论 λ 的取值，进而确定解的情况.

为了方便讨论，将矩阵第三行元素因式分解得到：

$$\begin{pmatrix} 1 & 1 & \lambda & \lambda^2 \\ 0 & \lambda-1 & 1-\lambda & \lambda(1-\lambda) \\ 0 & 0 & (1-\lambda)(2+\lambda) & (1-\lambda)(1+\lambda)^2 \end{pmatrix}.$$

（1）当 $\lambda = 1$ 时，$(1-\lambda)(2+\lambda)$ 和 $(1-\lambda)(1+\lambda)^2$ 同时为零，$\tilde{A} \to \begin{pmatrix} 1 & 1 & 1 & 1 \\ 0 & 0 & 0 & 0 \\ 0 & 0 & 0 & 0 \end{pmatrix}$，$R(A) = R(B) < 3$，

方程组有无穷多解，其通解为 $\begin{cases} x_1 = 1 - x_2 - x_3 \\ x_2 = x_2 \\ x_3 = x_3 \end{cases}$.

（2）当 $\lambda \neq 1$ 时，将矩阵的第二、三行同时除以 $(1-\lambda)$ 得到

$$\tilde{A} \to \begin{pmatrix} 1 & 1 & \lambda & \lambda^2 \\ 0 & -1 & 1 & \lambda \\ 0 & 0 & 2+\lambda & (1+\lambda)^2 \end{pmatrix}.$$

这时又分为两种情况：

（2a）当 $\lambda \neq -2$ 时，$R(A) = R(B) = 3$，方程组有唯一解：

$$x_1 = -\frac{\lambda+1}{\lambda+2}, \quad x_2 = \frac{1}{\lambda+2}, \quad x_3 = \frac{(\lambda+1)^2}{\lambda+2}.$$

（2b）当 $\lambda = -2$ 时，$\tilde{A} \to \begin{pmatrix} 1 & 1 & -2 & 4 \\ 0 & -3 & 3 & -6 \\ 0 & 0 & 0 & 3 \end{pmatrix}$，$R(A) \neq R(B)$，方程组无解.

习题 9.3

1. 求解下列线性方程组.

（1）$\begin{cases} x_1 + 2x_2 + 2x_3 + x_4 = 0 \\ 2x_1 + x_2 - 2x_3 - 2x_4 = 0 \\ x_1 - x_2 - 4x_3 - 3x_4 = 0 \end{cases}$；

（2）$\begin{cases} x_1 + 2x_2 - 3x_3 = 0 \\ 2x_1 + 5x_2 + 2x_3 = 0 \\ 3x_1 - x_2 - 4x_3 = 0 \end{cases}$；

（3）$\begin{cases} x_1 + 5x_2 - x_3 - x_4 = -1 \\ x_1 - 2x_2 + x_3 + 3x_4 = 3 \\ 3x_1 + 8x_2 - x_3 - x_4 = 1 \\ x_1 - 9x_2 + 3x_3 + 7x_4 = 7 \end{cases}$；

（4）$\begin{cases} x_1 + x_2 + 2x_3 - x_4 = 0 \\ 2x_1 + x_2 + x_3 - x_4 = 0 \\ 2x_1 + 2x_2 + x_3 + 2x_4 = 0 \end{cases}$；

（5）$\begin{cases} 4x_1 + 2x_2 - x_3 = 2 \\ 3x_1 - x_2 + 2x_3 = 10 \\ 11x_1 + 3x_2 = 8 \end{cases}$；

（6）$\begin{cases} 2x + y - z + w = 1 \\ 3x - 2y + z - 3w = 4 \\ x + 4y - 3z + 5w = -2 \end{cases}$.

2. λ 取何值时，下列非其次线性方程组有唯一解、无解或有无穷多解？并在有无穷多解时求出其解：

（1）$\begin{cases} \lambda x_1 + x_2 + x_3 = 1 \\ x_1 + \lambda x_2 + x_3 = \lambda \\ x_1 + x_2 + \lambda x_3 = \lambda^2 \end{cases}$；

（2）$\begin{cases} x_1 + x_2 + 2x_3 + 3x_4 = -1 \\ x_1 + 3x_2 + 6x_3 + x_4 = 3 \\ 3x_1 - x_2 - px_3 + 15x_4 = 3 \\ x_1 - 5x_2 - 10x_3 + 12x_4 = t \end{cases}$.

小 结

本章介绍了线性代数中最基本的三个问题：行列式运算、矩阵运算以及线性方程组的求解. 实际生产与生活中的例子可以抽象成解线性方程组的问题. 线性方程组完全可以由矩阵表示，而行列式才是方阵具有的一种运算. 下面让我们来总结一下本章的知识重点：

一、行列式

1. 行列式按行展开：$D_n = a_{i1}A_{i1} + a_{i2}A_{i2} + \cdots + a_{in}A_{in} = \sum_{j=1}^{n} a_{ij}A_{ij}$ $(i = 1, 2, \cdots, n)$，其中 A_{ij} 为元素 a_{ij} 的代数余子式，且 $A_{ij} = (-1)^{i+j}M_{ij}$，$M_{ij}$ 为划去第 i 行第 j 列元素后按原顺序构成的 $n-1$ 阶行列式.

2. 特殊类型的行列式：对角行列式、上三角行列式、下三角行列式，行列式的值均为主对角线元素的乘积.

3. 行列式的性质：转置、变号、数乘、分项、倍加等性质.

4. 克拉默法则：$x_j = \dfrac{D_j}{D}$ $(j = 1, 2, \cdots,\ n)$，其中系数行列式 $D \neq 0$，D_j 是将系数行列式 D 中第 j 列元素 $a_{1j}, a_{2j}, \cdots, a_{1j}$ 替换成常数项 $b_1, b_2, \cdots, b_n$，而其余各列保持不变所得到的行列式.

二、矩　阵

1. 定义：由 $m \times n$ 个数 a_{ij} $(i = 1, 2, \cdots, m; j = 1, 2, \cdots, n)$ 排成的 m 行 n 列的数表

$$\begin{pmatrix} a_{11} & a_{12} & \cdots & a_{1n} \\ a_{21} & a_{22} & \cdots & a_{2n} \\ \vdots & \vdots & & \vdots \\ a_{m1} & a_{m2} & \cdots & a_{mn} \end{pmatrix}$$

称为 m 行 n 列的矩阵，简称 $m \times n$ 矩阵，记作 $A_{m \times n}$ 或 $(a_{ij})_{m \times n}$，其中 a_{ij} 称为矩阵的元素.

2. 特殊矩阵：行矩阵、列矩阵、n 阶方阵、上（下）三角矩阵、对角矩阵、单位矩阵、零矩阵.

3. 矩阵的运算.

（1）矩阵同型与相等，记为 $A = B$；

（2）矩阵的加法，记为 $A + B$；

（3）数与矩阵的乘法，记为 λA 或 $A\lambda$；

（4）矩阵的乘法，记为 AB；

（5）方阵的幂，记为 $A^k = \underbrace{A\,A \cdots A}_{k\uparrow}$；

（6）矩阵的转置，记为 A^{T}；

（7）方阵的行列式，记为 $\det A$ 或 $|A|$；

（8）矩阵的逆，若 n 阶方阵 A 与 B 满足 $AB = BA = E$，则称 A 是可逆的，称 B 为 A 的逆矩阵，记为 A^{-1}，即 $B = A^{-1}$，且 $A^{-1} = \dfrac{A^*}{|A|}$（$A^*$ 为 A 的伴随矩阵）.

4. 矩阵的初等变换.

（1）对换矩阵两行（列）的位置，**简称对换变换**，记为 $r_i \leftrightarrow r_j (c_i \leftrightarrow c_j)$；

（2）用一个非零数乘矩阵的某一行（列），**简称倍乘变换**，记为 $r_i \times k (c_i \times k)$；

（3）将矩阵的某一行（列）的倍数加到另一行（列）上，**简称倍加变换**，记为 $r_i + kr_j (c_i + kc_j)$.

5. 利用初等变换求矩阵的逆：$(A \mid E) \xrightarrow{\text{初等行变换}} (E \mid A^{-1})$.

6. 矩阵的秩：矩阵 A 的非零子式的最高阶数 r 称为矩阵 A 的秩，记为 $R(A)$（或 $r(A)$）.

三、线性方程组

1. 分类：非齐次线性方程组 $AX = B$ 和齐次线性方程组 $AX = O$.

2. 线性方程组有解的充要条件为它的系数矩阵与增广矩阵的秩相同 $R(A) = R(\tilde{A})$：

（1）n 元非齐次线性方程组解的判定 $\begin{cases} R(A) \neq R(\tilde{A}), \text{无解} \\ R(A) = R(\tilde{A}) \begin{cases} R(A) = R(\tilde{A}) = n, \text{唯一解} \\ R(A) = R(\tilde{A}) < n, \text{无穷多解} \end{cases} \end{cases}$；

（2）n 元齐次线性方程组解的判定 $\begin{cases} R(A) = R(\tilde{A}) = n, \text{唯一零解} \\ R(A) = R(\tilde{A}) < n, \text{无穷多解} \end{cases}$

习题训练（九）

一、填空题

1. 设 A 为 n 阶方阵，A^* 为其伴随矩阵，$\det A = \dfrac{1}{3}$，则 $\det\left(\left(\dfrac{1}{4}A\right)^{-1} - 15A^*\right) = $ _____.

2. 设 3 阶方阵 $A \neq O$，$B = \begin{pmatrix} 1 & 3 & 5 \\ 2 & 4 & t \\ 3 & 5 & 3 \end{pmatrix}$，且 $AB = O$，则 $t = $ _____.

3. 已知 $A^3 = E$，则 $A^{-1} = $ _____.

4. 若 n 阶矩阵 A 满足方程 $A^2 + 2A + 3E = O$，则 $A^{-1} = $ _____.

5. 设 A 为三阶矩阵，且 $|A| = 1$，$\left| 2A^{-1} + 3A^* \right| = $ _____.

6. 若 n 元线性方程组有解，且其系数矩阵的秩为 r，则当_____时，方程组有唯一解；当_____时，方程组有无穷多解.

7. 齐次线性方程组 $\begin{cases} x_1 + kx_2 + x_3 = 0 \\ 2x_1 + x_2 + x_3 = 0 \\ kx_2 + 3x_3 = 0 \end{cases}$ 只有零解，则 k 应满足的条件是_____.

8. 矩阵 $A = \begin{pmatrix} 0 & 0 & 0 & 1 \\ 1 & 1 & 0 & 1 \\ 2 & 2 & 0 & 1 \\ 1 & 1 & 0 & 0 \end{pmatrix}$ 的秩是_____.

二、计算题

1. 求下列行列式的值.

（1）$\begin{vmatrix} 3 & 1 & -1 & 2 \\ -5 & 1 & 3 & -4 \\ 2 & 0 & 1 & -1 \\ 1 & -5 & 3 & -3 \end{vmatrix}$；

（2）$\begin{vmatrix} a^2 + \dfrac{1}{a^2} & a & \dfrac{1}{a} & 1 \\ b^2 + \dfrac{1}{b^2} & b & \dfrac{1}{b} & 1 \\ c^2 + \dfrac{1}{c^2} & c & \dfrac{1}{c} & 1 \\ d^2 + \dfrac{1}{d^2} & d & \dfrac{1}{d} & 1 \end{vmatrix}$.

2. 计算下列矩阵.

（1）$\begin{pmatrix} 2 \\ 1 \\ 3 \end{pmatrix}(-1,\ 2)$；

（2）$\begin{pmatrix} 2 & -1 \\ 3 & -2 \end{pmatrix}^n$；

（3）$\begin{pmatrix} 1 & 1 & 2 \\ 1 & -1 & 0 \end{pmatrix}\begin{pmatrix} 3 & 5 & 2 \\ 4 & 4 & 2 \\ 2 & 6 & 1 \end{pmatrix}^T$；

（4）$2\begin{pmatrix} 1 & 0 & 1 \\ 2 & -1 & 3 \end{pmatrix} - 3\begin{pmatrix} 2 & -1 & 0 \\ 3 & 2 & 5 \end{pmatrix}$.

3. 用初等变换判定下列矩阵是否可逆，如可逆，求其逆矩阵.

（1）$\begin{pmatrix} 1 & 0 & 0 \\ 1 & 2 & 0 \\ 1 & 2 & 3 \end{pmatrix}$；

（2）$\begin{pmatrix} 2 & 2 & -1 \\ 1 & -2 & 4 \\ 5 & 8 & 2 \end{pmatrix}$；

（3）$\begin{pmatrix} 3 & 2 & 1 \\ 3 & 1 & 5 \\ 3 & 2 & 3 \end{pmatrix}$；

（4）$\begin{pmatrix} 1 & 1 & 0 & 0 & 0 \\ -1 & 3 & 0 & 0 & 0 \\ 0 & 0 & -2 & 0 & 0 \\ 0 & 0 & 0 & 1 & 2 \\ 0 & 0 & 0 & 0 & 1 \end{pmatrix}$.

4. 解下列矩阵方程.

（1）设 $A = \begin{pmatrix} 4 & 1 & -2 \\ 2 & 2 & 1 \\ 3 & 1 & -1 \end{pmatrix}$，$A = \begin{pmatrix} 1 & -3 \\ 2 & 2 \\ 3 & -1 \end{pmatrix}$，求 X 使 $AX = B$.

（2）设 $A = \begin{pmatrix} 1 & -1 & 0 \\ 0 & 1 & -1 \\ -1 & 0 & 0 \end{pmatrix}$，$AX = 2X + A$，求 X.

（3）设 $X \begin{pmatrix} 1 & -1 & 1 \\ 1 & 1 & 0 \\ 2 & 1 & 1 \end{pmatrix} = \begin{pmatrix} 1 & 2 & -3 \\ 2 & 0 & 4 \\ 0 & -1 & 5 \end{pmatrix}$，求 X.

（4）设 $\begin{pmatrix} 1 & -1 & 1 \\ 1 & 1 & 0 \\ 2 & 1 & 1 \end{pmatrix} X \begin{pmatrix} 1 & -1 & 1 \\ 1 & 1 & 0 \\ 3 & 2 & 1 \end{pmatrix} = \begin{pmatrix} 4 & 2 & 3 \\ 0 & -1 & 5 \\ 2 & 1 & 1 \end{pmatrix}$，求 X.

第十章　概率论基础

概率论是研究随机现象规律性的一门数学学科，而随机现象广泛存在于自然界和人类社会中．例如，交通土建工程中进行桥涵孔径设计时，必须根据实测的水文资料（如水位、流量、降水量等）确定适合的设计水位或设计流量，而水文现象就相当于随机现象，是不确定的现象．但这种不确定中却又有规律可循．例如，对某断面水文特征进行长期观测，相当于做重复的随机实验，当实验次数不断增加，某一水文现在的特征值（如水位或流量的实测数值）会按规律出现，概率论正是研究这种规律的学科．本章将简要介绍随机事件与概率、随机变量与分布以及随机变量的数学特征等基础知识．

第一节　随机事件与概率

一、随机事件

1. 随机试验与随机事件

在自然界和人的实践活动中经常遇到各种各样的现象，这些现象大体可分为两类：

一类是**必然现象**，即在一定条件下必然发生或必然不发生．例如，"在一个标准大气压下，纯水加热到 100 ℃ 时必然沸腾"，再如"向上抛一块石头必然下落"，均为必然现象．

另一类是**随机现象**，即在一定条件下结果有多种可能性，事先无法确定会出现哪种现象．例如，"向上抛一枚质地均匀的硬币，其结果可能是正面朝上，也可能是反面朝上"，再如"掷一粒质地均匀的骰子，出现的点数可能是 1 至 6 的任意点"，均为随机现象．

随机现象具有不确定性，但在相同条件下进行大量重复试验，则随机现象会呈现出一定规律．例如，"向上抛一枚质地均匀的硬币 10 万次，那么正面朝上和反面朝上的次数近似相等"．为了找到随机现象的这种规律，我们要做类似的**随机试验**，简称**试验**，用字母 E 表示．随机试验具有以下特征：

（1）**重复性**：试验在相同的条件下重复进行；

（2）**确定性**：试验的所有可能结果是明确的；

（3）**随机性**：每次试验恰好出现这些可能结果中的一个，但却无法预知是哪一个．

上述掷骰子的例子亦为随机试验，显然掷骰子可能得到结果是明确的，又无法预知具体的点数是多少，但当掷骰子的次数不断增大，出现各点的次数近乎相等，可见随机试验是找寻随机现象规律的有效方法．为了更好地研究随机现象，我们引入如下数学概念：

基本事件：随机试验 E 可能发生的每一结果，又称**样本点**，记为 ω．

样本空间：所有基本事件的集合，记为 Ω .

随机事件：由随机试验 E 得样本空间 Ω 中若干个基本事件组成的集合（即 Ω 的子集），简称**事件**，记为 $A, B, C\cdots$.

例如，在 1 到 9 这九个数字中任意选取一个，可有九种不同的结果：A_i 表示"取得的点数是 $i\ (i=1,2,\cdots,9)$"；还可以有其他表示的结果：B 表示"取得的点数是偶数"，C 表示"取得的点数小于 6"．A_i, B, C 均为随机事件．

在随机试验中，必然会发生的事件称为**必然事件**，用 Ω 表示；必然不发生的事件称为**不可能事件**，用 $\varnothing$ 表示．必然事件与不可能事件本质都是必然现象，但为了研究方便我们视为随机现象的两个特例．

2. 随机事件间的关系和运算

在实际问题中，往往要在同一个试验中同时研究几个事件以及它们之间的关系．例如，在上述取数字的试验中研究"取得小于 6 的偶数点"，这就意味着事件不是孤立的，一个事件可以是由多个事件通过某种关系作用形成的．从集合论的观点来看，样本空间 Ω 相当于全集，不同的事件均为子集，事件的关系可按集合间的关系和运算来处理．

（1）包含与相等关系．

定义 10-1　若事件 A 发生必然导致事件 B 发生，则称事件 B 包含事件 A，或称事件 A 包含于事件 B，记为 $B \supset A$ 或 $A \subset B$ ．

例如，A 表示"取得数字是 6"，B 表示"取得数字是偶数"，则 $A \subset B$ ．显然包含关系具有如下性质：

① **自反性**：$A \subset A$ ；

② **传递性**：若 $A \subset B$ 且 $B \subset C$ ，则 $A \subset C$ ；

③ **介值性**：$\varnothing \subset A \subset \Omega$ ．

定义 10-2　若 $A \subset B$ 且 $B \subset A$ ，则称事件 A 与事件 B 相等，记为 $A = B$ ．

例如，A 表示"取得数字是 2,4,6,8"，B 表示"取得数字是偶数"，则 $A = B$ ．

（2）事件的和（并）．

定义 10-3　事件 A 与事件 B 至少一个发生构成事件 A 与事件 B 的和（并），记为 $A+B$ 或 $A \cup B$ ．

例如，A 表示"取得数字是 2,6"，B 表示"取得数字是 4,8"，则 $A+B$ 表示"取得数字是 2, 4, 6, 8"．显然有，$A \cup A = A,\ A \cup \Omega = \Omega$ ．

类似地，n 个事件 $A_1, A_2, \cdots, A_n$ 至少有一个发生的事件称为这 n 个事件的和（并），记为 $A_1 \cup A_2 \cup \cdots \cup A_n$ 或 $\bigcup\limits_{i=1}^{n} A_i$ ．

（3）事件的积（交）．

定义 10-4　事件 A 与事件 B 同时发生构成事件 A 与事件 B 的积（交），记为 AB 或 $A \bigcap B$ ．

例如，A 表示"取得数字是 2, 4, 6, 8"，B 表示"取得数字是 1, 4, 7, 8"，则 AB 表示"取得数字是 4,8"．显然有，$A \bigcap A = A, A \bigcap \varnothing = \varnothing$ ．

类似地，n 个事件 $A_1, A_2, \cdots, A_n$ 同时发生的事件称为这 n 个事件的积（交），记为 $A_1 \bigcap A_2 \bigcap \cdots \bigcap A_n$ 或 $\bigcap\limits_{i=1}^{n} A_i$ ．

（4）事件互不相容（互斥）.

定义 10-5　若事件 A 与事件 B 不可能同时发生，即 $A \cap B = \varnothing$，则称事件 A 与事件 B 互不相容（互斥）.

例如，A 表示"取得数字是 $2, 4, 6$"，B 表示"取得数字是 $1, 3, 5$"，则 $A \cap B = \varnothing$，A 与 B 互不相容.

值得注意的是，任意事件与不可能事件均互不相容（互斥）.

（5）对立（互逆）事件.

定义 10-6　若事件 A 与事件 B 满足 $A \cup B = \Omega$ 且 $A \cap B = \varnothing$，则称 B 是 A 的对立（互逆）事件，记为 $\bar{A}$.

例如，A 表示"取得数字是 $2, 4, 6$"，则 $\bar{A}$ 表示"取得数字是 $1, 3, 5, 7, 8, 9$"．显然，对立（互逆）事件满足如下性质：

① $\bar{\Omega} = \varnothing$；

② $\bar{\varnothing} = \Omega$；

③ $\bar{\bar{A}} = A$；

④ $A \cup \bar{A} = \Omega$，$A \cap \bar{A} = \varnothing$.

（6）事件的差.

定义 10-7　事件 A 发生而事件 B 不发生构成事件 A 与事件 B 的差，记为 $A - B$.

例如，A 表示"取得数字是 $2, 4, 6$"，B 表示"取得数字是 $2, 4$"，则 $A - B$ 表示"取得数字是 6".

与集合运算相似，事件的运算满足如下算律：

① **交换律**：$A \cup B = B \cup A$，$A \cap B = B \cap A$；

② **结合律**：$(A \cup B) \cup C = A \cup (B \cup C)$，$(A \cap B) \cap C = A \cap (B \cap C)$；

③ **分配律**：$(A \cup B) \cap C = (A \cap B) \cup (A \cap C)$，$(A \cap B) \cup C = (A \cup C) \cap (B \cup C)$；

④ **吸收律**：$A \cup (A \cap B) = A$，$A \cap (A \cup B) = A$；

⑤ **对偶律**：$\overline{A \cup B} = \bar{A} \cap \bar{B}$，$\overline{A \cap B} = \bar{A} \cup \bar{B}$．推广到 n 个事件 $A_1, A_2, \cdots, A_n$ 表示为 $\overline{\bigcup_{i=1}^{n} A_i} = \bigcap_{i=1}^{n} \bar{A_i}$，$\overline{\bigcap_{i=1}^{n} A_i} = \bigcup_{i=1}^{n} \bar{A_i}$.

注意：上述表达式中"$\cup$"即为"$+$"，"$\cap$"即为"$\cdot$"，符号可以变换使用．下面我们来练习两个例子.

例 10-1　设 A, B, C 为 Ω 中的随机事件，试用 A, B, C 表示下列事件：

（1）A 与 B 发生而 C 不发生；

（2）A 发生，B 与 C 不发生；

（3）恰有一个事件发生；

（4）至少有一个事件发生；

（5）不多于一个发生；

（6）三个事件都不发生.

解：（1）A 与 B 发生而 C 不发生：$AB\bar{C}$；

（2）A 发生，B 与 C 不发生：$A\overline{B}\overline{C}$；

（3）恰有一个事件发生：$A\overline{B}\overline{C} \cup \overline{A}B\overline{C} \cup \overline{A}\overline{B}C$；

（4）至少有一个事件发生：$A \cup B \cup C$；

（5）不多于一个发生：$A\overline{B}\overline{C} \cup \overline{A}B\overline{C} \cup \overline{A}\overline{B}C \cup \overline{A}\overline{B}\overline{C}$；

（6）三个事件都不发生：$\overline{ABC}$.

例 10-2 设 A 表示"第一次射中目标"，B 表示"第二次射中目标"，C 表示"第三次射中目标"，试用语言表述下列事件：

（1）$AB\overline{C}$；（2）$A \cup B \cup C$；（3）$\overline{ABC}$.

解：（1）$AB\overline{C}$ 表示"前两次射中目标而第三次未射中目标"；

（2）$A \cup B \cup C$ 表示"至少有一次射中目标"；

（3）$\overline{ABC}$ 表示"三次都未射中目标".

二、随机事件的概率

对于随机试验中的随机事件，在一次试验中是否发生，虽然不能预先知道，但是它们在一次试验中发生的可能性是有大小之分的. 比如，掷一枚均匀的硬币，那么随机事件正面朝上和正面朝下发生的可能性是一样的，都是一半的可能性. 又如，袋中有 8 个白球，2 个黑球，从中任取一球，当然取到白球的可能性要大于取道黑球的可能性. 一般地，对于任何一个随机事件都可以找到一个数值与之对应，该数值作为发生的可能性大小的度量，即为随机事件的概率.

1. 概率的定义

定义 10-8 在相同的条件下进行 n 次试验，如果事件 A 发生了 m 次，则称比值 $\dfrac{m}{n}$ 为事件 A 发生的频率，记为 $f_n(A)$，即

$$f_n(A) = \frac{m}{n}.$$

为研究事件频率的规律性，历史上有许多人做过抛掷一枚质地均匀硬币的试验. 设事件 A 表示出现正面向上，则表 10-1 记录了几个试验结果：

表 10-1

试验者	n	m	$f_n(A)$
德摩根	2048	1061	0.5181
蒲丰	4040	2048	0.5070
K. 皮尔逊	12000	6019	0.5016
K. 皮尔逊	24000	12012	0.5005

由表 10-1 可以看到，事件 A 在 n 次试验中发生的频率 $f_n(A)$ 随着试验次数的不断增大，

逐渐稳定于固定值 0.5，反映出事件的频率具有一定的稳定性．

定义 10-9　若在大量相同的条件下重复进行试验，随机事件 A 发生的频率 $f_n(A)$ 会逐渐稳定地趋于某个常数 p，则称该常数 p 为事件 A 的概率，记为 $P(A) = p$．

频率是一个试验值，具有偶然性，而概率是事件本身固有的**客观属性**，是从事件本身结构得出来的，是**事件发生可能性大小的一种度量**，并且具有以下性质：

（1）对于必然事件 $P(\Omega) = 1$，对于不可能事件 $P(\varnothing) = 0$，对于任意事件 $0 \leqslant P(A) \leqslant 1$；

（2）若 $A \subseteq B$，则 $P(A) \leqslant P(B)$，$P(B - A) = P(B) - P(A)$；

（3）对于任意事件 A, B，$P(B - A) = P(B) - P(AB)$．

到底该如何计算一个事件的概率呢？在实际生活中，样本空间中的样本点被取到的可能性是相等的是最为常见的现象，上述掷硬币、取数字的例子都是这种类型，下面我们来了解一下．

2. 古典概型（等可能概型）

定义 10-10　若随机试验 E 满足如下两个条件：

（1）有限性：样本空间包含有限个样本点；

（2）等可能性：每个样本点是等可能发生的，

则称 E 为古典概型（等可能概型）试验，简称古典概型．

对于其中某一事件的概率，其计算公式为

$$P(A) = \frac{A \text{ 中所含样本点数量}}{\Omega \text{ 中样本点总数}}.$$

例如，将一枚硬币连续掷两次就是古典概型，它有四个基本事件，（正、正），（正、反），（反、正），（反、反），每个基本事件出现的可能结果都是等可能的．

例 10-3　盒子里有十个相同的球，分别标为号码 $1, 2, \cdots, 9, 10$，从中任摸一球，求此球的号码为偶数的概率．

解： 显然样本空间数为 10，而偶数点包括 $2, 4, 6, 8, 10$，即样本点有 5 个，从而

$$P(A) = \frac{5}{10} = \frac{1}{2}.$$

从上述例子不难发现，在计算概率时经常会涉及计数问题，而排列、组合是自计数计算中的重要工具，下面我们来回顾一下公式．

（1）排列公式．

从 n 个不同元素中不放回地任取 m 个元素进行排列，其总数为

$$P_n^m = n(n-1)(n-2)\cdots(n-m+1) = \frac{n!}{(n-m)!}.$$

特别地，当 $m = n$ 时，称为全排列，其总数为 $P_n = n!$．

（2）组合公式．

从 n 个不同元素中不放回地任取 m 个元素而不考虑其顺序，称为组合，其总数为

$$C_n^m = \frac{P_n^m}{m!} = \frac{n!}{(n-m)!m!} = C_n^{n-m}.$$

例 10-4 在盒子中有五个球，其中三个白球、二个黑球，从中任取两个. 试求取出的两个球都是白球的概率和取出一白球、一黑球的概率.

解：五个球中取两个球的总数为 C_5^2，取到两个白球的总数为 C_3^2，取得一白球、一黑球的总数为 $C_3^1 C_2^1$，从而有：

两个球都是白球的概率 $\dfrac{C_3^2}{C_5^2} = \dfrac{3}{10}$；

一白球、一黑球的概率 $\dfrac{C_3^1 C_2^1}{C_5^2} = \dfrac{3 \cdot 2}{10} = \dfrac{3}{5}$.

摸球模型是古典概型的典型代表，因为古典概型中的大部分问题都能形象化地用摸球模型来描述. 若把黑球作为废品，白球看为正品，则这个模型就可以描述产品的抽样检查问题. 假如产品分为更多等级，例如一等品、二等品、三等品等，则可以用更多有多种颜色的摸球模型来描述. 古典概型问题的两个要点：

（1）判断样本空间是否有限和等可能性；

（2）计算的关键是"记数"，这主要利用排列与组合的知识.

3. 几何概型（无限等可能概型）

在古典概型中，试验结果是有限的，这使其受到了很大的限制，因为在实际问题中经常会遇到试验结果是无限的情况. 例如，我们在一个面积为 S 的区域 Ω 中，等可能的任意投点，若有任意小区域 A，它的面积为 S_A，则点落在小区域 A 的概率为 $P(A) = \dfrac{S_A}{S}$；若点投在线上，则可以用长度的比确定；若投在立体图像上，则可以用体积的比来确定.

定义 10-11 设样本空间 Ω 所对应的区域记为 S，事件 A 对应的区域记为 S_A，则定义事件 A 的概率为 $P(A) = \dfrac{A\text{的度量}}{\Omega\text{的度量}} = \dfrac{S_A}{S}$，称为几何概型（无限等可能概型）.

例 10-5 设电台每到整点均报时. 一人早上醒来打开收音机，求他等待时间不超过 10 分钟就能听到电台报时的概率.

解：显然，样本空间 $\Omega = [0, 60]$，设 A 表示"等待时间不超过 10 分钟"，则 $A = [50, 60]$，从而

$$P(A) = \frac{A\text{的长度}}{\Omega\text{的长度}} = \frac{60-50}{60-0} = \frac{1}{6}.$$

习题 10.1

1. 写出下列随机试验的样本空间：

（1）生产产品直到有 10 件正品为止，记录生产产品的总数.

（2）在单位圆内任取一点，记录它的坐标.

（3）一袋中有两白、两红四个球，任意取两球，按次序只记录颜色.

2. 某人进行三次撑竿跳试跳，设 A_i 表示第 i 次试跳成功，试用语言描述下列事件：

（1）$\overline{A_1} \cup A_2 \cup \overline{A_3}$ ；　　　　（2）$\overline{A_1 \cup A_2}$ ；　　　　（3）$A_1 A_2 \overline{A_3} \cup \overline{A_1} A_2 A_3$.

3. 在某一城市中发行三种报纸：甲、乙、丙，用 A, B, C 表示"订阅甲种报纸""订阅乙种报纸""订阅丙种报纸"，试求下列各事件：

（1）只订甲种报纸；（2）只订甲和乙两种报纸；（3）只订一种报纸；（4）正好订两种报纸；（5）至少订一种报纸；（6）不订任何报纸.

4. 一批产品中有正品和次品，每次取一件，连取 3 次，设 A_i 表示"第 i 件为正品" $(i=1,2,3)$ ，试表示下列事件：

（1）3 件都是正品；（2）3 件不都是正品；（3）3 件中恰有一件正品；（4）3 件中至少有一件正品；（5）3 件中至多有一件正品.

5. 10 把钥匙中有 3 把能打开门，现任取 2 把，求能打开门的概率.

6. 一批产品共有 200 件，其中恰有 6 件废品，求（1）这批产品的废品率；（2）任取 3 件，至多有 1 件废品的概率.

7. 在房间里有 10 个人，分别佩戴从 1 号到 10 号纪念章，任选 3 人记录其纪念章的号码，求：（1）最小号码为 5 的概率；（2）最大号码为 5 的概率.

第二节　概率的基本公式

在现实生活中我们经常要通过某个事件的概率计算相关事件的概率，或者在一些特定的条件下计算概率，下面来学习涉及的基本公式.

一、概率的加法公式

考虑这样一个问题，已知某城市有 50% 的居民订日报，有 65% 的居民订晚报，有 30% 的居民同时订两种报纸，则居民至少订一种报纸的比例占多少呢？

用数学语言表示为，设 A, B 分别表示"居民订日报""居民订晚报"，则 AB 表示"居民同时订两种报纸"、$A+B$ 表示"居民至少订一种报纸"，从而 $P(A)=0.5$ ，$P(B)=0.65$ ，$P(AB)=0.3, P(A+B)$ 为所求.

性质 1（加法公式）　若 A 与 B 是任意两个随机事件，则

$$P(A+B) = P(A) + P(B) - P(AB).$$

由上述加法公式得到：$P(A+B) = P(A) + P(B) - P(AB) = 0.5 + 0.65 - 0.3 = 0.85$.

加法公式可以推广到三个事件：

$$P(A+B+C) = P(A) + P(B) + P(C) - P(AB) - P(AC) - P(BC) + P(ABC).$$

若 A 与 B 为互斥或对立事件时，则有如下推论：

推论 1（互斥事件的加法公式）　若 A 与 B 为互斥事件，即 $AB = \varnothing$ ，则

$$P(A+B) = P(A) + P(B).$$

特别地，对于 n 个两两互斥的事件 $A_1, A_2, \cdots, A_n$，有 $P(\bigcup\limits_{i=1}^{n} A_i) = \sum\limits_{i=1}^{n} P(A_i)$.

推论 2（对立事件的加法公式）　对于对立事件 A 与 $\overline{A}$，有 $P(\overline{A}) = 1 - P(A)$.

例 10-6　设事件 A, B 的概率分别为 $P(A) = 0.6$，$P(B) = 0.5$，且 $P(A \bigcup B) = 0.7$，求 $P(A\overline{B})$，$P(\overline{AB})$，$P(\overline{A}\overline{B})$.

解：$P(AB) = P(A) + P(B) - P(A \bigcup B) = 0.6 + 0.5 - 0.7 = 0.4$；

$\quad\quad P(A\overline{B}) = P(A - B) = P(A - AB) = P(A) - P(AB) = 0.6 - 0.4 = 0.2$；

$\quad\quad P(\overline{AB}) = 1 - P(AB) = 1 - 0.4 = 0.6$；

$\quad\quad P(\overline{A}\overline{B}) == P(\overline{A \bigcup B}) = 1 - P(A \bigcup B) = 1 - 0.7 = 0.3$.

例 10-7　某建筑工地进了 300 根钢筋，其中有 20 根为次品. 浇筑混凝土梁时，每根梁用 5 根钢筋作受力筋，试求：（1）梁中至少有 4 根受力筋为次品的概率；（2）梁中至少有 1 根受力筋为次品的概率.

解：（1）设 A 表示"梁中至少有 4 根受力筋为次品"，A_i 表示"梁中恰好有 i 根受力筋为次品"（$i = 1, \cdots, 5$），则 A_4 与 A_5 互斥且 $A = A_4 + A_5$，从而

$$P(A) = P(A_4 + A_5) = P(A_4) + P(A_5) = \frac{C_{20}^4 C_{280}^1}{C_{300}^5} + \frac{C_{20}^5}{C_{300}^5} = 0.00007.$$

（2）设 B 表示"梁中至少有 1 根受力筋为次品"，则 $\overline{B}$ 表示"梁中的受力筋都不为次品"，从而

$$P(B) = 1 - P(\overline{B}) = 1 - \frac{C_{280}^5}{C_{300}^5} = 0.2935.$$

二、条件概率与乘法公式

1. 条件概率

对于有两个孩子的家庭，两个孩子依大小排列的性别分别为（男，男）、（男，女）、（女，男）、（女，女），显然，四种情况的可能性是一样的，而有一男一女的家庭概率为 $\frac{1}{2}$. 但如果我们事先知道这个家庭至少有一个女孩，则上述概率为 $\frac{2}{3}$. 这种"在已知事件 B 发生的条件下，事件 A 发生"的概率称为**条件概率**，记为 $P(A|B)$. 相应的，$P(A)$ 称为无条件概率，下面讨论条件概率和无条件概率之间的关系式.

性质 2（条件概率公式）　对任意事件 A 与 B，

若 $P(A) > 0$，则 $P(B|A) = \dfrac{P(AB)}{P(A)}$；

若 $P(B) > 0$，则 $P(A|B) = \dfrac{P(AB)}{P(B)}$.

条件概率作为概率的一种形式具有以下性质：

（1）非负性：$0 \leqslant P(A|B) \leqslant 1$；

（2）规范性：$P(\Omega|A)=1$；

（3）可列可加性：对于两两互斥的事件 $A_1, A_2, \cdots, A_n$，有 $P(\bigcup_{i=1}^{n} A_i|B) = \sum_{i=1}^{n} P(A_i|B)$；

（4）对立性：$P(A|B) = 1 - P(\overline{A}|B)$；

（5）加法性：$P(A_1 + A_2|B) = P(A_1|B) + P(A_2|B) - P(A_1 A_2|B)$.

2. 概率的乘法公式

将条件概率公式变形，即可得到概率的乘法公式：

性质 3（乘法公式） 对任意事件 A 与 B，若 $P(A) > 0$，$P(B) > 0$，则

$$P(AB) = P(A)P(B|A) = P(B)P(A|B).$$

乘法公式可以推广到 n 个事件的情形：

$$P(A_1 A_2 \cdots A_n) = P(A_1)P(A_2|A_1) \cdots P(A_n|A_1 A_2 \cdots A_{n-1}).$$

例 10-8 甲、乙两市都位于长江下游. 由一百多年来的气象记录可以知道，一年中的雨天的比例甲市占 20%，乙市占 18%，两地同时下雨占 12%. 求

（1）两市至少有一市是雨天的概率；

（2）乙市出现雨天的条件下，甲市也出现雨天的概率；

（3）甲市出现雨天的条件下，乙市也出现雨天的概率.

解：设 A 表示"甲市出现雨天"，B 表示"乙市出现雨天"，则 $P(A) = 0.2$，$P(B) = 0.18$，$P(AB) = 0.12$，从而

（1）$P(A+B) = P(A) + P(B) - P(AB) = 0.2 + 0.18 - 0.12 = 0.26$；

（2）$P(A|B) = \dfrac{P(AB)}{P(B)} = \dfrac{0.12}{0.18} = 0.67$；

（3）$P(B|A) = \dfrac{P(AB)}{P(A)} = \dfrac{0.12}{0.2} = 0.6$.

例 10-9 设某光学仪器厂制造的透镜，第一次落下时打破的概率为 0.5；若第一次落下未打破，第二次落下打破的概率为 0.7；若前两次落下都未打破，第三次落下打破的概率为 0.9，试求透镜落下三次而未打破的概率.

解：设 A_i 表示"第 i 次落下打破"$(i=1,2,3)$，B 表示"透镜落下三次而未打破"，则 $B = \overline{A_1 A_2 A_3}$，从而

$$P(B) = P(\overline{A_1 A_2 A_3}) = P(\overline{A_3}|\overline{A_1 A_2})P(\overline{A_2}|\overline{A_1})P(\overline{A_1}) = (1-0.9)(1-0.7)(1-0.5) = 0.015.$$

三、全概率与贝叶斯公式

在解决复杂的概率问题时，需要同时利用概率的加法与乘法公式，同时还需将一个事件划分成多个事件.

1. 全概率公式

定义 10-12　如果事件 $B_1, B_2, \cdots, B_n$ 两两互斥，且 $P(B_i) > 0$ $(i = 1, \cdots, n)$，又 $B_1 \bigcup B_2 \bigcup \cdots \bigcup B_n = \Omega$，则称 $B_1, B_2, \cdots, B_n$ 为一个完备事件组，或称为一个划分.

由完备事件组的定义易知，对于每次试验 $B_1, B_2, \cdots, B_n$ 中必有一个且仅有一个发生，对于任意事件 A，显然有

$$A = A\Omega = A(B_1 \bigcup B_2 \bigcup \cdots \bigcup B_n) = AB_1 \bigcup AB_2 \bigcup \cdots \bigcup AB_n,$$

从而

$$
\begin{aligned}
P(A) &= P(AB_1) + P(AB_2) + \cdots + P(AB_n) \\
&= P(B_1)P(A|B_1) + P(B_2)P(A|B_2) + \cdots + P(B_n)P(A|B_n) \\
&= \sum_{i=1}^{n} P(B_i)P(A|B_i).
\end{aligned}
$$

性质 4（全概率公式）　设 n 个事件 $B_1, B_2, \cdots, B_n$ 构成完备事件组，对任意事件 A，

$$P(A) = \sum_{i=1}^{n} P(AB_i) = \sum_{i=1}^{n} P(B_i)P(A|B_i).$$

例 10-10　某混凝土制品厂共有三条生产预应力空心板的生产线，各条生产线的产量分别占全厂的 30%, 20%, 50%，次品率分别为 3%, 2%, 2%，求全厂生产的预应力空心板的次品率.

解： 设 A 表示"取得的产品是次品"，B_i 表示"取得的产品为第 i 条生产线生产"$(i = 1, 2, 3)$，显然 B_1, B_2, B_3 为完备事件组，从而

$$
\begin{aligned}
P(A) &= P(B_1)P(A|B_1) + P(B_2)P(A|B_2) + P(B_3)P(A|B_3) \\
&= 0.3 \times 0.06 + 0.2 \times 0.02 + 0.5 \times 0.02 = 0.023,
\end{aligned}
$$

从而全厂生产的预应力空心板的次品率 2.3%.

例 10-11　10 张奖券中只有 3 张是中奖券. 现由 10 个人依次抽取，每个人抽一张，求（1）第一个抽取者中奖的概率；（2）第二个抽取者中奖的概率.

解： 设 A 表示"第一个抽取者中奖"，B 表示"第二个抽取者中奖".

（1）由古典概型可知 $P(A) = \dfrac{C_3^1}{C_{10}^1} = \dfrac{3}{10}$.

（2）事件 B 只能伴随 A 或 $\overline{A}$ 发生，而 A 与 $\overline{A}$ 构成完备事件组，从而

$$
\begin{aligned}
P(B) &= P(A)P(B|A) + P(\overline{A})P(B|\overline{A}) \\
&= \frac{3}{10} \times \frac{2}{9} + \frac{7}{10} \times \frac{3}{9} = \frac{3}{10}.
\end{aligned}
$$

从而第一个抽取者中奖与第二个抽取者中奖的概率均为 $\dfrac{3}{10}$.

2. 贝叶斯公式

在实际问题中，$P(A)$ 不易直接求得，但容易找到一个完备事件组 $B_1, B_2, \cdots, B_n$，且 $P(B_i)$ 和 $P(A|B_i)$ 都容易计算，那么可以根据全概率公式求出 $P(A)$，同时结合条件概率公式还可以反求在 A 发生的条件下 B_i 发生的概率，即贝叶斯公式.

性质 5（贝叶斯公式） 设事件 $B_1, B_2, \cdots, B_n$ 构成完备事件组，对于任意事件 $A(P(A) > 0)$，有

$$P(B_i|A) = \frac{P(B_iA)}{P(A)} = \frac{P(B_i)P(A|B_i)}{\sum_{i=1}^{n} P(B_i)P(A|B_i)}.$$

例 10-12 对以往的数据进行分析，结果表明，当机器调整得良好时，产品的合格率为 98%，而当机器发生某种故障时，其合格率为 55%. 每天早上机器开动时，机器调整良好的概率为 95%，试求已知某日早上第一件产品是合格品时，机器调整得良好的概率是多少？

解：设 A 表示"产品合格"，B 表示"机器调整得良好"，则 $P(A|B) = 0.98$，$P(A|\bar{B}) = 0.55$，$P(B) = 0.95$，则

$$P(B|A) = \frac{P(A)P(B|A)}{P(B)P(A|B) + P(\bar{B})P(A|\bar{B})} = \frac{0.98 \times 0.95}{0.98 \times 0.95 + 0.55 \times 0.05} = 0.97,$$

从而第一件产品是合格品时机器调整得良好的概率是 97%.

例 10-13 设甲袋中装有 2 个白球，1 个黑球；乙袋中装有 1 个白球，2 个黑球；现从甲袋中任取 1 个球放入乙袋中，再从乙袋中任取 1 个球，求：（1）求从乙袋中取出白球的概率；（2）已知从乙袋中取出的是白球，求从甲袋中取到白球的概率.

解：设 A 表示"从乙袋中取出白球"，B_1，B_2 分别表示"从甲袋中取到白球、黑球放入乙袋中"，$P(B_1) = \frac{2}{3}$，$P(B_2) = \frac{1}{3}$，$P(A|B_1) = \frac{1}{2}$，$P(A|B_2) = \frac{1}{4}$.

（1）由全概率公式得

$$P(A) = P(B_1)P(A|B_1) + P(B_2)P(A|B_2) = \frac{5}{12}.$$

（2）由贝叶斯公式得

$$P(B_1|A) = \frac{P(B_1)P(A|B_1)}{P(B_1)P(A|B_1) + P(B_2)P(A|B_2)} = \frac{4}{5}.$$

习题 10.2

1. 已知事件 A，B 的概率分别为 $P(A) = 0.7, P(B) = 0.6$，且 $P(AB) = 0.4$，求 $P(A \cup B)$，$P(A - B)$，$P(\bar{A} \cup \bar{B})$，$P(\bar{A} \cup B)$，$P(\bar{A}B)$.

2. 某保险公司认为，人可以分为两类，第一类是容易出事故的，另一类，则是比较谨慎. 保险公司的统计数字表明，一个容易出事故的人在一年内出一次事故的概率为 0.04，而对于比较谨慎的人这个概率为 0.02. 如果第一类人占总人数的 30%，那么一位客户在购买保险单后一年内出一次事故的概率为多少？

3. 有一张电影票，7 个人抓阄决定谁得到它，问第 3 个人抓到票的概率是多少？

4. 有一批同型号的产品，已知其中由一厂生产的占 30%，由二厂生产的占 50%，由三厂生产的占 20%，又知这三个厂的产品次品率分别为 2%，1%，1%，问从这批产品中任取一件是次品的概率是多少？

5. 某旅店从服务员那里拿来一串钥匙，共 5 把，其中只有一把能打开门锁. 逐次尝试开锁，求三次内能打开门锁的概率.

6. 为防止意外，在矿区内同时设有两种警报系统 A 与 B. 每种系统单独使用时，系统 A 有效的概率为 0.92，系统 B 有效的概率为 0.93；在 A 失灵的条件下，B 有效的概率为 0.85，求

（1）发生意外时，这两个警报系统至少有一个有效的概率；

（2）B 失灵的条件下，A 有效的概率.

7. 甲、乙两部机器制造同一种机器零件，甲机器制造出的零件废品率为 1%，乙机器制造出的零件废品率为 2%. 现两台机器共同制造一批零件，乙机器的产量是甲机器的两倍. 若从该批零件中任取一件，经检验刚好是废品，求它是甲机器制造的概率.

第三节　事件的独立性与贝努里概型

上一节我们讨论了两个相互关联事件的概率，即在一个事件发生的前提下另一个事件发生的条件概率，而现实生活中亦存在两个相互没有影响的事件，即其中一个事件是否发生不会影响另一个事件的发生，我们称这样的事件为相互独立事件. 本节我们将学习独立事件的概率问题.

一、事件的独立性

定义 10-13　若事件 A, B 满足等式

$$P(AB) = P(A)P(B),$$

则称事件 A, B **相互独立**，简称 A, B **独立**.

值得注意的是，在实际应用中两个事件是否独立，常常不是根据上面的定义，而是根据两个事件的发生是否相互影响来判断的. 例如，两个人射击同一目标，两个人能否射中目标不会相互影响，那么这两个人的命中率就是相互独立的.

由独立性的定义不难发现，独立性的概念可以推广到有限多个事件的情况：

定义 10-14　若 n 个事件 $A_1, A_2, \cdots, A_n$ 中任一事件 $A_i (i=1,\cdots,n)$ 的发生与否都不受其他 $n-1$ 个事件的影响，即对于 $1 \leqslant i \leqslant j \leqslant k \leqslant n$，

$$P(A_i A_j) = P(A_i)P(A_j),$$

$$P(A_i A_j A_k) = P(A_i)P(A_j)P(A_k),$$

$$\cdots\cdots$$

$$P(A_1 A_2 \cdots A_n) = P(A_1)P(A_2)\cdots P(A_n)$$

都成立，则称事件 $A_1, A_2, \cdots, A_n$ 相互独立.

下面通过一个例子来理解多个事件的独立性.

例 10-14 一个均匀的正四面体，其第一面染成红色，第二面染成白色，第三面染成黑色，第四面上同时染上红、黑、白三色. 以 A, B, C 分别记投一次四面体，出现红、白、黑颜色的事件，试求 $P(A)$，$P(B)$，$P(C)$，$P(AB)$，$P(AC)$，$P(BC)$ 和 $P(ABC)$，并判断 A, B, C 是否两两独立？三个事件是否相互独立？

解： 由题意易知，出现红、黑、白的概率均为 $\dfrac{1}{2}$，即

$$P(A) = P(B) = P(C) = \frac{1}{2}.$$

只有抛出的四面体出现三色面才会出现两种或三种颜色同时出现，即

$$P(AB) = P(AC) = P(BC) = P(ABC) = \frac{1}{4}.$$

从上述概率值不难观察到

$$P(AB) = P(A)P(B)，\quad P(AC) = P(A)P(C)，\quad P(BC) = P(B)P(C)，$$

即有 A, B, C 两两独立. 又 $P(ABC) \neq P(A)P(B)P(C)$，从而三个事件不相互独立.

对于具有独立性的事件，在计算时可利用如下性质：

性质 6 若 $P(A) > 0$，$P(B) > 0$，则

$$P(AB) = P(A)P(B) \Leftrightarrow P(A|B) = P(A)，$$

或

$$P(AB) = P(A)P(B) \Leftrightarrow P(B|A) = P(B).$$

性质 7 若事件 A, B 相互独立，则 $\overline{A}$ 与 B，A 与 $\overline{B}$，$\overline{A}$ 与 $\overline{B}$ 均相互独立.

性质 8 若 n 个事件 $A_1, A_2, \cdots, A_n$ 相互独立，则

$$P(A_1 A_2 \cdots A_n) = P(A_1)P(A_2)\cdots P(A_n)，$$

$$P(A_1 \cup A_2 \cup \cdots \cup A_n) = 1 - P(\overline{A_1})P(\overline{A_2})\cdots P(\overline{A_n}).$$

例 10-15 张、王、赵三名同学各自独立地求解一道数学题，他们解出的概率为 $\dfrac{1}{5}, \dfrac{1}{3}, \dfrac{1}{4}$，试求：（1）恰有一人解出难题的概率；（2）难题被解出的概率.

解： 设 A_1, A_2, A_3 分别表示"张、王、赵同学解出难题"，显然 A_1, A_2, A_3 相互独立. 又设 A 表示"恰有一人解出难题"，B 表示"难题被解出"，则

（1）由题意得 $A = A_1 \overline{A_2} \, \overline{A_3} \cup \overline{A_1} A_2 \overline{A_3} \cup \overline{A_1} \, \overline{A_2} A_3$，从而

$$P(A) = P(A_1 \overline{A_2 A_3}) + P(\overline{A_1} A_2 \overline{A_3}) + P(\overline{A_1 A_2} A_3)$$
$$= P(A_1)P(\overline{A_2})P(\overline{A_3}) + P(\overline{A_1})P(A_2)P(\overline{A_3}) + P(\overline{A_1})P(\overline{A_2})P(A_3)$$
$$= \frac{1}{5}\left(1 - \frac{1}{3}\right)\left(1 - \frac{1}{4}\right) + \left(1 - \frac{1}{5}\right)\frac{1}{3}\left(1 - \frac{1}{4}\right) + \left(1 - \frac{1}{5}\right)\left(1 - \frac{1}{3}\right)\frac{1}{4} = \frac{13}{30}.$$

（2）由题意得 $B = A_1 \bigcup A_2 \bigcup A_3$，从而

$$P(B) = 1 - P(\overline{A_1})P(\overline{A_2})P(\overline{A_3}) = 1 - \left(1 - \frac{1}{5}\right)\left(1 - \frac{1}{3}\right)\left(1 - \frac{1}{4}\right) = \frac{3}{5}.$$

例 10-16 设每门炮的射击命中率为 0.6，现在要保证以 0.99 的概率击中敌军目标，问至少应配备几门炮？

解： 设至少应配备 n 门炮，且 A_i 表示"第 i 门炮击中目标"，$\overline{A_i}$ 表示"第 i 门炮未击中目标"，显然 A_i 是相互独立的，且由题意不难得到：$P(A_i) = 0.6$，$P(\overline{A_i}) = 0.4 \ (i = 1, \cdots, n)$．

又设 A 表示"击中目标"，从而以 0.99 的概率击中敌军目标即为

$$P(A) = P(A_1 \bigcup A_2 \bigcup \cdots \bigcup A_n) = 1 - P(\overline{A_1})P(\overline{A_2}) \cdots P(\overline{A_n}) = 1 - 0.4^n = 0.99,$$

解得 $n \approx 5.026$．因此至少应配备 6 门炮才能以 0.99 的概率击中敌军目标．

例 10-17 预制钢筋混凝土构件的生产，分四个彼此无关的工序，即捆扎钢筋、支模板、搅拌混凝土、浇筑混凝土．若四个工序施工质量不合格的概率分别为 0.02，0.018，0.025，0.028，求生产的构件不合格的概率．

解： 设 A_i 表示"第 i 道工序不合格" $(i = 1, \cdots, 4)$，显然 A_i 相互独立．又设 A 表示"生产的构件不合格"，则构件合格表示为 $\overline{A}$，且 $\overline{A} = \overline{A_1 A_2 A_3 A_4}$．所以

$$P(\overline{A}) = P(\overline{A_1 A_2 A_3 A_4}) = P(\overline{A_1})P(\overline{A_2})P(\overline{A_3})P(\overline{A_4})$$
$$= (1 - 0.02)(1 - 0.018)(1 - 0.025)(1 - 0.028) = 0.912.$$

故 $P(A) = 1 - P(\overline{A}) = 0.088$．

二、贝努里概型

在现实生活中有许多事件是重复出现的，相应的，在概率论中我们把在相同条件下重复进行试验的数学模型称为**独立试验序列概型**．下面我们就这种情况进行探讨．

定义 10-15 在相同条件下重复进行 n 次试验，若任何一次的试验中结果发生的可能性都不受其他各次试验结果发生情况的影响，则称这 n 次试验为 n **次重复独立试验**．

例如，从一批产品中逐件抽取 5 件产品进行检查，如果每次检查后将产品放回再抽取下一件，则可以把每取一件产品看作一次试验．由于每次抽样后立即放回，所以各次取得的结果都不影响其余各次抽取的结果，所以可以看作 5 次重复独立试验．

定义 10-16 在 n 次重复独立试验中，如果每次试验只有两个相互对立的结果 A 与 $\overline{A}$，并设 $P(A) = p(0 < p < 1)$，$P(\overline{A}) = 1 - p = q$，则称这种试验为 n **重贝努里试验**，这种数学模型称为**贝努里概型**．

贝努里概型在产品的质量检验、交通工程等诸多领域都有着广泛的应用，下面介绍计算中常用的**贝努里定理**．

性质 9（贝努里定理） 设一次试验中事件 A 发生的概率为 $P(A) = p(0 < p < 1)$，则在 n 重贝努里试验中，事件 A 恰好发生 k 次 $(0 \leqslant k \leqslant n)$ 的概率 $P_n(k)$ 为

$$P_n(k) = C_n^k p^k q^{n-k} \ (k = 0, 1, \cdots, n, \ \text{其中} \ q = 1 - p).$$

值得注意的是，由于 $C_n^k p^k q^{n-k}$ 恰好是 $(p+q)^n$ 按二项式公式展开的各项，所以上述公式也称为二项概率公式.

例 10-18 设某厂电子管的一级品率为 0.6，现从出厂的一批产品中任意抽取 10 个进行检验，求至少有 2 个一级品的概率.

分析：每一个电子管是否为一级品是不互相影响的，从而本题是典型的贝努里试验.

解：设 A 表示"至少有两个一级品"，则

$$P(A) = \sum_{k=2}^{10} P_{10}(k) = 1 - P_{10}(0) - P_{10}(1) = 1 - 0.4^{10} - C_{10}^1 * 0.6 * 0.4^9 \approx 0.998.$$

由此可知，从出厂的一批产品中任意抽取 10 个进行检验，至少有 2 个一级品的概率为 0.998.

例 10-19 金工车间有 10 台同类型的机床，每台机床配备的电功率为 10 千瓦. 已知每台机床工作时，平均每小时实际开动 12 分钟，且开动与否是相互独立的. 现因当地电力供应紧张，供电部门只能提供 50 千瓦的电力给这 10 台机床，问这 10 台机床能够正常工作的概率为多大？

分析：50 千瓦电力可同时供给 5 台机床开动，因而 10 台机床中同时开动的台数为不超过 5 台时都可以正常工作，而每台机床开动的概率为 $\dfrac{12}{60} = \dfrac{1}{5}$，又机床只有"开动"与"不开动"这两种情况，从而机床不开动的概率为 $\dfrac{4}{5}$.

解：设 10 台机床中正在开动着的机床台数为 x，由于 10 台机床是否开动相互不影响，则

$$P(x = k) = C_{10}^k \left(\frac{1}{5}\right)^k \left(\frac{4}{5}\right)^{10-k} \ (0 \leqslant k \leqslant 10),$$

于是同时开动着的机床台数不超过 5 台的概率为

$$P(x \leqslant 5) = \sum_{k=0}^{5} P(x = k) = 5 \sum_{k=0}^{5} C_{10}^k \left(\frac{1}{5}\right)^k \left(\frac{4}{5}\right)^{10-k} = 0.994.$$

由此可知，这 10 台机床能正常工作的概率为 0.994，也就是说，这 10 台机床的工作基本上不受电力供应紧张的影响.

习题 10.3

1. 每一名机枪射击手击落飞机的概率都是 0.2，若 10 名机枪射击手同时向一架飞机射击，问击落飞机的概率是多少.

2. 同时投掷一对骰子，共抛两次，求两次所得点数分别为 7 与 11 的概率.

3. 某种电子元件使用寿命在 1000 小时以上的概率为 0.3，求 3 个该种电子元件在使用

1000 小时后，最多只有一个坏了的概率.

4. 三个人独立地破译一个密码，他们译出的概率分别为 $\frac{1}{2},\frac{1}{3},\frac{1}{4}$，求能将此密码译出的概率.

5. 两门高射炮向同一敌军基地射击，已知第一门炮的命中率为 0.55，第二门炮的命中率为 0.65，求目标被击中的概率.

6. 一名工人负责维修 10 台同类型的车床，在一段时间内每台机床发生故障需要维修的概率为 0.3，求（1）在这段时间内有 2 至 4 台机床需要维修的概率；（2）在这段时间内至少有 1 台机床需要维修的概率.

第四节　离散型随机变量及其分布

在随机试验中，人们除了对某些特定事件发生的概率感兴趣外，往往还关心某个与随机试验的结果相联系的变量，由于这一变量的取值依赖于随机试验的结果，因而被称为随机变量. 与普通的变量不同，对于随机变量，人们无法事先预知其确切取值，但可以研究其取值的统计规律性. 下面具体介绍随机变量及描述随机变量统计规律性的分布问题.

一、随机变量的概念

有些随机试验的结果本身就由数量来表示，例如，抛掷一颗骰子观察其出现的点数，试验的结果就可分别由数 1, 2, 3, 4, 5, 6 来表示. 在另一些随机试验中，试验结果看起来与数量无关，但可以指定一个数量来表示，例如，抛掷一枚硬币观察其出现正面或反面的情况，若规定"出现正面"对应数 1，"出现反面"对应数 –1，则该试验的每一种结果都有唯一确定的实数与之对应. 上述与实验结果相对应的实数即为随机变量的取值.

定义 10-17　设随机试验 E 的样本空间为 Ω，如果对于每一个随机事件 $\omega \in \Omega$，有一个实数 $X(\omega)$ 与之对应，$X(\omega)$ 是随着试验结果不同而变化的一个变量，则称变量 $X = X(\omega)$ 为一个随机变量. 通常用大写字母 $X, Y, Z, \cdots$ 表示随机变量，用小写字母 $x, y, z, \cdots$ 表示它们可能取得的值.

引入随机变量以后，随机事件就可以用随机变量来描述了. 例如，设 X 表示"某城市的 120 急救电话每小时收到呼叫的次数"，则 $X \geqslant 20$ 表示"收到的呼叫次数不少于 20 次"，而 $0 \leqslant X \leqslant 5$ 表示"收到的呼叫次数不超过 5 次". 随机变量是建立在随机实验与事件基础上的概念，由于事件发生的可能性与概率有关，那么随机变量也可以对应概率的取值，例如，$P\{X \geqslant 20\} = 0.06$ 表示"收到的呼叫次数不少于 20 次的概率为 0.06".

一般而言，随机变量具有以下两个特征：

（1）随机性：任何一个随机试验，不管随机试验结果是否是数量，都可以用一个变量 X 所取得的数值来表示. 随机试验的结果具有不确定性，它的取值依赖于随机试验的结果.

（2）统计规律性：由于随机变量 X 的取值由试验结果唯一确定，而试验结果的发生对应一定的概率，所以随机变量 X 也以一定的概率取各种可能的值，具有统计规律性.

随机变量的取值情况一般分为两种：若随机变量取的所有值可以逐一列举出来（即有限个），则称 X 为离散型随机变量. 例如，抛掷一颗骰子观察其出现的点数；若随机变量的取值不能逐一列举出来，则称 X 为非离散型随机变量. 例如，等待汽车的候车时间，在非离散型随机变量中最重要的形式为连续型随机变量. 本节将介绍与离散型随机变量相关的问题，下一节介绍与连续型随机变量相关的问题.

二、离散型随机变量的分布律

我们对随机变量的研究，不仅关心试验会出现什么样的结果，而且关心各种结果出现的概率，即随机变量的概率分布.

定义 10-18　设离散型随机变量 X 所有可能的取值为 $x_k (k=1,2,3,\cdots)$，其对应的概率 $P\{X = x_k\} = p_k (k=1,2,3,\cdots)$ 称为离散型随机变量 X 的**概率函数或概率分布**，简称为**分布律**.

离散型随机变量 X 的分布律常用表格形式表示如下：

X	x_1	x_2	$\cdots$	x_n	$\cdots$
p_k	p_1	p_2	$\cdots$	p_n	$\cdots$

由概率的定义可知，离散型随机变量的分布律满足以下性质：

（1）非负性：$p_k \geqslant 0 \ (k=1,2,3,\cdots)$；

（2）归一性：$\sum\limits_k p_k = 1 \ (k=1,2,3,\cdots)$.

例 10-20　设一汽车在开往目的地的道路上需路经四个交叉路口，遇到红灯的概率为 p，以 X 表示汽车首次停下时它已经通过的信号灯的个数，求 X 的分布律.

解： 由题意得，随机变量 X 的所有可能取值为 0，1，2，3，4. $\{X = 0\}$ 表示已经通过的信号灯数为 0，即第一盏信号灯是红灯，故

$$P\{X = 0\} = p；$$

$\{X = 1\}$ 表示已经通过的信号灯数为 1，即第一盏信号灯是绿灯，第二盏信号灯是红灯，故

$$P\{X = 1\} = (1-p)p.$$

同理可得

$$P\{X = 2\} = (1-p)^2 p, \ P\{X = 3\} = (1-p)^3 p, \ P\{X = 4\} = (1-p)^4.$$

则 X 的分布律为

X	0	1	2	3	4
p_k	p	$(1-p)p$	$(1-p)^2 p$	$(1-p)^3 p$	$(1-p)^4$

例 10-21　设随机变量 X 的概率分布为 $P\{X = k\} = \dfrac{\lambda}{k} \ (k=1,2,3,4)$，求 λ 的值.

解： 由分布律的归一性得

$$\sum_{k=1}^{4} \frac{\lambda}{k} = \lambda + \frac{\lambda}{2} + \frac{\lambda}{3} + \frac{\lambda}{4} = 1.$$

解得 $\lambda = \dfrac{12}{25}$.

例 10-22　掷一颗质地均匀的骰子，若用随机变量 X 表示出现的点数，求：（1）X 的取值范围；（2）写出 X 的分布律；（3）求 $P\{X \leqslant 4\}$ 和 $P\{3 \leqslant X < 5\}$.

解：（1）X 的所有可能取值为 1, 2, 3, 4, 5, 6.

（2）X 的分布律为：

X	1	2	3	4	5	6
p	$\dfrac{1}{6}$	$\dfrac{1}{6}$	$\dfrac{1}{6}$	$\dfrac{1}{6}$	$\dfrac{1}{6}$	$\dfrac{1}{6}$

（3）$P\{X \leqslant 4\} = P\{X=1\} + P(X=2) + P\{X=3\} + P\{X=4\} = \dfrac{1}{6} + \dfrac{1}{6} + \dfrac{1}{6} + \dfrac{1}{6} = \dfrac{2}{3}$.

$$P\{3 \leqslant X < 5\} = P\{X=3\} + P\{X=4\} = \dfrac{1}{6} + \dfrac{1}{6} = \dfrac{1}{3}.$$

三、常见离散型随机变量的概率分布

1. 两点分布

设随机变量 X 只可能取 0 与 1 两个值，它的分布律为

X	0	1
p_k	p	$(1-p)$

则称 X 服从**两点分布**，记为 $X \sim (0-1)$.

两点分布虽然简单，但应用十分广泛，一次试验只有两个可能结果的概率分布都可以用两点分布来描述. 例如，抛硬币、一次试验是否成功、一次射击是否命中等试验均服从两点分布.

2. 二项分布

在 n 重贝努里试验中，若每次试验中事件 A 发生的概率为 p，记随机变量 X 为 n 次试验中事件 A 发生的次数，由二项概率公式 $P_n(k) = \mathrm{C}_n^k p^k q^{n-k}$ 可得 X 的分布律为

$$P\{X=k\} = \mathrm{C}_n^k p^k q^{n-k} \ (k = 0,1,2,\cdots,n),$$

其中 $0 < p < 1$，$q = 1 - q$，则称 X 服从参数为 n, p 的**二项分布**或**贝努里分布**，记为 $X \sim B(n,p)$.

显然，当 $n = 1$ 时，二项分布就是两点分布. 二项分布在产品抽样检验、交通工程、遗传学等方面都有重要应用.

例 10-23　某种药物治疗某种非传染性疾病的有效率为 0.70，现用该药物治疗该疾病患者 10 人，试分别计算这 10 人中有 6 人，7 人，8 人有效的概率.

解：由于对 10 名患者的治疗是独立的，这是一个伯努里试验. 设 X 表示用该药物治疗 10 名患者中有效的人数，则 $X \sim B(10,0.7)$，于是所求概率为

$$P\{X=6\} = \mathrm{C}_{10}^6 0.7^6 0.4^4 = 0.20012,$$

$$P\{X=7\}=C_{10}^7 0.7^7 0.4^3 = 0.2668,$$

$$P\{X=8\}=C_{10}^8 0.7^8 0.4^2 = 0.2335.$$

例 10-24 设每台自动机床在运行过程中需要维修的概率均为 0.01，并且各机床是否维修各自独立，如果（1）每名维修工人负责看管 20 台机床；（2）3 名维修工人共同看管 80 台机床，求不能及时维修的概率.

解：（1）这是 $n=20$ 重贝努里试验，参数 $p=0.01$，需要维修机床数 $X \sim B(20,0.01)$，故每名维修工人负责看管 20 台机床不能及时维修的概率为

$$P\{X>1\}=1-(P\{X=0\}+P\{X=1\})=1-0.99^{20}-20\times0.01\times0.99^{19}=0.169.$$

（2）这是 $n=80$ 重贝努里试验，参数 $p=0.01$，需要维修机床数 $X \sim B(80,0.01)$，则 3 名维修工人共同看管 80 台机床不能及时维修的概率为

$$P\{X>3\}=1-\sum_{k=0}^{3}C_{80}^k 0.01^k 0.99^{80-k}=0.0087.$$

直接计算上题（2）的概率时项数比较多，计算比较麻烦，而且 n 越大，有关二项分布的计算量越大，为此法国数学家泊松研究了 n 与 p 的关系，证明在近似计算中当 n 很大而 p 很小时

$$C_n^k p^k (1-q)^{n-k} \approx \frac{\lambda k}{k!}e^{-\lambda}, \quad \lambda=np,$$

从而得到泊松分布.

3. 泊松分布

如果随机变量 X 的分布律为

$$P\{X=k\}=\frac{\lambda^k}{k!}e^{-\lambda}, \quad k=0,1,\cdots,$$

其中常数 $\lambda>0$，则称 X 服从参数为 λ 的**泊松分布**，记为 $X \sim \pi(\lambda)$.

泊松分布有广泛而重要的应用，例如，某机场降落的飞机数；某电话交换台在一定时间内收到的用户的呼叫次数；某售票窗口接待的顾客数；一段时间间隔内某射线放射的粒子数；一段时间间隔内某容器内的细菌数，等等. 由于泊松分布应用广，为了避免重复计算，一般可通过查表（附表一）得到结果.

例 10-25 某城市每天发生火灾的次数 X 服从参数 $\lambda=0.8$ 的泊松分布，求该城市一天内发生 3 次或 3 次以上火灾的概率.

解：由题意得

$$P\{X\geqslant3\}=1-P\{X<3\}=1-P\{X=0\}-P\{X=1\}-P\{X=2\}$$

$$=1-e^{-0.8}\left(\frac{0.8^0}{0!}+\frac{0.8^1}{1!}+\frac{0.8^2}{2!}\right)\approx 0.0474.$$

例 10-26 电话交换台每分钟接到的呼唤次数 X 服从参数 $\lambda=3$ 的泊松分布，求下列事件

的概率：（1）在一分钟内恰好接到 6 次呼唤；（2）在一分钟内呼唤次数不超过 5 次；（3）在一分钟内呼唤次数超过 5 次.

解：（1）$P\{X=6\}=\dfrac{3^6}{6!}\mathrm{e}^{-3}=0.0504$.

（2）$P\{X\leqslant5\}=\displaystyle\sum_{k=0}^{5}P\{X=k\}=\sum_{k=0}^{5}\dfrac{3^k}{k!}\mathrm{e}^{-3}$

$\qquad\qquad=0.0498+0.1494+0.2240+0.2240+0.1680+0.1008=0.9160$.

（3）$P\{X>5\}=1-P\{X\geqslant5\}=1-0.9160=0.0840$.

习题 10.4

1. 如果 $X\sim(0-1)$，又知 X 取 1 的概率为它取 0 的概率的 2 倍，写出 X 的分布律.

2. 已知随机变量 X 只能取 "$-1,0,1,2$" 四个值，相应概率依次为 $\dfrac{1}{2a},\dfrac{3}{4a},\dfrac{5}{8a},\dfrac{7}{16a}$，试求常数 a.

3. 有一繁忙的汽车站，每天有大量汽车通过，设每辆汽车在一天的某段时间内出事故的概率为 0.0001，而在每天的该段时间内有 1000 辆汽车通过，问出事故的次数不小于 2 的概率是多少？

4. 一批电子元件中有 10% 是次品，现从中抽取 5 件，且抽取是独立的，试求所取出的元件中次品数的分布列，并计算次品数不少于 2 的概率.

5. 设有 N 件产品，其中有 M 件次品. 现进行 n 次有放回抽样，每次抽取一件，求这 n 次中共抽到的次品数 X 的概率分布.

6. 一袋中有 5 只乒乓球，编号为 1，2，3，4，5. 在其中同时取 3 只，以 X 表示取出的 3 只球中的最大号码，写出随机变量 X 的分布律.

7. 某类灯泡使用时间在 1000 小时以上的概率为 0.2，现有 3 个这类灯泡，求：
（1）在使用 1000 小时以后坏了的个数 X 的概率分布；
（2）在使用 1000 小时以后，最多坏一个的概率.

8. 设随机变量 X 服从参数 λ 的泊松分布，且 $P\{X=1\}=P\{X=2\}$，求 $P\{X=4\}$.

9. 设随机变量 X 分布律为 $P\{X=k\}=C\dfrac{\lambda^k}{k!}(k=0,1,2,\cdots,\lambda>0)$，试求：（1）常数 C；（2）X 落在 $[1,3)$ 内的概率.

第五节　连续型随机变量及其分布

离散型随机变量所有可能的值为有限个，它取值的统计规律可以一一列举，并用分布律来描述. 但是对于非离散型随机变量，它的取值可能充满某个区间，不能一一列举，所以我们要讨论它们落在某个区间上的概率.

一、分布密度与分布函数

1. 分布密度

定义 10-19   对于随机变量 X，若存在一个非负可积函数 $f(x)$，$x \in (-\infty, +\infty)$，使得对任意实数 a, b $(a < b)$，有

$$P\{a < X \leqslant b\} = \int_a^b f(x)\mathrm{d}x ,$$

则称 X 为**连续型随机变量**，称 $f(x)$ 为 X 的概率分布**密度函数**，简称**分布密度**或**概率密度**.

在直角坐标系下，分布密度函数 $y = f(x)$ 对应的曲线如图 10-1 所示，则由定积分的几何意义可知，随机变量 X 在区间 $[a, b]$ 上取值的概率 $P\{a < X \leqslant b\}$ 正是在该区间上以分布密度曲线为曲边的曲边梯形的面积. 因此计算连续型随机变量 X 落在区间 $[a, b]$ 上的概率，可转化为计算分布密度 $y = f(x)$ 在 $[a, b]$ 上的定积分.

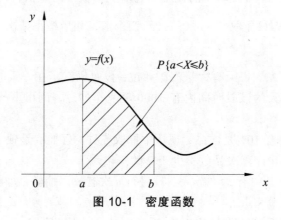

图 10-1   密度函数

与离散型随机变量的分布律相似，连续型随机变量的分布密度满足以下性质：

（1）非负性：$f(x) \geqslant 0$；

（2）归一性：$\int_{-\infty}^{+\infty} f(x)\mathrm{d}x = 1$.

注意：

（1）连续型随机变量 X 取区间内的任一值的概率为零，即 $P\{X = a\} = 0$；

（2）连续型随机变量 X 在任一区间上的取值的概率与是否包含端点无关，即

$$P\{a \leqslant X < b\} = P\{a \leqslant X \leqslant b\} = P\{a < X \leqslant b\} = P\{a < X < b\} = \int_a^b f(x)\mathrm{d}x ;$$

（3）分布密度函数在某一处取值，并不表示 X 在此点处的概率，而表示 X 在此点概率分布的密度程度.

（4）$P\{x \leqslant c\} = \int_{-\infty}^c f(x)\mathrm{d}x$；

$$P\{x > c\} = \int_c^{+\infty} f(x)\mathrm{d}x = 1 - P\{x \leqslant c\} .$$

例 10-27   判断下列函数是不是连续型随机变量的密度函数.

（1）$f(x) = \begin{cases} \dfrac{1}{2\sqrt{x}}, & x \in (0,1) \\ 0, & \text{其他} \end{cases}$；　　　　　（2）$f(x) = \begin{cases} \sin x, & x \in [0, \pi] \\ 0, & \text{其他} \end{cases}$.

解：（1）因为 $f(x) \geq 0$，且

$$\int_{-\infty}^{+\infty} f(x)\mathrm{d}x = \int_{-\infty}^{0} 0\mathrm{d}x + \int_{0}^{1} \frac{1}{2\sqrt{x}}\mathrm{d}x + \int_{1}^{+\infty} 0\mathrm{d}x = 1,$$

从而它是密度函数.

（2）$f(x) \geq 0$，但

$$\int_{-\infty}^{+\infty} f(x)\mathrm{d}x = \int_{-\infty}^{0} 0\mathrm{d}x + \int_{0}^{\pi} \sin x\mathrm{d}x + \int_{\pi}^{+\infty} 0\mathrm{d}x = 2 \neq 1,$$

从而它不是密度函数.

例 10-28　设连续型随机变量 X 的密度函数为 $f(x) = \begin{cases} ax^2, & x \in (0,1) \\ 0, & \text{其他} \end{cases}$，（1）确定常数 a；
（2）求 $P\{-1 < X < 0.2\}$.

解：（1）由密度函数的归一性 $\int_{-\infty}^{+\infty} f(x)\mathrm{d}x = 1$，有

$$\int_{-\infty}^{+\infty} f(x)\mathrm{d}x = \int_{-\infty}^{0} 0\mathrm{d}x + \int_{0}^{1} ax^2\mathrm{d}x + \int_{1}^{+\infty} 0\mathrm{d}x = 1,$$

解得 $a = 3$.

（2）$P\{-1 < X < 0.2\} = \int_{-1}^{0.2} f(x)\mathrm{d}x = \int_{-1}^{0} 0\mathrm{d}x + \int_{0}^{0.2} 3x^2\mathrm{d}x = 0.008$.

2. 分布函数

对离散型和连续型随机变量的概率分布，我们可以分别用分布律和分布密度来描述，与此同时还有一个统一的描述方法，也就是随机变量的分布函数.

定义 10-20　设 X 为随机变量（离散型或连续型），对于任意实数 x，设

$$F(x) = P\{X \leq x\} \quad x \in (-\infty, +\infty),$$

则称 $F(x)$ 为随机变量 X 的**概率分布函数**，简称**分布函数**. 分布函数 $F(x)$ 的值的含义就是 X 落在 $[-\infty, x]$ 内的概率.

对于离散型随机变量，其分布函数

$$F(x) = P\{X \leq x\} = \sum_{x_k \leq x} P\{X = x_k\};$$

对于连续型随机变量，其分布函

$$F(x) = P\{X \leq x\} = \int_{-\infty}^{x} f(t)\mathrm{d}t.$$

分布函数具有下列性质：
（1）对一切 $x \in (-\infty, +\infty)$，有 $0 \leq F(x) \leq 1$.
（2）$F(x)$ 是单调的，但不是单调减的，即当 $x_1 < x_2$ 时，$F(x_1) \leq F(x_2)$.
（3）$F(-\infty) = \lim\limits_{x \to -\infty} F(x) = 0$，$F(+\infty) = \lim\limits_{x \to +\infty} F(x) = 1$.

（4）$F(x)$ 右连续，即 $F(x+0) = F(x)$.

特别地，若 X 为连续型随机变量，则 $F(x)$ 处处连续.

（5）$P\{a < X \leqslant b\} = P\{X \leqslant b\} - P\{X \leqslant a\} = F(b) - F(a)$.

特别地，$P\{X > a\} = 1 - P\{X \leqslant a\} = 1 - F(a)$.

（6）对于连续型随机变量，有 $F'(x) = f(x)$.

例 10-29 随机变量 X 的分布律为

X	1	2
p	0.25	0.75

求 X 的分布函数，并求 $P\{X > 1\}$.

解：X 的取值 1 与 2 将 $(-\infty, +\infty)$ 分成三个部分，则

当 $x < 1$ 时，$F(x) = P\{X \leqslant x\} = 0$ ；

当 $1 \leqslant x < 2$ 时，$F(x) = P\{X \leqslant x\} = P\{X = 1\} = 0.25$ ；

当 $x \geqslant 2$ 时，$F(x) = P\{X \leqslant x\} = P\{X = 1\} + P\{X = 2\} = 1$.

综合上述情况，分布函数为

$$F(x) = \begin{cases} 0, x \leqslant 1 \\ 0.25, 1 \leqslant x < 2 \\ 1, x \geqslant 2 \end{cases}$$

从而 $\qquad P\{X > 1\} = 1 - P\{X \leqslant 1\} = 1 - 0.25 = 0.75$.

例 10-30 设随机变量 X 的分布函数为 $f(x) = \dfrac{A}{1 + x^2}$ $(x \in (-\infty, +\infty))$，求（1）常数 A；（2）X 的分布函数；（3）$P\{-1 \leqslant X < 1\}$.

解：（1）由密度函数的归一性 $\int_{-\infty}^{+\infty} f(x)\mathrm{d}x = 1$，有

$$\int_{-\infty}^{+\infty} \frac{A}{1 + x^2}\mathrm{d}x = A\arctan x \Big|_{-\infty}^{+\infty} = A\pi = 1.$$

解得 $A = \dfrac{1}{\pi}$.

（2）$F(x) = \int_{-\infty}^{x} f(t)\mathrm{d}t = \int_{-\infty}^{x} \dfrac{\dfrac{1}{\pi}}{1 + t^2}\mathrm{d}t = \dfrac{1}{\pi}\arctan t \Big|_{-\infty}^{x}$

$\qquad = \dfrac{1}{\pi}\left(\arctan x + \dfrac{\pi}{2}\right) = \dfrac{1}{2} + \dfrac{1}{\pi}\arctan x.$

（3）$P\{-1 \leqslant X < 1\} = F(1) - F(-1)$

$$= \frac{1}{2} + \frac{1}{\pi} \cdot \frac{1}{4} - \left[\frac{1}{2} + \frac{1}{\pi}\left(-\frac{1}{4}\right)\right] = \frac{1}{4} + \frac{1}{4} = \frac{1}{2}.$$

二、常见连续型随机变量的分布

1. 均匀分布

若连续型随机变量 X 的密度函数为

$$f(x) = \begin{cases} \dfrac{1}{b-a}, & a \leqslant x \leqslant b \\ 0, & \text{其他} \end{cases},$$

则称 X 在区间 $[a,b]$ 上服从**均匀分布**，记为 $X \sim U(a,b)$.

对任一区间 $[c,d] \subset [a,b]$，有

$$P\{c < X \leqslant d\} = \int_c^d \frac{1}{b-a}\,\mathrm{d}x = \frac{d-c}{b-a},$$

这说明 X 落在 $[a,b]$ 中任一小区间的概率与区间的长度有关，而与小区间在 $[a,b]$ 内的位置无关. 例如，在每隔一段时间有一辆公共汽车通过的汽车站里，乘客候车的时间 X 就服从均匀分布.

例 10-31 某公交汽车从上午 7:00 起，每 15 分钟一班车，即 7:00, 7:15, 7:30, 7:45 等时刻车辆到达车站. 如果乘客到达车站的时间 X 是 7:00 与 7:30 之间的均匀随机变量,试求其候车时间少于 5 分钟的概率.

解： 以 7:00 为起点 0，以分为单位，依题意 $X \sim U(0,30)$，则

$$f(x) = \begin{cases} \dfrac{1}{30}, & x \in (0,30) \\ 0, & \text{其他} \end{cases},$$

为了使候车时间 X 少于 5 分钟，乘客必须在 7:10 与 7:15 之间或者在 7:25 与 7:30 之间到达车站，即所求的概率为

$$P\{10 < X < 15\} + P\{25 < X < 30\} = \int_{10}^{15} \frac{1}{30}\,\mathrm{d}x + \int_{25}^{30} \frac{1}{30}\,\mathrm{d}x = \frac{1}{3},$$

从而乘客候车时间 X 少于 5 分钟的概率是 $\dfrac{1}{3}$.

例 10-32 设电阻 R 是一个随机变量，在 $900\,\Omega \sim 1100\,\Omega$ 服从均匀分布，求 R 的概率密度及 R 落在 $950\,\Omega \sim 1050\,\Omega$ 的概率.

解： 依题意，R 的概率密度为

$$f(r) = \begin{cases} \dfrac{1}{1100-900}, & r \in (900, 110) \\ 0, & \text{其他} \end{cases},$$

故

$$P\{950 < R \leqslant 1050\} = \int_{950}^{1050} \frac{1}{200}\,\mathrm{d}x = 0.5.$$

2. 指数分布

若连续型随机变量 X 的密度函数为

$$f(x) = \begin{cases} \dfrac{1}{\theta} e^{-\frac{x}{\theta}}, & x > 0 \\ 0, & \text{其他} \end{cases} \quad (\theta > 0 \text{ 为常数}),$$

则称 X 服从参数为 θ 的**指数分布**，记为 $X \sim e(\theta)$.

指数分布常用来作为各种"寿命"分布的近似，在实际应用中，其在动物的寿命、电子元件的寿命等可靠性理论以及计算机中的排队论等都有着广泛的应用.

例 10-33　某计算机的使用寿命 X（单位：星期）服从参数为 $\dfrac{1}{100}$ 的指数分布，求此计算机能工作 100 个星期以上的概率.

解： $P\{X > 100\} = \dfrac{1}{100} \displaystyle\int_{100}^{+\infty} e^{-\frac{x}{100}} dx = \dfrac{1}{e}$.

例 10-34　设某类灯管的使用寿命 X（单位：小时）服从参数为 2000 的指数分布.
（1）任取一只这种灯管，求能正常使用 1000 小时以上的概率；
（2）有一只这种灯管已经正常使用了 1000 小时以上，求还能使用 1000 小时以上的概率.

解：（1） $P\{X > 1000\} = \dfrac{1}{2000} \displaystyle\int_{1000}^{+\infty} e^{-\frac{x}{2000}} dx = e^{-\frac{1}{2}}$.

（2）利用条件概率公式得

$$P\{X > 2000 \mid X > 1000\} = \frac{P\{X > 2000, X > 1000\}}{P\{X > 1000\}}$$

$$= \frac{P\{X > 2000\}}{P\{X > 1000\}} = \frac{\dfrac{1}{2000} \displaystyle\int_{2000}^{+\infty} e^{-\frac{x}{2000}} dx}{\dfrac{1}{2000} \displaystyle\int_{1000}^{+\infty} e^{-\frac{x}{2000}} dx} = e^{-\frac{1}{2}}.$$

3. 正态分布

若连续型随机变量 X 的密度函数为

$$f(x) = \frac{1}{\sqrt{2\pi}\sigma} e^{\frac{(x-\mu)^2}{2\sigma^2}}, \quad -\infty < x < +\infty,$$

其中 $\mu, \sigma \, (\sigma > 0)$ 为常数，则称 X 服从参数为 μ, σ 的**正态分布**，记为 $X \sim N(\mu, \sigma^2)$.

正态分布是最常见且最重要的一种连续型分布，例如，混凝土的强度，测量误差，产品的长度、宽、高、直径，炮弹的弹着点，农作物的收获量等都近似服从正态分布. 它反映了随机变量服从"正常状态"分布的客观规律，在自然界和工程技术中有着广泛的应用. 为了方便计算，下面来研究正态分布的分布函数和性质.

正态分布密度函数 $f(x)$ 的图形称为正态曲线，形状如悬钟，μ 决定了曲线的位置，且 $x = \mu$ 时 $f(x)$ 取最大值，曲线关于 $x = \mu$ 对称，在 $x = \mu \pm \sigma$ 处有拐点；以 x 轴为水平渐近线；σ 决定了曲线的形状，σ 越大曲线越平缓，σ 越小曲线越陡峭（见图 10-2）.

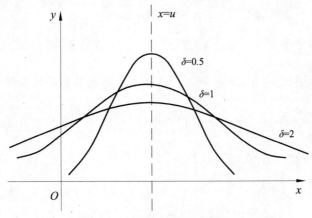

图 10-2　正态分布密度函数

根据分布函数公式易得正态分布的分布函数：

$$F(x) = \frac{1}{\sqrt{2\pi}\sigma} \int_{-\infty}^{x} e^{\frac{(t-\mu)^2}{2\sigma^2}} dt \quad (-\infty < x < +\infty).$$

当 $\mu = 0, \sigma = 1$ 时，正态分布称为**标准正态分布**，记为 $X \sim N(0,1)$ ，其密度函数为 $\varphi(x) = \frac{1}{\sqrt{2\pi}} e^{-\frac{x^2}{2}}$ ，分布函数为 $\Phi(x) = \frac{1}{\sqrt{2\pi}} \int_{-\infty}^{x} e^{-\frac{t^2}{2}} dt$.

标准正态分布函数 $\Phi(x)$ 满足下列性质：

（1）$\Phi(0) = 0.5$ ；

（2）$\Phi(-x) = 1 - \Phi(x)$.

关于 $\Phi(x)$ 的函数值，人们编制了标准正态分布函数表（附表二），通过查表可快速确定函数值进而提高计算效率. 下面给出几种常见的情况：

（1）因表中 x 的取值范围为 $[0, 3.9)$ ，因此，当 $x \in [0, 3.9)$ 时，可直接查表，而对于 $x \in [3.9, +\infty)$ 时，取 $\Phi(x) \approx 1$.

（2）对于 $-x(x > 0)$ ，可用 $\Phi(-x) = 1 - \Phi(x)$ 来确定其值.

（3）$P\{X < b\} = P\{X \leqslant b\} = \Phi(b)$.

（4）$P\{X > a\} = P\{X \geqslant a\} = 1 - \Phi(a)$.

（5）$P\{a \leqslant X < b\} = P\{a \leqslant X \leqslant b\} = P\{a < X \leqslant b\} = P\{a < X < b\} = \Phi(b) - \Phi(a)$.

（6）$P\{|X| < b\} = P\{|X| \leqslant b\} = \Phi(b) - \Phi(-b) = 2\Phi(b) - 1$.

例 10-35　设随机变量 $X \sim N(0,1)$ ，查标准正态分布函数表求：

（1）$P\{X < 2\}$ ；（2）$P\{X > 2.12\}$ ；（3）$P\{X < -2\}$ ；

（4）$P\{X \geqslant -0.09\}$ ；（5）$P\{1.32 < X < 2.12\}$ ；（6）$P\{|X| < 1.65\}$.

解：（1）$P\{X < 2\} = \Phi(2) = 0.9772$ ；

（2）$P\{X > 2.12\} = 1 - \Phi(2.12) = 1 - 0.9830 = 0.0170$ ；

（3）$P\{X < -2\} = 1 - \Phi(2) = 1 - 0.9772 = 0.0228$ ；

（4）$P\{X \geqslant -0.09\} = 1 - \Phi(-0.09) = \Phi(0.09) = 0.5359$ ；

（5）$P\{1.32 < X < 2.12\} = \Phi(2.12) - \Phi(1.32) = 0.9830 - 0.9066 = 0.0764$ ；

（6）$P\{|X| < 1.65\} = 2\varPhi(1.65) - 1 = 2 \times 0.9505 - 1 = 0.9010$.

对于一般的正态分布 $X \sim N(\mu, \sigma^2)$ 的概率计算，可以转化为标准正态分布 $\dfrac{X - \mu}{\sigma} \sim N(0,1)$ 的概率，其分布函数满足 $F(x) = \varPhi\left(\dfrac{x - \mu}{\sigma}\right)$，从而一般正态分布的计算可做如下简化：

（1）$P\{X \leqslant a\} = F(a) = \varPhi\left(\dfrac{a - \mu}{\sigma}\right)$；

（2）$P\{X \geqslant a\} = 1 - F(a) = 1 - \varPhi\left(\dfrac{a - \mu}{\sigma}\right)$；

（3）$P\{a \leqslant X < b\} = P\{a \leqslant X \leqslant b\} = P\{a < X \leqslant b\} = P\{a < X < b\}$

$$= \varPhi\left(\dfrac{b - \mu}{\sigma}\right) - \varPhi\left(\dfrac{a - \mu}{\sigma}\right).$$

例 10-36　设随机变量 $X \sim N(\mu, \sigma^2)$，求 X 落在区间 $(\mu - \sigma, \mu + \sigma)$，$(\mu - 2\sigma, \mu + 2\sigma)$ 和 $(\mu - 3\sigma, \mu + 3\sigma)$ 的概率.

解：假设 m 为常数，则

$$P\{\mu - m\sigma < X < \mu + m\sigma\} = \varPhi\left(\dfrac{\mu + m\sigma - \mu}{\sigma}\right) - \varPhi\left(\dfrac{\mu - m\sigma - \mu}{\sigma}\right)$$

$$= \varPhi(m) - \varPhi(-m) = 2\varPhi(m) - 1.$$

（1）当 $m = 1$ 时，$P\{\mu - \sigma < X < \mu + \sigma\} = 2\varPhi(1) - 1 = 2 \times 0.8413 - 1 = 0.6826$；

（2）当 $m = 2$ 时，$P\{\mu - 2\sigma < X < \mu + 2\sigma\} = 2\varPhi(2) - 1 = 2 \times 0.9772 - 1 = 0.9544$；

（3）当 $m = 3$ 时，$P\{\mu - 3\sigma < X < \mu + 3\sigma\} = 2\varPhi(3) - 1 = 2 \times 0.9987 - 1 = 0.9974$.

下面来看两个实际问题中应用正态分布的例子.

例 10-37　某工厂加工钢轨使用的 ω 扣件，工厂中有三台机器生产该扣件使用的螺栓. 已知其中一台机器生产的螺栓长度 X 服从 $\mu = 10.05$，$\sigma = 0.06$ 的正态分布，规定螺栓长度在 10.05 ± 0.12 为合格品，试求螺栓为合格品的概率.

解：根据题意知，$X \sim N(10.05, 0.06^2)$.

设 $a = 10.05 - 0.12$，$b = 10.05 + 0.12$，则 $\{a \leqslant X \leqslant b\}$ 表示螺栓为合格品，于是

$$P\{a \leqslant X \leqslant b\} = \varPhi\left(\dfrac{b - \mu}{\sigma}\right) - \varPhi\left(\dfrac{a - \mu}{\sigma}\right)$$

$$= \varPhi(2) - \varPhi(-2) = 2\varPhi(2) - 1 = 2 \times 0.9972 - 1 = 0.9544.$$

从而螺栓为合格品的概率等于 0.9544.

例 10-38　在大陆和某小岛之间修建一座跨海大桥，需在桥墩位置的外围先修建一座围图，以使桥墩能在干燥的条件下施工. 围图的高度应使现场在施工期间有 95% 的可靠度不被水浪漫淹. 假设平均海平面以上的月最大浪高 $X \sim N(5, 2^2)$，且每个月的海平面以上的最大浪高独立且同分布. 如果施工期为 4 个月，则围图的设计高度（即超过平均海平面的高度）应是多少？

解：设围图的设计高度为 H，第 i 个月的最大浪高为 X_i，则 $X_i \sim N(5, 2^2)(i = 1, 2, 3, 4)$. 由题意得

$$P\left(\bigcap_{i=1}^{4}\{X_i < H\}\right) = 0.95.$$

因为 $X_i \ (i=1,2,3,4)$ 独立同分布，所以

$$P\left(\bigcap_{i=1}^{4}\{X_i < H\}\right) = \prod_{i=1}^{4}\{X_i < H\} = (P\{X_i < H\})^4.$$

于是 $(P\{X_i < H\})^4 = 0.95$，即

$$P\{X_i < H\} = \sqrt[4]{0.95}.$$

化作标准正态分布形式 $\Phi\left(\dfrac{H-5}{2}\right) = 0.9873$．反查附表三可得

$$\frac{H-5}{2} \approx 2.237,$$

解得 $H \approx 9.474 \approx 9.48$．从而施工期为 4 个月，围囹的设计高度应为超过平均海平面约 9.48 米．

习题 10.5

1. 设随机变量 X 服从指数分布，且 $P\{1 \leqslant X \leqslant 2\} = \dfrac{1}{4}$，求 θ 值及 $F(x)$．

2. 设随机变量 X 的分布函数为

$$F(x) = \begin{cases} a, & x \leqslant 1 \\ bx\ln x + cx + d, & 1 < x \leqslant e, \\ d, & x > e \end{cases}$$

（1）试确定 $F(x)$ 中的常数的值；（2）求 $P\left\{|X| \leqslant \dfrac{e}{2}\right\}$．

3. 设随机变量 X 的密度函数为

$$f(x) = \begin{cases} \dfrac{a}{\sqrt{1-x^2}}, & |x| \leqslant 1 \\ 0, & \text{其他} \end{cases},$$

（1）确定常数 a；（2）求 $P\left\{|X| \leqslant \dfrac{1}{2}\right\}$．

4. 设随机变量 X 的密度函数为

$$f(x) = \begin{cases} \dfrac{2}{\pi(1+x^2)}, & a < x < +\infty \\ 0, & \text{其他} \end{cases},$$

（1）确定常数 a；（2）若 $P\{a < X < b\} = 0.5$，求 b 的值．

5. 设随机变量 X 的密度函数为

$$f(x) = \begin{cases} ax+b, & 0 < x < 2 \\ 0, & \text{其他} \end{cases},$$

当 $P\{1<X<3\}=0.25$ 时，（1）确定常数 a 和 b；（2）求 $P\{X>1.5\}$.

6. 设函数

$$f(x)=\begin{cases}\cos x, & x\in D\\ 0, & 其他\end{cases},$$

其中 D 为下列指定区间，此时 $f(x)$ 能否是随机变量的密度函数：（1）$\left[0,\dfrac{\pi}{2}\right]$；（2）$\left[-\dfrac{\pi}{2},\dfrac{\pi}{2}\right]$；（3）$[0,\pi]$.

7. 设随机变量 X 的分布列为

X	1	2	3
p	$\dfrac{1}{6}$	$\dfrac{1}{2}$	$\dfrac{1}{3}$

求（1）分布函数 $F(x)$；（2）$P\{1<X\leqslant 2\}$.

8. 设随机变量 X 服从均匀分布，其密度函数为

$$f(x)=\begin{cases}\dfrac{1}{10}, & 0\leqslant x\leqslant 10\\[2mm] 0, & 其他\end{cases},$$

求 $P\{X=3\}$，$P\{X<3\}$，$P\{X\geqslant 6\}$，$P\{3<X\leqslant 8\}$.

9. 设 $X\sim N(3,2^2)$，（1）求 $P\{2<X\leqslant 5\}$，$P\{-4<X\leqslant 10\}$，$P\{|X|>2\}$，$P\{X>3\}$；（2）确定 C 使得 $P\{X>C\}=P\{X\leqslant C\}$.

10. 某种型号的电池，其寿命 X（年）服从参数 $\lambda=0.5$ 的指数分布，求下列事件的概率：

（1）一节电池的寿命大于 4 年；

（2）一节电池的寿命大于 1 年且小于 3 年；

（3）五节电池中至少有两节寿命大于 4 年.

11. 设成年男子身高（单位：cm）$X\sim N(170,6^2)$，某种公交车车门的高度是按成年男子碰头的概率在 1% 以下设计的，问车门的高度最小应多高？

12. 某商店的日销售额 X（单位：万元）服从参数 $\mu=100$，$\sigma=20$ 的正态分布，问日销售额在 90 万 ~ 100 万元的概率是多少？

第六节　随机变量的数字特征

随机变量的概率及其分布函数能完整地描述随机变量的统计规律，但在许多实际问题中，人们并不需要去全面考察随机变量的变化情况，而只知道它的某些数字特征即可. 例如，在评价某地区的粮食产量水平时，通常只需要知道该地区粮食的平均产量即可；又如，在评价一批钢轨的质量时，要注意每一根钢轨长度与标准长度之间的偏离程度，偏离程度越小，则质量就越好. 上述的"平均值""偏离程度"等特征就是随机变量的数字特征. 本节将讨论最常用的数字特征：数学期望（均值）和方差.

一、数学期望

1. 离散型随机变量的数学期望

在许多问题中，常常需要计算平均值. 例如，为了检查一批钢筋的抗拉强度，从中抽取了 10 根，显然被抽查的钢筋抗拉强度 X 是一个随机变量，检测结果如表 10-2 所示：

表 10-2

抗拉强度（MPa）	230	240	246	248	250
根数	1	4	3	1	1

由上表数据，可以计算 10 根钢筋的平均抗拉强度为

$$\frac{1}{10}(1\times230+4\times240+3\times246+1\times248+1\times250)=242.6\ (\text{MPa}).$$

分析上述计算过程，平均值就是随机变量 X 与对应的频率乘积之和. 但在随机试验中，频率的波动性较大，为了消除这种波动性影响，常用概率代替频率，从而得到下列定义：

定义 10-21 离散型随机变量 X 的所有可能取值 x_k 与其相应的概率 p_k 的乘积之和，称为随机变量 X 的数学期望，简称为**期望**或**均值**，记为 $E(X)$. 若 $P\{X=x_k\}=p_k(k=1,2,3,\cdots,n)$，则

$$E(X)=\sum_{k=1}^{n}x_k p_k.$$

说明：上述定义只是针对离散型随机变量 X 的所有可能取值为可列个时，而当 X 的取值是无穷项时，期望 $E(X)=\sum_{k=1}^{\infty}x_k p_k$ 是无穷级数，只有 $\sum_{k=1}^{\infty}x_k p_k$ 绝对收敛时期望 $E(X)$ 才成立.

例 10-39 某射击手进行射击训练，射手的命中率为 0.8. 假设至多射击 4 次，如果中靶，则停止射击. 试问平均看来，应为射手准备多少发子弹为宜？

解：设 X 表示射手的射击次数，它是一个离散型随机变量，其分布律为

X	1	2	3	4
P	0.8	0.16	0.032	0.008

则

$$E(X)=1\times0.8+2\times0.16+3\times0.032+4\times0.008=1.248.$$

所以，为射手准备 2（1.248 取整数）发子弹为宜.

例 10-40 根据长期统计，甲、乙两人在一天中能生产 100 个弹簧垫圈. 两人在生产中出现废品的概率分布如表 10-3，试分析谁的技术更好？

表 10-3

工人	甲				乙			
废品数	0	1	2	3	0	1	2	3
概率	0.4	0.3	0.2	0.1	0.3	0.5	0.2	0

解： 单从分布律并不能看出甲、乙两人中谁的技术好，若能求出两者在生产过程中出现废品的数学期望，则能说明其生产的平均情况：

甲工人： $E(X) = 0 \times 0.4 + 1 \times 0.3 + 2 \times 0.2 + 3 \times 0.1 = 1$ ，

乙工人： $E(Y) = 0 \times 0.3 + 1 \times 0.5 + 2 \times 0.2 + 3 \times 0 = 0.9$ ，

故可以判断乙的技术更好一些.

2. 连续型随机变量的数学期望

定义 10-22   若连续型随机变量 X 的分布密度为 $f(x)$ ，且 $\int_{-\infty}^{+\infty} xf(x)\mathrm{d}x$ 绝对收敛，则称该积分值为 X 的数学期望，简称为**期望**或**均值**，记为 $E(X)$. 即

$$E(X) = \int_{-\infty}^{+\infty} xf(x)\mathrm{d}x .$$

例 10-41   设 $X \sim U(a,b)$ ，求 $E(X)$.

解： 由 $X \sim U(a,b)$ 知， X 的分布密度为

$$f(x) = \begin{cases} \dfrac{1}{b-a}, & a \leqslant x \leqslant b \\ 0, & \text{其他} \end{cases} ,$$

从而

$$E(X) = \int_{-\infty}^{+\infty} xf(x)\mathrm{d}x = \int_a^b \frac{x}{b-a}\mathrm{d}x = \frac{x^2}{2(b-a)}\bigg|_a^b = \frac{a+b}{2} .$$

例 10-42   设随机变量 X 的分布密度如下：

$$f(x) = \begin{cases} 1-x, & x \in [0,1] \\ \dfrac{1}{3}x, & x \in (1,2] \\ 0, & \text{其他} \end{cases} ,$$

求 $E(X)$.

解： $E(X) = \int_{-\infty}^{+\infty} xf(x)\mathrm{d}x = \int_0^1 x(1-x)\mathrm{d}x + \int_1^2 x\frac{1}{3}x\mathrm{d}x$

$$= \left(\frac{x^2}{2} - \frac{x^3}{3} \right)\bigg|_0^1 + \frac{x^3}{9}\bigg|_1^2 = \frac{1}{2} .$$

例 10-43   对讲机中一种无线电元件的使用寿命 X 是一个随机变量，且分布密度为

$$f(x) = \begin{cases} \theta \mathrm{e}^{-\theta x}, & x \geqslant 0 \\ 0, & \text{其他} \end{cases} \quad (\theta > 0 \text{为常数}),$$

求这种元件的平均使用寿命.

解： 元件的平均使用寿命即为 X 的数学期望：

$$E(X) = \int_{-\infty}^{+\infty} xf(x)\mathrm{d}x = \int_0^{+\infty} x \cdot \theta \mathrm{e}^{-\theta x}\mathrm{d}x$$

$$= -x\mathrm{e}^{-\theta x}\bigg|_0^{+\infty} + \int_0^{+\infty} \mathrm{e}^{-\theta x}\mathrm{d}x = \frac{1}{\theta},$$

从而这种元件的平均使用寿命为 $\dfrac{1}{\theta}$.

在熟悉了期望的计算公式后，我们来学习期望的性质，以便于解与期望相关的问题.

3. 数学期望的性质

性质 10　若 C 为常数，则 $E(C)=C$.

性质 11　若 X,Y 为两个随机变量，则 $E(X+Y)=E(X)+E(Y)$.

性质 12　若 X,Y 为两个相互独立的随机变量，则 $E(XY)=E(X)E(Y)$.

值得注意的是，性质 11 与性质 12 可以推广到有限个随机变量相加及相乘的情况，且综合上述三条性质，易得到如下推论：

推论 3　若 a,b 为常数，X 为随机变量，则 $E(aX+b)=aE(X)+b$.

例 10-44　某电路中电流 I（安）与电阻 R（欧）是两个相互独立的随机变量，其概率密度分别为

$$g(i)=\begin{cases}2i, & 0\leqslant i\leqslant 1\\ 0, & \text{其他}\end{cases}, \quad h(r)=\begin{cases}\dfrac{r^2}{9}, & 0\leqslant r\leqslant 3\\ 0, & \text{其他}\end{cases},$$

试求电压 $V=IR$ 的均值.

解：
$$\begin{aligned}E(V)&=E(IR)=E(I)E(R)\\ &=\int_{-\infty}^{+\infty}ig(i)\mathrm{d}i\cdot\int_{-\infty}^{+\infty}rh(r)\mathrm{d}r=\int_0^1 2i^2\mathrm{d}i\cdot\int_0^3\frac{r^3}{9}\mathrm{d}r\\ &=\left(\frac{2}{3}i^3\Big|_0^1\right)\cdot\left(\frac{1}{36}r^4\Big|_0^3\right)=\frac{3}{2}\ (\text{伏}).\end{aligned}$$

二、方　差

1. 方差的定义

在许多实际问题中，只考虑随机变量的期望还是不够的，还需要分析随机变量的取值与期望的"偏离程度". 例如，有两批型号相同的灯泡，每批各抽取 10 只，测定它们的使用寿命如表 10-4 所示.

表 10-4

第一批灯泡寿命（h）	960	1034	960	987	1000	1036	992	1023	1025	983
第二批灯泡寿命（h）	930	1220	655	1342	654	942	680	1176	1352	1051

不难算出两批灯泡的平均寿命均为 $1000\,h$，也不难观察出第一批灯泡的使用寿命与平均寿命的偏差较小，这说明第一批灯泡的性能更稳定一些. 为了更准确地刻画这种"偏离程度"，我们定义随机变量的方差如下：

定义 10-23　对于随机变量 X，若 $E[X-E(X)]^2$ 存在，则称它为 X 的**方差**，记为 $D(X)$，即

$$D(X) = E[X - E(X)]^2.$$

而方差的算术平方根 $\sqrt{D(X)}$ 称为随机变量 X 的**均方差**或**标准差**，记为 $\sigma(X)$，即

$$\sigma(X) = \sqrt{D(X)} = \sqrt{E[X - E(X)]^2}.$$

根据离散型、连续型随机变量的分布律与分布密度，可分别得到如下的方差计算公式：

对于离散型随机变量 X，若 X 的分布律为 $P\{X = x_k\} = p_k (k = 1, 2, 3, \cdots)$，则

$$D(X) = \sum_k [x_k - E(X)]^2 p_k ;$$

对于连续型随机变量 X，若 X 的分布密度为 $f(x)$，则

$$D(X) = \int_{-\infty}^{+\infty} [x - E(X)]^2 f(x)\mathrm{d}x .$$

对于不确定随机变量的分布，确已知随机变量的期望情况，可利用期望的性质推导出如下公式：

$$\begin{aligned}
D(X) &= E[X - E(X)]^2 = E\{X^2 - 2XE(X) + [E(X)]^2\} \\
&= E(X^2) - E(2XE(X)) + E\{[E(X)]^2\} \\
&= E(X^2) - 2E(X)E[E(X)] + E[E(X)]E[E(X)].
\end{aligned}$$

又 $E(X)$ 值为常数，从而 $E[E(X)] = E(X)$，化简得到

$$D(X) = E(X^2) - [E(X)]^2.$$

例 10-45 设随机变量 X 服从两点分布，且 $P\{X = 1\} = p, P\{X = 0\} = q$，求 $D(X)$.

解：通过分布律求得期望为

$$E(X) = 1 \times p + 0 \times q = p .$$

从而

$$D(X) = \sum_{k=1}^{2} [x_k - E(X)]^2 p_k = (1-p)^2 p + (0-p)^2 q = pq .$$

例 10-46 设 $X \sim U(a, b)$，求 $D(X)$.

解：由例 10-41 知，$E(X) = \dfrac{a+b}{2}$. 又 X 的分布密度为

$$f(x) = \begin{cases} \dfrac{1}{b-a}, & a \leqslant x \leqslant b , \\ 0, & \text{其他} \end{cases}$$

从而

$$E(X)^2 = \int_{-\infty}^{+\infty} x^2 f(x)\mathrm{d}x = \int_a^b \frac{x^2}{b-a}\mathrm{d}x = \frac{x^3}{3(b-a)}\bigg|_a^b = \frac{a^2 + ab + b^2}{3} .$$

因此

$$D(X) = E(X^2) - [E(X)]^2 = \frac{a^2+ab+b^2}{3} - \left(\frac{a+b}{2}\right)^2 = \frac{(a-b)^2}{12}.$$

例 10-47 设随机变量 X 的分布律如下：

X	1	2	3	4
p	$\frac{1}{8}$	$\frac{3}{8}$	$\frac{2}{8}$	$\frac{2}{8}$

求 $\sigma(X)$.

解：
$$E(X) = 1 \times \frac{1}{8} + 2 \times \frac{3}{8} + 3 \times \frac{2}{8} + 4 \times \frac{2}{8} = \frac{21}{8}.$$

$$E(X^2) = 1^2 + \frac{1}{8} + 2^2 \times \frac{3}{8} + 3^2 \times \frac{2}{8} + 4^2 \times \frac{2}{8} = \frac{63}{8}.$$

从而

$$D(X) = E(X^2) - [E(X)]^2 = \frac{63}{8} - \left(\frac{21}{8}\right)^2 = \frac{63}{64}.$$

因此

$$\sigma(X) = \frac{3\sqrt{7}}{8}.$$

2. 方差的性质

性质 13 若 C 为常数，则 $D(C) = 0$.

性质 14 若 a 为常数，X 为随机变量，则 $D(aX) = a^2 D(X)$.

性质 15 若 X, Y 为相互独立的随机变量，则 $D(X+Y) = D(X) + D(Y)$.

推论 4 若 a, b 为常数，X 为随机变量，则 $D(aX+b) = a^2 D(X)$.

上述性质可用于方差的简化计算. 由于期望和方差在概率问题中经常涉及，为了方便计算，现将常见的离散型和连续型随机变量的期望和方差总结如下（见表 10-5）：

表 10-5

分布名称	分布函数	期望	方差
两点分布	$P\{X=1\} = p,\ P\{X=0\} = q$ $(0 < p < 1; p+q = 1)$	p	pq
二项分布	$P\{X=k\} = C_n^k p^k q^{n-k}$ $(k = 0,1,2,\cdots,n;\ 0 < p < 1;\ p+q = 1)$	np	npq
泊松分布	$P\{X=k\} = \frac{\lambda^k}{k!} \mathrm{e}^{-\lambda},\ \lambda > 0$ $(k = 0,1,2,\cdots,n)$	λ	λ

分布名称	分布函数	期望	方差
均匀分布	$P(x)=\begin{cases}\dfrac{1}{b-a},\ a\leqslant x\leqslant b\\[2mm]0,\ \text{其他}\end{cases}$	$\dfrac{a+b}{2}$	$\dfrac{(b-a)^2}{12}$
指数分布	$P(x)=\begin{cases}\dfrac{1}{\theta}\mathrm{e}^{-\frac{x}{\theta}},\ x>0\\[2mm]0,\ \text{其他}\end{cases}(\theta>0)$	θ	θ^2
正态分布	$P(x)=\dfrac{1}{\sqrt{2\pi}\sigma}\mathrm{e}^{\frac{(x-\mu)^2}{2\sigma^2}}$ μ,σ 为常数，且 $\sigma>0\,(-\infty<x<+\infty)$	μ	σ^2

习题 10.6

1. 设随机变量 X 的分布律为

X	-1	0	$1/2$	1	2
p	$\dfrac{1}{3}$	$\dfrac{1}{6}$	$\dfrac{1}{6}$	$\dfrac{1}{12}$	$\dfrac{1}{4}$

求 $E(X)$ 与 $E(2X^2+1)$.

2. 设随机变量 X 的分布密度为

$$f(x)=\begin{cases}\mathrm{e}^{-x},\ x>0\\0,\ x\leqslant 0\end{cases},$$

求 $Y=2X$，$Y=\mathrm{e}^{-2x}$ 的数学期望.

3. 某工厂生产的设备的寿命（以年计）服从指数分布，其概率密度为

$$f(x)=\begin{cases}\dfrac{1}{4}\mathrm{e}^{-\frac{1}{4}x},\ x>0\\[2mm]0,\ x\leqslant 0\end{cases}.$$

工厂规定，出售的设备若在售出一年之内损坏可予以调换. 若工厂售出一台设备盈利 100 元，调换一台设备工厂需花费 300 元，试求工厂出售一台设备净盈利的数学期望.

4. 对一台仪器进行重复测试，直到发生故障为止. 假定测试是独立进行的，每次测试发生故障的概率为 0.1，求测试数 X 的数学期望.

5. 设随机变量 X 的分布律为

X	1	2	3
P	0.2	0.3	0.5

求 $D(X)$.

6. 设随机变量 X 的分布密度为

$$f(x) = \begin{cases} \dfrac{x}{2}, & 0 \leq x \leq 2 \\ 0, & \text{其他} \end{cases},$$

求 $E(X)$ 与 $D(X)$.

7. 设随机变量 X 的分布密度为

$$f(x) = \begin{cases} x+1, & -1 \leq x \leq 1 \\ 1-x, & 0 \leq x \leq 1 \\ 0, & \text{其他} \end{cases},$$

求 $D(X)$，$D(1-2X)$，$D(2X-1)$.

8. 某种电子仪器的使用寿命 X（单位 h）是连续型随机变量，其密度函数为

$$f(x) = \begin{cases} \dfrac{1}{800} e^{-\frac{x}{800}}, & x \geq 0 \\ 0, & x < 0 \end{cases},$$

试确定电子仪器的数学期望、方差和标准差.

9. 设随机变量 $X \sim N(\mu, \sigma^2)$，$Y = aX + b$，求 $E(Y)$ 与 $D(Y)$.

10. 设随机变量 X, Y 互相独立，且 $X \sim B(16, 0.5)$，$Y \sim \pi(9)$，求 $E(XY+1)$ 与 $D(X-2Y+1)$.

小　结

概率描述事件发生的可能性，在现实生活中有着重要的应用，本章介绍了概率的定义及其运算、随机变量及其分布和随机变量的数字特征三方面的内容，下面让我们来总结一下本章的知识重点：

一、概率及其运算

1. 随机事件间的关系和运算.

（1）事件 A 包含于事件 B：$A \subset B$；

（2）事件 A 与事件 B 的和（并）：$A+B$ 或 $A \cup B$；

（3）事件 A 与事件 B 的积（交）：AB 或 $A \cap B$；

（4）事件 A 与事件 B 互不相容（互斥）：$A \cap B = \varnothing$；

（5）事件 A 对立（互逆）事件：$\overline{A}$；

（6）事件 A 与事件 B 的差：$A - B$.

2. 古典概型（等可能概型）：$P(A) = \dfrac{A \text{中所含样本点数量}}{\Omega \text{中样本点总数}}$

3. 概率的基本公式.

（1）加法公式：$P(A+B) = P(A) + P(B) - P(AB)$；

（2）乘法公式：$P(AB) = P(A)P(B|A) = P(B)P(A|B)$；

（3）全概率公式：$P(A) = \sum_{i=1}^{n} P(AB_i) = \sum_{i=1}^{n} P(B_i)P(A|B_i)$；

（4）贝叶斯公式：$P(B_i|A) = \dfrac{P(B_iA)}{P(A)} = \dfrac{P(B_i)P(A|B_i)}{\sum\limits_{i=1}^{n} P(B_i)P(A|B_i)}$．

4. 事件的独立性：若 $P(AB) = P(A)P(B)$，则称事件 A，B 独立．

5. 贝努里定理：一次试验中事件 A 发生的概率为 p，则在 n 重贝努里试验中，事件 A 恰好发生 k 次的概率 $P_n(k) = C_n^k p^k q^{n-k} (k = 0,1,\cdots,n,$ 其中 $q = 1-p)$．

二、随机变量及其分布

1. 离散型随机变量的分布律：$P\{X = x_k\} = p_k (k = 1,2,3,\cdots)$；

2. 连续型随机变量分布密度：$P\{a < X \leqslant b\} = \int_a^b f(x)\mathrm{d}x$；

3. 分布函数：$F(x) = P\{X \leqslant x\}$．

三、随机变量的数字特征

1. 数学期望．

（1）离散型：$E(X) = \sum_{k=1}^{n} x_k p_k$；

（2）连续型：$E(X) = \int_{-\infty}^{+\infty} xf(x)\mathrm{d}x$．

2. 方差

（1）离散型：$D(X) = \sum_k [x_k - E(X)]^2 p_k$；

（2）连续型：$D(X) = \int_{-\infty}^{+\infty} [x - E(X)]^2 f(x)\mathrm{d}x$．

习题训练（十）

一、填空题

1. 设 A，B，C 是三个事件，三个事件中至少有一个发生可表示为＿＿＿＿，A，B 发生 C 不发生可以表示为＿＿＿＿，不多于一个发生可以表示为＿＿＿＿．

2. 标准正态分布函数 $\Phi(x)$ 有如下两个性质：$\Phi(0) = $＿＿＿＿，$\Phi(-x) = $＿＿＿＿．

3. 某城市的电话号码是 7 位数，某人忘记了他朋友的电话号码的后四位，于是随便拨号，他一次拨号就拨通电话的概率为＿＿＿＿．

4. 事件 A 与 B 相互独立，$P(A) = 0.4, P(A+B) = 0.7$，则 $P(B) = $＿＿＿＿．

5. 设随机变量 X 与 Y 相互独立，X 服从 "0-1" 分布，$p = 0.4$；Y 服从 $\lambda = 2$ 的泊松分布，则 $E(X+Y) = $＿＿＿＿，$D(X+Y) = $＿＿＿＿．

6. 事件 A 与 B 互斥，且 $P(A) = \dfrac{1}{2}$，$P(B) = \dfrac{1}{3}$，则 $P(A+B) = $ _____，$P(AB) = $ _____.

7. 若 $f(x) = \dfrac{a}{1+x^2}$，$x \in (-\infty, +\infty)$ 为连续型随机变量的密度函数，则 $a = $ _____.

8. 设 X 服从参数为 λ 的指数分布，其密度函数为 $f(x)$，则 $P\{X > \dfrac{1}{\lambda}\} = $ _____.

二、选择题

1. 下面哪条性质不属于数学期望的性质（　　）.

    A. $E(C) = C$ B. $E(XY) = E(X)E(Y)$

    C. $E(X+Y) = E(X) + E(Y)$ D. $E(X/Y) = E(X)/E(Y)$.

2. 设随机变量 X 的分布律如下，则 $E(2X+1)$ 的为（　　）.

X	−1	0	1	3
p_i	$\dfrac{1}{4}$	$\dfrac{1}{4}$	$\dfrac{3}{8}$	$\dfrac{1}{8}$

    A. 4   B. 6   C. 2   D. 1

3. 将 10 本书任意放在书架上，求其中指定的 3 本书靠在一起的概率（　　）.

    A. $\dfrac{1}{15}$ B. $\dfrac{3}{16}$ C. $\dfrac{1}{12}$ D. $\dfrac{5}{8}$

4. 如果 $P(A) + P(B) > 1$，则事件 A 与 B 必定（　　）.

    A. 独立   B. 不独立   C. 相容   D. 不相容

5. 设随机变量 X 与 Y 相互独立，且 $X \sim B(10, 0.5)$，$Y \sim P(2)$，则 $D(2X - Y + 1) = $（　　）.

    A. 3   B. 14   C. 9   D. 12

6. 设 ξ 为随机变量，C 为任意常数，则（　　）.

    A. $E(\xi - C)^2 = E(\xi - E(\xi))^2$ B. $E(\xi - C)^2 = 0$

    C. $E(\xi - C)^2 < E(\xi - E(\xi))^2$ D. $E(\xi - C)^2 \geqslant E(\xi - E(\xi))^2$

7. 设随机变量 $X \sim N(2, 10^2)$，已知 $\varphi(0.5) = 0.6915$，则 $P(2 < X \leqslant 7) = $（　　）.

    A. 0.1915   B. 0.6915   C. 0.5915   D. 0.3915

8. 已知事件 A，B 满足 $P(\bar{A}) = 0.5$，$P(\bar{A}B) = 0.2$ 且 $P(B) = 0.4$，则 $P(A - B) = $（　　）.

    A. 0.6   B. 0.3   C. 0.5   D. 0.7

三、计算题

1. 设随机变量 X 的分布律为

X	0	1	2
p_i	$\dfrac{1}{3}$	$\dfrac{1}{6}$	$\dfrac{1}{2}$

求（1）$P\left\{X \leqslant \dfrac{1}{2}\right\}$；（2）$P\left\{\dfrac{1}{2} < X \leqslant \dfrac{3}{2}\right\}$；（3）$P\{1 \leqslant X \leqslant 2\}$.

2. 已知随机变量 X 与 Y 相互独立，且 $X \sim U(0,1)$，$Z \sim U(0,0.2)$，$Y = X + Z$，试求 $E(Y)$ 和 $D(Y)$.

3. 设 8 支枪中有 3 支没有经过试射校正，5 支已经过试射校正. 一位射手用校正过的枪射击时，中靶概率为 0.8，而用未校正的枪射击时，中靶概率为 0.3. 今假定从 8 支枪中任取一支进行射击，结果中靶，求所用的这支枪是已经校正过的概率.

4. 设随机变量 X 的分布函数为

$$F(x) = \begin{cases} A + Be^{-2x}, & x > 0 \\ 0, & x \leqslant 0 \end{cases},$$

求（1）常数 A, B 的值；（2）求 $P(|X| < 1)$；（3）求密度函数 $f(x)$.

5. 已知一群人中，男人的色盲患者为 5%，女人的色盲患者为 0.25%. 又知这群人中男女人数相等，现从其中随机抽取一人，求（1）这个人是色盲的概率；（2）若这个人恰好是色盲，求其是男性的概率.

6. 设随机变量 X 的分布，密度为

$$f(x) = \begin{cases} \dfrac{1}{2}e^{x}, & x < 0 \\ \dfrac{1}{4}, & 0 \leqslant x < 2 \\ 0, & x \geqslant 2 \end{cases},$$

求（1）$E(3X+2)$；（2）$D(X)$；（3）$D(3-3X)$.

参考答案

第一章　函数、极限与连续

习题 1.1

1.（1）$x \neq 0$ 且 $1 - e^2 \leqslant x \leqslant 1 - e^{-2}$；（2）$x \leqslant 5$ 且 $x \neq 1$.

2. 奇.　　3. $\dfrac{\pi}{2}$.

4.（1）$y = \sin u, u = 2x^2$ 复合而成；

（2）$y = u^2, u = \cos t, t = 2x + 1$ 复合而成；

（3）$y = \ln u, u = 1 + x^2$ 复合而成；

（4）$y = \arctan u, u = v^2, v = \tan t, t = a + x^2$ 复合而成.

5.（1）$y = \dfrac{1-x}{1+x}$；（2）$y = \ln \dfrac{x}{x-1}$.

6. $f(0) = 3, f(\pm 3) = 0, f(\pm 4) = 5$. 当 $-5 \leqslant a \leqslant 1$ 时，$f(2+a) = \sqrt{5 - 4a - a^2}$；当 $a < -5$ 或 $a > 1$ 时，$f(2+a) = -5 + 4a + a^2$.

习题 1.2

1.（1）$\dfrac{5}{26}$；　　（2）2；　　　（3）$-\dfrac{1}{2}$；　　（4）$\dfrac{4}{3}$；　　（5）$\dfrac{1}{4}$；

（6）$\dfrac{n}{m}$；　　（7）$\sqrt{2} + 2$；　　（8）$\dfrac{2\sqrt{2}}{3}$；　　（9）$-\dfrac{1}{2}$；　　（10）$4h$.

2. a 为任意实数，$b = -1$.

3.（1）$\dfrac{3}{4}$；　　（2）2；　　　（3）$\dfrac{3}{7}$；　　　（4）-1；

（5）e^5；　　（6）e；　　　（7）e^{-3}；　　　（8）$\dfrac{1}{e}$.

4.（1）$\dfrac{1}{2}$；　（2）$\dfrac{1}{4}$；　　（3）0；　　（4）$-\dfrac{2}{3}$；　　（5）$\dfrac{5^{50}}{3^{20} \cdot 2^{30}}$；　　（6）$\infty$.

习题 1.3

1.（1）$\dfrac{3}{8}\sqrt{3}$；　　（2）$\ln 5 - \ln 3$；　　（3）$\ln a$；　　（4）$\dfrac{1}{4}$.

2. $a = 3$.　　3. $a = \mathrm{e}^{-\frac{1}{2}}$.　　4. 略.

习题 1.4

1. $1 = \left(1 + \dfrac{\pi}{4}\right)x + \dfrac{2A}{x}$, $x \in (0, \infty)$.

2. $R_A = \dfrac{10^4}{6}(6 - x)\,\mathrm{kN}$, $0 \leqslant x \leqslant 6$.

3. $1 = \dfrac{b}{\cos \alpha} + \dfrac{a}{\sin \alpha}$, $0 < \alpha < \dfrac{\pi}{2}$.

4. $Y = 2a\left(x^2 + \dfrac{2v}{x}\right)$, 其中 Y 为总造价, a 为水池四周单位面积造价, $x \in (0, \infty)$.

习题训练（一）

一、选择题

1. B;　　　2. D;　　　3. C;　　　4. C;　　　5. B.

二、填空题

1. $x \geqslant 4$;　　2. 11;　　　3. $2x^2$;　　　4. 15;　　　5. 2.

三、计算题

1. （1）由 $y = u^3, u = \ln t, t = \cot v, v = \sqrt{g}, g = 2x + 5$ 复合而成;

（2）由 $y = \arccos u, u = v^5, v = \mathrm{e}^x + 1$ 复合而成.

2. （1）$\dfrac{3}{4}$;　　　（2）1;　　　（3）$-\dfrac{1}{3}$;　　　（4）2;

　（5）2;　　　（6）$-\dfrac{1}{3}$;　　　（7）e;　　　（8）$2\ln 2$.

3. 不连续.　　4. $a = 4, b = -1$.

5. $V = \dfrac{R^3 \alpha^2}{24\pi^2}\sqrt{4\pi^2 - \alpha^2}$.　　6. 略.

第二章　导数与微分

习题 2.1

1. $f'(1) = \mathrm{e}$.　　2. $y' = \dfrac{1}{2\sqrt{x}}$.

3. 切线方程: $y = 3x - 1$; 法线方程: $y = -\dfrac{1}{3}x + \dfrac{7}{3}$.

4. $y = 3x \pm 2$.　　5. $a = 3, b = -1$.

习题 2.2

1.（1）$y' = 3x^2 + 2$ ；

（2）$y' = \dfrac{1}{2\sqrt{x}} - \dfrac{1}{x^2} + \sec^2 x$ ；

（3）$y' = -\dfrac{1}{2x\sqrt{x}} + \dfrac{3}{2}\sqrt{x}$ ；

（4）$y' = \ln x + 1$ ；

（5）$y' = \dfrac{\mathrm{e}^{x^2}(2x^2 - 1)}{x^2}$ ；

（6）$y' = -\dfrac{x\sin x + \cos x}{x^2} + \dfrac{\sin x - x\cos x}{\sin^2 x}$ ；

（7）$y' = -\dfrac{2}{x(1 + \ln x)^2}$ ；

（8）$y' = \mathrm{e}^{2x^2}(4x\sin x + \cos x)$.

2. 切线方程：$y = 2$ ；法线方程：$x = 0$.   3. $(0, 1)$.

4.（1）$y' = \dfrac{x^2}{(1 + x)^4}$ ；

（2）$y' = \arcsin x\left(\arcsin x + \dfrac{2x}{\sqrt{1 - x^2}} \right)$ ；

（3）$y' = 2\tan x \sec^2 x$ ；

（4）$y' = \dfrac{3}{3x + 4}$ ；

（5）$y' = \dfrac{1}{\sqrt{1 - x^2}\arcsin x}$ ；

（6）$y' = \sec x + 2x$ ；

（7）$y' = \dfrac{4x}{\sin 2x^2}$ ；

（8）$y' = \dfrac{1 + 2\dfrac{\ln x}{x}}{2\sqrt{x + \ln^2 x + 1}}$ ；

（9）$y' = -\dfrac{x}{\sqrt{1 - x^2}}$ ；

（10）$y' = -\dfrac{1}{x^2}\cos\dfrac{1}{x}\mathrm{e}^{\sin\frac{1}{x}}$ ；

（11）$y' = \dfrac{4x}{\sqrt{(1 - x^2)^3}}$ ；

（12）$y' = \mathrm{e}^{\frac{x}{2}}\left(\dfrac{1}{2}\cos x - \sin x \right)$ ；

（13）$y' = \dfrac{-12}{(3x + 2)^5}$ ；

（14）$y' = \sqrt{1 + 3x} + \dfrac{3(x + 1)}{2\sqrt{1 + 3x}}$.

习题 2.3

1.（1）$\dfrac{\mathrm{d}y}{\mathrm{d}x} = \dfrac{2 - 2x - y}{2y + x}$ ；

（2）$\dfrac{\mathrm{d}y}{\mathrm{d}x} = \dfrac{\mathrm{e}^{x+y} - y - 1}{1 + x - \mathrm{e}^{x+y}}$ ；

（3）$\dfrac{\mathrm{d}y}{\mathrm{d}x} = \dfrac{-y\ln y}{y + x}$ ；

（4）$\dfrac{\mathrm{d}y}{\mathrm{d}x} = \dfrac{\mathrm{e}^y}{2 - y}$.

2.（1）$y' = \cos x^x(\ln\cos x - x\tan x)$ ；

（2）$y' = \left[\cot x + \dfrac{1}{3(x+3)} - \dfrac{1}{3(x+5)} \right]\sin x \cdot \sqrt[3]{\dfrac{x+3}{x+5}}$ ；

（3）$y' = \dfrac{y^2(\ln x - 1)}{x^2(\ln y - 1)}$ ；

（4）$y' = \dfrac{\sqrt{3 + x}(1 + x)^5}{(2x + 1)^2}\left(\dfrac{1}{2x + 6} + \dfrac{5}{1 + x} - \dfrac{4}{2x + 1} \right)$.

3. $y - \dfrac{3}{2} = -\dfrac{1}{2}(x - 1)$.

4. $y - \dfrac{\sqrt{2}}{2} = -\dfrac{\sqrt{2}}{2 + \sqrt{2}}\left(x - \dfrac{\pi}{4} - \dfrac{\sqrt{2}}{2} \right)$.

5.（1）$\dfrac{\mathrm{d}y}{\mathrm{d}x} = \dfrac{1 + \cos t}{\sec^2 t + \dfrac{1}{\sqrt{1 - t^2}}}$ ；

（2）$\dfrac{\mathrm{d}y}{\mathrm{d}x} = t$.

习题 2.4

1．（1）$y'' = 2\cos x - x\sin x$ ；　　　　　　（2）$y'' = -\sin x - \dfrac{1}{(x+2)^2}$ ；

（3）$y'' = -\dfrac{x}{1-x^2} - \dfrac{\arcsin x}{\sqrt{1-x^2}} + \dfrac{x^2 \arcsin x}{\sqrt{(1-x^2)^3}}$ ；　（4）$y'' = 2\sec^2 x \cdot \tan x$.

2．（1）$y^{(n)} = (-1)^n n!(x^{-(n+1)} - (x+1)^{-(n+1)})$ ；　　（2）$y^{(n)} = \begin{cases} \ln x + 1, & n = 1 \\ (-1)^n \dfrac{(n-2)!}{x^{n-1}}, & n \geqslant 2 \end{cases}$ ；

（3）$y^{(n)} = (x+n)\mathrm{e}^x$ ；　　　　　　（4）$y^{(n)} = 2^{n-1}\cos x\left(2x + \dfrac{n}{2}\pi\right)$.

习题 2.5

1．（1）$\mathrm{d}y = (6x+4)\mathrm{d}x$ ；　　　　　　（2）$\mathrm{d}y = (\sin x + x\cos x)\mathrm{d}x$ ；

（3）$\mathrm{d}y = \dfrac{2}{1-x^2}\mathrm{d}x$ ；　　　　　　（4）$\mathrm{d}y = \dfrac{\arcsin x}{\sqrt{1-x^2}}\mathrm{d}x$.

2．（1）0.8747；（2）1.007.

习题训练（二）

一、选择题

1. B；　　　　2. D；　　　　3. A；　　　　4. C；　　　　5. B；　　　　6. B

二、填空题

1．$y = x$ ；　　2．$\dfrac{x\sec^2 x - \tan x}{x^2}$ ；　　　3．12；　　4．$y = 2\mathrm{e}^x \cos x$ ；　　5．必要

三、计算题

1．（1）$y' = 2x - 1$ ；　　　　　　　　（2）$y' = 4 \cdot 12^x \ln 12$ ；

（3）$y' = (2x-3)\sin x + (x^2 - 3x)\cos x$ ；　　（4）$y' = \dfrac{2}{\sin 2x}$ ；

（5）$y' = \dfrac{\sin x + \cos x + 1}{(\cos x + 1)^2}$ ；　　　　（6）$y' = \dfrac{\arcsin \dfrac{1}{\sqrt{x}}}{x\sqrt{x-1}}$ ；

（7）$y' = 2\cot x + \sin x \ln \sin x - \dfrac{\cos^2 x}{\sin x}$ ；　　（8）$y' = \dfrac{3x^2}{2\sqrt{x^3+1}}$.

2．$y' = -\dfrac{y}{\mathrm{e}^y + x}$.　　　　3．-2 .　　　4．$4x - 3y - 2 = 0$.

5．（1）$y^{(n)} = 4(-1)^n n!(x+1)^{-(n+1)}$ ；　　　（2）$y^{(n)} = (x+n)\mathrm{e}^x$.

6．$a = -\dfrac{2}{3}$, $b = \dfrac{1}{3}$.

第三章 导数的应用

习题 3.1

1.（1）n；　（2）$-\dfrac{1}{6}$；　（3）1；　（4）$\dfrac{3\pi}{2}$；　（5）2；　（6）2.

2.（1）$\dfrac{1}{2}$；　（2）$\dfrac{1}{2}$.　　　　　3.（1）e^{-1}；　（2）1.

习题 3.2

1.（1）在 $\left(-\infty,\left(\dfrac{1}{3}\right)^{\frac{3}{2}}+2\right)$ 上单调递减，在 $\left(\left(\dfrac{1}{3}\right)^{\frac{3}{2}}+2,+\infty\right)$ 上单调递增，极小值为

$f\left(\dfrac{1}{3}\right)^{\frac{3}{2}}+2=-\dfrac{2}{27}\left(\dfrac{1}{3}\right)^{\frac{1}{2}}-\dfrac{10}{9}$.

（2）在 $(-\infty,2)$ 上单调递增，在 $(2,+\infty)$ 上单调递减，极大值为 $f(2)=2\mathrm{e}^{-4}$.

2.（1）极小值 $f\left(-\dfrac{1}{2}\ln 2\right)=2\sqrt{2}$；（2）极大值为 $f(2)=1$.

3. $a=2,f\left(\dfrac{\pi}{3}\right)=\sqrt{3}$ 为极大值.

习题 3.3

1. 最大值 $f(\pm 2)=13$，最小值 $f(\pm 1)=4$.

2. 使其长宽均为 $\sqrt{2}R$，最大面积 $2R^2$.

3. $\left(-\dfrac{1}{2},\dfrac{3}{4}\right)$.　　4. $h=\dfrac{\sqrt[3]{\dfrac{v}{2\pi}}}{2}$.

习题 3.4

1.（1）$(1,\infty)$ 凸，$(-\infty,1)$ 凹，$(1,2)$ 是拐点；

（2）$(-\infty,+\infty)$ 凹，无拐点；

（3）$(-\infty,2)$ 凸，$(2,\infty)$ 凹，$(2,2\mathrm{e}^{-2})$ 是拐点；

（4）$(0,\infty)$ 凹，$(-\infty,0)$ 凸，$(0,0)$ 是拐点.

2.（1）$y=0$ 为水平渐近线；$x=6,x=-1$ 为垂直渐近线；

（2）$y=0$ 为水平渐近线.

3. 略.

习题 3.5

1. $x=\dfrac{l-a}{2},M(x)_{\max}=\dfrac{F_R}{2}\left(\dfrac{l-a}{2}\right)^2-M_i$.

2. 当 $x = 0$ 或 1 时，$|F|_{Q_{\max}} = \dfrac{ql}{2}$；当 $x = \dfrac{1}{2}$ 时，$M_{\max} = \dfrac{ql^2}{8}$.

3. $|M(x)|_{\max} = \dfrac{ql^2}{2}$.

4. $\theta = \dfrac{qx}{6EI}(x^2 - 3lx + 3l^2)$，$\theta_{\max} = \theta(1) = \dfrac{ql^3}{6EI}$.

习题训练（三）

一、选择题

1. C；　　2. D；　　3. C；　　4. C；　　5. C.

二、填空题

1. 单调递增；　2. $(-\infty, -1)$；　3. $-\dfrac{18}{7}, -\dfrac{1}{14}$；　4. $\left(2, \dfrac{2}{e^2}\right)$；　5. $x = 0$.

三、计算题

1.（1）$-\dfrac{1}{6}$；　　（2）3；　　（3）e^2；　　（4）$\dfrac{1}{3}$.

2. $(-\infty, 0) \cup \left(\dfrac{\sqrt{2}}{4}, +\infty\right)\uparrow$；$\left(0, \dfrac{\sqrt{2}}{4}\right)\downarrow$；当 $x = 0$ 时，极大值 $f(0) = 0$；当 $x = \dfrac{\sqrt{2}}{4}$ 时，极小

值 $f\left(\dfrac{\sqrt{2}}{4}\right) = -\dfrac{\sqrt{2}}{3}$. $(-\infty, 0)$ 凸；$(0, +\infty)$ 凹；$(0, 0)$ 为拐点.

3. 最小值 $f(3) = \dfrac{4}{e^3}$，最大值 $f(0) = 1$.

4.（1）$a = -\dfrac{2}{3}, b = -\dfrac{1}{6}$；（2）$f(1) = \dfrac{5}{6}$ 极小值，$f(2) = 2\ln 2 + \dfrac{4}{3}$ 极大值.

5. $a = -3, b = -9$.　　　6. $a = 1, b = -3, c = -24, d = 16$.

7. 长为 $\dfrac{32}{3}$，宽为 $\dfrac{16}{3}$.　　8. 边长为 6，池深为 3.　　9. 7200.

第四章　不定积分

习题 4.1

1. 略.

2.（1）$\dfrac{2}{7}x^{\frac{7}{2}} + C$；　　（2）$-\dfrac{1}{2x^2} + C$；　　（3）$-\dfrac{2}{3x\sqrt{x}} + C$；

（4）$\dfrac{m}{m+n}x^{\frac{m+n}{m}} + C$；　　（5）$\dfrac{1}{2}x^6 + C$；　　（6）$\dfrac{1}{3}x^3 - x^2 + 3x + C$；

（7）$\dfrac{1}{5}x^5-\dfrac{2}{3}x^3+x+C$； （8）$\dfrac{2}{7}x^{\frac{7}{2}}+\dfrac{4}{5}x^{\frac{5}{2}}+\dfrac{2}{3}x^{\frac{3}{2}}+C$； （9）$\dfrac{3^x}{\ln 3}+C$；

（10）$\dfrac{3^x e^x}{\ln 3+1}+C$； （11）$\dfrac{2^x}{\ln 2}-x^3+C$； （12）$\dfrac{2^x}{\ln 2}+3\sin x+C$；

（13）$\dfrac{x+\sin x}{2}+C$； （14）$\dfrac{1}{2}\tan x+C$； （15）$\sin x+\cos x+C$；

（16）$\dfrac{1}{2}x-\dfrac{1}{8}\sin 4x+C$； （17）$x-4\arctan x+C$； （18）$\dfrac{2}{3}x^3-x+\arctan x+C$.

3. $y=\dfrac{1}{2}x^2-\dfrac{1}{2}$. 4. $y=\dfrac{k}{2}x^2+mx+b-\dfrac{k}{2}a^2-ma$.

习题 4.2

1. （1）$\dfrac{1}{3}$； （2）$\dfrac{1}{a}$； （3）$\dfrac{1}{2}$； （4）$\dfrac{1}{2}$；

（5）$\dfrac{1}{12}$； （6）$-\dfrac{1}{4}$； （7）$\dfrac{1}{6}$； （8）$\dfrac{1}{4a}$；

（9）$\dfrac{1}{2}$； （10）2； （11）$\dfrac{1}{3}$； （12）$-\dfrac{1}{6}$；

（13）$\dfrac{1}{2}$； （14）$\dfrac{1}{6}$； （15）1； （16）-1.

2. （1）$\dfrac{1}{12}(2x-1)^6+C$； （2）$-\dfrac{1}{6}(3-2x)^3+C$； （3）$\dfrac{2}{15}(5x-2)^{\frac{3}{2}}+C$；

（4）$\dfrac{1}{2}\ln|2x+3|+C$； （5）$-\dfrac{1}{2}e^{-x^2}+C$； （6）$-e^{\frac{1}{x}}+C$；

（7）$\dfrac{1}{6}(2x^2+1)^{\frac{3}{2}}+C$； （8）$-\dfrac{\sqrt{1-2x^2}}{2}+C$； （9）$-\dfrac{3}{4}\ln|1-x^4|+C$；

（10）$\dfrac{1}{2}\ln(x^2+2x+10)+C$； （11）$\sqrt{2x}-\ln(1+\sqrt{2x})+C$；

（12）$2\sqrt{x}-2\arctan\sqrt{x}+C$； （13）$\dfrac{\sqrt{x^2-9}}{9x}+C$；

（14）$-2\cos\sqrt{x}+C$； （15）$-\dfrac{1}{2}\cos(x^2)+C$； （16）$\dfrac{1}{2}x-\dfrac{1}{4}\sin 2x+C$；

（17）$-\cos x+\dfrac{1}{3}\cos^3 x+C$； （18）$-\dfrac{1}{3}\cos^3 x+C$.

习题 4.3

（1）$\dfrac{1}{2}x\sin 2x+\dfrac{1}{4}\cos 2x+C$； （2）$2\sin x-(2x+1)\cos x+C$；

（3）$-e^{-x}(x^2+2x+2)+C$； （4）$x\ln 2x-x+C$；

（5）$x\arcsin x+\sqrt{1-x^2}+C$； （6）$x\arccos x-\sqrt{1-x^2}+C$；

（7）$\dfrac{e^x}{2}(\sin x+\cos x)+C$； （8）$\dfrac{x}{2}(\sin\ln x+\cos\ln x)+C$.

习题训练（四）

一、选择题

1. C；　　　　2. A；　　　　3. A；　　　　4. A, C；　　　　5. C.

二、填空题

1. $\dfrac{1}{3}$；　　　　2. $\ln(1+x^2)+C$；　　　　3. $e^x(x^3-3x^2+6x-6)+C$；

4. $\dfrac{1}{2}\ln(x^2-6x+13)+4\arctan\dfrac{x-3}{2}+C$；　　　　5. $x^2\cos x-4x\sin x-6\cos x+C$.

三、计算题

1. $\arctan x+x^3+C$；　　　　2. $\arctan x+2\arcsin x+C$；　　　　3. $-\sqrt{1-x^2}+C$；

4. $\dfrac{1}{2}\ln\dfrac{\left|e^x-1\right|}{e^x+1}+C$；　　　　5. $x-\ln\left|1-e^x\right|+C$；　　　　6. $-\dfrac{1}{1+e^x}+C$；

7. $2\sqrt{1+\ln x}+C$；　　　　8. $-\dfrac{1}{3}\ln\left|1-3x\right|+C$；　　　　9. $-\dfrac{1}{8}(1-2x)^4+C$；

10. $\dfrac{x^2}{2}\arctan x-\dfrac{x}{2}+\dfrac{1}{2}\arctan x+C$；　　　　11. $(x+1)\arctan\sqrt{x}-\sqrt{x}+C$；

12. $\ln\left|x+\cos x\right|+C$；　　　　13. $\dfrac{1}{2}\arctan(\sin^2 x)+C$；　　　　14. $2e^{\sqrt{x}}(\sqrt{x}-1)+C$.

第五章　定积分

习题 5.1

1. （1）D；（2）C；A.

2. （1）0.5；　　　　　（2）0；　　　　　（3）1；

　　（4）$\dfrac{b^2-a^2}{2}$；　　　　（5）π；　　　　　（6）2π.

习题 5.2

1. （1）$-\dfrac{1}{2}$；　　（2）$\dfrac{7}{3}+\ln 2$；　　（3）$\dfrac{271}{6}$；　　（4）$\dfrac{\pi}{3}$；

　　（5）$e-\dfrac{2}{3}$；　　（6）$\dfrac{1}{2}\left(e+\dfrac{1}{e}\right)-1$；　　（7）$\dfrac{17}{4}$；　　（8）4；

　　（9）$\dfrac{\pi}{4}$；　　（10）$\dfrac{1}{2}\ln 3$.

习题 5.3

1. （1）$\dfrac{\sqrt{3}+1}{2}$；　　（2）$\dfrac{33}{200}$；　　（3）$\dfrac{17}{2}$；　　（4）$\dfrac{3\pi}{4}$；

（5）$2+\ln\dfrac{3}{2}$；　　（6）$\dfrac{\pi}{16}$；　　（7）$\dfrac{4}{3}$；　　（8）$\dfrac{\pi}{6}-\dfrac{\sqrt{3}}{8}$；

（9）$-\dfrac{1}{2}$；　　（10）$\dfrac{\pi}{12}+\dfrac{\sqrt{3}}{2}-1$．

2. e．

习题 5.4

1.（1）$\dfrac{1}{6}$；　　（2）1；　　（3）$\dfrac{1}{6}$．

2.（1）$\dfrac{3}{2}-\ln 2$；　　（2）$e+\dfrac{1}{e}-2$；　　（3）$\dfrac{\sqrt[4]{6}}{9}$．

3.（1）π；　　（2）$\dfrac{9}{2}\pi$．　　4. $\dfrac{28}{15}\pi$．

习题训练（五）

一、选择题

1. C；　　2. D；　　3. A；　　4. A；　　5. A．

二、计算题

1.（1）$\dfrac{26}{3}$；　　（2）$e+\dfrac{1}{e}-2$；　　（3）$\dfrac{3\pi}{4}-1$；　　（4）$2+2\ln\dfrac{2}{3}$；

（5）2；　　（6）$\dfrac{\pi}{2}$；　　（7）4；　　（8）$\dfrac{4}{5}$；

（9）$1-\dfrac{2}{e}$；　　（10）$\dfrac{1}{4}(e^2+1)$．

2. $\dfrac{32}{3}$．　　3. e^4-e^2．　　4. $\dfrac{512\pi}{7}$．　　5. $\dfrac{3}{2}\pi a^2$．

第六章　工程结构截面几何性质

习题 6.1

1.（a）$x_C=0,\ y_C=195\ \text{mm}$；（b）$x_C=0,\ y_C=125\ \text{mm}$．

习题 6.2

1. $I_x=263.08\times10^6\ \text{mm}^4$．

2. $I_x=1.06\times10^9\ \text{mm}^4$；　$I_y=2.304\times10^8\ \text{mm}^4$．

习题 6.3

略．

习题训练（六）

一、计算题

1.（a）$S_x = 2.4 \times 10^4 (\text{mm}^3)$.（b）$S_x = 4.225 \times 10^4 (\text{mm}^3)$.

2.（a）$x_C = 0$；$y_C = -46.4 \text{ mm}$.（b）$x_C = 53 \text{ mm}$；$y_C = 23 \text{ mm}$.

3. $I_x = I_y = \dfrac{\pi}{16} R^4$. 　　　4. $I_x = \dfrac{a^4}{12}$. 　　　5. $I_x = 1.337 \times 10^{10} \text{ mm}^4$.

第七章　工程测量误差理论基础

习题训练（七）

一、填空题

1. 观测值，真值；2. 系统误差，偶然误差，粗差；3. 观测者（人的因素），仪器，工具，外界条件，方法和程序；4. 相对中误差；5. 中误差，相对误差，极限误差和容许误差；6. 误差传播定律；7. $\dfrac{1}{7488}$；8. $10''$；9. 9.4 mm；10. $\pm 13.856''$；11. 11.6 mm，11.6 mm.

二、名词解释

1. 观测条件—— 一般将直接与观测有关的人、仪器、自然环境及测量对象这四个因素，合称为观测条件.

2. 相对误差——是误差 m 的绝对值与相应观测值 D 的比值. 它是一个不名数，常用分子为 1 的分式表示.

3. 等精度观测——是指观测条件（仪器、人、外界条件）相同的各次观测.

4. 非等精度观测——是指观测条件不同的各次观测.

三、简答题

1. 简述偶然误差的特性.

（1）有限性：在一定的观测条件下，偶然误差的绝对是不会超过一定的限值；（2）集中性：即绝对值较小的误差比绝对值较大的误差出现的概率大；（3）对称性：绝对值相等的正误差和负误差出现的概率相同；（4）抵偿性：当观测次数无限增多时，偶然误差的算术平均值趋近于零.

2. 简述粗差、系统误差、偶然误差的区别和联系.

答案略.

四、计算题

1. 算数平均值：312.541 m；

观测值中误差：$\pm 0.0268 \text{ m}$；

算数平均值中误差：$\pm 0.011 \text{ m}$.

结果 312.541 ± 0.011；相对误差：$\dfrac{1}{28\,412}$.

2. 解：$S_{AB} = 500 \times S_{ab} = 11700 \text{ mm} = 11.7 \text{ m}$.

由式 $m_z = km_x$ 得

$$m_{S_{AB}} = 500 \times m_{S_{ab}} = 500*(\pm 0.2) = \pm 100 \text{ mm} = \pm 0.1 \text{ m}.$$

最后答案为：$S_{AB} = 11.7 \text{ m} \pm 0.1 \text{ m}$.

第八章 土建工程中常用计算方法

习题训练（八）

一、填空题

1. 17.4, 17.6, 17.

二、计算题

1. 1.32，1.5，1.528.

2. **解**：（1）作荷载作用下的 M 图.

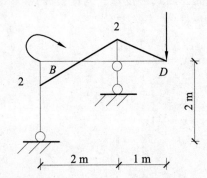

（2）作单位力作用下的弯矩图.

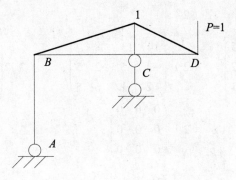

（3）图乘求位移.

$$\Delta_{DV} = \frac{1}{EI}\left(\frac{1}{2} \times 1 \times 1 \times \frac{2}{3} \times 2\right) + \frac{1}{EI} \times \frac{1}{2} \times 2 \times 1\left(\frac{2}{3} \times 2 - \frac{1}{3} \times 2\right) = \frac{4}{3EI}.$$

第九章　线性代数基础

习题 9.1

1.（1）1;　　　　（2）0;　　　　　（3）1;　　　　　（4）$ab(b-a)$.

2.（1）27;　　　　（2）-48;　　　　（3）9;　　　　　（4）14.

3. 2 的代数余子式 $(-1)^{2+1}\begin{vmatrix} 0 & 4 \\ 0 & 3 \end{vmatrix}=0$;　-2 的代数余子式 $(-1)^{2+2}\begin{vmatrix} -3 & 4 \\ 5 & 3 \end{vmatrix}=29$.

4.（1）$\begin{cases} x=3 \\ y=-2 \end{cases}$;　　　（2）$\begin{cases} x=-\dfrac{5}{3} \\ y=4 \\ z=\dfrac{23}{3} \end{cases}$.

5.（1）0;　　（2）8;　　（3）160;　　（4）-270.

6. -15.

7.（1）提示：左边 $\underset{c_3-c_1}{\overset{c_2-c_1}{\Longrightarrow}}$ 按第三行展开;

（2）提示：左边按每一行提公因式再按每一列提公因式.

8.（1）$a+b+d$;　　　（2）x^2y^2.

9.（1）$\begin{cases} x_1=\dfrac{1}{3} \\ x_2=0 \\ x_3=\dfrac{1}{2} \\ x_4=1 \end{cases}$;　　　（2）$\begin{cases} x_1=1 \\ x_2=2 \\ x_3=3 \\ x_4=-1 \end{cases}$.

习题 9.2

1.（1）$\begin{pmatrix} -1 & 6 & 5 \\ -2 & -1 & 12 \end{pmatrix}$;　　　（2）$\begin{pmatrix} -1 & 4 \\ 0 & -2 \end{pmatrix}$.

2.（1）$\begin{pmatrix} -1 & 3 & 1 & 5 \\ 8 & 2 & 8 & 2 \\ 3 & 7 & 9 & 13 \end{pmatrix}$;　　（2）$\begin{pmatrix} 14 & 13 & 8 & 7 \\ -2 & 5 & -2 & 5 \\ 2 & 1 & 6 & 5 \end{pmatrix}$;　　（3）$\begin{pmatrix} 3 & 1 & 1 & -1 \\ -4 & 0 & -4 & 0 \\ -1 & -3 & -3 & -5 \end{pmatrix}$.

3.（1）$\begin{pmatrix} 35 \\ 6 \\ 49 \end{pmatrix}$;　　　（2）$\begin{pmatrix} 0 & 0 & 0 \\ 0 & 0 & 0 \\ 0 & 0 & 0 \end{pmatrix}$;　　　（3）$(10)$;

（4）$\begin{pmatrix} 3 & 6 & 9 \\ 2 & 4 & 6 \\ 1 & 2 & 3 \end{pmatrix}$;　　　（5）$\begin{pmatrix} 10 & 4 & -1 \\ 4 & -3 & -1 \end{pmatrix}$;

（6）$(a_{11}x_1^2+a_{22}x_2^2+a_{33}x_3^2+2a_{12}x_1x_2+2a_{13}x_1x_3+2a_{23}x_2x_3)$.

4.（1）$\begin{pmatrix} 1 & 1 \\ 0 & 0 \end{pmatrix}$；　（2）$\begin{pmatrix} 1 & 0 \\ 5\lambda & 1 \end{pmatrix}$；　（3）$\begin{pmatrix} a^3 & 0 & 0 \\ 0 & b^3 & 0 \\ 0 & 0 & c^3 \end{pmatrix}$.

5. 提示：设 $X = \begin{pmatrix} x_{11} & x_{12} \\ x_{21} & x_{22} \end{pmatrix}$，则 $\begin{pmatrix} x_{11} & x_{12} \\ x_{21} & x_{22} \end{pmatrix} \begin{pmatrix} 1 & 1 \\ 0 & 1 \end{pmatrix} = \begin{pmatrix} 1 & 1 \\ 0 & 1 \end{pmatrix} \begin{pmatrix} x_{11} & x_{12} \\ x_{21} & x_{22} \end{pmatrix}$，解得 $\begin{pmatrix} a & b \\ 0 & a \end{pmatrix}$.

6.（1）$\dfrac{1}{4} \begin{pmatrix} -3 & 3 & 1 \\ -4 & 0 & 4 \\ 5 & -1 & -3 \end{pmatrix}$；　（2）不可逆；　（3）$\begin{pmatrix} -5 & 2 \\ 3 & -1 \end{pmatrix}$.

7.（1）$\begin{pmatrix} 2 & -23 \\ 0 & 8 \end{pmatrix}$；　（2）$\begin{pmatrix} 1 & 1 \\ \dfrac{1}{4} & 0 \end{pmatrix}$.

8.（1）$\begin{cases} x_1 = 1 \\ x_2 = 0 ; \\ x_3 = 0 \end{cases}$　（2）$\begin{cases} x_1 = 4 \\ x_2 = 4 . \\ x_3 = -5 \end{cases}$

9.（1）秩为 2；（2）秩为 2.

10. 提示：将 λ 当作普通数值进行初等行变换，当各行化至最简时通过讨论 λ 的数值最终确定秩. $\lambda = 3$ 时秩为 2；$\lambda \neq 3$ 时秩为 3.

习题 9.3

1.（1）$\begin{pmatrix} x_1 \\ x_2 \\ x_3 \\ x_4 \end{pmatrix} = c_1 \begin{pmatrix} 2 \\ -2 \\ 1 \\ 0 \end{pmatrix} + c_2 \begin{pmatrix} \dfrac{5}{3} \\ -\dfrac{4}{3} \\ 0 \\ 1 \end{pmatrix}$；（2）只有零解；　（3）$\begin{pmatrix} x_1 \\ x_2 \\ x_3 \\ x_4 \end{pmatrix} = c_1 \begin{pmatrix} -\dfrac{3}{7} \\ \dfrac{2}{7} \\ 1 \\ 0 \end{pmatrix} + c_2 \begin{pmatrix} -\dfrac{13}{7} \\ \dfrac{4}{7} \\ 0 \\ 1 \end{pmatrix}$；

（4）$\begin{pmatrix} x_1 \\ x_2 \\ x_3 \\ x_4 \end{pmatrix} = c \begin{pmatrix} \dfrac{4}{3} \\ -3 \\ \dfrac{4}{3} \\ 1 \end{pmatrix}$；　　（5）无解；　（6）$\begin{pmatrix} x \\ y \\ z \\ w \end{pmatrix} = c_1 \begin{pmatrix} \dfrac{1}{7} \\ \dfrac{5}{7} \\ 1 \\ 0 \end{pmatrix} + c_2 \begin{pmatrix} \dfrac{1}{7} \\ -\dfrac{9}{7} \\ 0 \\ 1 \end{pmatrix} + \begin{pmatrix} \dfrac{6}{7} \\ -\dfrac{5}{7} \\ 0 \\ 0 \end{pmatrix}$.

2.（1）$\lambda \neq 1, -2$ 时，$R(A) = R(\tilde{A}) = 3$，唯一解；$\lambda = -2$ 时，$R(A) = 2 < R(\tilde{A}) = 3$，无解；

$\lambda = 1$ 时，$R(A) = R(\tilde{A}) = 1 < 3$，无穷多解，通解为 $\begin{pmatrix} x_1 \\ x_2 \\ x_3 \end{pmatrix} = c_1 \begin{pmatrix} -1 \\ 1 \\ 0 \end{pmatrix} + c_2 \begin{pmatrix} -1 \\ 0 \\ 1 \end{pmatrix} + \begin{pmatrix} 1 \\ 0 \\ 0 \end{pmatrix} (c_1, c_2 \in \mathbf{R})$.

（2）$p \neq 2$ 时，$R(A) = R(\tilde{A}) = 4$，唯一解；$p = 2, t \neq 1$ 时，$R(A) = 3 < R(\tilde{A}) = 4$，无解；

$p = 2, t = 1$ 时，$R(A) = R(\tilde{A}) = 3$，无穷多解，通解为 $\begin{pmatrix} x_1 \\ x_2 \\ x_3 \\ x_4 \end{pmatrix} = c \begin{pmatrix} 0 \\ -2 \\ 1 \\ 0 \end{pmatrix} + \begin{pmatrix} -8 \\ 3 \\ 0 \\ 2 \end{pmatrix} (c \in \mathbf{R})$.

习题训练（九）

1. 填空题

（1）$(-1)^n 3$；   （2）4；   （3）A^2；   （4）$-\dfrac{1}{3}(A+2E)$；

（5）125；   （6）$r=n, r<n$；   （7）$k \neq \dfrac{3}{5}$；   （8）2.

2. （1）40；   （2）提示：$\begin{vmatrix} a^2 & a & \dfrac{1}{a} & 1 \\ b^2 & b & \dfrac{1}{b} & 1 \\ c^2 & c & \dfrac{1}{c} & 1 \\ d^2 & d & \dfrac{1}{d} & 1 \end{vmatrix} + \begin{vmatrix} \dfrac{1}{a^2} & a & \dfrac{1}{a} & 1 \\ \dfrac{1}{b^2} & b & \dfrac{1}{b} & 1 \\ \dfrac{1}{c^2} & c & \dfrac{1}{c} & 1 \\ \dfrac{1}{d^2} & d & \dfrac{1}{d} & 1 \end{vmatrix}$，答案为 0.

3. （1）$\begin{pmatrix} -2 & 4 \\ -1 & 2 \\ -3 & 6 \end{pmatrix}$；   （2）$\begin{pmatrix} 2 & -1 \\ 3 & -2 \end{pmatrix}^n = \begin{cases} E, & (n\ \text{为偶数}) \\ \begin{pmatrix} 2 & -1 \\ 3 & 2 \end{pmatrix}, & (n\ \text{为奇数}) \end{cases}$；

（3）$\begin{pmatrix} 12 & 12 & 10 \\ -2 & 0 & -4 \end{pmatrix}$；   （4）$\begin{pmatrix} -4 & 3 & 2 \\ -5 & -8 & -9 \end{pmatrix}$.

4. （1）可逆，逆矩阵为 $\begin{pmatrix} 1 & 0 & 0 \\ -\dfrac{1}{2} & \dfrac{1}{2} & 0 \\ 0 & -\dfrac{1}{3} & \dfrac{1}{3} \end{pmatrix}$；（2）可逆，逆矩阵为 $\begin{pmatrix} \dfrac{2}{3} & \dfrac{2}{9} & -\dfrac{1}{9} \\ -\dfrac{1}{3} & -\dfrac{1}{6} & \dfrac{1}{6} \\ -\dfrac{1}{3} & \dfrac{1}{9} & \dfrac{1}{9} \end{pmatrix}$；

（3）可逆，逆矩阵为 $\begin{pmatrix} \dfrac{7}{6} & \dfrac{2}{3} & -\dfrac{3}{2} \\ -1 & -1 & 2 \\ -\dfrac{1}{2} & 0 & \dfrac{1}{2} \end{pmatrix}$；（4）可逆，逆矩阵为 $\begin{pmatrix} \dfrac{3}{4} & -\dfrac{1}{4} & 0 & 0 & 0 \\ \dfrac{1}{4} & \dfrac{1}{4} & 0 & 0 & 0 \\ 0 & 0 & -\dfrac{1}{2} & 0 & 0 \\ 0 & 0 & 0 & 1 & -2 \\ 0 & 0 & 0 & 0 & 1 \end{pmatrix}$.

5. （1）$X = A^{-1}B = \begin{pmatrix} 10 & 2 \\ -15 & -3 \\ 12 & 4 \end{pmatrix}$；

（2）提示：$(A-2E)X = A$，$X = \begin{pmatrix} 0 & 1 & -1 \\ -1 & 0 & 1 \\ 1 & -1 & 0 \end{pmatrix}$；

（3）$\begin{pmatrix} 2 & 9 & -5 \\ -2 & -8 & 6 \\ -4 & -14 & 9 \end{pmatrix}$；

（4）提示：方程两端左乘 $\begin{pmatrix} 1 & -1 & 1 \\ 1 & 1 & 0 \\ 3 & 2 & 1 \end{pmatrix}^{-1}$、右乘 $\begin{pmatrix} 1 & -1 & 1 \\ 1 & 1 & 0 \\ 3 & 2 & 1 \end{pmatrix}^{-1}$，$\boldsymbol{X} = \begin{pmatrix} -13 & -75 & 30 \\ 9 & 52 & -21 \\ 21 & 120 & -47 \end{pmatrix}$.

第十章　概率论基础

习题 10.1

1.（1）$\Omega = \{10,11,12,13\cdots\}$；

（2）$\Omega = \{(x,y) \mid x^2 + y^2 < 1\}$；

（3）$\Omega = \{\{白，白\}、\{红、红\}、\{白、红\}、\{红、白\}\}$.

2.（1）$\overline{A_1} \cup \overline{A_2} \cup \overline{A_3}$ 表示 3 次至少一次试跳成功；

（2）$\overline{A_1} \cup \overline{A_2} \cup \overline{A_3}$ 表示前两次都没有试跳成功；

（3）$A_1 A_2 \overline{A_3} \cup \overline{A_1} A_2 A_3$ 表示恰好连续两次试跳成功.

3.（1）$A\overline{B}\overline{C}$；　　　　（2）$AB\overline{C}$；　　　　（3）$A\overline{B}\overline{C} + \overline{A}B\overline{C} + \overline{A}\overline{B}C$；

（4）$AB\overline{C} + \overline{A}BC + A\overline{B}C$；　　（5）$A + B + C$；　　（6）$\overline{A}\overline{B}\overline{C}$.

4.（1）$A_1 A_2 A_3$；　　（2）$\overline{A_1} \cup \overline{A_2} \cup \overline{A_3}$；　　（3）$A_1 \overline{A_2}\overline{A_3} \cup \overline{A_1} A_2 \overline{A_3} \cup \overline{A_1}\overline{A_2} A_3$；

（4）$A_1 \cup A_2 \cup A_3$；　（5）$\overline{A_1 A_2 A_3} \cup A_1 \overline{A_2}\overline{A_3} \cup \overline{A_1} A_2 \overline{A_3} \cup \overline{A_1}\overline{A_2} A_3$.

5. $1 - \dfrac{C_7^2}{C_{10}^2} = \dfrac{8}{15}$.　　6.（1）0.03；（2）0.9977.

7.（1）$\dfrac{1}{12}$；（2）$\dfrac{1}{20}$.

习题 10.2

1. $P(A \cup B) = 0.9$，$P(A-B) = 0.3$，$P(\overline{A} \cup \overline{B}) = 0.6$，$P(\overline{A} \cup B) = 0.7$，$P(\overline{A}B) = 0.2$.

2. 0.026.　　3. $\dfrac{1}{7}$.　　4. 0.013.　　5. 0.6.

6.（1）0.988；（2）0.829.　　7. 0.2.

习题 10.3

1. 0.893.　　2. $\dfrac{1}{54}$.　　3. 提示：贝努里概型 0.216.　　4. 0.75.　　5. 0.8425.

6. 提示：贝努里概型（1）0.7004；（2）0.9718.

习题 10.4

1.

X	0	1
p_k	$\dfrac{1}{3}$	$\dfrac{2}{3}$

2. 2.3125.　　　3. 0.0047.

4. $P\{X = k\} = C_5^k 0.1^k 0.9^{5-k}$ $(k = 0,1,2,3,4,5)$, $P\{X \geqslant 2\} \approx 0.0815$.

5. $P\{X = k\} = C_n^k \left(\dfrac{M}{N}\right)^k \left(1 - \dfrac{M}{N}\right)^{n-k}$ $(k = 0,1,2,\cdots,5)$.

6.

X	3	4	5
p_k	$\dfrac{1}{10}$	$\dfrac{3}{10}$	$\dfrac{6}{10}$

7.（1）$P\{X = k\} = C_3^k 0.8^k 0.2^{3-k}$ $(k = 0,1,2,3)$；（2）0.104

8. $\dfrac{2}{3}\mathrm{e}^{-2}$.　　9.（1）$C = \mathrm{e}^{-\lambda}$；（2）$\dfrac{\lambda^2 + 2\lambda}{2}\mathrm{e}^{-\lambda}$.

习题 10.5

1. $\theta = \dfrac{1}{\ln 2}$；$F(x) = \begin{cases} 1 - 2^{-x}, & x > 0 \\ 0, & 其他 \end{cases}$.

2.（1）$a = 0, b = 1, c = -1, d = 1$；（2）$P\left\{|X| \leqslant \dfrac{\mathrm{e}}{2}\right\} = 1 - \dfrac{\mathrm{e}}{2}\ln 2$.

3.（1）$\dfrac{1}{\pi}$；（2）$\dfrac{1}{3}$.　　　4.（1）0；（2）1.

5.（1）$-0.5, 1$；（2）0.0625.

6. 提示：密度函数归一性 $\int_{-\infty}^{+\infty} f(x)dx = 1$.（1）是；（2）否；（3）否.

7.（1）$F(x) = \begin{cases} 0, & x < 1 \\ \dfrac{1}{6}, & 1 \leqslant x < 2 \\ \dfrac{2}{3}, & 2 \leqslant x < 3 \\ 1, & x \geqslant 3 \end{cases}$；　　（2）$P\{1 < X \leqslant 2\} = 0.25$.

8. 0，0.3，0.4，0.5.

9.（1）$P\{2 < X \leqslant 5\} = 0.5328$，$P\{-4 < X \leqslant 10\} = 0.9996$，$P\{|X| > 2\} = 0.6977$，$P\{X > 3\} = 0.5$；　（2）$C = 3$.

10.（1）0.1353；　（2）0.3834；　（3）0.1384.

11. 183.98；当车门高度为 184 cm 时，男子碰头的概率在 1% 以下.

12. 0.1915.

习题 10.6

1. $\dfrac{1}{3}$；$3\dfrac{11}{12}$.　　　2. 2；$\dfrac{1}{3}$.　　　3. 33.64.　　4. 10.

5. 0.61.　　　6. $\dfrac{4}{3}$；$\dfrac{2}{9}$.　　　7. $\dfrac{1}{6}$；$\dfrac{2}{3}$；$\dfrac{2}{3}$.

8. 800；800^2；800.　　　9. $a\mu+b$；a^2b^2.　　　10. 73；40.

习题训练（十）

一、填空题

1. $A\cup B\cup C$，$AB\overline{C}$，$\overline{AB}\,\overline{C}+\overline{A}\,\overline{B}C+\overline{A}B\overline{C}+\overline{A}\,\overline{B}\,\overline{C}$；　2. 0.5，$1-\varPhi(x)$；

3. 0.0001；　　4. 0.5；　　5. 2.4，2.24；

6. $\dfrac{1}{2}$，$\dfrac{1}{6}$；　　7. $\dfrac{1}{\pi}$；　　8. $\dfrac{1}{e}$.

二、选择题

1. D；　　　2. C；　　　3. A；　　　4. C；

5. D；　　　6. D；　　　7. A；　　　8. B.

三、计算题

1.（1）$\dfrac{1}{3}$；　（2）$\dfrac{1}{6}$；　（3）$\dfrac{1}{3}$.　　　2. $\dfrac{3}{5}$；　$\dfrac{13}{150}$.

3. 提示：利用条件概率和贝叶斯公式，$\dfrac{40}{49}$.

4.（1）提示：由分布函数性质 $F(+\infty)=1$ 及右连续性，$A=1$，$B=-1$；

（2）$1-\dfrac{1}{e}$；（3）$f(x)=\begin{cases}2e^{-2x}, & x>0 \\ 0, & x\leqslant 0\end{cases}$.

5.（1）提示：假设男女数均为 m，0.02625；　（2）$\dfrac{20}{21}$.

6.（1）2；　（2）$\dfrac{5}{3}$；　（3）15.

附录 I 积分表

说明： $\ln f(x)$ 均指 $\ln|f(x)|$.

一、含 $ax+b$

1. $\displaystyle\int \frac{1}{ax+b}\mathrm{d}x = \frac{1}{a}\ln(ax+b)+C$.

2. $\displaystyle\int \frac{1}{(ax+b)^2}\mathrm{d}x = -\frac{1}{a(ax+b)^2}+C$.

3. $\displaystyle\int \frac{1}{(ax+b)^3}\mathrm{d}x = -\frac{1}{2a(ax+b)^2}+C$.

4. $\displaystyle\int x(ax+b)^n\mathrm{d}x = \frac{(ax+b)^{n+2}}{a^2(n+2)} - \frac{b(ax+b)^{n+1}}{a^2(n+1)}+C \quad (n\neq -1,-2)$.

5. $\displaystyle\int \frac{x}{ax+b}\mathrm{d}x = \frac{x}{a} - \frac{b}{a^2}\ln(ax+b)+C$.

6. $\displaystyle\int \frac{x}{(ax+b)^2}\mathrm{d}x = \frac{b}{a^2(ax+b)} + \frac{1}{a^2}\ln(ax+b)+C$.

7. $\displaystyle\int \frac{x}{(ax+b)^3}\mathrm{d}x = \frac{b}{2a^2(ax+b)^2} - \frac{1}{a^2(ax+b)}+C$.

8. $\displaystyle\int x^2(ax+b)^n\mathrm{d}x = \frac{1}{a^3}\left[\frac{(ax+b)^{n+3}}{n+3} - \frac{2b(ax+b)^{n+2}}{n+2} + \frac{b^2(ax+b)^{n+1}}{n+1}\right]+C \ (n\neq -1,-2,-3)$.

9. $\displaystyle\int \frac{1}{x(ax+b)}\mathrm{d}x = -\frac{1}{b}\ln\frac{ax+b}{x}+C$.

10. $\displaystyle\int \frac{1}{x^2(ax+b)}\mathrm{d}x = -\frac{1}{bx} + \frac{a}{b^2}\ln\frac{ax+b}{x}+C$.

11. $\displaystyle\int \frac{1}{x^3(ax+b)}\mathrm{d}x = \frac{2ax-b}{2b^2x^2} - \frac{a^2}{b^3}\ln\frac{ax+b}{x}+C$.

12. $\displaystyle\int \frac{1}{x(ax+b)^2}\mathrm{d}x = \frac{1}{b(ax+b)} - \frac{1}{b^2}\ln\frac{ax+b}{x}+C$.

13. $\displaystyle \frac{1}{x(ax+b)^3}\mathrm{d}x = \frac{1}{b^3}\left[\frac{1}{2}\left(\frac{ax+2b}{ax+b}\right)^2 - \ln\frac{ax+b}{x}\right]+C$.

二、含 $\sqrt{ax+b}$

14. $\displaystyle\int \sqrt{ax+b}\,\mathrm{d}x = \frac{2}{3a}\sqrt{(ax+b)^3}+C$.

15. $\int x\sqrt{ax+b}\mathrm{d}x = \dfrac{2(3ax-2b)}{15a^2}\sqrt{(ax+b)^3} + C$.

16. $\int x^2\sqrt{ax+b}\mathrm{d}x = \dfrac{2(15a^2x^2-12abx+8b^2)}{105a^3}\sqrt{(ax+b)^3} + C$.

17. $\int x^n\sqrt{ax+b}\mathrm{d}x = \dfrac{2x^n}{(2n+3)a}\sqrt{(ax+b)^3} - \dfrac{2nb}{(2n+3)a}\int x^{n-1}\sqrt{ax+b}\mathrm{d}x$.

18. $\int \dfrac{1}{\sqrt{ax+b}}\mathrm{d}x = \dfrac{2}{a}\sqrt{ax+b} + C$.

19. $\int \dfrac{x}{\sqrt{ax+b}}\mathrm{d}x = \dfrac{2(ax-2b)}{3a^2}\sqrt{ax+b} + C$.

20. $\int \dfrac{x^n}{\sqrt{ax+b}}\mathrm{d}x = \dfrac{2x^n}{(2n+1)a}\sqrt{ax+b} - \dfrac{2nb}{(2n+1)a}\int \dfrac{x^{n-1}}{\sqrt{ax+b}}\mathrm{d}x + C$.

21. $\int \dfrac{1}{x\sqrt{ax+b}}\mathrm{d}x = \dfrac{1}{\sqrt{b}}\ln\dfrac{\sqrt{ax+b}-\sqrt{b}}{\sqrt{ax+b}+\sqrt{b}} + C\ (b>0)$.

22. $\int \dfrac{1}{x\sqrt{ax+b}}\mathrm{d}x = \dfrac{2}{\sqrt{-b}}\arctan\sqrt{\dfrac{ax+b}{-b}} + C\ (b<0)$.

23. $\int \dfrac{1}{x^n\sqrt{ax+b}}\mathrm{d}x = -\dfrac{\sqrt{ax+b}}{(n-1)bx^{n-1}} - \dfrac{(2n-3)a}{2(n-1)b}\int \dfrac{1}{x^{n-1}\sqrt{ax+b}}\mathrm{d}x\ (n>1)$.

24. $\int \dfrac{\sqrt{ax+b}}{x}\mathrm{d}x = 2\sqrt{ax+b} + b\int \dfrac{1}{x\sqrt{ax+b}}\mathrm{d}x$.

25. $\int \dfrac{\sqrt{ax+b}}{x^n}\mathrm{d}x = -\dfrac{\sqrt{(ax+b)^3}}{(n-1)bx^{n-1}} - \dfrac{(2n-5)a}{2(n-1)b}\int \dfrac{\sqrt{ax+b}}{x^{n-1}}\mathrm{d}x\ (n>1)$.

26. $\int x\sqrt{(ax+b)^n}\mathrm{d}x = \dfrac{2}{a^2}\left[\dfrac{1}{n+4}\sqrt{(ax+b)^{n+4}} - \dfrac{b}{n+2}\sqrt{(ax+b)^{n+2}}\right] + C$.

27. $\int \dfrac{x}{\sqrt{(ax+b)^n}}\mathrm{d}x = \dfrac{2}{a^2}\left[\dfrac{b}{n-2}\dfrac{1}{\sqrt{(ax+b)^{n-2}}} - \dfrac{1}{n-4}\dfrac{1}{\sqrt{(ax+b)^{n-4}}}\right] + C$.

三、含 $\sqrt{ax+b}\,\sqrt{cx+d}$

28. $\int \dfrac{1}{\sqrt{ax+b}\,\sqrt{cx+d}}\mathrm{d}x = \dfrac{2}{\sqrt{ac}}\arctan\sqrt{\dfrac{c(ax+b)}{a(cx+d)}} + C\ (ac>0)$.

29. $\int \dfrac{1}{\sqrt{ax+b}\,\sqrt{cx+d}}\mathrm{d}x = \dfrac{2}{\sqrt{-ac}}\arctan\sqrt{\dfrac{-c(ax+b)}{a(cx+d)}} + C\ (ac<0)$.

30. $\int \sqrt{ax+b}\,\sqrt{cx+d}\,\mathrm{d}x = \dfrac{2acx+ad+bc}{4ac}\sqrt{ax+b}\,\sqrt{cx+d} - \dfrac{(ad-bc)^2}{8ac}\int \dfrac{1}{\sqrt{ax+b}\,\sqrt{cx+d}}\mathrm{d}x$.

31. $\int \sqrt{\dfrac{ax+b}{cx+d}}\,\mathrm{d}x = \dfrac{\sqrt{ax+b}\,\sqrt{cx+d}}{c} - \dfrac{ad-bc}{2c}\int \dfrac{1}{\sqrt{ax+b}\,\sqrt{cx+d}}\mathrm{d}x$.

32. $\int \dfrac{1}{\sqrt{(x-a)(b-x)}}\mathrm{d}x = 2\arcsin\sqrt{\dfrac{x-a}{b-a}} + C$.

四、含 $ax^2 + b$

33. $\int \dfrac{1}{ax^2+b}\mathrm{d}x = \dfrac{1}{\sqrt{ab}}\arctan\left(x\sqrt{\dfrac{a}{b}}\right)+C \ (a>0,b>0)$.

34. $\int \dfrac{1}{ax^2+b}\mathrm{d}x = \dfrac{1}{2\sqrt{-ab}}\ln\dfrac{x\sqrt{a}-\sqrt{-b}}{x\sqrt{a}+\sqrt{-b}}+C \ (a>0,b<0)$.

35. $\int \dfrac{1}{(ax^2+b)^n}\mathrm{d}x = \dfrac{x}{2b(n-1)(ax^2+b)^{n-1}}+\dfrac{2n-3}{2b(n-1)}\int \dfrac{1}{(ax^2+b)^{n-1}}\mathrm{d}x \ (n>1)$.

36. $\int x(ax^2+b)^n\mathrm{d}x = \dfrac{(ax^2+b)^{n+1}}{2a(n+1)}+C \ (n\neq -1)$.

37. $\int \dfrac{x}{ax^2+b}\mathrm{d}x = \dfrac{1}{2a}\ln(ax^2+b)+C$.

38. $\int \dfrac{x^2}{ax^2+b}\mathrm{d}x = \dfrac{x}{a}-\dfrac{b}{a}\int \dfrac{1}{ax^2+b}\mathrm{d}x$.

39. $\int \dfrac{x^n}{ax^2+b}\mathrm{d}x = \dfrac{x^{n-1}}{a(n-1)}-\dfrac{b}{a}\int \dfrac{x^{n-2}}{ax^2+b}\mathrm{d}x \ (n\neq -1)$.

五、含 $\sqrt{ax^2+b}$

40. $\int \sqrt{ax^2+b}\,\mathrm{d}x = \dfrac{x}{2}\sqrt{ax^2+b}+\dfrac{b}{2\sqrt{a}}\ln(x\sqrt{a}+\sqrt{ax^2+b})+C \ (a>0)$.

41. $\int \sqrt{ax^2+b}\,\mathrm{d}x = \dfrac{x}{2}\sqrt{ax^2+b}+\dfrac{b}{2\sqrt{-a}}\arcsin\left(x\sqrt{\dfrac{-a}{b}}\right)+C \ (a<0)$.

42. $\int \sqrt{(ax^2+b)^3}\,\mathrm{d}x = \dfrac{x(2ax^2+5b)}{8}\sqrt{ax^2+b}+\dfrac{3b^2}{8\sqrt{a}}\ln(x\sqrt{a}+\sqrt{ax^2+b})+C \ (a>0)$.

43. $\int \sqrt{(ax^2+b)^3}\,\mathrm{d}x = \dfrac{x(2ax^2+5b)}{8}\sqrt{ax^2+b}+\dfrac{3b^2}{8\sqrt{-a}}\arcsin\left(x\sqrt{\dfrac{-a}{b}}\right)+C \ (a<0)$

44. $\int x\sqrt{ax^2+b}\,\mathrm{d}x = \dfrac{1}{3a}\sqrt{(ax^2+b)^3}+C$.

45. $\int x^2\sqrt{ax^2+b}\,\mathrm{d}x = \dfrac{x\sqrt{(ax^2+b)^3}}{4a}-\dfrac{bx\sqrt{ax^2+b}}{8a}-\dfrac{b^2}{8\sqrt{a^3}}\ln(x\sqrt{a}+\sqrt{ax^2+b})+C \ (a>0)$.

46. $\int x^2\sqrt{ax^2+b}\,\mathrm{d}x = \dfrac{x\sqrt{(ax^2+b)^3}}{4a}-\dfrac{bx\sqrt{ax^2+b}}{8a}-\dfrac{b^2}{8\sqrt{-a^3}}\arcsin\left(x\sqrt{\dfrac{-a}{b}}\right)+C \ (a<0)$.

47. $\int x^n\sqrt{ax^2+b}\,\mathrm{d}x = \dfrac{x^{n-1}\sqrt{(ax^2+b)^3}}{(n+2)a}-\dfrac{b(x-1)}{(n+2)a}\int x^{n-2}\sqrt{ax^2+b}\,\mathrm{d}x \ (n>0)$.

48. $\int x\sqrt{(ax^2+b)^3}\,\mathrm{d}x = \dfrac{1}{5a}\sqrt{(ax^2+b)^5}+C$.

49. $\int x^2\sqrt{(ax^2+b)^3}\,\mathrm{d}x = \dfrac{x^3}{6}\sqrt{(ax^2+b)^3}+\dfrac{b}{2}\int x^2\sqrt{ax^2+b}\,\mathrm{d}x$.

50. $\int x^n\sqrt{(ax^2+b)^3}\,\mathrm{d}x = \dfrac{x^{n+1}}{n+4}\sqrt{(ax^2+b)^3}+\dfrac{3b}{n+4}\int x^n\sqrt{ax^2+b}\,\mathrm{d}x \ (n>0)$.

51. $\displaystyle\int \frac{\sqrt{ax^2+b}}{x}dx = \sqrt{ax^2+b} + \sqrt{b}\ln\frac{\sqrt{ax^2+b}-\sqrt{b}}{x} + C\ (b>0)$.

52. $\displaystyle\int \frac{\sqrt{ax^2+b}}{x}dx = \sqrt{ax^2+b} - \sqrt{-b}\arctan\sqrt{\frac{ax^2+b}{-b}} + C\ (b<0)$.

53. $\displaystyle\int \frac{\sqrt{ax^2+b}}{x^n}dx = -\frac{\sqrt{(ax^2+b)^3}}{b(n-1)x^{n-1}} - \frac{(n-4)a}{(n-1)b}\int \frac{\sqrt{ax^2+b}}{x^{n-2}}dx\ (n>1)$.

54. $\displaystyle\int \frac{1}{\sqrt{ax^2+b}}dx = \frac{1}{\sqrt{a}}\ln(x\sqrt{a}+\sqrt{ax^2+b}) + C\ (a>0)$.

55. $\displaystyle\int \frac{1}{\sqrt{ax^2+b}}dx = \frac{1}{\sqrt{-a}}\arcsin\left(x\sqrt{\frac{-a}{b}}\right) + C\ (a<0)$.

56. $\displaystyle\int \frac{1}{\sqrt{(ax^2+b)^3}}dx = \frac{x}{b\sqrt{ax^2+b}} + C$.

57. $\displaystyle\int \frac{x}{\sqrt{ax^2+b}}dx = \frac{1}{a}\sqrt{ax^2+b} + C$.

58. $\displaystyle\int \frac{x^2}{\sqrt{ax^2+b}}dx = \frac{x}{a}\sqrt{ax^2+b} - \frac{1}{a}\int \sqrt{ax^2+b}\,dx + C$.

59. $\displaystyle\int \frac{x^n}{\sqrt{ax^2+b}}dx = \frac{x^{n-1}}{na}\sqrt{ax^2+b} - \frac{(n-1)b}{na}\int \frac{x^{n-2}}{\sqrt{ax^2+b}}dx\ (n>0)$.

60. $\displaystyle\int \frac{1}{x\sqrt{ax^2+b}}dx = \frac{1}{\sqrt{b}}\ln\frac{\sqrt{ax^2+b}-\sqrt{b}}{x} + C\ (b>0)$.

61. $\displaystyle\int \frac{1}{x\sqrt{ax^2+b}}dx = \frac{1}{\sqrt{-b}}\operatorname{arc\,sec}\left(x\sqrt{\frac{-a}{b}}\right) + C\ (b<0)$.

62. $\displaystyle\int \frac{1}{x^2\sqrt{ax^2+b}}dx = -\frac{\sqrt{ax^2+b}}{bx} + C$.

63. $\displaystyle\int \frac{1}{x^n\sqrt{ax^2+b}}dx = -\frac{\sqrt{ax^2+b}}{b(n-1)x^{n-1}} - \frac{(n-2)a}{(n-1)b}\int \frac{1}{x^{n-2}\sqrt{ax^2+b}}dx\ (n>1)$.

六、含 ax^2+bx+c

64. $\displaystyle\int \frac{1}{ax^2+bx+c}dx = \frac{1}{\sqrt{b^2-4ac}}\ln\frac{2ax+b-\sqrt{b^2-4ac}}{2ax+b+\sqrt{b^2-4ac}} + C\ (b^2>4ac)$.

65. $\displaystyle\int \frac{1}{ax^2+bx+c}dx = \frac{2}{\sqrt{4ac-b^2}}\arctan\frac{2ax+b}{\sqrt{4ac-b^2}} + C\ (b^2<4ac)$.

66. $\displaystyle\int \frac{1}{ax^2+bx+c}dx = -\frac{2}{2ax+b} + C\ (b^2=4ac)$.

67. $\displaystyle\int \frac{1}{(ax^2+bx+c)^n}dx = \frac{2ax+b}{(n-1)(4ac-b^2)(ax^2+bx+c)^{n-1}} +$
$\displaystyle\qquad \frac{2(2n-3)a}{(n-1)(4ac-b^2)}\int \frac{1}{(ax^2+bx+c)^{n-1}}dx\ (n>1, b^2\neq 4ac)$.

68. $\int \dfrac{x}{ax^2+bx+c}dx = \dfrac{1}{2a}\ln(ax^2+bx+c) - \dfrac{b}{2a}\int \dfrac{1}{ax^2+bx+c}dx$.

69. $\int \dfrac{x^2}{ax^2+bx+c}dx = \dfrac{x}{a} - \dfrac{b}{2a^2}\ln(ax^2+bx+c) + \dfrac{b^2-2ac}{2a^2}\int \dfrac{1}{ax^2+bx+c}dx$.

70. $\int \dfrac{x^n}{ax^2+bx+c}dx = \dfrac{x^{n-1}}{(n-1)a} - \dfrac{c}{a}\int \dfrac{x^{n-2}}{ax^2+bx+c}dx - \dfrac{b}{a}\int \dfrac{x^{n-1}}{ax^2+bx+c}dx\ (n>1)$.

七、含 $\sqrt{ax^2+bx+c}$

71. $\int \dfrac{1}{\sqrt{ax^2+bx+c}}dx = \dfrac{1}{\sqrt{a}}\ln(2ax+b+2\sqrt{a}\sqrt{ax^2+bx+c}) + C\ (a>0)$.

72. $\int \dfrac{1}{\sqrt{ax^2+bx+c}}dx = \dfrac{1}{\sqrt{-a}}\arcsin \dfrac{-2ax-b}{\sqrt{b^2-4ac}} + C\ (a<0, b^2>4ac)$.

73. $\int \dfrac{x}{\sqrt{ax^2+bx+c}}dx = \dfrac{\sqrt{ax^2+bx+c}}{a} - \dfrac{b}{2a}\int \dfrac{1}{\sqrt{ax^2+bx+c}}dx$.

74. $\int \dfrac{x^n dx}{\sqrt{ax^2+bx+c}} = \dfrac{x^{n-1}}{na}\sqrt{ax^2+bx+c} - \dfrac{(2n-1)b}{2na}\int \dfrac{x^{n-1}}{\sqrt{ax^2+bx+c}}dx - \dfrac{(n+1)c}{na}\int \dfrac{x^{n-2}}{\sqrt{ax^2+bx+c}}dx$.

75. $\int \sqrt{ax^2+bx+c}\,dx = \dfrac{2ax+b}{4a}\sqrt{ax^2+bx+c} - \dfrac{b^2-4ac}{8a}\int \dfrac{1}{\sqrt{ax^2+bx+c}}dx$.

76. $\int x\sqrt{ax^2+bx+c}\,dx = \dfrac{\sqrt{(ax^2+bx+c)^3}}{3a} - \dfrac{b}{2a}\int \sqrt{ax^2+bx+c}\,dx$.

77. $\int x^2\sqrt{ax^2+bx+c}\,dx = \left(x - \dfrac{5b}{6a}\right)\dfrac{\sqrt{(ax^2+bx+c)^3}}{4a} + \dfrac{5b^2-4ac}{16a^2}\int \sqrt{ax^2+bx+c}\,dx$.

78. $\int \dfrac{1}{x\sqrt{ax^2+bx+c}}dx = -\dfrac{1}{\sqrt{c}}\ln\left[\dfrac{\sqrt{ax^2+bx+c}+\sqrt{c}}{x} + \dfrac{b}{2\sqrt{c}}\right] + C\ (c>0)$.

79. $\int \dfrac{1}{x\sqrt{ax^2+bx+c}}dx = \dfrac{1}{\sqrt{-c}}\arcsin \dfrac{bx+2c}{x\sqrt{b^2-4ac}} + C\ (c<0, b^2>4ac)$.

80. $\int \dfrac{1}{x\sqrt{ax^2+bx}}dx = -\dfrac{2}{bx}\sqrt{ax^2+bx} + C$.

81. $\int \dfrac{dx}{x^n\sqrt{ax^2+bx+c}} = -\dfrac{\sqrt{ax^2+bx+c}}{(n-1)cx^{n-1}} - \dfrac{(2n-3)b}{2(n-1)c}\int \dfrac{dx}{x^{n-1}\sqrt{ax^2+bx+c}}$

$- \dfrac{(n-2)a}{(n-1)c}\int \dfrac{dx}{x^{n-2}\sqrt{ax^2+bx+c}}\ (n>1)$.

八、含 $\sin ax$

82. $\int \sin ax\,dx = -\dfrac{1}{a}\cos ax + C$.

83. $\int \sin^2 ax\,dx = \dfrac{x}{2} - \dfrac{1}{4a}\sin 2ax + C$.

84. $\int \sin^3 ax dx = -\frac{1}{a}\cos ax + \frac{1}{3a}\cos^3 ax + C$.

85. $\int \sin^n ax dx = -\frac{1}{na}\sin^{n-1} ax \cos ax + \frac{n-1}{n}\int \sin^{n-2} ax dx$ (n 为正整数).

86. $\int \frac{1}{\sin ax} dx = \frac{1}{a}\ln \tan \frac{ax}{2} + C$.

87. $\int \frac{1}{\sin^2 ax} dx = -\frac{1}{a}\cot ax + C$.

88. $\int \frac{1}{\sin^n ax} dx = -\frac{\cos ax}{(n-1)a\sin^{n-1} ax} + \frac{n-2}{n-1}\int \frac{1}{\sin^{n-2} ax} dx$ ($n \geqslant 2$ 为整数).

89. $\int \frac{1}{1 \pm \sin ax} dx = \mp \frac{1}{a}\tan \left(\frac{\pi}{4} \mp \frac{ax}{2}\right) + C$.

90. $\int \frac{1}{b + c\sin ax} dx = -\frac{2}{a\sqrt{b^2 - c^2}}\arctan \left[\sqrt{\frac{b-c}{b+c}}\tan \left(\frac{\pi}{4} - \frac{ax}{2}\right)\right] + C$ ($b^2 > c^2$).

91. $\int \frac{1}{b + c\sin ax} dx = -\frac{2}{a\sqrt{c^2 - b^2}}\ln \frac{c + b\sin ax + \sqrt{c^2 - b^2}\cos ax}{b + c\sin ax} + C$ ($b^2 < c^2$).

92. $\int \sin ax \sin bx dx = \frac{\sin(a-b)x}{2(a-b)} - \frac{\sin(a+b)x}{2(a+b)} + C$ ($|a| \neq |b|$).

九、含 cosax

93. $\int \cos ax dx = \frac{1}{a}\sin ax + C$.

94. $\int \cos^2 ax dx = \frac{x}{2} + \frac{1}{4a}\sin 2ax + C$.

95. $\int \cos^n ax dx = \frac{1}{na}\cos^{n-1} ax \sin ax + \frac{n-1}{n}\int \cos^{n-2} ax dx$ (n 为正整数).

96. $\int \frac{1}{\cos ax} dx = \frac{1}{a}\ln \tan \left(\frac{\pi}{4} + \frac{ax}{2}\right) + C$.

97. $\int \frac{1}{\cos^2 ax} dx = \frac{1}{a}\tan ax + C$.

98. $\int \frac{1}{\cos^n ax} dx = \frac{\sin ax}{(n-1)a\cos^{n-1} ax} + \frac{n-2}{n-1}\int \frac{1}{\cos^{n-2} ax} dx$ ($n \geqslant 2$ 为整数).

99. $\int \frac{1}{1 + \cos ax} dx = \frac{1}{a}\tan \frac{ax}{2} + C$.

100. $\int \frac{1}{1 - \cos ax} dx = -\frac{1}{a}\cot \frac{ax}{2} + C$.

101. $\int \frac{1}{b + c\cos ax} dx = \frac{1}{a\sqrt{b^2 - c^2}}\arctan \frac{\sqrt{b^2 - c^2}\sin ax}{c + b\cos ax} + C$ ($b^2 > c^2$).

102. $\int \frac{1}{b + c\cos ax} dx = \frac{1}{c-b}\sqrt{\frac{c-b}{c+b}}\ln \frac{\tan \frac{x}{2} + \sqrt{\frac{c+b}{c-b}}}{\tan \frac{x}{2} - \sqrt{\frac{c+b}{c-b}}} + C$ ($b^2 < c^2$).

103. $\int \cos ax \cos bx dx = \dfrac{\sin(a-b)x}{2(a-b)} + \dfrac{\sin(a+b)x}{2(a+b)} + C \ (|a| \neq |b|)$.

十、含 sinax 和 cosax

104. $\int \sin ax \cos bx dx = -\dfrac{\cos(a-b)x}{2(a-b)} - \dfrac{\cos(a+b)x}{2(a+b)} + C \ (|a| \neq |b|)$.

105. $\int \sin^n ax \cos ax dx = \dfrac{1}{(n+1)a} \sin^{n+1} ax + C \ (n \neq -1)$.

106. $\int \sin ax \cos^n ax dx = -\dfrac{1}{(n+1)a} \cos^{n+1} ax + C \ (n \neq -1)$.

107. $\int \dfrac{\sin ax}{\cos ax} dx = -\dfrac{1}{a} \ln \cos ax + C$.

108. $\int \dfrac{\cos ax}{\sin ax} dx = \dfrac{1}{a} \ln \sin ax + C$.

109. $\dfrac{1}{b^2 \cos^2 ax + c^2 \sin^2 ax} dx = \dfrac{1}{abc} \arctan \dfrac{c \tan ax}{b} + C$.

110. $\int \sin^2 ax \cos^2 ax dx = \dfrac{x}{8} - \dfrac{1}{32a} \sin 4ax + C$.

111. $\int \dfrac{1}{\sin ax \cos ax} dx = \dfrac{1}{a} \ln \tan ax + C$.

112. $\int \dfrac{1}{\sin^2 ax \cos^2 ax} dx = \dfrac{1}{a}(\tan ax - \cot ax) + C$.

113. $\int \dfrac{\sin^2 ax}{\cos ax} dx = -\dfrac{1}{a} \sin ax + \dfrac{1}{a} \ln \tan\left(\dfrac{\pi}{4} + \dfrac{ax}{2}\right) + C$.

114. $\int \dfrac{\cos^2 ax}{\sin ax} dx = \dfrac{1}{a} \cos ax + \dfrac{1}{a} \ln \tan \dfrac{ax}{2} + C$.

115. $\int \dfrac{\cos ax}{b + c \sin ax} dx = \dfrac{1}{ac} \ln(b + c \sin ax) + C$.

116. $\int \dfrac{\sin ax}{b + c \cos ax} dx = -\dfrac{1}{ac} \ln(b + c \cos ax) + C$.

117. $\int \dfrac{1}{b \sin ax + c \cos ax} dx = -\dfrac{1}{a\sqrt{b^2+c^2}} \ln \tan \dfrac{ax + \arctan \dfrac{c}{b}}{2} + C$.

十一、含 tanax 或 cotax

118. $\int \tan ax dx = -\dfrac{1}{a} \ln \cos ax + C$.

119. $\int \cot ax dx = \dfrac{1}{a} \ln \sin ax + C$.

120. $\int \tan^2 ax dx = \dfrac{1}{a} \tan ax - x + C$.

121. $\int \cot^2 ax dx = -\dfrac{1}{a} \cot ax - x + C$.

122. $\int \tan^n ax \, dx = \dfrac{1}{(n-1)a} \tan^{n-1} ax - \int \tan^{n-2} ax \, dx$ ($n \geqslant 2$ 为整数).

123. $\int \cot^n ax \, dx = -\dfrac{1}{(n-1)a} \cot^{n-1} ax - \int \cot^{n-2} ax \, dx$ ($n \geqslant 2$ 为整数).

十二、含 $x^n \sin ax$ 或 $x^n \cos ax$

124. $\int x \sin ax \, dx = \dfrac{1}{a^2} \sin ax - \dfrac{x}{a} \cos ax + C$.

125. $\int x^2 \sin ax \, dx = \dfrac{2x}{a^2} \sin ax + \dfrac{2}{a^3} \cos ax - \dfrac{x^2}{a} \cos ax + C$.

126. $\int x^n \sin ax \, dx = -\dfrac{x^n}{a} \cos ax + \dfrac{n}{a} \int x^{n-1} \cos ax \, dx$.

127. $\int x \cos ax \, dx = \dfrac{1}{a^2} \cos ax + \dfrac{x}{a} \sin ax + C$.

128. $\int x^2 \cos ax \, dx = \dfrac{2x}{a^2} \cos ax - \dfrac{2}{a^3} \sin ax + \dfrac{x^2}{a} \sin ax + C$.

129. $\int x^n \cos ax \, dx = \dfrac{x^n}{a} \sin ax - \dfrac{n}{a} \int x^{n-1} \sin ax \, dx$ ($n > 0$).

十三、含 e^{ax}

130. $\int e^{ax} \, dx = \dfrac{1}{a} e^{ax} + C$.

131. $\int b^{ax} \, dx = \dfrac{1}{a \ln b} b^{ax} + C$.

132. $\int x e^{ax} \, dx = \dfrac{e^{ax}}{a^2} (ax - 1) + C$.

133. $\int x b^{ax} \, dx = \dfrac{x b^{ax}}{a \ln b} - \dfrac{b^{ax}}{(a \ln b)^2} + C$.

134. $\int x^n e^{ax} \, dx = \dfrac{1}{a} x^n e^{ax} - \dfrac{n}{a} \int x^{n-1} e^{ax} \, dx$.

135. $\int x^n b^{ax} \, dx = \dfrac{x^n b^{ax}}{a \ln b} - \dfrac{n}{a \ln b} \int x^{n-1} b^{ax} \, dx$ ($n > 0$).

136. $\int e^{ax} \sin bx \, dx = \dfrac{e^{ax}}{a^2 + b^2} (a \sin bx - b \cos bx) + C$.

137. $\int e^{ax} \cos bx \, dx = \dfrac{e^{ax}}{a^2 + b^2} (a \cos bx - b \sin bx) + C$.

十四、含 $\ln ax$

138. $\int \ln ax \, dx = x \ln ax - x + C$.

139. $\int x \ln ax \, dx = \dfrac{x^2}{2} \ln ax - \dfrac{x^2}{4} + C$.

140. $\int x^n \ln ax \mathrm{d}x = \dfrac{x^{n+1}}{n+1} \ln ax - \dfrac{x^{n+1}}{(n+1)^2} + C \ (n \neq -1)$.

141. $\int \dfrac{1}{x \ln ax} \mathrm{d}x = \ln \ln ax + C$.

142. $\dfrac{1}{x(\ln ax)^n} \mathrm{d}x = -\dfrac{1}{(n-1)(\ln ax)^{n-1}} + C \ (n \neq 1)$.

十五、含反三角函数

143. $\int \arcsin ax \mathrm{d}x = x \arcsin ax + \dfrac{1}{a} \sqrt{1 - a^2 x^2} + C$.

144. $\int (\arcsin ax)^2 \mathrm{d}x = x(\arcsin ax)^2 - 2x + \dfrac{2}{a} \sqrt{1 - a^2 x^2} \arcsin ax + C$.

145. $\int x \arcsin ax \mathrm{d}x = \left(\dfrac{x^2}{2} - \dfrac{1}{4a^2} \right) \arcsin ax + \dfrac{x}{4a} \sqrt{1 - a^2 x^2} + C$.

146. $\int \arccos ax \mathrm{d}x = x \arccos ax - \dfrac{1}{a} \sqrt{1 - a^2 x^2} + C$.

147. $\int (\arccos ax)^2 \mathrm{d}x = x(\arccos ax)^2 - 2x - \dfrac{2}{a} \sqrt{1 - a^2 x^2} \arccos ax + C$.

148. $\int x \arccos ax \mathrm{d}x = \left(\dfrac{x^2}{2} - \dfrac{1}{4a^2} \right) \arccos ax - \dfrac{x}{4a} \sqrt{1 - a^2 x^2} + C$.

149. $\int \arctan ax \mathrm{d}x = x \arctan ax - \dfrac{1}{2a} \ln(1 + a^2 x^2) + C$.

150. $\int x^n \arctan ax \mathrm{d}x = \dfrac{x^{n+1}}{n+1} \arctan ax - \dfrac{a}{n+1} \int \dfrac{x^{n+1}}{1 + a^2 x^2} \mathrm{d}x \ (n \neq -1)$.

151. $\int \operatorname{arccot} ax \mathrm{d}x = x \operatorname{arccot} ax + \dfrac{1}{2a} \ln(1 + a^2 x^2) + C$.

152. $\int x^n \operatorname{arccot} ax \mathrm{d}x = \dfrac{x^{n+1}}{n+1} \operatorname{arccot} ax + \dfrac{a}{n+1} \int \dfrac{x^{n+1}}{1 + a^2 x^2} \mathrm{d}x \ (n \neq -1)$.

附录 II

附表一　泊松分布概率值表

$$P\{X = i\} = \frac{\lambda^i e^{-\lambda}}{i\,!} \quad (\lambda > 0)$$

i ＼ λ	0.5	1	2	3	4	5	8	10
0	0.6065	0.3679	0.1353	0.0498	0.0183	0.0067	0.0003	0.0000
1	0.3033	0.3679	0.2707	0.1494	0.0733	0.0337	0.0027	0.0005
2	0.0758	0.1839	0.2707	0.2240	0.1465	0.0842	0.0107	0.0023
3	0.0126	0.0613	0.1804	0.2240	0.1954	0.1404	0.0286	0.0076
4	0.0016	0.0153	0.0902	0.1680	0.1954	0.1755	0.0573	0.0189
5	0.0002	0.0031	0.0361	0.1008	0.1563	0.1755	0.0916	0.0378
6	0.0000	0.0005	0.0120	0.0504	0.1042	0.1462	0.1221	0.0631
7	0.0000	0.0001	0.0034	0.0216	0.0595	0.1044	0.1396	0.0901
8	0.0000	0.0000	0.0009	0.0081	0.0298	0.0653	0.1392	0.1126
9	0.0000	0.0000	0.0002	0.0027	0.0132	0.0363	0.1241	0.1251
10	0.0000	0.0000	0.0000	0.0008	0.0053	0.0181	0.0993	0.1251
11	0.0000	0.0000	0.0000	0.0002	0.0019	0.0082	0.0722	0.1137
12	0.0000	0.0000	0.0000	0.0001	0.0006	0.0034	0.0481	0.0948
13	0.0000	0.0000	0.0000	0.0000	0.0002	0.0013	0.0296	0.0729
14	0.0000	0.0000	0.0000	0.0000	0.0001	0.0005	0.0169	0.0521
15	0.0000	0.0000	0.0000	0.0000	0.0000	0.0002	0.0090	0.0347
16	0.0000	0.0000	0.0000	0.0000	0.0000	0.0000	0.0045	0.0217
17	0.0000	0.0000	0.0000	0.0000	0.0000	0.0000	0.0021	0.0128
18	0.0000	0.0000	0.0000	0.0000	0.0000	0.0000	0.0009	0.0071
19	0.0000	0.0000	0.0000	0.0000	0.0000	0.0000	0.0004	0.0037
20	0.0000	0.0000	0.0000	0.0000	0.0000	0.0000	0.0002	0.0019
21	0.0000	0.0000	0.0000	0.0000	0.0000	0.0000	0.0001	0.0009
22	0.0000	0.0000	0.0000	0.0000	0.0000	0.0000	0.0000	0.0004
23	0.0000	0.0000	0.0000	0.0000	0.0000	0.0000	0.0000	0.0002
24	0.0000	0.0000	0.0000	0.0000	0.0000	0.0000	0.0000	0.0001

附表二 标准正态分布函数表

$$\Phi_0(x) = \int_{-\infty}^{x} \frac{1}{\sqrt{2\pi}} e^{-\frac{t^2}{2}} \, dt$$

x	0.00	0.01	0.02	0.03	0.04	0.05	0.06	0.07	0.08	0.09
0.0	0.5000	0.5040	0.5080	0.5120	0.5160	0.5199	0.5239	0.5279	0.5319	0.5359
0.1	0.5398	0.5438	0.5478	0.5517	0.5557	0.5596	0.5636	0.5675	0.5714	0.5753
0.2	0.5793	0.5832	0.5871	0.5910	0.5948	0.5987	0.6026	0.6064	0.6103	0.6141
0.3	0.6179	0.6217	0.6255	0.6293	0.6331	0.6368	0.6406	0.6443	0.6480	0.6517
0.4	0.6554	0.6591	0.6628	0.6664	0.6700	0.6736	0.6772	0.6808	0.6844	0.6879
0.5	0.6915	0.6950	0.6985	0.7019	0.7054	0.7088	0.7123	0.7157	0.7190	0.7224
0.6	0.7257	0.7291	0.7324	0.7357	0.7389	0.7422	0.7454	0.7486	0.7517	0.7549
0.7	0.7580	0.7611	0.7642	0.7673	0.7703	0.7734	0.7764	0.7794	0.7823	0.7852
0.8	0.7881	0.7910	0.7939	0.7967	0.7995	0.8023	0.8051	0.8078	0.8106	0.8133
0.9	0.8159	0.8186	0.8212	0.8238	0.8264	0.8289	0.8315	0.8340	0.8365	0.8389
1.0	0.8413	0.8437	0.8461	0.8485	0.8508	0.8531	0.8554	0.8577	0.8599	0.8621
1.1	0.8643	0.8665	0.8686	0.8708	0.8729	0.8749	0.8770	0.8790	0.8810	0.8830
1.2	0.8849	0.8869	0.8888	0.8907	0.8925	0.8944	0.8962	0.8980	0.8977	0.9015
1.3	0.9032	0.9049	0.9066	0.9082	0.9099	0.9115	0.9131	0.9147	0.8997	0.9177
1.4	0.9192	0.9207	0.9222	0.9236	0.9251	0.9265	0.9279	0.9292	0.9306	0.9319
1.5	0.9332	0.9345	0.9357	0.9370	0.9382	0.9394	0.9406	0.9418	0.9429	0.9441
1.6	0.9452	0.9463	0.9474	0.9484	0.9495	0.9505	0.9515	0.9525	0.9535	0.9545
1.7	0.9554	0.9564	0.9573	0.9582	0.9591	0.9599	0.9608	0.9616	0.9625	0.9633
1.8	0.9641	0.9649	0.9656	0.9664	0.9671	0.9678	0.9686	0.9693	0.9700	0.9706
1.9	0.9713	0.9719	0.9726	0.9732	0.9738	0.9744	0.9750	0.9756	0.9761	0.9767
2.0	0.9772	0.9778	0.9783	0.9788	0.9793	0.9798	0.9803	0.9808	0.9812	0.9817
2.1	0.9821	0.9826	0.9830	0.9834	0.9838	0.9842	0.9846	0.9850	0.9854	0.9857
2.2	0.9861	0.9865	0.9868	0.9871	0.9875	0.9878	0.9881	0.9884	0.9887	0.9890
2.3	0.9893	0.9896	0.9898	0.9901	0.9904	0.9906	0.9909	0.9911	0.9913	0.9916
2.4	0.9918	0.9920	0.9922	0.9925	0.9927	0.9929	0.9931	0.9932	0.9934	0.9936
2.5	0.9938	0.9940	0.9941	0.9943	0.9945	0.9946	0.9948	0.9949	0.9951	0.9952
2.6	0.9953	0.9955	0.9956	0.9957	0.9959	0.9960	0.9961	0.9962	0.9963	0.9964
2.7	0.9965	0.9966	0.9967	0.9968	0.9969	0.9970	0.9971	0.9972	0.9973	0.9974
2.8	0.9974	0.9975	0.9976	0.9977	0.9977	0.9978	0.9979	0.9979	0.9980	0.9981
2.9	0.9981	0.9982	0.9982	0.9983	0.9984	0.9984	0.9985	0.9985	0.9986	0.9986
3.0	0.9987	0.9987	0.9987	0.9988	0.9988	0.9989	0.9989	0.9989	0.9990	0.9990
3.2	0.9993	0.9993	0.9994	0.9994	0.9994	0.9994	0.9994	0.9995	0.9995	0.9995
3.4	0.9997	0.9997	0.9997	0.9997	0.9997	0.9997	0.9997	0.9997	0.9998	0.9998
3.6	0.9998	0.9999	0.9999	0.9999	0.9999	0.9999	0.9999	0.9999	0.9999	0.9999
3.8	0.9999	0.9999	0.9999	0.9999	0.9999	0.9999	0.9999	1.0000	1.0000	1.0000

附表三 t分布双侧分位数表

$P\{|T| \geqslant \lambda\} = \alpha$ （自由度为 m）

m \ α	0.20	0.10	0.05	0.02	0.01
1	3.087	6.314	12.706	31.821	63.657
2	1.886	2.920	4.303	6.965	9.925
3	1.638	2.353	3.182	4.541	5.841
4	1.533	2.132	2.776	3.747	4.604
5	1.476	2.015	2.571	3.365	4.032
6	1.440	1.943	2.447	3.143	3.707
7	1.415	1.895	2.365	2.998	3.499
8	1.397	1.860	2.306	2.896	3.355
9	1.383	1.833	2.262	2.821	3.250
10	1.372	1.812	2.228	2.764	3.169
11	1.363	1.796	2.201	2.718	3.106
12	1.356	1.782	2.179	2.681	3.05
13	1.350	1.771	2.160	2.650	3.012
14	1.345	1.761	2.145	2.624	2.977
15	1.341	1.753	2.131	2.602	2.947
16	1.337	1.746	2.120	2.583	2.921
17	1.333	1.740	2.110	2.567	2.898
18	1.330	1.734	2.101	2.552	2.878
19	1.328	1.729	2.093	2.539	2.861
20	1.325	1.725	2.086	2.528	2.845
21	1.323	1.721	2.080	2.518	2.831
22	1.321	1.717	2.074	2.508	2.819
23	1.319	1.714	2.069	2.500	2.807
24	1.318	1.711	2.064	2.492	2.797
25	1.316	1.708	2.060	2.485	2.787
26	1.315	1.706	2.056	2.479	2.779
27	1.314	1.703	2.052	2.473	2.771
28	1.313	1.701	2.048	2.467	2.763
29	1.311	1.699	2.045	2.462	2.756
30	1.310	1.697	2.042	2.457	2.750
40	1.303	1.684	2.021	2.432	2.704
60	1.296	1.671	2.000	2.390	2.660
120	1.289	1.668	1.980	2.358	2.617
∞	1.282	1.645	1.960	2.326	2.576

附表四　χ^2 分布上侧分位数表

$$P\{\chi^2 \geqslant \lambda\} = \alpha \quad (\text{自由度为 } m)$$

m ＼ α	0.995	0.975	0.95	0.10	0.05	0.025	0.01	0.005
1	0.000	0.001	0.004	2.706	3.841	5.024	6.635	7.879
2	0.010	0.051	0.103	4.605	5.991	7.387	9.210	10.597
3	0.072	0.216	0.352	6.251	7.815	9.348	11.345	12.838
4	0.207	0.484	0.711	7.779	9.448	11.143	13.277	14.860
5	0.412	0.831	1.145	9.236	11.071	12.833	15.686	16.750
6	0.676	1.237	1.635	10.645	12.592	14.449	16.812	18.548
7	0.989	1.690	2.167	12.017	14.067	16.013	18.475	20.278
8	1.344	2.180	2.733	13.362	15.507	17.535	20.090	21.955
9	1.753	2.700	3.325	14.684	16.919	19.023	21.666	23.589
10	2.156	3.247	3.940	15.987	18.307	20.483	23.209	25.188
11	2.603	3.816	4.575	17.275	19.675	21.920	24.725	26.757
12	3.074	4.404	5.226	18.549	21.026	23.337	26.217	28.299
13	3.565	5.009	5.892	19.812	22.362	24.736	27.668	29.819
14	4.075	5.629	6.571	21.064	23.685	26.119	29.141	31.319
15	4.601	6.262	7.261	22.307	24.996	27.488	30.578	32.801
16	5.142	6.908	7.962	23.542	26.296	28.845	32.000	34.267
17	5.697	7.564	8.672	24.769	27.587	30.191	33.409	35.718
18	6.265	8.231	9.390	25.989	28.869	31.526	34.805	37.156
19	6.844	8.907	10.117	27.204	30.144	32.852	36.191	38.582
20	7.434	9.591	10.851	28.412	31.410	34.170	37.566	39.997
21	8.034	10.283	11.591	29.615	32.671	35.479	38.932	41.401
22	8.643	10.982	12.338	30.813	33.924	36.781	40.289	42.796
23	9.260	11.689	13.091	32.007	35.172	38.076	41.638	44.181
24	9.886	12.401	13.848	33.196	36.415	39.364	42.980	45.559
25	10.520	13.120	14.611	34.382	37.652	40.646	44.314	46.928
26	11.160	13.844	15.379	35.563	38.885	41.923	45.642	48.290
27	11.808	14.573	16.151	36.741	40.13	43.194	46.963	49.645
28	12.461	15.308	16.928	37.916	41.337	44.461	48.278	50.993
29	13.121	16.047	17.708	39.087	42.557	45.722	49.588	52.336
30	13.787	16.791	18.493	40.256	43.773	46.979	50.892	53.672
32	15.134	18.291	20.072	42.585	46.194	49.480	53.486	56.328
35	17.192	20.569	22.465	46.059	49.802	53.203	57.342	60.275
38	19.289	22.878	24.884	49.513	53.384	56.896	61.162	64.181
40	20.707	24.433	26.509	51.805	55.758	59.342	63.691	66.766
45	24.311	28.366	30.612	57.505	61.656	65.410	69.957	73.166

附表五　F分布上侧分位数表

$P\{F \geqslant \lambda\} = \alpha$ （第一自由度为 m_1，第二自由度为 m_2）

第 1 个分表：$\alpha = 0.10$

m_2 \ m_1	1	2	3	4	5	6	7	8	9	10
1	39.86	49.50	53.59	55.83	57.24	58.20	58.91	59.44	59.86	60.19
2	8.53	9.00	9.16	9.24	9.29	9.33	9.35	9.37	9.38	9.39
3	5.54	5.46	5.39	5.34	5.31	5.28	5.27	5.25	5.24	5.23
4	4.54	4.32	4.19	4.11	4.05	4.01	3.98	3.95	3.94	3.92
5	4.06	3.78	3.62	3.52	3.45	3.40	3.37	3.34	3.32	3.30
6	3.78	3.46	3.29	3.18	3.11	3.05	3.01	2.98	2.96	2.94
7	3.59	3.26	3.07	2.96	2.88	2.83	2.78	2.75	2.72	2.70
8	3.46	3.11	2.92	2.81	2.73	2.67	2.62	2.59	2.56	2.54
9	3.36	3.01	2.81	2.69	2.61	2.55	2.51	2.47	2.44	2.42
10	3.29	2.92	2.73	2.61	2.52	2.46	2.41	2.38	2.35	2.32
11	3.23	2.86	2.66	2.54	2.45	2.39	2.34	2.30	2.27	2.25
12	3.18	2.81	2.61	2.48	2.39	2.33	2.28	2.24	2.21	2.19
13	3.14	2.76	2.56	2.43	2.35	2.28	2.23	2.20	2.16	2.14
14	3.10	2.73	2.52	2.39	2.31	2.24	2.19	2.15	2.12	2.10
15	3.07	2.70	2.49	2.36	2.27	2.21	2.16	2.12	2.09	2.06
16	3.05	2.67	2.46	2.33	2.24	2.18	2.13	2.09	2.06	2.03
17	3.03	2.64	2.44	2.31	2.22	2.15	2.10	2.06	2.03	2.00
18	3.01	2.62	2.42	2.29	2.20	2.13	2.08	20.4	2.00	1.98
19	2.99	2.61	2.40	2.27	2.18	2.11	2.06	2.02	1.98	1.96
20	2.97	2.59	2.38	2.25	2.16	2.09	2.04	2.00	1.96	1.94
21	2.96	2.57	2.36	2.23	2.14	2.08	2.02	1.98	1.95	1.92
22	2.95	2.56	2.35	2.22	2.13	2.06	2.01	1.97	1.93	1.90
23	2.94	2.55	2.34	2.21	2.11	2.05	1.99	1.95	1.92	1.89
24	2.93	2.54	2.33	2.19	2.10	2.04	1.98	1.94	1.91	1.88
25	2.92	2.53	2.32	2.18	2.09	2.02	1.97	1.93	1.89	1.87
26	2.91	2.52	2.31	2.17	2.08	2.01	1.96	1.92	1.88	1.86
27	2.90	2.51	2.30	2.17	2.07	2.00	1.95	1.91	1.87	1.85
28	2.89	2.50	2.29	2.16	2.06	2.00	1.94	1.90	1.87	1.84
29	2.89	2.50	2.28	2.15	2.06	1.99	1.93	1.89	1.86	1.83
30	2.88	2.49	2.28	2.14	2.05	1.98	1.93	1.88	1.85	1.82
40	2.84	2.44	2.23	2.09	2.00	1.93	1.87	1.83	1.79	1.76
60	2.79	2.39	2.18	2.04	1.95	1.87	1.82	1.77	1.74	1.71
120	2.75	2.35	2.13	1.99	1.90	1.82	1.77	1.72	1.68	1.65
∞	2.71	2.30	2.08	1.94	1.85	1.77	1.72	1.67	1.63	1.60

m_2 \ m_1	12	15	20	24	30	40	60	120	∞
1	60.71	61.22	61.74	62.00	62.26	62.53	62.79	63.06	63.33
2	9.41	9.42	9.44	9.45	9.46	9.47	9.47	9.48	9.49
3	5.22	5.20	5.18	5.18	5.17	5.16	5.15	5.14	5.13
4	3.90	3.87	3.84	3.83	3.82	3.80	3.79	3.78	3.76
5	3.27	3.24	3.21	3.19	3.17	3.16	3.14	3.12	3.10
6	2.90	2.87	2.84	2.82	2.80	2.78	2.76	2.74	2.72
7	2.67	2.63	2.59	2.58	2.56	2.54	2.51	2.49	2.47
8	2.50	2.46	2.42	2.40	2.38	2.36	2.34	2.32	2.29
9	2.38	2.34	2.30	2.28	2.25	2.23	2.21	2.18	2.16
10	2.28	2.24	2.20	2.18	2.16	2.13	2.11	2.08	2.06
11	2.21	2.17	2.12	2.10	2.08	2.05	2.03	2.00	1.97
12	2.15	2.10	2.06	2.04	2.01	1.99	1.96	1.93	1.90
13	2.10	2.05	2.01	1.98	1.96	1.93	1.90	1.88	1.85
14	2.05	2.01	1.96	1.94	1.91	1.89	1.86	1.83	1.80
15	2.02	1.97	1.92	1.90	1.87	1.85	1.82	1.79	1.76
16	1.99	1.94	1.89	1.87	1.84	1.81	1.78	1.75	1.72
17	196	1.91	1.86	1.84	1.81	1.78	1.75	1.72	1.69
18	1.93	1.89	1.84	1.81	1.78	1.75	1.72	1.69	1.66
19	1.91	1.86	1.81	1.79	1.76	1.73	1.70	1.67	1.63
20	1.89	1.84	1.79	1.77	1.74	1.71	1.68	1.64	1.61
21	1.87	1.83	1.78	1.75	1.72	1.69	1.66	1.62	1.59
22	1.86	1.81	1.76	1.73	1.70	1.67	1.64	1.60	1.57
23	1.84	1.80	1.74	1.72	1.69	1.66	1.62	1.59	1.55
24	1.83	1.78	1.73	1.70	1.67	1.64	1.61	1.57	1.53
25	1.82	1.77	1.72	1.69	1.66	1.63	1.59	1.56	1.52
26	1.81	1.76	1.71	1.68	1.65	1.61	1.58	1.54	1.50
27	1.80	1.75	1.70	1.67	1.64	1.60	1.57	1.53	1.49
28	1.79	1.74	1.69	1.66	1.63	1.59	1.56	1.52	1.48
29	1.78	1.73	1.68	1.65	1.62	1.58	1.55	1.51	1.47
30	1.77	1.72	1.67	1.64	1.61	1.57	1.54	1.50	1.46
40	1.71	1.66	1.61	1.57	1.54	1.51	1.47	1.42	1.38
60	1.66	1.60	1.54	1.51	1.48	1.44	1.40	1.35	1.29
120	1.60	1.55	1.48	1.45	1.41	1.37	1.32	1.26	1.19
∞	1.55	1.49	1.42	1.38	1.34	1.30	1.24	1.17	1.00

第 2 个分表：$\alpha = 0.05$

m_1 / m_2	1	2	3	4	5	6	7	8	9	10
1	161.4	199.5	215.7	224.6	230.2	234.0	236.8	238.9	240.5	241.9
2	18.51	19.00	19.16	19.25	19.30	19.33	19.35	19.37	19.38	19.40
3	10.13	9.55	9.28	9.12	9.01	8.94	8.89	8.85	8.81	8.79
4	7.71	6.94	6.59	6.39	6.25	6.16	6.09	6.04	6.00	5.96
5	6.61	5.79	5.41	5.19	5.05	4.95	4.88	4.82	4.77	4.74
6	5.99	5.14	4.76	4.53	4.39	4.28	4.21	4.15	4.10	4.06
7	5.59	4.74	4.35	4.12	3.97	3.87	3.79	3.73	3.68	3.64
8	5.32	4.46	4.07	3.84	3.69	3.58	3.50	3.44	3.39	3.35
9	5.12	4.26	3.86	3.63	3.48	3.37	3.29	3.23	3.18	3.14
10	4.96	4.10	3.71	3.48	3.33	3.22	3.14	3.07	3.02	2.98
11	4.84	3.98	3.59	3.36	3.20	3.09	3.01	2.95	2.90	2.85
12	4.75	3.89	3.49	3.26	3.11	3.00	2.91	2.85	2.80	2.75
13	4.67	3.81	3.41	3.18	3.03	2.92	2.83	2.77	2.71	2.67
14	4.60	3.74	3.34	3.11	2.96	2.85	2.76	2.70	2.65	2.60
15	4.54	3.68	3.29	3.06	2.90	2.79	2.71	2.64	2.59	2.54
16	4.49	3.63	3.24	3.01	2.85	2.74	2.66	2.59	2.54	2.49
17	4.45	3.59	3.20	2.96	2.81	2.70	2.61	2.55	2.49	2.45
18	4.41	3.55	3.16	2.93	2.77	2.66	2.58	2.51	2.46	2.41
19	4.38	3.52	3.13	2.90	2.74	2.63	2.54	2.48	2.42	2.38
20	4.35	3.49	3.10	2.87	2.71	2.60	2.51	2.45	2.39	2.35
21	4.32	3.47	3.07	2.84	2.68	2.57	2.49	2.42	2.37	2.32
22	4.30	3.44	3.05	2.82	2.66	2.55	2.46	2.40	2.34	2.30
23	4.28	3.42	3.03	2.80	2.64	2.53	2.44	2.37	2.32	2.27
24	4.26	3.40	3.01	2.78	2.62	2.51	2.42	2.36	2.30	2.25
25	4.24	3.39	2.99	2.76	2.60	2.49	2.40	2.34	2.28	2.24
26	4.23	3.37	2.98	2.74	2.59	2.47	2.39	2.32	2.27	2.22
27	4.21	3.35	2.96	2.73	2.57	2.46	2.37	2.31	2.25	2.20
28	4.20	3.34	2.95	2.71	2.56	2.45	2.36	2.29	2.24	2.19
29	4.18	3.33	2.93	2.70	2.55	2.43	2.35	2.28	2.22	2.18
30	4.17	3.32	2.92	2.69	2.53	2.42	2.33	2.27	2.21	2.16
40	4.08	3.23	2.84	2.61	2.45	2.34	2.25	2.18	2.12	2.08
60	4.06	3.15	2.76	2.53	2.37	2.25	2.17	2.10	2.04	1.99
120	3.92	3.07	2.68	2.45	2.29	2.17	2.09	2.02	1.96	1.91
∞	3.84	3.00	2.60	2.37	2.21	2.10	2.01	1.94	1.88	1.83

m_2＼m_1	12	15	20	24	30	40	60	120	∞
1	243.9	245.9	248.0	249.1	250.1	251.1	252.2	253.3	254.3
2	19.41	19.43	19.45	19.45	19.46	19.47	19.48	19.49	19.50
3	8.74	8.70	8.66	8.64	8.62	8.59	8.57	8.55	8.53
4	5.91	5.86	5.80	5.77	5.75	5.72	5.69	5.66	5.63
5	4.68	4.62	4.56	4.53	4.50	4.46	4.43	4.40	4.36
6	4.00	3.94	3.87	3.84	3.81	3.77	3.74	3.70	3.67
7	3.57	3.51	3.44	3.41	3.38	3.34	3.30	3.27	3.23
8	3.28	3.22	3.15	3.12	3.08	3.04	3.01	2.97	2.93
9	3.07	3.01	2.94	2.90	2.86	2.83	2.79	2.75	2.71
10	2.91	2.85	2.77	2.74	2.70	2.66	2.62	2.58	2.54
11	2.79	2.72	2.65	2.61	2.57	2.53	2.49	2.45	2.40
12	2.69	2.62	2.54	2.51	2.47	2.43	2.38	2.34	2.30
13	2.60	2.53	2.46	2.42	2.38	2.34	2.30	2.25	2.21
14	2.53	2.46	2.39	2.35	2.31	2.27	2.22	2.18	2.13
15	2.48	2.40	2.33	2.29	2.25	2.20	2.16	2.11	2.07
16	2.42	2.35	2.28	2.24	2.19	2.15	2.11	2.06	2.01
17	2.38	2.31	2.23	2.19	2.15	2.10	2.06	2.01	1.96
18	2.34	2.27	2.19	2.15	2.11	2.06	2.02	1.97	1.92
19	2.31	2.23	2.16	2.11	2.07	2.03	1.98	1.93	1.88
20	2.28	2.20	2.12	2.08	2.04	1.99	1.95	1.90	1.84
21	2.25	2.18	2.10	2.05	2.01	1.96	1.92	1.87	1.81
22	2.23	2.15	2.07	2.03	1.98	1.94	1.89	1.84	1.78
23	2.20	2.13	2.05	2.01	1.96	1.91	1.86	1.81	1.76
24	2.18	2.11	2.03	1.98	1.94	1.89	1.84	1.79	1.73
25	2.16	2.09	2.01	1.96	1.92	1.87	1.82	1.77	1.71
26	2.15	2.07	1.99	1.95	1.90	1.85	1.80	1.75	1.69
27	2.13	2.06	1.97	1.93	1.88	1.84	1.79	1.73	1.67
28	2.12	2.04	1.96	1.91	1.87	1.82	1.77	1.71	1.65
29	2.10	2.03	1.94	1.90	1.85	1.81	1.75	1.70	1.64
30	2.09	2.01	1.93	1.89	1.84	1.79	1.74	1.68	1.62
40	2.00	1.92	1.84	1.79	1.74	1.69	1.64	1.58	1.51
60	1.92	1.84	1.75	1.70	1.65	1.59	1.53	1.47	1.39
120	1.83	1.75	1.66	1.61	1.55	1.50	1.43	1.35	1.25
∞	1.75	1.67	1.57	1.52	1.46	1.39	1.32	1.22	1.00

第 3 个分表： $\alpha = 0.025$

m_2 \ m_1	1	2	3	4	5	6	7	8	9	10
1	647.8	799.5	864.2	899.6	921.8	937.1	948.2	956.7	963.3	968.6
2	38.51	39.00	39.17	39.25	39.30	39.33	39.36	39.37	39.39	39.40
3	17.44	16.04	15.44	15.10	14.88	14.73	14.62	14.54	14.47	14.42
4	12.22	10.65	9.98	9.60	9.36	9.20	9.07	8.98	8.90	8.84
5	10.01	8.43	7.76	7.39	7.15	6.98	6.85	6.76	6.68	6.62
6	8.81	7.26	6.60	6.23	5.99	5.82	5.70	5.60	5.52	5.46
7	8.07	6.54	5.89	5.52	5.29	5.12	4.99	4.90	4.82	4.76
8	7.57	6.06	5.42	5.05	4.82	4.65	4.53	4.43	4.36	4.30
9	7.21	5.71	5.03	4.72	4.48	4.32	4.20	4.10	4.03	3.96
10	6.94	5.46	4.83	4.47	4.24	4.07	3.95	3.85	3.78	3.72
11	6.72	5.6	4.63	4.28	4.04	3.88	3.76	3.66	3.59	3.53
12	6.55	5.10	4.42	4.12	3.89	3.73	3.61	3.51	3.44	3.37
13	6.41	4.97	4.35	4.00	3.77	3.60	3.48	3.39	3.31	3.25
14	6.30	4.86	4.24	3.89	3.66	3.50	3.38	3.29	3.21	3.15
15	6.20	4.77	4.15	3.80	3.58	3.41	3.29	3.20	3.12	3.06
16	6.12	4.69	4.08	3.73	3.50	3.34	3.22	3.12	3.05	2.99
17	6.04	4.62	4.01	3.66	3.44	3.28	3.16	3.06	2.98	2.92
18	5.98	4.56	3.95	3.61	3.38	3.22	3.10	3.01	2.93	2.87
19	5.92	4.51	3.90	3.56	3.33	3.17	3.05	2.96	2.88	2.82
20	5.87	4.46	3.86	3.51	3.29	3.13	3.01	2.91	2.84	2.77
21	5.83	4.42	3.82	3.48	3.25	3.09	2.97	2.87	2.80	2.73
22	5.79	4.38	3.78	3.44	3.22	3.05	2.93	2.84	2.76	2.70
23	5.75	4.35	3.75	3.41	3.18	3.02	2.90	2.81	2.73	2.67
24	5.72	4.32	3.72	3.38	3.15	2.99	2.87	2.78	2.70	2.64
25	5.69	4.29	3.69	3.35	3.13	2.97	2.85	2.75	2.68	2.61
26	5.66	4.27	3.67	3.33	3.10	2.94	2.82	2.73	2.65	2.59
27	5.63	4.24	3.65	3.31	3.08	2.92	2.80	2.71	2.63	2.57
28	5.61	4.22	3.63	3.29	3.06	2.90	2.78	2.69	2.61	2.55
29	5.59	4.20	3.61	3.27	3.04	2.88	2.76	2.67	2.59	2.53
30	5.57	4.18	3.59	3.25	3.03	2.87	2.75	2.65	2.57	2.51
40	5.42	4.05	3.46	3.13	2.90	2.74	2.62	2.53	2.45	2.39
60	5.29	3.93	3.34	3.01	2.79	2.63	2.51	2.41	2.33	2.27
120	5.15	3.80	3.23	2.89	2.67	2.52	2.39	2.30	2.22	2.16
∞	5.02	3.69	3.12	2.79	2.57	2.41	2.29	2.19	2.11	2.05

续表

m_2 \ m_1	12	15	20	24	30	40	60	120	∞
1	976.7	984.9	993.1	997.2	1001	1006	1010	1014	1018
2	39.41	39.43	39.45	39.46	39.46	39.47	39.48	39.49	39.50
3	14.34	14.25	14.17	14.12	14.08	14.04	13.99	13.95	13.90
4	8.75	8.66	8.56	8.51	8.46	8.41	8.36	8.31	8.26
5	6.52	6.43	6.33	6.28	6.23	6.18	6.12	6.07	6.02
6	5.37	5.27	5.17	5.12	5.07	5.01	4.96	4.90	4.85
7	4.67	4.57	4.47	4.42	4.36	4.31	4.25	4.20	4.14
8	4.20	4.10	4.00	3.95	3.89	3.84	3.78	3.73	3.67
9	3.87	3.77	3.67	3.61	3.56	3.51	3.45	3.39	3.33
10	3.62	3.52	3.42	3.37	3.31	3.26	3.20	3.14	3.08
11	3.43	3.33	3.23	3.17	3.12	3.06	]3.00	2.94	2.88
12	3.28	3.18	3.07	3.02	2.96	2.91	2.85	2.79	2.72
13	3.15	3.05	2.95	2.89	2.84	2.78	2.72	2.66	2.60
14	3.05	2.95	2.84	2.79	2.73	2.67	2.61	2.55	2.49
15	2.96	2.86	2.76	2.70	2.64	2.59	2.52	2.46	2.40
16	2.89	2.79	2.68	2.63	2.57	2.51	2.45	2.38	2.32
17	2.82	2.72	2.62	2.56	2.50	2.44	2.38	2.32	2.25
18	2.77	2.67	2.56	2.50	2.44	2.38	2.32	2.26	2.19
19	2.72	2.62	2.51	2.45	2.39	2.33	2.27	2.20	2.13
20	2.68	2.57	2.46	2.41	2.35	2.29	2.22	2.16	2.09
21	2.64	2.53	2.42	2.37	2.31	2.25	2.18	2.11	2.04
22	2.60	2.50	2.39	2.33	2.27	2.21	2.14	2.08	2.00
23	2.57	2.47	2.36	2.30	2.24	2.18	2.11	2.04	1.97
24	2.54	2.44	2.33	2.27	2.21	2.15	2.08	2.01	1.94
25	2.51	2.41	2.30	2.24	2.18	2.12	2.05	1.98	1.91
26	2.49	2.39	2.28	2.22	2.16	2.09	2.03	1.95	1.88
27	2.47	2.36	2.25	2.19	2.13	2.07	2.00	1.93	1.85
28	2.45	2.34	2.23	2.17	2.11	2.05	1.98	1.91	1.83
29	2.43	2.32	2.21	2.15	2.09	2.03	1.96	1.89	1.81
30	2.41	2.31	2.20	2.14	2.07	2.01	1.94	1.87	1.79
40	2.29	2.18	2.07	2.01	1.94	1.88	1.80	1.72	1.64
60	2.17	2.06	1.94	1.88	1.82	1.74	1.67	1.58	1.48
120	2.05	1.94	1.82	1.76	1.69	1.61	1.53	1.43	1.31
∞	1.94	1.83	1.71	1.64	1.57	1.48	1.39	1.27	1.00

第 4 个分表：$\alpha = 0.01$

m_2 \ m_1	1	2	3	4	5	6	7	8	9	10
1	4652	4999	5403	5625	5764	5859	5928	5982	6022	6056
2	98.50	99.00	99.17	99.25	99.30	99.33	99.36	99.37	99.39	99.40
3	34.12	30.82	29.46	28.71	28.24	27.91	27.67	27.49	27.35	27.23
4	21.20	18.00	16.69	15.95	15.53	15.21	14.98	14.80	14.66	14.55
5	16.26	13.27	12.06	11.39	10.97	10.67	10.46	10.29	10.16	10.05
6	13.75	10.92	9.78	9.15	8.75	8.47	8.26	8.10	7.98	7.87
7	12.25	9.55	8.45	7.85	7.45	7.19	6.99	6.84	6.72	6.62
8	11.26	8.65	7.59	7.01	6.63	6.37	6.18	6.03	5.91	5.81
9	10.56	8.02	6.99	6.42	6.06	5.80	5.61	5.47	5.35	5.26
10	10.04	7.56	6.55	5.99	5.64	5.39	5.20	5.06	4.94	4.85
11	9.65	7.21	6.22	5.67	5.32	5.07	4.89	4.74	4.63	4.54
12	9.33	6.93	5.95	5.41	5.06	4.82	4.64	4.50	4.39	4.30
13	9.07	6.70	5.74	5.21	4.86	4.62	4.44	4.30	4.19	4.10
14	8.86	6.51	5.56	5.04	4.69	4.46	4.28	4.14	4.03	3.94
15	8.68	6.36	5.42	4.89	4.56	4.32	4.14	4.00	3.89	3.80
16	8.53	6.23	5.29	4.77	4.44	4.20	4.03	3.89	3.78	3.69
17	8.40	6.11	5.18	4.67	4.34	4.10	3.93	3.79	3.68	3.59
18	8.29	6.01	5.09	4.58	4.25	4.01	3.84	3.71	3.60	3.51
19	8.18	5.93	5.01	4.50	4.17	3.94	3.77	3.63	3.52	3.43
20	8.10	5.85	4.94	4.43	4.10	3.87	3.70	3.56	3.46	3.37
21	8.02	5.78	4.87	4.37	4.04	3.81	3.64	3.51	3.40	3.31
22	7.95	5.72	4.82	4.31	3.99	3.76	3.59	3.45	3.35	3.26
23	7.88	5.66	4.76	4.26	3.94	3.71	3.54	3.41	3.30	3.21
24	7.82	5.6	4.72	4.22	3.90	3.67	3.50	3.36	3.26	3.17
25	7.77	5.57	4.68	4.18	3.85	3.63	3.46	3.32	3.22	3.13
26	7.72	5.52	4.64	4.14	3.82	3.59	3.42	3.29	3.18	3.09
27	7.68	5.49	4.60	4.11	3.78	3.56	3.39	3.26	3.15	3.06
28	7.64	5.45	4.57	4.07	3.75	3.53	3.36	3.23	3.12	3.03
29	7.60	5.42	4.54	4.04	3.73	3.50	3.33	3.20	3.09	3.00
30	7.56	5.39	4.51	4.02	3.70	3.47	3.30	3.17	3.07	2.98
40	7.31	5.18	4.31	3.83	3.51	3.29	3.12	2.99	2.89	2.80
60	7.08	4.98	4.13	3.65	3.34	3.12	2.95	2.82	2.72	2.63
120	6.85	4.79	3.95	3.48	3.17	2.96	2.79	2.66	2.56	2.47
∞	6.63	4.61	3.78	3.32	3.02	2.80	2.64	2.51	2.41	2.32

续表

m_2 \ m_1	12	15	20	24	30	40	60	120	∞
1	6106	6157	6200	6235	6261	6287	6313	6339	6366
2	99.42	99.43	99.45	99.46	99.47	99.47	99.48	99.49	99.50
3	27.05	26.87	26.69	26.60	26.50	26.41	26.32	26.22	26.13
4	14.37	14.20	14.02	13.93	13.84	13.75	13.65	13.56	13.46
5	9.89	9.72	9.55	9.47	9.38	9.29	9.20	9.11	9.02
6	7.72	7.56	7.40	7.31	7.23	7.14	7.06	6.97	6.88
7	6.47	6.31	6.16	6.07	5.99	5.91	5.82	5.74	5.65
8	5.67	5.52	5.36	5.28	5.20	5.12	5.03	4.95	4.86
9	5.11	4.96	4.81	4.73	4.65	4.57	4.48	4.40	4.31
10	4.71	4.56	4.41	4.33	4.25	4.17	4.08	4.00	3.91
11	4.40	4.251	4.10	4.02	3.94	3.86	3.78	3.69	3.60
12	4.16	4.01	3.86	3.78	3.70	3.62	3.54	3.45	3.36
13	3.96	3.82	3.66	3.59	3.51	3.43	3.34	3.25	3.17
14	3.80	3.66	3.51	3.43	3.35	3.27	3.18	3.09	3.00
15	3.67	3.52	3.37	3.29	3.21	3.13	3.05	2.96	2.87
16	3.55	3.41	3.26	3.18	3.10	3.02	2.93	2.84	2.75
17	3.46	3.31	3.16	3.08	3.00	2.92	2.83	2.75	2.65
18	3.37	3.23	3.08	3.00	2.92	2.84	2.75	2.66	2.57
19	3.30	3.15	3.00	2.92	2.84	2.76	2.67	2.58	2.49
20	3.23	3.09	2.94	2.86	2.78	2.69	2.61	2.52	2.42
21	3.17	3.03	2.88	2.80	2.72	2.64	2.55	2.46	2.36
22	3.12	2.98	2.83	2.75	2.67	2.58	2.50	2.40	2.31
23	3.07	2.93	2.78	2.70	2.62	2.54	2.45	2.35	2.26
24	3.03	2.89	2.74	2.66	2.58	2.49	2.40	2.31	2.21
25	2.99	2.85	2.70	2.62	2.54	2.45	2.36	2.27	2.17
26	2.96	2.81	2.66	2.58	2.50	2.43	2.33	2.23	2.13
27	2.93	2.78	2.63	2.55	2.47	2.38	2.29	2.20	2.10
28	2.90	2.75	2.60	2.52	2.44	2.35	2.26	2.17	2.06
29	2.87	2.73	2.57	2.49	2.41	2.33	2.23	2.14	2.03
30	2.84	2.70	2.55	2.47	2.39	2.30	2.21	2.11	2.01
40	2.66	2.52	2.37	2.29	2.20	2.11	2.02	1.92	1.80
60	2.50	2.35	2.20	2.12	2.03	1.94	1.84	1.73	1.60
120	2.34	2.19	2.03	1.95	1.86	1.76	1.66	1.53	1.38
∞	2.18	2.04	1.88	1.79	1.70	1.59	1.47	1.32	1.00

第 5 个分表： $\alpha = 0.005$

m_2 \ m_1	1	2	3	4	5	6	7	8	9	10
1	16211	20000	21615	22500	23056	23437	23715	23925	24091	24224
2	198.5	199.0	199.2	199.2	199.3	199.3	199.4	199.4	199.4	199.4
3	55.55	49.80	47.47	46.19	15.39	44.84	44.43	44.13	43.88	43.69
4	31.33	26.28	24.26	23.15	22.46	21.97	21.62	21.35	21.14	20.97
5	22.78	18.31	16.53	15.56	14.94	14.51	14.20	13.96	13.77	13.62
6	18.63	14.54	12.92	12.03	11.46	11.07	10.79	10.57	10.39	10.25
7	16.24	12.40	10.88	10.05	9.52	9.16	8.89	8.68	8.51	8.38
8	14.69	11.04	9.60	8.81	8.30	7.95	7.69	7.50	7.34	7.21
9	13.61	10.11	8.72	7.96	7.47	7.13	6.88	6.69	6.54	6.42
10	12.83	9.43	8.03	7.34	6.87	6.54	6.30	6.12	5.97	5.85
11	12.23	8.91	7.60	6.88	6.42	6.10	5.86	5.68	5.54	5.42
12	11.75	8.51	7.23	6.52	6.07	5.76	5.52	5.35	5.20	5.09
13	11.37	8.19	6.93	6.23	5.79	5.48	5.25	5.08	4.94	4.82
14	11.06	7.92	6.68	6.00	5.56	5.26	5.03	4.86	4.72	4.60
15	10.80	7.70	6.48	5.80	5.37	5.07	4.85	4.67	4.54	4.42
16	10.58	7.51	6.30	5.64	5.21	4.91	4.69	4.52	4.38	4.27
17	10.38	7.35	6.16	5.50	5.07	4.78	4.56	4.39	4.25	4.14
18	10.22	7.21	6.03	5.37	4.96	4.66	4.44	4.28	4.14	4.03
19	10.07	]7.09	5.92	5.27	4.85	4.56	4.34	4.18	4.04	3.93
20	9.94	6.99	5.82	5.17	4.76	4.47	4.26	4.09	3.96	3.85
21	9.83	6.89	5.73	5.09	4.68	4.39	4.18	4.01	3.88	3.77
22	9.73	6.81	5.65	5.02	4.61	4.32	4.11	3.94	3.81	3.70
23	9.63	6.73	5.58	4.95	4.54	4.26	4.05	3.88	3.75	3.64
24	9.55	6.66	5.52	4.89	4.49	4.20	3.99	3.83	3.69	3.59
25	9.48	6.60	5.46	4.84	4.43	4.15	3.94	3.78	3.64	3.54
26	9.41	6.54	5.41	4.79	4.38	4.10	3.89	3.73	3.60	3.49
27	9.34	6.49	5.36	4.74	4.34	4.06	3.85	3.69	3.56	3.45
28	9.28	6.44	5.32	4.70	4.30	4.02	3.81	3.65	3.52	3.41
29	9.23	6.40	5.28	4.66	4.26	3.98	3.77	3.61	3.48	3.38
30	9.18	6.35	5.24	4.62	4.23	3.95	3.74	3.58	3.45	3.34
40	8.83	6.07	4.98	4.37	3.99	3.71	3.51	3.35	3.22	3.12
60	8.49	5.79	4.73	4.14	3.76	3.49	3.29	3.13	3.01	2.90
120	8.18	5.54	4.50	3.92	3.55	3.28	3.09	2.93	2.81	2.71
∞	7.88	5.30	4.28	3.72	3.35	3.09	2.90	2.74	2.62	2.52

m_2 \ m_1	12	15	20	24	30	40	60	120	∞
1	24426	24630	24836	24940	25044	25148	25253	25359	25465
2	199.4	199.4	199.4	199.5	199.5	199.5	199.5	199.5	199.5
3	43.39	43.08	42.78	42.62	42.47	42.31	42.15	41.99	41.83
4	20.70	20.44	20.17	20.03	19.89	19.75	19.61	19.47	19.32
5	13.38	13.15	12.90	12.78	12.66	12.53	12.40	12.27	12.14
6	10.03	9.81	9.59	9.47	9.36	9.24	9.12	9.00	8.88
7	8.18	7.97	7.75	7.65	7.53	7.42	7.31	7.19	7.08
8	7.01	6.81	6.61	6.50	6.40	6.29	6.18	6.06	5.95
9	6.23	6.03	5.83	5.73	5.62	5.52	5.41	5.30	5.19
10	5.66	5.47	5.27	5.17	5.07	4.97	4.86	4.75	4.64
11	5.24	5.05	4.86	4.76	4.65	4.55	4.44	4.34	4.23
12	4.91	4.72	4.53	4.43	4.33	4.23	4.12	4.01	3.90
13	4.64	4.46	4.27	4.17	4.07	3.97	3.87	3.76	3.65
14	4.43	4.25	4.06	3.96	3.86	3.76	3.66	3.55	3.44
15	4.25	4.07	3.88	3.79	3.69	3.58	3.48	3.37	3.26
16	4.10	3.92	3.73	3.64	3.54	3.44	3.33	3.22	3.11
17	3.97	3.79	3.61	3.51	3.41	3.31	3.21	3.10	2.98
18	3.86	3.68	3.50	3.40	3.30	3.20	3.10	2.99	2.87
19	3.76	3.59	3.40	3.31	3.21	3.11	3.00	2.89	2.78
20	3.68	3.50	3.32	3.22	3.12	3.02	2.92	2.81	2.69
21	3.60	3.43	3.24	3.15	3.05	2.95	2.84	2.73	2.61
22	3.54	3.36	3.18	3.08	2.98	2.88	2.77	2.66	2.55
23	3.47	3.30	3.12	3.02	2.92	2.82	2.71	2.60	2.48
24	3.42	3.25	3.06	2.97	2.87	2.77	2.66	2.55	2.43
25	3.37	3.20	3.01	2.92	2.82	2.72	2.61	2.50	2.38
26	3.33	3.15	2.97	2.87	2.77	2.67	2.56	2.45	2.33
27	3.28	3.11	2.93	2.83	2.73	2.63	2.52	2.41	2.29
28	3.25	3.07	2.89	2.79	2.69	2.59	2.48	2.37	2.25
29	3.21	3.04	2.86	2.76	2.66	2.56	2.45	2.33	2.21
30	3.18	3.01	2.82	2.73	2.63	2.52	2.42	2.30	2.18
40	2.95	2.78	2.60	2.50	2.40	2.30	2.18	2.06	1.93
60	2.74	2.57	2.39	2.29	2.19	2.08	1.96	1.83	1.69
120	2.54	2.37	2.19	2.09	1.98	1.87	1.75	1.61	1.43
∞	2.36	2.19	2.00	1.90	1.79	1.67	1.53	1.36	1.00

附表六　正态分布概率系数表

$$\int_{K_q}^{+\infty} \frac{1}{\sqrt{2\pi}} e^{-\frac{x^2}{2}} dx = \beta$$

K_q	0.00	0.01	0.02	0.03	0.04	0.05	0.06	0.07	0.08	0.09
0.0	0.5000	0.4960	0.4920	0.4880	0.4840	0.4801	0.4761	0.4721	0.4681	0.4641
0.1	0.4602	0.4562	0.4522	0.4483	0.4443	0.4404	0.4364	0.4325	0.4286	0.4247
0.2	0.4207	0.4168	0.4129	0.4090	0.4052	0.4013	0.3974	0.3936	0.3897	0.3859
0.3	0.3821	0.3783	0.3745	0.3707	0.3669	0.3632	0.3594	0.3557	0.3520	0.3483
0.4	0.3446	0.3409	0.3372	0.3336	0.3300	0.3264	0.3228	0.3192	0.3156	0.3121
0.5	0.3085	0.3050	0.3015	0.2981	0.2946	0.2912	0.2877	0.2843	0.2810	0.2776
0.6	0.2743	0.2709	0.2676	0.2643	0.2611	0.2578	0.2546	0.2514	0.2483	0.2451
0.7	0.2420	0.2389	0.2358	0.2327	0.2296	0.2266	0.2236	0.2206	0.2177	0.2148
0.8	0.2119	0.2090	0.2061	0.2033	0.2005	0.1977	0.1949	0.1922	0.1894	0.1867
0.9	0.1841	0.1814	0.1788	0.1762	0.1736	0.1711	0.1685	0.1660	0.1635	0.1611
1.0	0.1587	0.1562	0.1539	0.1515	0.1492	0.1469	0.1446	0.1423	0.1401	0.1379
1.1	0.1357	0.1335	0.1314	0.1292	0.1271	0.1251	0.1230	0.1210	0.1190	0.1170
1.2	0.1151	0.1131	0.1112	0.1093	0.1075	0.1056	0.1038	0.1020	0.1003	0.0985
1.3	0.0968	0.0951	0.0934	0.0918	0.0901	0.0885	0.0869	0.0853	0.0838	0.0823
1.4	0.0808	0.0793	0.0778	0.0764	0.0749	0.0735	0.0721	0.0708	0.0694	0.0681
1.5	0.0668	0.0655	0.0643	0.0630	0.0618	0.0606	0.0594	0.0582	0.0571	0.559
1.6	0.0548	0.0537	0.0526	0.0516	0.0505	0.0495	0.0485	0.0475	0.0465	0.0455
1.7	0.0446	0.0436	0.0427	0.0418	0.0409	0.0401	0.0392	0.0384	0.0375	0.0367
1.8	0.0359	0.0351	0.0344	0.0336	0.0329	0.0322	0.0314	0.0307	0.0301	0.0294
1.9	0.0287	0.0281	0.0274	0.0268	0.0262	0.0256	0.0250	0.0244	0.0239	0.0233
2.0	0.0228	0.0222	0.0217	0.0212	0.0207	0.0202	0.0197	0.0192	0.0188	0.0183
2.1	0.0179	0.0174	0.0170	0.0166	0.0162	0.0158	0.0154	0.0150	0.0146	0.0143
2.2	0.0139	0.0136	0.0132	0.0129	0.0125	0.0122	0.0119	0.0116	0.0113	0.0110
2.3	0.0107	0.0104	0.0102	0.00990	0.00964	0.00939	0.00914	0.00889	0.00866	0.00842
2.4	0.00820	0.00798	0.00776	0.00755	0.00734	0.00714	0.00695	0.00676	0.00657	0.00639
2.5	0.00621	0.00604	0.00587	0.00570	0.00554	0.00539	0.00523	0.00508	0.00494	0.00480
2.6	0.00466	0.00453	0.00440	0.00427	0.00415	0.00402	0.00391	0.00379	0.00368	0.00357
2.7	0.00347	0.00336	0.00326	0.00317	0.00307	0.00298	0.00289	0.00280	0.00272	0.00264
2.8	0.00256	0.00248	0.00240	0.00233	0.00226	0.00219	0.00212	0.00205	0.00199	0.00193
2.9	0.00187	0.00181	0.00175	0.00169	0.00164	0.00159	0.00154	0.00149	0.00144	0.00139
K_q	0.0	0.1	0.2	0.3	0.4	0.5	0.6	0.7	0.8	0.9
3	0.00135	0.0^3968	0.0^3687	0.0^3483	0.0^3337	0.0^3233	0.0^3159	0.0^3108	0.0^3723	0.0^3481
4	0.0^4317	0.0^4207	0.0^4133	0.0^5854	0.0^5541	0.0^5340	0.0^5211	0.0^5130	0.0^5793	0.0^5479
5	0.0^6287	0.0^6170	0.0^7996	0.0^7579	0.0^7333	0.0^7190	0.0^7107	0.0^8599	0.0^8332	0.0^8182
6	0.0^9987	0.0^9530	0.0^9282	0.0^9149	$0.0^{10}777$	$0.0^{10}402$	$0.0^{10}206$	$0.0^{10}104$	$0.0^{11}523$	$0.0^{11}260$

注：① 表中数字为 β 值；　② 0.0^3968 即为 0.000968.

附表七　t分布概率系数表

n	双边置信水平			单边置信水平		
	99%	95%	90%	99%	95%	90%
	$t_{0.995}/\sqrt{n}$	$t_{0.975}/\sqrt{n}$	$t_{0.95}/\sqrt{n}$	$t_{0.99}/\sqrt{n}$	$t_{0.95}/\sqrt{n}$	$t_{0.90}/\sqrt{n}$
2	45.012	8.985	4.465	22.501	4.465	2.176
3	5.73	2.484	1.686	4.201	1.686	1.089
4	2.291	1.591	1.177	2.27	1.177	0.819
5	2.059	1.242	0.953	1.676	0.953	0.686
6	1.646	1.049	0.823	1.374	0.823	0.603
7	1.401	0.925	0.734	1.188	0.734	0.544
8	1.237	0.836	0.67	1.06	0.67	0.5
9	1.118	0.769	0.62	0.966	0.62	0.466
10	1.028	0.715	0.58	0.892	0.58	0.437
11	0.955	0.672	0.546	0.833	0.546	0.414
12	0.897	0.635	0.518	0.785	0.518	0.393
13	0.847	0.604	0.494	0.744	0.494	0.376
14	0.805	0.577	0.473	0.708	0.473	0.361
15	0.769	0.554	0.455	0.678	0.455	0.347
16	0.737	0.533	0.438	0.651	0.438	0.335
17	0.708	0.514	0.423	0.626	0.423	0.324
18	0.683	0.497	0.41	0.605	0.41	0.314
19	0.66	0.482	0.398	0.586	0.398	0.305
20	0.64	0.468	0.387	0.568	0.387	0.297
21	0.621	0.455	0.376	0.552	0.376	0.289
22	0.604	0.443	0.367	0.537	0.367	0.282
23	0.558	0.432	0.358	0.523	0.358	0.275
24	0.573	0.422	0.35	0.51	0.35	0.269
25	0.559	0.413	0.342	0.498	0.342	0.264
26	0.547	0.404	0.335	0.487	0.335	0.258
27	0.535	0.396	0.328	0.477	0.328	0.253
28	0.524	0.388	0.322	0.467	0.322	0.248
29	0.513	0.38	0.316	0.458	0.316	0.244
30	0.503	0.373	0.31	0.449	0.31	0.239
40	0.428	0.32	0.266	0.383	0.266	0.206
50	0.38	0.284	0.237	0.34	0.237	0.184
60	0.344	0.258	0.216	0.308	0.216	0.167
70	0.318	0.238	0.199	0.285	0.199	0.155
80	0.297	0.223	0.186	0.266	0.186	0.145
90	0.278	0.209	0.175	0.249	0.175	0.136
100	0.263	0.198	0.166	0.236	0.166	0.129

附表八 相关系数检验表 (γ_α)

$n-2$	α		$n-2$	α	
	0.01	0.05		0.01	0.05
1	1.000	0.997	22	0.515	0.404
2	0.990	0.950	23	0.505	0.396
3	0.959	0.878	24	0.496	0.388
4	0.917	0.811	25	0.487	0.381
5	0.874	0.754	26	0.478	0.374
6	0.834	0.707	27	0.470	0.367
7	0.798	0.666	28	0.463	0.361
8	0.765	0.632	29	0.456	0.355
9	0.735	0.602	30	0.449	0.349
10	0.708	0.576	35	0.418	0.325
11	0.684	0.553	40	0.393	0.304
12	0.661	0.532	45	0.372	0.288
13	0.641	0.514	50	0.354	0.273
14	0.623	0.497	60	0.325	0.250
15	0.606	0.482	70	0.302	0.232
16	0.590	0.468	80	0.283	0.217
17	0.575	0.456	90	0.267	0.205
18	0.561	0.444	100	0.254	0.195
19	0.549	0.433	200	0.181	0.138
20	0.537	0.423	300	0.148	0.113
21	0.526	0.413	400	0.128	0.098

参考文献

[1]　同济大学数学系. 高等数学（上册）[M]. 7 版. 北京：高等教育出版社，2014.7

[2]　同济大学数学系. 高等数学习题全解指南（上册）[M]. 7 版. 北京：高等教育出版社，2014. 7

[3]　陈秀华. 土建数学（上册基础篇）[M]. 北京：人民交通出版社，2011.8

[4]　陈秀华. 土建数学（下册应用篇）[M]. 北京：人民交通出版社，2011.8

[5]　罗新宇. 土木工程测量学教程（上册）[M]. 北京：中国铁道出版社，2003.10

[6]　杜吉佩. 应用数学基础（上册）[M]. 北京：高等教育出版社，2001.7

[7]　孙茂吉，谭宝军，杨建伟. 高等数学[M]. 沈阳：辽宁大学出版社，2013.6

[8]　陈仲. 大学数学典型题解析（高等数学分册）[M]. 2 版. 南京：南京大学出版社，2005.10

[9]　陈治中. 线性代数[M]. 2 版. 北京：科学出版社. 2009

[10]　陈海波. 概率论与数理统计[M]. 辽宁：辽宁大学出版社. 2013